河西地区
果蔬贮藏加工技术

刘玉环　主　编
杨生辉　副主编

WUHAN UNIVERSITY PRESS
武汉大学出版社

图书在版编目(CIP)数据

河西地区果蔬贮藏加工技术/刘玉环主编.—武汉:武汉大学出版社,2015.4

ISBN 978-7-307-15585-5

Ⅰ.河…　Ⅱ.刘…　Ⅲ.①水果—食品贮藏　②蔬菜—食品贮藏　③水果加工　④蔬菜加工　Ⅳ.TS255.3

中国版本图书馆 CIP 数据核字(2015)第 076942 号

责任编辑:荣　虹　　　责任校对:汪欣怡　　　版式设计:马　佳

出版发行:**武汉大学出版社**　(430072　武昌　珞珈山)

(电子邮件:cbs22@whu.edu.cn 网址:www.wdp.com.cn)

印刷:武汉中科兴业印务有限公司

开本:787×1092　1/16　印张:19.5　字数:455 千字　插页:1

版次:2015 年 4 月第 1 版　　2015 年 4 月第 1 次印刷

ISBN 978-7-307-15585-5　　定价:39.00 元

刘玉环

男，1963年出生，甘肃省武威市人。现任河西学院农业与生物技术学院分党委书记，副教授，主要从事农产品贮藏与加工的教学、科研及党务管理工作。先后承担《果蔬贮藏与加工》、《农产品贮藏与加工》等课程的教学，主持完成教学改革课题3项。参与完成的6项科研课题获省厅级科技进步奖，在《食品与发酵工业》等核心期刊上发表论文18篇。先后获得河西学院 “学生工作先进个人”、社会实践“优秀指导教师”等荣誉。

前　言

果品蔬菜（果蔬）的贮藏加工属于食品加工的一个分支。食品，对于具有五千年文明历史的中国人来说，并不陌生。古代许多著作如北魏贾思勰的《齐民要术》中就有果蔬贮藏加工的记载。我国北方早在500多年前就利用冰窖贮藏果蔬。其他如土窖洞贮藏、沟藏、埋藏和假植贮藏等，都是长期以来果农、菜农创造的简便易行、效果显著的果蔬贮藏方式。因此，果蔬贮藏是古老而永恒不衰的常青产业。果蔬含有人体所需的各种营养物质，在人们的食品消费中占有相当大的比重。但其生产存在着较强的季节性、区域性及果蔬本身的易腐性。据有关方面统计，现阶段我国新鲜果蔬的腐烂损耗率较高，水果为30%，蔬菜为40%～50%，而发达国家平均损耗率不到7%。因此，依靠先进的科学技术，对果蔬进行贮藏加工是必不可少的。为了适应经济发展及国际市场需求，近年来我国果蔬加工保鲜技术发展很快，在传统工艺基础上，新技术、新设备不断出现，产品标准化、规范化体系逐步确立，从而为促进我国果蔬产业健康可持续发展、实现更高经济社会效益奠定了良好的基础。

随着人民群众消费水平的提高，饮食结构在不断地发生变化，人们对自己的健康更为关心，迫切需要营养平衡和高效能的食物，尤其对方便、快捷及营养丰富的食品更为推崇。因此，促使果蔬贮藏加工的产品在市场上所占的比例越来越大，相应的果蔬贮藏加工的工艺、设备和技术水平也在不断更新，这就要求在河西地区从事果蔬贮藏加工生产和研发的各方面专业技术人员不断学习、更新知识。为此，我们编写了《河西地区果蔬贮藏加工技术》一书，力求内容翔实、全面、系统并有实例，国内外部分先进加工技术、气调保鲜包装及设备的介绍，主要果蔬的贮藏技术，果蔬粉的加工，期待这些知识能对从事果蔬贮藏加工行业的科研、教学和工程技术人员提供一定的帮助。

本书突出应用的操作性，主要由两部分内容组成即贮藏部分和加工部分。贮藏部分包括果蔬采后生理、果蔬商品化处理及运输，果蔬贮藏技术；加工部分包括果蔬加工前处理、果蔬加工技术等内容。两部分都注重理论阐述，问题探讨，语言通俗易懂；既有简便易行、易于操作的贮藏方式和加工技术，适用于普通的果农、菜农使用，又有对前沿果蔬贮藏加工重点论述。如：纳米技术在果蔬保鲜上的应用，小包装果蔬的辐射灭菌保鲜，果蔬真空冷冻干燥，固体粉末蔬菜的加工等，具有一定的前瞻性和超前性，为果蔬贮藏加工业的发展起到推动作用。

本书在编撰中，参阅和吸收了部分同仁的研究成果，除了在参考文献中列出外，还有一些尚未一一提及，敬请谅解，特在此表示衷心感谢！

由于编者学识和水平所限，书中难免会存有不妥之处，望读者指正。

编　者

2014 年 12 月

序　言

果蔬贮藏加工业在农业经济发展中占有重要地位。提高果蔬产品的附加值，有利于农民增收，农业增效，促进农村富裕劳动力的转移。果蔬贮藏加工业的发展，会丰富商品市场，改善民众饮食结构，提高其生活质量；果蔬贮藏加工业的发展，还将促进特色果蔬资源的有效利用，有利于安全、绿色、有机食品的开发。

据统计，截至2011年，河西地区仅蔬菜加工企业就有248家，年加工各类蔬菜150万吨，实现产值21.76亿元；冷链保鲜贮藏40万吨，年周转量150万吨；有蔬菜合作社88个，成员3.32万人。河西地区大力发展蔬菜产业，初步形成了以区域果蔬批发市场为骨干，以蔬菜直销店、连锁超市等窗口式终端市场为补充的蔬菜市场营销网络，已建成规模较大的区域蔬菜专业批发市场30多个，年蔬菜交易量380万吨，交易额48.5亿元。尤其是河西地区的酿酒和鲜食葡萄等果品在全国也具有一定的影响力和知名度，葡萄栽培面积27.2万亩，其中，鲜食葡萄面积15.6万亩，葡萄产业已成为特色优势产业。为了适应生产发展和市场的需要，马铃薯、番茄、脱水蔬菜和红枣等特色果蔬加工产业在河西地区也已形成较大规模。

作为我国果蔬产品的重要产区，河西地区在果蔬贮藏加工技术方面取得了较大的进步和发展，但在果蔬商品化方面仍存在不足。从产业化经营、专业化合作的角度分析，河西地区果蔬贮藏加工业与全国相比存在差距的主要原因是：特色果蔬加工业的发展缺乏统一规划，多为自发形成；产业不能横向联姻，企业不能纵向耦合，产品关联不紧密，竞争力不强，抵御市场风险的能力弱；果蔬加工企业与农户利益联结机制不完善，果蔬加工供应渠道不畅，精深加工不够；果蔬加工业的支撑保障体系不健全；符合国际市场品质标准、能够形成批量的拳头产品少，难以建成稳定的渠道和占领出口市场。

2011年农业部制定了《农产品加工业“十二五”发展规划》，提出要重点解决农产品产后处理设施简陋、工艺落后、损失严重、质量安全隐患突出等问题。在此规划的引领下，河西地区积极争取扶持政策，启动果蔬产地初加工惠民工程，使各地果蔬产品如苹果、梨、枣、葡萄、高原夏菜等生产取得了长足的发展，但同时也暴露出采后技术和贮藏设施等方面的短板和瓶颈。为使果蔬产业得到健康可持续发展，改变河西地区作为果蔬单一原料供应地的落后状况，有必要对果蔬的采后处理、贮藏保鲜、加工等技术进行深入细致地研究探讨，并将其应用于生产实践当中。

出于上述现实和需要，编写了《河西地区果蔬贮藏加工技术》一书。通过此书的编写，进一步探索河西地区特色果蔬的采后成熟、衰老、品质变化以及果蔬加工的原理、方法及工艺，从而指导果蔬贮藏加工的具体实践。作为一门综合性的应用学科，果蔬贮藏加工技术是作物栽培学的延续。本书以植物生理学、生物化学、微生物学、机械制冷及生物技术等学科的有关内容为理论基础，研究分析果蔬采收前及采收后处理对果蔬耐贮性的影响；创造果蔬适宜的贮藏条件，以延长果蔬的贮藏期限，保持果蔬的质量；研究果蔬的形态结构、化学组成成分及在加工过程中的变化；研究如何选择优质适宜的原料，采用先进的加工技术及工艺，以提高产品的产量和质量。

期望通过本书的编写出版，为河西地区从事果蔬贮藏加工的人员提供一些相关的理论及实用技术，切实提高果蔬贮藏、加工、运输等商品化处理水平，同时不断促进河西地区果蔬结构调整，增加产品附加值，满足多元化市场需求，延伸农业产业链，把生产、加工、包装、贮运、销售等都纳入果蔬产业的全部内容，使果蔬产业摆脱仅仅提供原料和初级加工品的地位，形成“从田头到餐桌”的完整产业，从而加快河西地区农业向现代化农业转变的进程。

本书作者长期从事果蔬采后理论及贮藏加工技术的教学和科研工作，在本书编写过程中注意引入新的科研成果，发现并解决生产实践中的具体问题，努力引导学习者准确掌握相关知识与技能。本书适用于广大基层果蔬生产技术人员和科研工作者参考应用，也适合果蔬经营、贮运部门以及果蔬专业户和普通读者阅读参考。

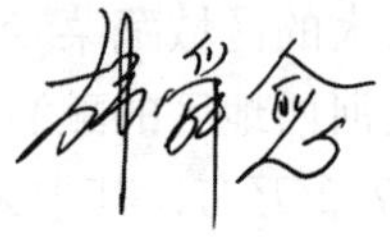

目　录

第一章　果蔬贮藏加工概述

第一节　果蔬加工业现状与发展要求

一、现状与机遇

我国果品蔬菜（以下简称果蔬）业的发展突飞猛进，但长期以来人们将重点放在采前栽培、病虫害防治等方面，对于采后的保鲜与加工重视不够，再加上产地基础设施和条件的不完善，因此，不能很好地解决产地果蔬分选、分级、清洗、预冷、冷藏、运输等问题，致使果蔬在采后贮存和流通过程中的损失相当严重，同时我国果蔬产品也缺少标准化管理，销售价格只有国际平均价格的一半。除此以外，品种结构不合理，品种较少，早熟、中熟、晚熟品种比例搭配不当，缺乏适合于加工的优质原料品种，这些不足之处都严重制约着我国果蔬业的发展。位于河西地区的张掖市果蔬加工业坚持与农业产业化经营相结合，大力发展果蔬加工业，不断地涌现出果蔬加工企业，如：张掖市飞翔饮料食品有限公司、山丹高原龙食品责任有限公司、山丹天原食品厂、临泽合众果蔬食品有限公司、有年马铃薯全粉食品工业公司、甘肃银河集团食品责任有限公司等企业，创出了许多名牌产品，加快了果蔬加工业发展步伐。果蔬加工业的发展，已经成为张掖市工业企业重要的经济增长点，为延长农业产业链，增加农产品附加值，带动农业结构调整，推进农业产业化经营，转移农村劳动力，实现农业增效和农民增收发挥了重要作用。河西地区果蔬加工业发展虽然取得了一些成绩，已经有了一定的基础，但整体上还是企业规模偏小，发展水平不高，生产总量不大，发展相对滞后。根据研究资料统计，发达国家果蔬加工品占其生产总量的80%以上，加工转化增值2~3倍，我国果蔬加工品仅占生产总量的30%，而张掖市还不到15%（见表1-1），潜力和发展空间很大。

表1-1　　张掖市特色果蔬生产与贮藏状况一览表

种类	面积（万亩）	总产量（万吨）	贮藏量（万吨）	占总产比例（%）
马铃薯	40	100	30	30
加工蔬菜	15	42	0	0
高原夏菜	25	50	10	20
优质果品	54	19	4	21

续表

种类	面积（万亩）	总产量（万吨）	贮藏量（万吨）	占总产比例（%）
中药材	6	2.4	0	0
合计	140	213.4	44	21

张掖市现有的果蔬产业化企业数量也仅有中等发达省区的一半。果蔬的保鲜和加工是农业生产的继续，发达国家把产后贮藏加工放在首要地位，而我国大多以果蔬的原始状态投放市场，因此果蔬的损耗较大。但从另一角度来看，我国果蔬采后保鲜和加工领域具有很大的经济潜力，除了保鲜和加工带来的高附加值，仅减少现有果蔬的损耗，就可以为社会带来近千亿元的效益。更何况在我国加入 WTO 后，果蔬产业是科技与劳动密集相结合的产业，发达国家劳动力成本较高，使其生产的鲜菜、鲜果成本投入很高，而我国劳动力成本相对较低，所以果蔬加工产品是进入国际市场的大宗农产品之一，我们应该抓住这一有利的条件和难得的机遇。因此，提高果蔬品质、发展果蔬保鲜和加工业既是我国果蔬业健康可持续发展的前提，同时也是我国农产品新的经济增长点。河西地区果蔬资源丰富，优势突出，如果大力发展农产品加工、贮运和保鲜业，必将大有作为。这既是支持农业、服务“三农”、发展农业产业化、帮助农民增收的有效措施，又是加快农业产业结构调整、拓宽发展空间的重要途径和突破口，也是积极应对国际经济形势变化，增强农业国际竞争力的需要。加快河西地区发展果蔬加工业，应努力做好以下六个方面的工作：

一是明确主攻方向和重点行业。把果蔬加工业作为农产品加工业的主攻方向，同时抓好相关重点行业的发展。民以食为天，据研究资料介绍，发达国家加工的食品占到消费食品总量的80%以上。从全球看，仅食品支出一项，年消费额就达到2万亿美元以上，远远高于汽车、航空航天和新型电子信息业的消费额。食品工业是永恒的产业。随着工业化进程的加快和人们消费水平的提高，食品工业有着巨大的市场需求和发展空间。果蔬加工业要从现有基础和资源出发，搞好果蔬资源的综合开发和深度加工，抓好传统果蔬工业规模化，开发名优特新产品，实现果蔬企业向集约化、精品化、效益化转型。改进果蔬包装设计和工艺，推广应用无菌包装新技术和可回收降解包装，从而大力发展果蔬加工、功能食品和饮料行业。

二是积极发展特色果蔬加工业。

（1）综合加工利用马铃薯等果蔬。积极开发新品种，提高现有产品质量和档次，进一步满足出口贸易的需求。

（2）发展野生植物加工业（如山丹四珍等）。引进先进技术、设备和资金，进行深加工和扩大生产规模，大力发展高中档加工制品，逐步增强产品的竞争力。

（3）重点发展高原夏菜、葡萄等加工产品。通过与省内外知名企业的联合，提高产品技术档次、质量和市场竞争力。

三是大力培育和发展果蔬加工龙头企业。培育带动力强、辐射面广的龙头企业，是发展果蔬加工业和农业产业化的关键，也是加工业今后一个时期的工作重点和突破口。筛选一批具有市场开拓能力，能进行果蔬深度加工，为农民提供服务并带动千家万户农民发展农产品生产的龙头企业，争取政策倾斜，重点扶持，促使其加快发展。促进强强联合，组建跨地区、跨行业、跨所有制，集贸、工、农一体化的大中型企业集团，努力提高市场竞争力。要抓住果蔬加工等难点问题，通过多种联合协作，合力攻坚，发展一批龙头企业，并建立果蔬生产、加工示范基地。按“公司+基地+农户”的模式，引导果蔬加工企业向农民提供种苗、生产技术服务和通过订单收购，以股份合作、土地和产品入股等多种形式建立稳定的合同关系和利益联结机制，形成利益共享、风险共担的利益共同体，实现龙头企业农户“双赢”。

四是调整优化果蔬加工业结构。针对河西地区目前果蔬加工业“小而全、小而低、小而散”的状况，各地要加快结构调整步伐，加快产业升级、产品换代和结构优化。加快果蔬加工企业改革、改造、改组步伐，实现产权明晰、政企分开，初步形成果蔬加工业投资主体多元化，并大力发展个体私营企业。积极引导果蔬加工企业合理开发利用当地资源，重视保护环境，以工业小区为载体，促进果蔬加工企业走园区化发展路子。同时围绕优势果蔬发展系列化生产，以重点骨干企业为核心，组建企业集团，建立有区域特色和产业优势的果蔬加工基地。要抓好行业与企业的科学、合理布局，防止低水平重复建设。

五是努力提高果蔬加工业科技创新能力和水平。要引导果蔬加工企业加强与科研单位、大专院校的合作，深入开展果蔬精深加工工艺、技术、品种和功能等方面的创新研究，加快科研成果的转化。促进果蔬加工企业加快技术改造，引进先进适用的技术装备，建立健全科技开发研究和技术推广服务体系，全面提升企业的技术水平和研究开发能力，实现科学管理，提高加工产品的质量和效益。

六是多渠道筹集资金，增加对果蔬加工业的投入。争取国家和省级的基本建设投资及财政支农资金向果蔬加工业倾斜；争取金融部门支持，增加贷款总量；大力开展招商引资活动，引进区外资金。还可以通过股份制、合作制、股份合作制等多种途径，广泛吸收国家、集体、企业、个人及区外、国外资金，建立多元化投入机制，多渠道增大果蔬加工业发展资金，促使其增加规模、提高水平。

二、果蔬加工业的发展要求

1. 建立完善的流通保鲜系统

由于果蔬生产淡旺季差异明显，因此贮藏保鲜设施对大量果蔬的大范围流通十分必要。流通保鲜系统包括分选、分级、预冷、冷藏、包装、冷藏运输、集散交易市场等。建立完善的流通保鲜系统需要相应的技术和设备，在我国只靠引进技术还有一定的困难，主要是我国农村经济基础和居民消费水平与国外相比还有较大的差距。因此，必须开发适合我国国情的技术和设备。

2. 提高果蔬加工能力

加大包装果蔬、半成品果蔬商品的比重。研制开发适合我国消费者口味的果蔬加工产品，对我国传统果蔬产品进行现代化改造，培植果蔬加工专用的产品生产基地，进一步完善果蔬加工技术、果蔬饮料加工新技术、包装和速冻技术。

3. 建立果蔬及其加工产品规格、标准和质量管理体系

果蔬规格化、标准化是农业产业化经营和农产品进入现代化经营的关键和基础，是食

品工业产业化的需要，更是我国果蔬进入国际市场的通行证。然而国内多数企业在生产工艺上缺乏规范和统一标准，随意性较大，产品的质量指标多为人工控制，凭感觉判断，产品质量很不稳定。这就要求我们必须建立一个规范的产品标准和质量管理体系，充分利用高科技检测手段，及时准确地测定各种参数，将人为因素降到最低，使设备性能得到最佳发挥。

4. 建立全国果蔬保鲜加工信息网络和管理机制

建立一个包含采前、采后、生产、贮藏、加工、流通和销售在内的全国果蔬产品生产贮运、加工销售的信息集成系统，使相关人员及时了解产业的最新信息和动态，为他们提供更快捷便利的服务；制定整个农产品贮运加工产业与科技管理的体制改革框架，实现果蔬采前管理、采后处理和贮藏加工统一协调管理机制。

第二节　果蔬贮藏加工的意义与果蔬的特性

一、果蔬贮藏加工的意义

主要表现在四个方面：

1. 果蔬具有丰富的营养价值，是人们生活中的重要副食品

果蔬的营养价值，主要在于含有多种人体所必需的维生素和矿物质成分，是供给人体维生素和矿物质的主要食物来源。新鲜并加工的果蔬，还具有独特的色、香、味，能刺激食欲，促进消化，并相应地提高食物的营养价值，增进人体健康。果蔬也是人们生活中最好的保健食品。

2. 果蔬中有重要的化学成分

果蔬是由各种各样的化学成分组成的，如糖、蛋白质、无机盐、维生素、矿物质、色素、单宁等。

3. 果蔬中的化学成分对人体的作用

果蔬中含有各种各样的化学成分决定了果蔬的外形美观、质地脆嫩、风味佳良、味道可口，既可增加人们的食欲，又提供人体生长发育所需的营养，具有其他食品不能代替的营养价值。如：果蔬中的维生素共有20多种，但维生素的含量很少，而人体又不可缺少，否则会导致各种疾病。如：维生素C缺乏会引起坏血病，皮下出血等症状。维生素C主要在植物中合成，特别大量的是在果蔬中合成，占97%以上，人体所需维生素C就是通过果蔬来摄取，它在人体中能够促进酶的活性，促进新陈代谢，防止高血压等疾病，特别是对人体具有防癌作用，因为它能阻碍亚硝胺的合成。

维生素C的特性：很容易氧化，能溶解在水中，一般不宜积累和贮藏。

维生素C的存在：鲜枣、柑桔、山楂、沙棘等。其中含量最多的是：鲜枣、沙棘。蔬菜中含量最多的是：番茄、辣椒等。

4. 果蔬对人体健康有一定的功效

对于果蔬不仅要求色、香、味俱全，还要求具有一定的营养价值。摄入一定量的果蔬，可促进人体对营养物质的吸收，其吸收率可达到85%～90%，相反缺乏摄入，其吸

收率只有75%，比如果蔬中的半纤维素，纤维素等可以使食物疏松，促进肠道蠕动，并且还对人体健康有一定功效。如山楂可以治感冒，兰州的冬果梨可以治咳嗽，桃仁可以治白头发。鲜枣中含铁比较多，可以治贫血。大蒜被人们称为饭桌上的勇士，可以治痢疾等。

二、果蔬的特性

在处理果蔬时，首先应该注意的问题是，它不具有其他工业制品的特性。果蔬本身是有生命的，从生产到出售和消费，很容易受环境及其他条件的制约。在果蔬进行运输、贮藏和加工时，要充分掌握它们所具有的特性，采用适合这种特性最妥善的处理方法。

1. 生产方面的特性

（1）季节性：果蔬的生产与收获明显地受季节的制约。水果比蔬菜受的制约影响更大。如苹果有早熟、中熟、晚熟之分。不过，如果对果菜类蔬菜和葡萄等，采用适宜的促进或抑制等栽培技术，收获时期并不是绝对不变的。尽管这样，不适时的产品价格常常比较高（反季节生产）。

（2）收获量和收获时期的变动：由于收获量和收获时期容易受自然环境的支配和影响，所以难以制订出确切的生产和出售的计划，容易出现丰产不丰收，货缺价涨的情况。

（3）地区性：果蔬的生产是受地区制约的。所谓适宜的地区作物，就成了生产上的一个条件。另外，即使是同样的果品、蔬菜，由于地区不同，生产的时期、收获期、收获量、品质及生产价格等也都不同。

（4）零散性：果蔬加工与其他产业相比，经营规模相对小。因此，经营效率也就相对比较差。另外由于技术的标准化较难，所以产品优劣差异较大。

2. 商品方面的特性

（1）变质和腐烂性：因为果蔬的含水量多，鲜度高，容易变质和腐烂。即使不腐烂，鲜度和品质也容易降低，所以存在着商品价格降低的危险性。因此，在运输、贮藏和销售上，为了保持鲜度和品质，就要有先进的技术和设备。

（2）种类的多样性：就果蔬而言，它的种类很多。另外，即使是同一种类，也还有许多的品种。在这些多种多样的果蔬中，由于种类、品种的不同，商品的处理方式也不同。

（3）不均一性：收获的果蔬其品质、大小和形状各自不同，因此很难像工业制品那样完全使其规范化。另外，生产出规格化的东西也有一定的困难。

（4）用途的两面性：果蔬有的原封不动地作为漂亮的商品流通，有的也作为加工用的原料。由于用途上具有两面性，所以生产和出售的着眼点容易模糊。

3. 流通方面的特性

（1）迅速处理：因为果蔬的新鲜度就是生命，所以需要迅速地进行流通。即便是作加工处理，收获的原料也需要尽快地在品质没有降低前进行处理。因此，运输要及时和迅速。

（2）集散上的困难性：一般来讲，果蔬生产集中规模化、销售是零散的，所以货物的集聚和分散物流环节工作量很大。因此，在上市和运输途中，有必要多次地进行中间贮藏。

（3）卫生方面的要求：因为收获的果蔬其本身是食品，所以从卫生方面来讲，应该进行充分的处理。

第三节　果蔬贮藏加工的作用与趋势

一、果蔬贮藏的作用

果蔬的生产具有季节性和地方性。如苹果有早熟、中熟、晚熟之分。运输是为了让果蔬能到各个地方流通销售，运输工作做得好，对贮藏加工很有帮助，搞好这项工作对发展外贸也有重要的作用。贮藏是为了保鲜。如：番茄的采收高峰期只有2～3周，适宜的采收和采收后的处理可以减少不必要的损耗，少损耗等于增产增效。因此，搞好果蔬的贮藏、运输对于调节市场淡旺季供应，更好地满足人民的生活需要，减少果蔬的损耗，增加经济效益，都具有十分重要的作用。

二、果蔬加工的作用

可从营养、卫生、社会效益、经济效益几方面来理解。我国在2000年时水果总产量就约为7000万吨、蔬菜4亿多吨。果蔬含水量大，营养丰富，易受微生物侵染、虫害，采后呼吸消耗大，果蔬加工是为了贮藏，它是果蔬长年供应中不可缺少的重要环节。如：果品采后断绝了从树体上吸收养分，通过贮藏可延长供应期，减少烂耗。虽然不可能完全避免营养物质的逐步消耗，尽可能减少损失其食用价值。只有及时地进行加工处理，加上良好的包装进行保管，那么其营养价值和食用价值就可最大限度地得到保存。果蔬加工品的保藏期一般要比新鲜果蔬的贮藏期长得多，尤其对于不耐贮藏的桃、李、杏、草莓及易腐烂的蔬菜通过加工保藏就显得尤为重要。

果蔬经过加工可以制成琳琅满目、风味各异的加工制品，以满足消费者多样化的需求，丰富人们的饮食。我国人民在长期的生产实践中积累了丰富的加工经验，制造出许多全国闻名的果蔬加工品。如：新疆的葡萄干、河南的大红枣、山东的柿饼、福建的桂圆、四川的榨菜、云南的大头菜、扬州的酱菜、北京的果脯、广州的凉果、苏州的蜜饯、福州的橄榄。

三、果蔬贮藏加工的趋势

1. 果蔬贮藏技术的发展

使用简单的方法贮藏果蔬，我们的祖先很早以前就使用了，如：清朝在北京建有冰窖，山区修造土窖洞等。个别传统的贮藏方法在各章里面讲到，并且在此基础上不断地提高。现在发展到了产地包装（产地进行分级包装）、机械冷藏（人工制冷的办法）。人们把采收→分级→包装→预冷称之为冷链。目前，世界上对果蔬的贮藏方法提高得比较快，但是采用气调贮藏果蔬经历了很缓慢的历程。1819～1820年法国人贝阿就开始研究气体对果蔬的影响。1916～1920年英国人基德和威斯特实践证明了降低氧气含量，提高二氧化碳含量，能抑制呼吸率。一直到1927年发表了水果的气调贮藏，成为近代气调贮藏的开始。墙内开花墙外香，美国人依据这些研究成果，在这方面的研究比较快，研究了一系列的贮藏方法。如：气调贮藏、硅橡胶气调袋（特性：透性比聚乙烯的要好，可以自动调节氧气和二氧化碳的比例），还有涂料贮藏、辐射贮藏等。但总的来说，我们国家的贮藏、加工和运输的设施和技术还是比较落后，对各个环节的工作人员也缺乏必要的技术培训。由于果蔬的贮藏、加工和运输跟不上，常常造成果蔬品质的劣变，营养价值及商品价值大大降低，甚至造成大量的腐烂变质（估计每年有20%～30%的果蔬损耗于运输和贮藏过程中），造成丰产不能丰收或丰收不能获利。

2. 果蔬加工的趋势

果蔬加工的趋势主要是指果蔬由初加工、精加工到深加工的发展变化。精加工：是指提高加工过程中的工艺。深加工：是指由初级加工到精加工，加工的层次逐渐提高。综合利用主要是对果皮、果渣、果核、种子以及加工废水都加以综合利用，既可增加经济效益和社会财富，又可防止对环境的污染，真正做到："物尽其美、变废为宝。"综合利用：由初加工→精加工→深加工。

第二章 影响果蔬贮藏因素与采后生理

果蔬产品是植物体的一部分或一个器官，是活的有机体，采收后仍继续进行新陈代谢，并保持其生理的变化。如何将果蔬的生命活动控制到最低限度，延长果蔬的贮藏寿命，采前、采后各技术环节都不可忽略，这里首先了解几个概念。

（1）果蔬的品质：是针对果蔬的质量好坏来说的，主要包括果蔬的外部形态、风味及贮藏性等方面的内容。

（2）果蔬的外部形态：是指果蔬的大小、形状、颜色等各项指标。对果品来讲，一般以大果为好，大小整齐，其形状颜色以突出本品种固有的特点为标准，外形整齐，果皮光滑，无凹陷凸起等缺陷，果实的风味以酸甜适合，风味浓厚为特点。

（3）果蔬的贮藏：主要决定于适时采收，采后处理措施、贮藏设备和管理等方面的因素，同时还与果蔬的品质特性、栽培条件、生长发育、化学成分、贮藏时的温度、湿度和气体成分等有关系。

（4）果蔬的耐藏性：是指在适宜的贮藏条件下抗衰老和抵抗贮藏期间病害的总能力。

第一节 采前因素对果蔬贮藏的影响

一、果蔬因素

1. 种类和品种

果蔬的种类和品种不同，果蔬的品质和耐藏性也不同，有的只能贮藏几天，有的可以贮藏几个月甚至一年以上，导致它们两者之间这种差异的原因是：由它们的生物学特性，特别是在生长发育过程中的生理、生化性质决定。浆果类的果实不耐贮藏，如：草莓、番茄等。为什么不耐贮藏？这是由于这些果蔬成熟后，组织柔软，汁液很多，呼吸作用旺盛，消耗的营养物质多，因此，不耐贮藏。核果类的果实也不耐贮藏，如：桃、杏、李等，这是由于它们的可采成熟度和食用成熟度几乎同时而来，没有后熟期，再加上组织柔软多汁，因此，不耐贮藏。相反有些果蔬食用成熟度和可采成熟度时期相距比较远，并且这些品种具有后熟性。如晚熟的苹果、梨等品种，采收后贮藏一段时间后，风味品质变得更好，这段时期有的需要 1 ~2 个月，有的长达 5 ~7 个月。

在贮藏中的一般规律是：晚熟品种最耐贮藏，中熟品种次之，早熟品种最不耐贮藏。

晚熟品种耐贮藏而早中熟品种不耐贮藏的原因：

这是因为晚熟品种植物组织内可溶性淀粉较多，而相对的水分较少，糖分的增加，有利于贮藏。另外，细胞核大而有机物质含量高，细胞壁处于收缩状态，液泡一般很小。

早、中熟品种植物组织内水分含量多、液泡大、有机物的含量少，因而不耐贮藏。其次，早、中熟品种由于采收季节早，气温高，在高温条件下贮藏，呼吸旺盛，营养物质消耗得多，病菌也容易侵入而腐烂。但在低温条件下贮藏，又容易出现生理失调而皱皮发面以致腐烂变质。如早、中熟的早金冠、祝光等品种的苹果耐藏性比较差，梨中的巴梨等也不耐贮藏。晚熟品种相反，晚熟的青香蕉、富士、国光等品种耐藏性极强，尤其是国光苹果可以贮藏到第二年的5~6月，梨中的鸭梨、雪梨、兰州的冬果梨、苹果梨等品种都是品质比较好且耐贮藏。如蔬菜中的大白菜，一般晚、中熟品种比早熟品种耐贮藏，直筒型比圆球型耐贮藏。

2. 树龄、树势对果实贮藏能力及品质的影响

如进入盛果期的树，结果的多少，生长势的强弱，对其果实品质和贮藏能力有很大的影响。如果在同一棵树上结的果实很多，肥水管理跟不上，势必会出现果小、色泽和风味都差，也不耐贮藏。但有的高产树，由于大肥、大水，果个虽大，但味淡、颜色差，贮藏能力也会相应降低。与此同时，在生产上的一般规律是：幼树上的果实偏大，氮和蔗糖的含量高，贮藏能力差，容易发生苦痘病，萎蔫较快，其他的生理性病害也易发生。据多方面的调查结果显示，苹果在贮藏中苦痘病的表现是：幼树比大树的重，旺树比弱树重，结果少的树比结果多的树发病重，大果比小果发病重。

3. 结果部位对果实贮藏能力的影响

在同一棵树上，不同部位的果实，其大小、颜色、化学成分及贮藏能力都有明显的差异。生长在树冠的内部、下部及北面（阴面）的果实，光照不足，色泽不艳，风味不佳，贮藏能力低，相反生长在树冠的外部、上部及南面（阳面）的果实，光照充足，色泽鲜艳，风味佳良，耐贮藏。

从结果和贮藏的情况来看，被树叶遮盖的果实与直接受阳光照射的果实相比较，一般来说：干物质、总酸和还原糖的含量低，而总氮含量比较高。所以在普通窖以及低温冷藏库中，被树叶遮盖的果实腐烂率和发病率都比直接受阳光照射的果实高。就是在同一棵树上，顶部外围的果实，汁液中可溶性固形物的含量高，内膛果实汁液中的可溶性固形物的含量低。

4. 果实大小对贮藏能力的影响

一般来说，同一种类、品种的果实，大果实不如中等大小的果实耐贮藏。如个头大的国光苹果比个头小的容易发生虎皮病。苹果梨个头大的比个头小的容易患黑心病。

二、农业技术因素

主要指土壤、肥料、水分的管理。

1. 土壤

土壤的类型不同，理化性质及厚度不同，它影响到根系分布的深浅，果实的结果多少和品质的好坏及贮藏能力。

不同种类、品种果蔬，对土壤的要求不同。如：苹果适宜在质地疏松，通气良好，富含有机质的中性到酸性土壤中生长。在疏松的土壤上生长的苹果，当水分的供给受到限制时，比粘质土壤生长的苹果成熟早，口味甜，颜色好。比如说，在砂土上生长的苹果，水

分的供给不正常时，则会使果蔬对营养元素的吸收不平衡。一般钾很容易从砂土中吸收，树叶中钾、镁的含量与钙相比增高时，即钙素不足，容易发生苦痘病。如蔬菜中的甘蓝，就适宜于高钙的土壤中，蛋白质含量高，沙土中纤维素和抗坏血酸含量高，因而耐贮藏。

2. 肥料

肥料对果蔬的颜色、成熟度、风味都有影响。比如硝态氮肥施的过量，果实的颜色差，硬度、糖、酸的含量下降，贮藏中容易发生生理性的病害。因此，贮藏的果蔬要少施氮肥。磷跟果品中蔗糖的合成有关。钾跟淀粉的积累有关，钾多着色好，钾少容易发生病害。钙能使果蔬的组织坚硬，缺钙容易发生苦痘病，锌能提高护坏血酸和叶绿素的含量。

3. 水分

土壤中水分的供给状况是影响果树生长、大小、品质及其贮藏能力的重要因素。因此，灌水要做到：

(1) 灌水要适度。一般来说：增加灌水量可以提高果蔬的产量，其个头大，含水量增高，但相对糖的含量降低，耐贮藏的能力下降。因此，在丘陵山地灌水少的果园，尽管它的产量低，但果实的风味浓、糖分高、耐贮藏。科学研究及生产实践表明：苹果在降雨多的年份，苦痘病的发病重，相反降雨量少的年份，干旱的年份发病就轻。当然水分不仅是果蔬增产的因素，而且是果蔬品质的调节因素。如果土壤中的水分供应不足，果蔬过早会停止增大，影响其产量，最终影响果农、菜农的经济效益。因此，水分的供给要根据果蔬的不同种类、品种及生长的不同季节适时灌水，既要保证其产量，又要能够提高其品质和耐藏性。

(2) 防止采前灌水。如果采前灌水，会大大降低果蔬的品质。比如晚熟的苹果（国光）还容易裂果，番茄、西瓜也容易裂果，这会给果蔬的贮藏和运输造成困难。

三、生态因素（气象及地理条件）

1. 气象因素

(1) 温度：在热的条件下，适宜于糖分的积累，凉爽的情况下，有利于酸类和抗坏血酸的积累。同时昼夜温差的大小跟糖分的积累也有关系。昼夜温差大，白天光合作用强，合成的糖分多，而夜间温度低，呼吸作用弱，有利于营养物质的积累；相反，如果昼夜温差小，白天的光合作用弱，合成的糖类少，夜间的温度高，呼吸作用强，不利于营养物质的积累。

(2) 光照：光照的时间、强度、光质等都影响果蔬中化学成分的含量。如：苹果在良好的光照条件下，花芽分化好，果实上色早，品质佳，耐贮藏。实践证明，光照特别跟维生素 C、色素的形成有关。维生素 C 含量、色素的形成都与接受阳光照射的多少成正相关。在晴天多旱的年份，果实的品质，色泽都好，耐藏性也增强。一般来说，陆地栽培的果蔬维生素 C 的含量比保护地的要高。相反，缩短日照的时间，维生素 C、色素的形成都会减少。

(3) 降水量：降雨量的多少和降雨的时间，对果蔬的贮藏能力影响很大。一般来说，多雨的年份，特别是秋季阴天多雨，果蔬糖的含量降低，酸含量增加，味淡，颜色及香味差，成熟期延迟，不耐贮藏。同时，降雨量过多，会产生裂果的现象。如：晚熟的苹果、西瓜、西红柿等。

（4）空气湿度：一般指空气的相对湿度（相对湿度=绝对湿度/饱和湿度×100%。饱和湿度：同体积、同温度的空气达到饱和时所需要的水蒸气量）。如果果蔬在生长的后期，空气的相对湿度太高，会使果蔬的糖酸含量降低，对真菌的生长有利，容易造成果蔬腐烂率的增加。但如果空气的相对湿度太低，导致果蔬水分的蒸腾加强，尤其对果品，在幼果时期加上温度较高，就容易引起大量的落果。

2. 地理因素

果蔬贮藏性主要取决于纬度和海拔高度。一般来说，海拔高，日照强，特别是紫外线增多，昼夜温差大，有利于果蔬花青素的形成和糖的积累。因此，在山地、高原生长的果实，色泽、风味和耐藏性都好。所以在海拔不超过1400米时，海拔越高，成熟度、着色都比较好。假如海拔超过1400米时，果实就不能成熟。在高纬度生长的果实，其保护组织比较发达，体内有适宜于低温的酶存在，适宜在较低的温度下贮藏。

高山的果品耐藏性比低洼的要好的原因是：

这与它们的成熟期有关。一般果品的可采成熟度和食用成熟度为7~10天，而山地就可以增加到20天左右。延长了果实的生长期和生活期，营养物质增加，细胞数目增多，并且具有大的细胞，果实的呼吸作用弱。同时海拔高的山地，保护组织也比较发达。所以，山地果品耐贮藏（见表2-1）。

表2-1　**不同海拔高度糖含量比较**

以糖的含量比较	糖（占干重）
高山	77.7%~88.4%
低洼	63.7%~70.3%

第二节　果蔬中的化学成分与贮藏

果蔬是由许多化学物质构成的。不同的品种、不同的栽培条件其果蔬中所含的化学成分有差异，在贮藏中的耐贮藏性也有差异。

果蔬中的化学成分分为两大类：水分和干物质。其中含量最高的化学成分是水分。一般果品的含水量为70%~90%，蔬菜的含水量为75%~95%，平均为：70%~95%。干物质又可根据溶解性分为水溶性和非水溶性干物质。水溶性的干物质与水分结合形成汁液部分，称为可溶性固形物（5%~18%）。非水溶性的形成固体部分，称为不溶性固形物（2%~5%）。

果蔬耐不耐贮藏主要看干物质的含量，干物质的含量跟耐藏性成正相关关系。

可溶性物质：糖、有机酸、果胶、含氮物质、部分矿物质、水溶性维生素和水溶性色素。

非水溶性物质：纤维素、半纤维素、原果胶、淀粉、脂肪、色素、有机盐、部分矿物质和芳香物质。

一、水分与贮藏

1. 为什么果蔬中的水分不易流出？

因为果蔬中的水分不易流出有两种力的作用：

A. 氢键作用。B. 胶体结合水（蛋白质、淀粉、糖等的结合）等两种力的束缚。

2. 果蔬中水分的存在形式

果蔬中的水分有两种存在形式：A. 束缚水：果蔬冻结时不结冰。有的在-75℃时都不结冰，因此，不能作为溶剂。

B. 自由水：自由水可以结冰。在果蔬贮藏中水分的移动，蒸腾作用，水解反应都是自由水。同时冷害和冻害也是自由水。

3. 水分在果蔬中的重要作用

水分在果蔬的生命活动中具有很重要的作用。因为水是果蔬原生质的重要组成部分。水的充足与否，决定着原生质的活动状态，水也是果蔬体内多种物质转化的媒介和载体，没有水，物质的转化将停止，果蔬就生存不了，水分是决定和影响果蔬鲜度、嫩度和风味的重要因素。但是，如果果蔬的含水量高，水又是致其腐烂，难以贮藏的重要因素之一。

二、干物质与贮藏

干物质（碳水化合物）对果蔬的组织结构有很大的作用，也是供给人体能量的最好食物。一般来说，果品中的碳水化合物较多，在蔬菜中含量较少。

1. 糖类

糖是果蔬甜味的主要来源。

（1）糖的作用：它决定着果蔬的风味、品质、营养价值和贮藏性。因此，糖是贮藏中主要的呼吸基质，并为果蔬的呼吸作用提供能量。

（2）果蔬中存在的糖：它包括果糖、蔗糖、葡萄糖，还有少量的半乳糖和甘露糖等。其甜度由强到弱的顺序为：果糖、蔗糖、葡萄糖、半乳糖、甘露糖。

（3）糖类在果蔬中的含量：仁果类、核果类以蔗糖为主，浆果类以葡萄糖和果糖为主，西瓜以果糖为主，甘蓝以葡萄糖为主，洋葱以甘露糖醇为主。同时，早熟品种比晚熟品种含糖量低。

（4）决定果蔬甜味的因素：果蔬的甜味大小与糖的总含量有关，也与含糖的种类有关，同时还受其他物质如酸、单宁的影响。

（5）果蔬风味的评价：在评定果蔬风味时常用糖酸比来表示。比值越大，口味越甜，比值越小，酸味越强。

（6）糖在果蔬贮藏中的变化：在果蔬的贮藏中，糖分的变化总趋势是含量逐渐减少。贮藏愈久，口味愈淡。但也有例外，有些含酸量较高的果蔬，经过一段时间的贮藏后，口味变甜，其原因之一是含酸量的降低比含糖量的降低更快，引起糖酸比值增大，但实际上糖的含量并未提高，如国光苹果。同时果蔬中的糖也是贮藏中微生物的营养物质。

2. 淀粉

在未成熟的果蔬中含量比较多。如苹果在成熟期间，一开始淀粉的含量可达12% ~16%，当果蔬逐渐成熟时，淀粉开始水解转化为糖，含量逐渐降低，使甜味增加。在采收时仍含1% ~2%的淀粉。经过贮藏后才完全转化成糖，淀粉遇到碘变蓝，根据蓝色反应，可观察淀粉存在的部位、大体的含量来确定果蔬的成熟度和贮藏状况。

3. 有机酸（酸味）

酸味是影响果蔬风味的重要因素。果蔬中的酸主要有苹果酸、柠檬酸、酒石酸，此外还有绿原酸、草酸、琥珀酸等。

下面重点介绍两种常用的酸：

（1）柠檬酸（3羟基-3-羧基戊二酸）。它因存在于柠檬、柑桔中而得名。

特点：为无色透明的结晶，有强酸味，久置容易风化，也容易吸湿而形成结晶。

工业上的制备：用葡萄糖、麦芽糖或糊精在黑曲霉的作用下，进行发酵，再从发酵液中分离出柠檬酸。用丙酮也可合成柠檬酸。

作用：柠檬酸的酸味爽快可口，广泛用于清凉饮料、水果罐头、糖果、果酱和配制酒等。由于柠檬酸的性质较为稳定，适宜于配制粉末果汁，还可以作抗氧化剂的增强剂。

（2）酒石酸。它在自然界中以钙盐或钾盐的形式存在。广泛存在于植物中，尤其在葡萄中含量最多，酒石酸为无色透明的柱状结晶或粉末，有强酸味，并稍有涩味。

工业制备：多以贮存葡萄酒酒桶沉淀的酒石作原料。

作用：其酸味约为柠檬酸的1.3倍，其用途与柠檬酸相似，易溶于水，适用于制作起泡性饮料和配制膨胀剂。

除了以上介绍的两种酸在果蔬中存在，还有其他种类的酸如：苹果以苹果酸为主，桃、梨、杏以苹果酸、柠檬酸为主。番茄以苹果酸、柠檬酸为主，菠菜以草酸为主。不同的果蔬在成熟过程中酸的变化是不同的，有些酸的下降是直线形的，有些是起伏形的。

在果蔬中一般来说，靠近果肉表皮的酸比较多，幼嫩果实中的酸比成熟果蔬中的酸要多。同时不同的地区酸分的含量也不同，日照时数多含酸就比较少。对同一棵树上的果实，叶果比大，酸的含量也大，去叶后酸的含量就减少。高温时酸的氧化快，积累少，低温时积累多。果蔬在成熟时如果遇到低温多雨的天气则糖少酸多，糖酸比下降。在贮藏中有机酸也是果蔬重要的呼吸基质，氧气充足有机酸的消耗就比较多。

4. 纤维素、半纤维素

纤维素和半纤维素是构成果蔬细胞壁的重要组成成分。细胞的弹性、伸长性都与纤维素有关。

作用：纤维素不参与人体内的代谢作用，但有利于人体的消化吸收，对肠的蠕动也有重要作用。复合纤维素（木质素、栓质等结合在一起）具有耐酸耐氧化的作用，对运输和贮藏有利。但是在果蔬中如果纤维素和半纤维素的含量多，说明果蔬不成熟，食用的果蔬以纤维素含量较少为好。半纤维素在果蔬的贮藏中起着支持作用。有些梨（如兰州的冬果梨）含有较多的纤维素，质地粗糙。石细胞就是由纤维素和半纤维素的细小厚壁细胞聚积而成，形态似砂糖，吃时感到坚硬，影响果蔬的品质。

5. 果胶

果胶物质是果蔬中普遍存在的多糖类高分子化合物，是构成细胞壁的主要成分，也是影响果蔬软硬或发面的重要因素。

果胶的结构式为：D-吡喃半乳糖醛酸以 a-1，4 苷键结合的长链。

（1）果胶物质的存在：果胶物质主要存在于果实、块茎、块根等植物器官中，果蔬的种类不同，果胶的含量和性质也不同，水果中的果胶一般是高甲氧基果胶，蔬菜中的果胶为低甲氧基果胶。在果蔬中果胶的含量越大，果胶的分子量越大，甲氧基的含量越高，其胶凝作用越好。果品中含量最多的是山楂（6.4%），蔬菜中含量最多的是胡萝卜（8%～10%）。

（2）在植物体内的果胶物质，通常有三种状态：

①原果胶：为细胞壁中胶层的组成部分，不溶于水。常与纤维素结合，所以称果胶纤维素。在植物的细胞间具有粘结作用，能影响组织的强度和密度。

②果胶：存在于细胞液中，可溶于水，失去粘结作用，细胞松弛。

③果胶酸：可溶于水。

果蔬在成熟和贮藏加工期间，其体内的果胶物质不断地变化，可简单地表示如下：

原果胶（条件：成熟阶段、果胶酶）→纤维素与果胶

果胶（过熟阶段、果胶酶）→甲醇和果胶酸

果胶酸（过度成熟、果胶酸酶）→还原糖及半乳糖醛酸

6. 单宁物质

它是多酚类化合物的总称。

（1）单宁的存在：存在于大多数种类的树体和果实中，果品中含量最高的是柿子。在蔬菜中一般含量极少，但对蔬菜的食用和加工品质有一定的影响。

（2）单宁的性质：易溶于水，有涩味，能氧化生成暗红色的根皮鞣红。马铃薯、苹果等在去皮或切碎后在空气中变黑就是这种现象。这种现象是由于酶的活动所引起的，所以称为酶褐变。要防止这种变化，就要从单宁含量、酶（氧化酶、过氧化酶）的活性及氧的供给三个方面考虑。

单宁含量高则变色快，所以作为加工的果蔬，应选择单宁含量少的果蔬品种。

单宁遇铁变为墨绿色，遇锡变为玫瑰色，所以加工时不能用铁、锡等器具。

单宁与碱作用很快就会变黑，因此，果蔬用碱液去皮后，要及时洗去碱液。

单宁在贮藏中的变化：果蔬受伤或染病后，在受伤和感染部分可以看到有大量的单宁物质积累。这是因为单宁在酶的作用下氧化成醌的黑色聚合物，微生物在醌聚合物的影响下死亡。由此可见，单宁物质的存在与果蔬的抗病性有关。

7. 芳香物质（挥发油和油脂类）

挥发油又称油精，属于芳香类物质，存在于植物的各个器官中，是果蔬具有香味和其他特殊气味的主要来源。果蔬中的香味来源于各种不同的芳香类物质。在果蔬中挥发油含量很少（如萝卜为 0.03%～0.05%，大蒜为 0.005%～0.009%，洋葱为 0.037%～0.055%），但有挥发性，所以特别香，可以增进风味，提高食品的可消化率。精油提取制品应用于食品和其他制品工业。

芳香物质的特性：

（1）芳香物质的种类很多，化学结构复杂，往往是由几种化合物混合而成。一般为醇类、酯类、醛类、酮类、烃类等。如萝卜中的芳香物质存在于根部，洋葱的芳香物质存在于茎部。

（2）芳香物质不仅使果蔬有香味，而且能够刺激人们的食欲，有助于人体对其他营养成分的吸收。

（3）大多数的挥发油都具有杀菌作用，有利于加工品的保藏。如腌制蔬菜时，普遍地使用香料，一方面可以改善风味，另一方面是为了加强保藏性。同时有些挥发性物质如苯甲醛氧化成苯甲酸（食品保藏的防腐剂），具有杀菌力。

油脂类：是不挥发的油分和蜡质。油脂主要存在于果蔬的种子中，如南瓜籽含油量为34%～35%，西瓜籽为19%，除了种子外，果蔬的其他部分一般含量很少。

果蔬的表面往往会生成一种蜡质，果面、叶面都有，一般称为蜡被或果粉。蜡质的形成加强了果蔬外皮的保护作用，减少水分的蒸发，病菌不易侵入，增强果蔬的耐藏性。

8. 色素物质

果蔬呈现各种颜色，是由于各种色素的存在。

色素：是指果蔬中能够显示各种颜色的物质。

各种色素随着成熟期的不同及环境条件的改变而有各种变化。色素物质可以决定果实的成熟度。因此，在加工的过程中，要尽量防止果蔬的变色，使天然的原色能够很好地保存。

果蔬的色泽是人们评价果蔬产品感官质量的一个重要因素，搞清楚果蔬中存在的色素及其性质，是果蔬在加工、保藏中为保持其色泽和防止变色所采取的各项技术依据。

色素的来源：果蔬呈现的各种颜色主要来源于果蔬中天然色素和人工色素。果蔬不同颜色的形成是由于所含色素的种类和数量的差异，以及色素之间相互影响的结果（见表2-2）。

表2-2 **果蔬不同色素之间相互作用的结果**

基本色	红色	黄色	蓝色
二次色	红+黄=橙	黄+蓝=绿	红+黄=橙
三次色	橙+绿=橄榄色	绿+紫=灰	紫+橙=棕褐

植物色素=水溶性色素+非水溶性色素

水溶性色素=花青素+花黄素

非水溶性色素=叶绿素+类胡萝卜素（能溶于有机溶剂）

（1）花青素：

①性质：溶解于水中，以甙的形式存在。在酸性中为红色，在中性中为紫色，在碱性中为蓝色。

②存在：一般存在于果蔬的表皮及果肉中，表现为红紫色，如苹果、草莓等的红色就是花青素。据研究，果实内产生乙烯，能促进花青素的形成，所以在采前喷洒乙烯有明显的增色作用。

（2）花黄素（黄酮类物质）：颜色居于黄颜色和白颜色之间，微溶于水，如辣椒中就含有。

（3）类胡萝卜素：是胡萝卜素、叶黄素、隐黄素、番茄红素的总称。它们的颜色由黄到橙红，属于非水溶性色素。如胡萝卜的橙红色属于胡萝卜素。柑桔、柿子、杏子、黄肉桃等所表现的橙黄色属于类胡萝卜素的颜色。

（4）叶绿素：是由叶绿酸、叶绿醇和甲醇三部分所组成的生物体。叶绿素是存在于植物体内的一种绿色的色素，它使蔬菜和未成熟的果实呈现绿色。

在许多果蔬的成熟以至衰老的过程中，由绿色转为黄色的变化非常明显，因而常被用来作为果蔬成熟度和贮藏质量变化的标志。

9. 维生素

维生素在人体的营养上很重要，是人体维持生命活动所需要的天然物质，对人体的正常代谢起着重要作用，同时参与人体内的氧化还原反应。

果蔬中主要含的维生素是维生素 A、维生素 B_1、维生素 B_2、维生素 C、维生素 P 等几种。其中维生素 C 的作用在概述中已阐述，现主要讲维生素 A。植物体内本身不存在维生素 A，只含有胡萝卜素，胡萝卜素被人体吸收后，可以在肝脏中水解而生成维生素 A。

维生素 A 的功能：能促进人体正常的生长，保护眼睛和皮肤，加强人体对疾病的抵抗能力。

维生素 A 缺乏：儿童易患软骨病，成年人则有明显的夜盲症。

维生素 A 存在：胡萝卜、萝卜。

维生素 A 性质：在贮藏加工中，耐高温，但在加热时遇到氧容易氧化，在碱性溶液中比在酸性溶液中稳定，罐藏能很好地保存，烫漂和杀菌均无影响。干制时易损失，尤其是长时间干制损失多。

10. 酶

果蔬在贮藏加工过程中，化学成分在不断变化，引起这些变化的原因是果蔬中各种酶所进行的催化作用的结果。在新鲜果蔬的细胞中，所有生物化学作用都是在酶的参与下进行的。酶控制着整个生物体的代谢作用强度和方向。新鲜果蔬的贮藏能力与它们代谢过程中的各种酶有关。在果蔬贮藏过程中，酶也是引起果蔬品质变坏和营养成分损失的重要因素。各种果蔬中的水解酶在细胞中从吸附状态转变为水溶性状态，是由于酶所吸附的胶体发生变化的结果。比如果实遇到机械伤害、萎蔫、病害、病菌侵染以及不适宜的低温刺激等作用，都能引起酶所吸附的胶体发生变化，使果实中水解作用加强，加速其后熟作用，从而降低贮藏能力。

果蔬中的酶是多种多样的，其中主要的是水解酶、氧化酶、还原酶等，合理掌握这些酶的规律，是果蔬贮藏加工中进行各种处理的理论基础。

第三节　果蔬的呼吸作用

果蔬的变质是指果蔬在贮藏的过程中，必然会发生内部营养成分的分解和变化，进而引起果蔬色、香、味和营养价值的降低，果蔬的质量下降，超过一定的期限，致使果蔬腐败而丧失其营养价值，这个变化称为果蔬的变质。

引起果蔬变质的原因有五种：微生物作用，酶的作用，氧化作用，呼吸作用和机械损伤。

呼吸作用是指生活的植物细胞，在一系列酶的参与下，经过许多中间反应进行的生理氧化还原过程，把体内的复杂物质分解为简单的物质，同时释放出能量。

一、呼吸作用与果蔬贮藏

从消耗呼吸底物的角度看，呼吸作用是消极的，所以在贮藏中要求尽量降低果蔬的呼吸强度，以节约呼吸底物的消耗。

1. 果蔬贮藏时的生理特点

（1）果蔬不是自然脱落，而是具有一定的采后目的。不同的发育阶段根据经济目的进行采收。

（2）采后的果蔬仍进行生命活动，继续完成它的生活史。

（3）自己成为一个独立的系统，采后要进行一些生理性的变化。

贮藏要保持它的经济价值。如果采后的呼吸作用比较强，那么会导致果蔬的寿命缩短，机械强度降低，容易腐败。

2. 果蔬贮藏保鲜的特性

（1）贮藏保鲜的任务：要尽量减少损失，保持果蔬的品质和数量。

损失包括自然损耗和烂耗。

自然损耗：由果蔬本身的生理活动所造成的，主要指质量，如失重、水分损失。

烂耗：主要是由微生物的作用而造成的。

（2）贮藏保鲜的特点：依靠本身的新陈代谢机能，来保持它本身的耐藏性和抗病性，提高防腐变质的能力。

耐藏性：果蔬在一定的时期内，保存它的优良品质，减少损耗的能力。损耗：干物质消耗。

抗病性：果蔬能够阻止微生物的侵入和抵抗发病腐烂的能力。

耐藏性与抗病性的关系：是相互依赖、相互联系的。耐藏的一定抗病，抗病的并不一定具有耐藏性。

（3）贮藏保鲜的原则：

①要维持果蔬的生命。

②维持正常缓慢的生理过程。

③正常的生理过程越慢越好，维持到最低限度。

（4）贮藏保鲜好坏的标志：

①贮藏的对象是否耐藏抗病。

②营养物质的积累和贮藏消耗。

③果蔬对环境的适应性，果蔬衰老的快慢。

④在病害侵染时的抵抗能力。

3. 呼吸同贮藏的关系

呼吸旺盛对贮藏是不利的，是消极作用，因此要降低贮藏果蔬的呼吸强度。果蔬的呼吸有两条途径：磷酸戊糖途径。三羧酸循环。在呼吸的途径中呼吸可以合成新的物质，通过中间产物把各种物质联系起来，可以提高果蔬的耐藏性和抗病性。同时各种代谢具有区域化，糖酵解在细胞质中，三羧酸循环在线粒体中。如果果蔬受到损伤，各种代谢具有的区域化就会出现紊乱，生理失调，发生生理性的病害，同时病害也是造成耗损和腐败的主要原因。

病害有两种：生理性病害和侵染性病害。

生理性病害：可以通过农业技术措施来防止。

侵染性的病害：是由微生物和病毒所造成的。通过三个步骤来实现：A. 病原菌寄生在果蔬的表皮。B. 菌丝穿入到内部去。C. 吸收果蔬内的营养物质，生长、繁殖、扩大侵染。毒素中最活跃的是水解酶类，溶解细胞壁的中胶层，使得真菌的菌丝容易侵入。

4. 呼吸作用对果蔬贮藏有利方面的表现

能维持果蔬的生命活动，增强对病害的抵抗能力。

5. 呼吸作用对果蔬贮藏不利方面的表现

呼吸会引起对水分、糖、酸、维生素等营养物质的消耗，导致重量减轻和组织衰老，放出热量和二氧化碳而改变贮藏场地的环境条件，反过来又影响果蔬的贮藏状况等。因此，在果蔬的贮藏中合理控制果蔬的呼吸作用，消弱它的有害影响，利用它的有利作用，就成为制定管理措施的重要理论依据。

二、呼吸类型

果蔬的呼吸有两种类型：有氧呼吸和缺氧呼吸。

1. 有氧呼吸

它是在氧的参与下，果蔬中的呼吸基质淀粉转化为糖，糖进一步分解成为丙酮酸，再分解成为二氧化碳和水，并放出较多的能量。反应方程式如下：

$$C_6H_{12}O_6+6O_2 \rightarrow 6CO_2\uparrow+6H_2O+\text{能量}$$

2. 缺氧呼吸

它是指在缺氧的条件下进行，此时的呼吸基质如淀粉、糖类等不是被彻底氧化，而是产生各种分解不彻底的产物。如酒精、乙醛、乳酸等。缺氧呼吸也占有一定的比重。反应方程式如下：

$$C_6H_{12}O_2 \rightarrow 2C_2H_5OH+2CO_2\uparrow+\text{能量}$$

缺氧呼吸的重要性：果蔬在不良的条件下，所形成的一种适应环境的能力，保持果蔬在缺氧的条件下，也能维持其生命活动。

3. 呼吸要防止某些物质的过多消耗

果蔬在呼吸的过程中，首先主要消耗的原料是糖，其次是淀粉、蛋白质、有机酸等。但是在氧气供应不足的情况下，首先利用的是含氧较多的有机酸作为呼吸材料，这样会改变果蔬特有的糖酸比，有损果蔬的风味和品质，所以在贮藏的过程中应尽量避免某些物质的过多消耗。

三、呼吸强度和呼吸（熵）系数

1. 呼吸强度

呼吸强度是指在单位时间内，单位植物的材料（干重、鲜重或面积）所放出的二氧化碳重量或吸收氧气的重量。单位为二氧化碳或氧气 mg/kg・h。

呼吸强度只衡量呼吸作用的数量水平，并不反映呼吸作用的性质。

呼吸强度可以用来判断果蔬的贮藏性能：果蔬在贮藏中呼吸强度增加，将过多的消耗贮存的养料，加速衰老过程，缩短贮藏寿命，所以果蔬的呼吸强度大小可以作为衰老速度的标志。但也不能无限度地抑制果蔬的呼吸强度。因为呼吸强度降低到一定范围，果蔬正常的生理活动受到破坏，产生生理机能的障碍，会更加缩短贮藏的寿命，也降低了对病害的抵抗能力，引起果蔬的腐烂变质。

2. 呼吸系数（呼吸熵、呼吸率）

呼吸系数是指在呼吸的过程中放出的二氧化碳和吸收氧气的比值。（CO_2/O_2）代号为 RQ。

RQ 的特性：用 RQ 的大小可以用来判断果蔬贮藏中呼吸作用的性质，从而推测出它们的生理活动和对贮藏环境条件的适应情况。因为根据呼吸熵，可以推知呼吸基质，呼吸进行的程度。如果 RQ＝1，呼吸基质是糖；如果 RQ ＞ 1，呼吸基质是有机酸；如果 RQ ＜ 1，呼吸基质是单宁、脂肪、蛋白质等。含氧物质少，分解不彻底，分解生成的二氧化碳进行了物质的合成，同时呼吸熵的影响也跟含量物质的溶解性和扩散性有关。

另外，在果蔬的成熟过程中，呼吸系数也是不断变化增加的，这是因为随着果蔬的成熟，其表皮结构的透性降低，组织中二氧化碳的积累增加，氧的浓度降低，这时的呼吸系数往往大于 1，这也是正常的现象。

根据研究，随着果蔬的成熟，乙醛和乙醇的含量随着成熟度的提高而增加，因此，还可以配合呼吸产物如微量酒精的测定来判断果蔬呼吸作用的性质。

总的来讲，呼吸要消耗底物，呼吸也是失重的重要原因之一。如：甘蓝自身积累的是 304 千卡，释放到体外去的是 370 千卡，呼吸热是需要排出的部分，在贮藏中呼吸热是不利因素，要尽量排除。

3. 呼吸的保护作用

（1）果蔬中的各个变化过程，比较容易维持组织内的分解过程和氧化过程的协调平衡，可以调节生理失调，正常的条件下是这样，不是正常的条件下更是这样。

（2）造成机械创伤或者受到病原微生物侵害时，能够激发氧化过程，构成新的细胞和物质的合成，加速修补被破坏的组织。在病菌侵入点形成壁垒（防止病菌侵入），或者在受到损伤的部位和它的周围地方积聚有毒物质（植物保护素），如：咖啡酸、绿原酸等都是植物保护素。酚与醌相比较，毒性更大，形成坏死环，局部保护整体。

（3）激发的氧化过程，有利于分离、水解、分解消弱病原菌分离的毒素，有利于防止侵染的活动。

4. 影响呼吸强度的因素

果蔬在贮藏过程中，呼吸强度与果蔬的营养物质消耗过程是紧密联系的。也就是说，呼吸强度越大，所消耗的营养物质就越多。因此，在不妨碍果蔬正常生理活动的前提下，尽量降低果蔬的呼吸强度，减少营养物质的消耗，是关系果蔬贮藏成败的关键。为了搞好果蔬的贮藏，控制适宜的呼吸强度，就必须了解影响果蔬呼吸强度的有关因素。

（1）种类和品种（内在因素）

①营养生殖器官的呼吸强度比较大，也就是说叶菜类的呼吸强度最大，果菜类次之，长成的直根、块茎、鳞茎类相对较小。这是因为植物的不同器官有着不同的新陈代谢方式和强度，叶是主要的同化器官，叶片的细胞间隙很发达，气孔多，各种代谢的过程都非常活跃，呼吸作用旺盛，并且RQ值接近于1。绿叶的菜类就是这种情况，在叶片中测定氧的含量多。相对洋葱的鳞茎和马铃薯的块茎中氧的含量比较少，有时处于休眠状态，所以呼吸强度小。在种类中，菠菜具有极高的呼吸强度（269.8CO_2mg/kg·h），甘蓝具有极低的呼吸强度（91.5CO_2mg/kg·h）。一般来说，早熟品种果蔬的呼吸强度大于晚熟品种，夏季成熟的果实比秋季成熟的果实呼吸强度大，南方生长的果实比北方生长的果实呼吸强度要大，浆果类果实的呼吸强度大于仁果类和柑桔类果实。但是个别蔬菜品种也有例外，如马铃薯尽管它的晚熟品种的呼吸强度比较大，但它的耐藏性仍然比较强（见表2-3）。

表2-3 **马铃薯在5℃下贮藏呼吸强度的变化**

品种熟性	呼吸强度（CO_2mg/kg·h）
早熟品种	2.8
中熟品种	3.9
晚熟品种	5.9

耐藏性强的品种跟耐藏性弱的品种比较：是因为前者生长期长，单位体积所含的细胞数目少，呼吸作用低，氧化系统比较强，这就是虽然它的呼吸强度较高，但能保持较大的有氧呼吸比重，缺氧呼吸比重小，并且在不良的环境条件下仍能保持比较正常的呼吸代谢。

②发育年龄和成熟度。在植物的个体发育和器官发育过程中，幼龄时期呼吸强度最大，随着年龄的增长，呼吸强度逐渐下降，呼吸系数则有所增加。这是由于幼龄时的果蔬呼吸旺盛、保护组织不发达、细胞间隙大、容易进行气体的交换，随着年龄的增加，保护物质逐渐形成，细胞壁的中胶层溶解，组织间充满水，细胞间隙减小，阻碍了气体的交换，就使得呼吸强度下降，呼吸系数升高。

③个体的大小。小个的马铃薯呼吸强度比大个的要大。因为小个的品种在同样的单位

体积内和空气的接触面积比较大。

（2）外界因素

①贮藏温度。温度是影响呼吸作用最重要的环境因素。果蔬贮藏时，在一定的温度范围内，温度降低，果蔬的呼吸强度越缓慢，酶的活性降低，物质消耗减少，贮藏时间相应延长。

在果蔬贮藏中，温度对于影响果蔬呼吸和乙烯的变化，是一个极为重要的因素。在一定的温度范围内，果蔬呼吸高峰所经历的时间随温度的升高而缩短，但高温下的呼吸高峰点比在低温下的高峰点大数倍。如黄瓜在不同贮藏温度下的呼吸变化有明显的差异（见图 2-1）。5℃的影响可能是由于冷害的原因。不同果蔬在贮藏中具有特殊的临界温度，在此温度以下，即产生冷害。图 2-1 表明，黄瓜贮藏在 15～30℃四个温度中，呼吸率是逐渐下降的。在高温中比在低温中下降得快，而在高温中的呼吸高峰点比低温中呼吸高峰点也大得多。

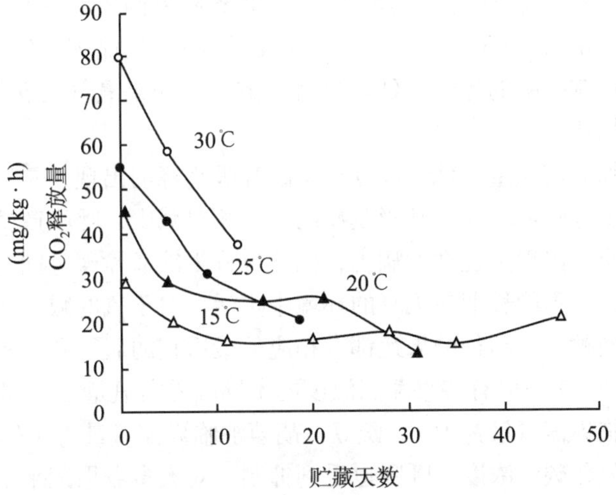

图 2-1　黄瓜在不同温度贮藏下呼吸变化

（引自耶尔马科夫和阿拉西莫维契等，1961）

在果蔬的贮藏中不是说忍受的低温越低越好。果蔬对低温的忍受是有一定的限度。不同的种类、品种的果蔬，对低温的适应性各不相同。温度过高或过低都会影响果蔬正常的生理活动。贮藏中呼吸对温度具有三基点的要求：最适 35℃，高于这个温度酶变性，氧的含量不够，二氧化碳积累多，容易引起二氧化碳伤害。低于 35℃以下，随着温度的升高，呼吸增强，对贮藏不利，但温度过低（低于 0℃以下）会造成冷害或冻害。适宜的低温尽可能使果蔬不受到生理损害，而此时的温度就是最低适宜温度。

所以在贮藏中，应根据果蔬种类和品种的特性，控制适宜的低温（见表 2-4、表 2-5），使果蔬既能正常生活，又能最大限度地降低物质消耗。同时在贮藏中应尽可能避免温度波动，因为温度波动能引起呼吸升高。

表 2-4 **果品贮藏的适宜温湿度**

品种		苹果	杏	草莓	葡萄	桃	梨	柿子	李
贮藏温度（℃）	最低	-1	-0.6	0	-1	-0.6	-2	-1	-0.6
	最高	4	0		0	0	-0.6		0
相对湿度（RH%）		90	90	90～95	90～95	90	90～95	90	90～95

表 2-5 **蔬菜贮藏的适宜温湿度**

品种	绿熟番茄	黄瓜	南瓜	青豌豆	萝卜	马铃薯	菠菜
贮藏温度（℃）	10～12	10～13	3～4	0	1～3	3～5	-6～0
相对湿度（RH%）	80～85	85～90	70～75	80～90	90～95	80～85	95

②空气成分。它是影响呼吸作用的另一个重要环境因素。一般空气中氧的含量为21%，二氧化碳的含量为0.03%，其余为氮气及微量的其他惰性气体。如果降低空气中氧的含量，就可以抑制果蔬的呼吸，延迟果蔬的成熟。如果氧气的含量越大，呼吸增强，对果蔬的成熟大大加快。

每种果蔬都有临界需氧量。低氧能延迟果蔬呼吸高峰的出现，氧气含量过低，又会促进缺氧呼吸，表现出呼吸熵增大，呼吸基质的消耗相对减少，呼吸产生不彻底的产物，积累酒精、乙醛等物质，出现生理性的病害，因此也称为缺氧障碍。同时，果蔬的呼吸作用是缓慢的氧化作用，它不能长期在无氧的环境中生活，对于氧的减少或二氧化碳的增加都不是无限制的。不同种类、品种的果蔬都有相应的最适宜的氧气和二氧化碳浓度。果蔬大部分的临界需氧量为2%，但有些果蔬因温度的不同临界需氧量是不同的。如温度为20℃时，菠菜、菜豆的临界需氧量为1%，豌豆、胡萝卜临界需氧量为4%。

空气中增加二氧化碳的浓度，呼吸也受到抑制。对大多数果蔬来说，比较合适的二氧化碳浓度为1%～5%。二氧化碳的浓度过高又会造成中毒。这是由于二氧化碳浓度过高，抑制呼吸酶的活性，从而引起代谢失调，造成二氧化碳中毒，它的危害甚至比缺氧障碍更严重。

所以在贮藏中控制气体的浓度，把果蔬的呼吸消耗降低到最低限度，就能延长果蔬的贮藏寿命。

③机械损伤和微生物的感染。受到机械伤害的果蔬，如：刺伤、压伤、摔伤、虫伤等，呼吸作用加强，这不仅降低了果蔬的质量和销售等级，也影响果蔬的贮藏寿命。果蔬受伤的部位内部组织和空气直接接触，乙烯的合成加强，酶的活性受到破坏，引起生理上的包围反应。如番茄的水渍状、黄瓜的陷斑等。同时受到伤害的果蔬给微生物侵染打开了门户。微生物在果皮上生长、发育，更加促进了呼吸作用的进行，不利于贮藏。所以在果蔬的采收、分级、包装、运输和贮藏等各个环节中应尽量避免果蔬受到机械损伤。

④空气湿度。贮藏环境中的空气湿度也影响果蔬的呼吸强度。一般来说，果蔬轻微干燥较湿润的有抑制呼吸强度的作用。湿度过低会造成水分的大量蒸腾，导致果蔬的萎蔫，

水解的速度大大加快，酶的活性增强，呼吸强度增加，呼吸基质消耗增多。但贮藏环境的湿度过高，为病菌的侵染提供了温床，造成果蔬的腐烂，不利于果蔬的贮藏。

⑤生长调节剂的应用。外用的乙烯或乙烯利能加强果蔬的呼吸强度而催熟。果蔬采前喷2，4-D、萘酸等植物生长调节剂，能促进果蔬的成熟，提早成熟，增加风味。相反喷洒植物抑制剂，如：矮壮素（CCC）、马来酰肼（MH）等，能抑制果蔬的呼吸，延缓物质的变化，推迟果蔬的后熟作用。

四、果蔬的呼吸热和田间热

1. 呼吸热

呼吸热是指果蔬在酶的参与下进行的呼吸作用，将复杂物质分解成为简单物质，同时释放出能量。所放出的能量，一部分为果蔬本身所利用，大部分转变为热能扩散到环境中去，这种热能在贮藏上称之为呼吸热。

在果蔬的贮藏中呼吸热要尽量避免和排除，因为某些蔬菜如菠菜、石刁柏具有较高的呼吸率，从而会放出大量的呼吸热。在贮藏中就需要有较大的致冷量。但在一定的温度界限内，蔬菜的呼吸所放出的热量随着温度的上升而增加，这主要是由于促进了它们的呼吸作用所引起的。

2. 田间热

田间热是指果蔬从树体上或从土壤中采收后，带有大量的热，这在贮藏上称之为田间热。

田间热是在贮藏前后逐渐释放出来，会使库温升高。因此，在果蔬贮藏前必须要设法排除或者在果蔬温度降低到一定程度后再进行贮藏。

第四节　果蔬的成熟与衰老

果蔬在成熟期间，其化学成分和生理机能都会发生一系列复杂变化，这些变化直接影响产品的质量、果蔬的品质和贮藏能力。搞好果蔬的贮藏就必须了解和掌握相关的规律，才能正确地进行果蔬的采收、分级、包装和运输工作，控制其生理生化变化的过程。

一、果蔬变化的一般现象

果蔬的成熟与衰老是一切有机体生长和发育的自然现象。

过程：果蔬的开花→果实的形成→生长发育→果蔬的成熟→衰老死亡

在以上逐渐成熟的过程中会发生一系列的变化。如糖物质的逐渐水解、有机酸的逐渐减少、甜味增加、乙烯产生、酯类物质的生成放出香气、原果胶变为可溶性的果胶、使果蔬由硬变软等。总之，果蔬的成熟过程实质上就是果蔬的形态、颜色、硬度、香气和风味等不断变化形成并逐渐衰老死亡的过程。

二、果蔬的呼吸高峰

在果蔬的自然成熟过程中，它的呼吸曲线是否出现一个明显的高峰，将果蔬分为跃变型（高峰类）和非跃变型（非高峰类）果蔬。

跃变型果蔬是指果蔬进入成熟阶段时，呼吸强度有突然上升的现象，称之为跃变型果蔬。跃变型果蔬包括：苹果、梨、番茄、西瓜等（如图 2-2）。

跃变型果蔬的成熟分为四个时期：

1. 始熟期：这一时期标志着生长的终结和成熟的开始。

2. 完熟期：果蔬完全成熟，食用品质最佳。

3. 过熟期：果蔬的肉质进一步变软。

4. 衰老期：果肉软烂，肉进一步变软。

非跃变型果蔬是指果蔬进入成熟阶段，呼吸强度没有突然升高现象，称之为非跃变型果蔬。这类果蔬没有明显的完熟期。如柑桔、葡萄、菠萝、黄瓜等（见图 2-3）。

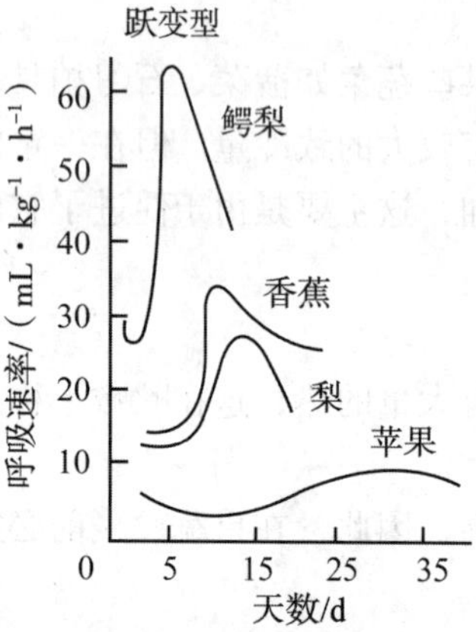

图 2-2　呼吸跃变型果实呼吸强度曲线

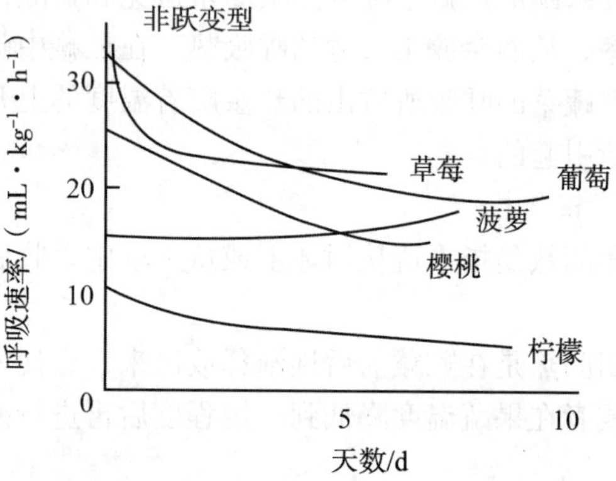

图 2-3　非呼吸跃变型果实呼吸强度曲线

根据果蔬在生长和成熟过程中的变化分为三个阶段：

第一阶段细胞分裂期：这个阶段果蔬的生长主要靠果皮细胞的分裂和膨大。

第二阶段细胞膨大期：随着细胞的增大，果蔬也在增大，砂囊也在增大，汁液增加，果蔬接近成熟，皮色开始变化。

第三阶段成熟期：果蔬的皮色形成，固有的颜色出现。

跃变型果蔬与非跃变型果蔬的区别：

（1）从贮藏物质上来说：跃变型果蔬含有大量的贮藏物质——淀粉和脂肪，采后能进行后熟作用，产生贮藏物质的水解，而非跃变型果蔬采后不进行贮藏物质的水解，呼吸作用逐渐利用可溶性的糖类为主。

（2）从产生的化学成分上来说：跃变型果蔬在成熟期间自身不能产生乙烯或产生的乙烯很少，使得果蔬自身的成熟不能启动，必须用外加乙烯等因素刺激它产生乙烯，才能促进成熟。

（3）从化学物质的处理上来说：它们两者对外加乙烯的处理有不同的反应特性。对于非跃变型果蔬无论采前或采后任何阶段，用乙烯处理，都对呼吸作用有明显的刺激作用，而跃变型果蔬仅仅在跃变前对乙烯的处理才表现出明显刺激呼吸的作用，跃变启动后，对乙烯的处理极不敏感。所以，乙烯对不同呼吸类型的果蔬作用是不一样的。对跃变型果蔬乙烯可以促进呼吸高峰的提前出现，加速成熟。对非跃变型果蔬乙烯可以增强其呼吸强度，并且乙烯的浓度越高，呼吸强度越大，但不能改变其呼吸类型。如苹果、杏对乙烯的处理不同，番茄用乙烯处理呼吸高峰可以提前出现。

三、乙烯与果蔬成熟的关系

乙烯是促进果蔬成熟的一种内源激素，实验研究表明：乙烯的形成量随着果蔬的成熟而增加，直到呼吸高峰达到最高点时，乙烯的数量达到最大。

乙烯促进果蔬成熟的原因：

（1）乙烯能增加原生质的透性，使氧气容易进入细胞，加强氧化的过程，致使单宁和有机酸的消失加快。

（2）由于透性的增加，使酶的活性加强，淀粉及原果胶变为溶解状态，所以使果蔬的涩味消失，甜味增加，风味改进。

乙烯在果蔬中的产生，是引起呼吸上升的直接原因，也是果蔬达到成熟的一个重要标志。一般来说，绿的外表上不成熟的果蔬比红的外表上成熟的果蔬在生理上更加活跃。根据这一情况，进一步说明树冠内膛青绿色的果实为什么不耐贮藏的另一个方面的原因。

四、果蔬的后熟与催熟

（1）后熟是指有些果蔬采后不能立即食用，必须在一定的条件下，通过一段时间完成后熟阶段，才能食用，这种采后成熟的现象，称之为果蔬后熟。具有后熟作用的品种有：香蕉、柑桔、洋梨等。

在后熟作用的过程中，果蔬内的复杂物质水解成简单物质，呼吸基质不断消耗，以维持生命活动。呼吸作用趋向于缺氧呼吸产生乙烯、乙醛等物质，促进了后熟。如果这些物质大量积累，还能使组织中毒死亡，这时的果蔬对病害抵抗能力减弱，贮藏能力也降低。

（2）催熟是指未成熟的果蔬采收后，在自然条件下后熟是很缓慢的，因此，人为地调整果蔬后熟期间的环境条件，加快后熟的速度，缩短后熟的时间，这个方法称之为催熟。

催熟最好的催熟剂是：乙烯，结构式为：$CH_2=CH_2$。它是一种气体。

（3）乙烯的致熟作用：

①乙烯是一种活泼的代谢产物，减少会阻碍果蔬的后熟。

②当有效浓度非常低时，如 0. 1PPM 时，可以促进成熟。

③乙烯的催熟能力强。乙烯的催熟能力比乙炔强 100 倍以上。

在果蔬的催熟上通常采用乙烯利，别名 140、益特灵，纯品是针状晶体，极易吸湿。

乙烯利在代谢过程中能释放乙烯而且具有催熟作用。

机理：2—氯乙基磷酸→$CH_2=CH_2\uparrow+HCI+H_3PO_4$

（4）乙烯对果蔬催熟的机制：

①能够提高线粒体膜和其他膜的通透性，促进呼吸的进行。

②能够提高酶的活性。如多酚酶、过氧化酶等的激活。

③能够加速糖酵解的过程，当然也就加强了呼吸。

④能促进核糖核酸的合成，调节和促进蛋白质的合成。

（5）乙烯发生作用的条件：温度、氧气。

五、衰老（衰老控制）

在果蔬的贮藏中，要根据果蔬的生物学特性，给予果蔬合理的贮藏环境条件，以维持果蔬正常的新陈代谢，把果蔬的成熟和衰老过程抑制到最低限度，以达到理想的贮藏效果。

1. 创造适宜的贮藏条件，维持果蔬正常的新陈代谢作用

果蔬的成熟是一个逐渐衰老的过程。因为随着果蔬的成熟，果蔬组织中有害物质逐渐积累（如乙醛、乙醇等）使新陈代谢的过程遭到破坏。因此，是一个逐渐衰老的过程。同时，在果蔬的贮藏过程中，如果贮藏的条件不适宜，比如说温度过高或过低，空气相对湿度过大或过小，贮藏环境中的空气不正常等，总是表现为呼吸作用加强或减弱，随之而来的是缺氧呼吸和分解过程的加强，加速果蔬的衰老死亡。在气调贮藏中的鸭梨，若二氧化碳的浓度过高，造成缺氧呼吸，果肉变褐，经测定是有毒物质的积累。如：乙醛达到0.012%，而对照则正常，果肉没有发现含有乙醛。归根到底，果蔬中的一切生理活动都是在酶的参与下进行。如果氧化还原酶的活性加强，呼吸强度增强，加速有毒物质的积累，促进果蔬的衰老和死亡。

如何维持果蔬正常的生理活动，就成为果蔬贮藏成败的关键。

（1）维持正常适宜的低温环境，在不破坏果蔬正常生理机能的原则下，使呼吸消耗降低到最低限度。

果蔬种类不同，品种不同，要求最适宜的贮藏温度不同。如苹果为：-4～-1℃，梨为：-2～-0.6℃，马铃薯为：3～5℃。

（2）要根据各种果蔬对水分的要求条件，保持适宜的空气相对湿度，在贮藏中既要避免因水分的过多蒸发而引起的失重、萎蔫，又要防止贮藏库中温度波动而引起的发汗现象，如对水果进行涂料、塑料包装、果蔬包纸等方法去防止发汗。

（3）调节贮藏环境的气体成分和配合冷藏，可有效地抑制果蔬的呼吸强度，抑制微生物的活动，延长果蔬的贮藏寿命。

保持贮藏环境中氧2%～4%　二氧化碳3%～5%。

2. 使用生长调节剂和化学药剂控制果蔬的衰老

根据研究表明，乙烯对果蔬的成熟具有促进作用，是果蔬成熟的内源催熟激素。在乙烯的合成中蛋氨酸是合成乙烯的前身。乙烯合成最适宜的温度是15～25℃，温度超过30℃时，就没有乙烯的出现，高到40℃时乙烯的合成就完全消失。乙烯的同系物丙烯、乙炔、一氧化碳也有催熟作用，但效力不一样。催熟的强弱顺序为：乙烯>丙烯>一氧化碳>乙炔。如喷洒250PPm的乙烯利对番茄具有催熟作用。

其他激素对果蔬的成熟和衰老也有一定的控制作用：生长素（IAA）、细胞激动素（I）、赤霉素（GA）跟乙烯、脱落酸具有对抗作用，同一类型的有促进作用。只是哪一

个的浓度大就占主导作用。ABA（脱落酸）的浓度大对细胞激动素（I）有抑制作用，防止突长。IAA、GA对乙烯有抑制的作用，后期抑制作用就消失了。而细胞激动素（I）对乙烯的抑制作用始终是一致的。乙烯的量增加反过来又抑制生长素（IAA）。细胞激动素（I）就具有保鲜的作用，可以使细胞结构分解，促进核酸和蛋白质的合成，能使组织衰老的酶钝化，如：肽酶的钝化。

钙对果蔬的作用：组织中钙的含量对于调节果蔬的呼吸、衰老、生理病害等都有关系。

（1）钙的含量多，呼吸强，钙的含量低，呼吸弱，高钙可以抵消高氮的作用或不良影响。

（2）钙有助于膜结构的完整性。如细胞膜、液泡膜等。

（3）钙能降低有些酶的活性。如苹果酸酶、果胶酸酶的活性。

（4）钙能维持合成作用保持比较高的水平，维持正常的代谢，防止生理性的病害，如木栓斑等。

3. 应用物理和化学技术处理果蔬进行防腐保鲜

无论采取何种方法，都是为了防止果蔬的病虫害，减少果蔬内水分的损失以及抑制果蔬组织酶的活性等，以达到果蔬在贮藏中的防腐保鲜、减少损失的目的。

（1）涂料贮藏。在果蔬的外表皮上涂上一层薄膜，遮住果蔬表皮上的气孔，从而可以减少果蔬内水分的蒸腾散失，防止表皮的皱缩，阻碍气体的交换，抑制呼吸，从而保持果蔬的光泽，良好的外观等。

（2）减压贮藏。将果蔬贮藏在一个真空密闭和冷冻的贮藏仓库内，通过真空泵抽气以达到所要求的绝对压力。可以保持果蔬的硬度，降低乙烯的产生率，防止生理性的病害等。

（3）辐射贮藏。利用放射线辐射来保藏食品，这也是现代食品保藏的一种新技术。利用放射线的穿透能力比较强（如γ射线、电子束等），来抑制果蔬组织中酶的活性，从而起到杀菌、防腐、防霉等作用，此法对延缓果蔬新陈代谢，防止微生物引起的腐烂具有重要的意义。

第五节　果蔬的萎蔫与结露

一、萎蔫对果蔬贮藏的影响

水分的蒸发是指采收后的果蔬不能从树体、土壤中再得到水分及营养物质的供给，在运输和贮藏的过程中，体内的水分逐渐蒸发到空气中去，果蔬的重量随之减少，这种现象就称之为水分的蒸发。

果蔬的萎蔫是由于贮藏环境中，空气的水蒸气压低于果蔬表面的水蒸气压，引起果蔬水分的蒸发，严重时出现皱缩等现象，称之为果蔬的萎蔫。

1. 失重和失鲜：随着果蔬水分的蒸发，果蔬的结构、形态和质地都会发生改变，降低果蔬的食用品质和商品价值，因此，具有失重和失鲜的作用。正是由于大多数果蔬中含有大量的水分，这是维持果蔬正常的生理活动和新鲜品质的必要条件。

2. 萎蔫造成的不利因素是：

（1）萎蔫使果蔬失去了新鲜饱满的外观、食用品质变差、重量损耗增大、商品价值降低。

（2）萎蔫加强了体内的有机物分解过程，破坏了原生质的正常状态。果蔬中酶的分解活动加强，供酶作用的条件也被破坏，促进了糖和果胶等物质的水解，致使果蔬抗病能力降低，容易受微生物的侵染而腐烂，不利于果蔬的长期贮藏（见表2-6）。

表2-6　**蔗糖酶的活性（蔗糖 mg/mg 组织/h）**

	合成	水解	合成/水解率	酵解强度
新鲜的甜菜	19.4	8.1	2.4	10.6
脱水的甜菜（15%）	27	4.5	6.0	9.6
脱水的甜菜（65%）	29.8	2.8	10.64	4.3

（3）萎蔫引起原生质的变化，代谢出现反常，对微生物的抵抗能力减弱，腐烂率相对增加，复杂物质变为简单物质。

（4）萎蔫有利于有毒物质的积累。失水原生质的浓度增加，引起细胞的中毒。

3. 果蔬贮藏前干燥的利用：刚采收的果蔬呼吸旺盛，因此果蔬贮藏前要进行适当晾晒。

果蔬贮藏前进行适当晾晒的好处：

（1）细胞液的浓度适量增加，原生质的浓度增加，渗透压变大，使得冰点降低，耐寒能力增强。

（2）细胞膨压下降，组织柔软，不易损坏，减少运输中的机械损损。

（3）可以使外面的肉质膜质化。如洋葱的表皮，这样可以使表皮处于休眠状态。

二、影响萎蔫的因素

果蔬在贮藏中水分蒸发的强弱，受很多因素的影响，主要有内部因素和外部因素。

1. 内部因素：由果蔬自身的特性所决定

（1）果蔬蒸发面的大小：果蔬的形态结构、化学成分、种类、品种、成熟度等跟水分的蒸发有关。如梨的蒸发大于苹果，金冠大于红玉、国光，金冠非常容易失水。草莓属于浆果类的果实，它两天失去的水分相当于梨60天失去的水分。

果蔬失水的大小顺序为：叶菜类（散叶型）>果菜类>地下的块茎、根茎、鳞茎。在相同的体积内，一般小果占的体表面积大，比大果实相对的蒸发量要大。

（2）果蔬的表皮结构：气孔多，那么水分的蒸发快，幼嫩组织比老熟组织蒸发快，这与保护物质有关。因为老熟的果蔬表皮的角质、蜡质层比较厚，水分不易蒸发。如苹果、梨比桃、杏蒸发慢，就是由于果皮表面有比较厚的保护层。

果蔬的蒸腾方式：分为气孔蒸腾和角质层蒸腾。角质层蒸腾占整个蒸腾的1/3～1/2，其他的以气孔和皮孔蒸发。气孔的面积全部加起来不到叶片面积的1%。

气孔可以自动开放和关闭。其影响因素主要是温度、水分、光照、二氧化碳的浓度。如低温时气孔关闭，在光照和低二氧化碳时开放。但皮孔跟气孔不一样，存在于周皮组织内，在木栓形成层带有裂缝的组织，始终是开放的，有利于加快气体的交换。

一般来说，亲水胶体和可溶性固形物的含量多，保水力强，反之亦然（见表2-7）。

表2-7　　**含水量与失重关系**

	含水量（%）	失重%（0℃，三个月）
洋葱	86.3	2.5
马铃薯	73	1.1

（3）果蔬的成熟度：根据研究，苹果中的水分有70%的从表皮气孔蒸发，30%从皮孔蒸发。成熟的果蔬，表皮的蜡质阻碍了水分蒸发，反之亦然。近年来，不少单位采用人工涂料或涂虫胶的办法，增加果蔬的保护层，是防止萎蔫减少自然消耗的有效措施。

根据果蔬的蒸腾特性把果蔬分为：

A型：蒸腾量随温度的下降而显著下降。

蔬菜类：马铃薯、甘蓝、洋葱、南瓜、胡萝卜

果品类：苹果、柿、梨、欧洲种葡萄

B型：蒸腾量随温度的下降而下降。

蔬菜类：萝卜、番茄、豌豆、花椰菜

果品类：李、桃

C型：蒸腾量随温度的下降关系不大。

蔬菜类：芹菜、石刁柏、茄子、黄瓜、菠菜、蘑菇

果品类：樱桃、美洲葡萄

（4）细胞持水力：细胞中的亲水胶体和可溶液性固形物的含量同细胞的保水力有关。果蔬中原生质亲水性胶体多，可溶性固形物高，细胞具有较高的渗透压，有利于保持水分。

2. 外部因素（环境因素）

（1）空气流动

贮藏环境中空气流动的快慢也会影响和改变空气的相对湿度。一般空气流动越快，水分的蒸发越快，自然消耗也越大，萎蔫现象也就越严重。

（2）空气湿度和温度

空气的湿度也是影响果蔬萎蔫的最主要的因素。空气的相对湿度越大，果蔬中的水分越不易蒸发。采用洒水、喷雾以及在通风口导入湿空气等方法，保持贮藏环境中较高的相对湿度，是贮藏管理中的一项重要措施。蒸腾跟相对湿度成反比，跟蒸气压成正比，水蒸气是促使水分蒸发的动力，空气的饱和湿度是随温度而变化的，温度升高，饱和湿度增大，在绝对湿度不变的情况下，空气的相对湿度变小，则果蔬中的水分容

易蒸发。

温度和湿度的关系：低温高湿、低温低湿、高温低湿、高温高湿。

(3) 包装

包装方法对果蔬的贮藏和运输中水分的蒸发也有显著的影响。果蔬包纸不仅可以减少水分蒸发，还能防止腐烂果蔬上真菌对好果的感染。用瓦楞纸箱装果蔬比用木箱或筐箱装果蔬蒸发慢。近年来大都用塑料薄膜包装果实，自然消耗大大低于一般的包装。如甜橙在地下室贮藏5个月，薄膜纸包装自然损耗为3.33%，而包纸为9.73%。

3. 防止水分蒸发的措施

(1) 严格控制果蔬的采收成熟度，使保护层发育完全。

(2) 控制温度的波动。

(3) 在堆码时包装物间的空隙要互相贯通，但不能过度通风。

(4) 采用人工涂蜡、涂虫胶等方法，增加商品价值，减少水分蒸发。

(5) 塑料薄膜包装，保持贮藏环境中的相对湿度。

(6) 加强贮藏环境中的保湿护理，如土堆中埋放贮存。

三、果蔬结露

1. 结露：当空气中水蒸气的绝对含量不变，当温度降到某一定点时，空气中的水蒸气达到饱和而凝结成水珠，这种现象就称为结露。这一定点的温度称为露点温度。这时在果蔬的表面、库顶、库壁都有结露现象。当温度在0℃以下就结成霜。

2. 结露造成的不利影响：结露有利于微生物孢子的传播、萌发和侵入。结露时，微生物分泌的毒物也容易传染，特别是受到机械伤害的果蔬更容易引起腐烂。

3. 要防止结露：在贮藏运输中，必须防止产生结露现象，维持稳定的低温状态。保持相对平稳的相对湿度，在果蔬包装容器周围设置“发汗层”，具有良好的通风条件，就可以避免结露。

第六节　果蔬的低温和冻结

一、创造适宜的低温

低温能使果蔬的新陈代谢降低到最低限度。在果蔬的贮藏中，为了抑制果蔬的呼吸强度，减少营养物质的消耗和微生物的侵染，以延长果蔬的贮藏期限，就要尽可能地采用适宜的低温。

采用低温贮藏果蔬的方法有：冰藏法、冷藏法（机械制冷）等，还可以采用自然贮藏（如通风贮藏库），为了满足贮藏库中适宜的低温，也可用人工降温法（如冰和冷空气）进行贮藏。

二、降温时应注意两点

果蔬的种类、品种不同，对低温的忍受能力也各不相同，因此，在降温中温度的掌握应注意两点：

1. 根据不同的果蔬，确定其最低的温度，即维持正常代谢的最低水平。

2. 不出现低温伤害为标准。一般原产于南方或夏季成熟的果蔬，比较适宜于较高温度的贮藏。如南方产的香蕉在12℃的温度下可贮藏2~3个月；柑桔宜在3~6℃温度下贮藏；桃、杏等果蔬呼吸旺盛，在高温下成熟快，不耐贮藏，而在0℃左右的温度下也只能作短期贮藏，否则会迅速变质；在北方生长又是秋冬季成熟的果蔬，如苹果、梨、葡萄等一般都在0℃左右的温度中贮藏。一般早、中熟品种的果蔬，在温度稍高的条件下更为合适，否则会发生生理性的病害，如在九月前后采收的鸭梨，如果把它立即放在0℃条件下贮藏，容易引起黑心病。

有些果蔬不仅能忍受0℃左右的低温而不影响其正常的生理机能，甚至在一定程度的冻结状态下贮藏效果更好。如几种主要果蔬对低温冻害时的敏感程度（见表2-8）。

表2-8 几种主要果蔬对低温冻害的敏感程度

（Lutz JM. 和 Hardenhurg RE.，1968）

敏感的品种	杏、浆果、桃、李、蚕豆、黄瓜、茄子、甜椒、土豆、夏南瓜、番茄
中等敏感的品种	苹果、梨、葡萄、花椰菜、嫩甘蓝、胡萝卜、花叶菜、芹菜、洋葱、豌豆、菠菜、萝卜、冬南瓜
最敏感的品种	枣、甜菜、大白菜、甘蓝、大头菜

三、果蔬冻结时细胞中的细胞器和物质的变化

果蔬在冻结时，细胞间隙的水首先结冰，当温度继续下降或时间延长，细胞间隙中的冰晶逐渐增加，从细胞中吸收水分，细胞中的汁液因而越变越浓，细胞液中某些金属离子浓度越高，加之细胞中原生质失水超过一定限度时，便引起原生质的凝固，不能恢复原有的状态。

当冻结的温度还没有达到将原生质凝固而能复原的程度时，在缓慢解冻的过程中，原来被吸收到细胞间隙的水，又逐渐回到原生质中，原生质又能恢复正常的结构。苹果或梨等冻结后，如果把它们放在高温下迅速解冻，细胞间隙中已经结冰的水，来不及被细胞中的原生质吸收，细胞就会死亡。果蔬中的汁液大量流失，便失去了恢复新鲜状态的能力，所以果蔬受冻后采用缓慢解冻的办法可以恢复原来的状态。同时受冻的果蔬不要急于搬动、碰撞，否则由于外部机械压力触及了细胞间的冰晶，也会伤害细胞，引起果蔬的变质败坏。当然果蔬中的结冰是细胞间隙中游离水的结冰。

四、果蔬中物质含量、活组织与结冰的关系

举例说明几种果蔬中可溶性固形物质的含水量与结冰点的关系。

由表2-9可以看出，果实中可溶性物质含量高比含量低的结冰点要低，抵抗低温伤害的能力比较强。同时也与细胞中不饱和脂肪酸含量有关。

表 2-9　　果实中可溶性固形物含量与结冰点的关系

果实种类	可溶性固性物	结冰温度（℃）		
		最高	最低	平均
苹果	12～15	-1.72～-2.23	-2.21～-2.78	-2.03～-2.57
梨	11.9～19.5	-1.5～-2.39	-1.94～-3.01	-1.71～-2.61
葡萄	21.7～24.6	-3.29～-3.75	-3.68～-4.64	-3.47～-4.19

活组织的冰点比死亡组织的冰点要低的原因：

从表 2-10 可以看出：

表 2-10　　活组织和死组织对低温伤害的忍受能力不同

外温（℃）	活组织冰点（℃）	死组织冰点（℃）
-17.3	-2.55	-1.25
-5.8	-2.15	-1.25

1. 在活组织中细胞间隙间结冰，其冰晶体的继续增大，要靠细胞内水分的供给，而由于原生质遇冷时处于收缩状态，阻碍了水分的通过，所以结冰比较困难。

2. 活组织进行呼吸时，要放出呼吸潜热。如图 2-4 所示，即活组织受到冻结时温度随时间直线下降，此时温度虽然降到冰点以下，但组织内不结冰，物理学上称这种现象为“过度冷却”。当温度降到冰点以下，然后又突然升高到一定的温度（这是因为由液体变为固体时要放出潜热而造成的），此时的温度为该组织的冰点，而死亡组织既不产生呼吸热，水分又可以在细胞间隙中自由通过，这样容易受到外界温度条件的影响。同时死组织无论外界的温度多低，其冰点的温度都是一样的。

五、果蔬受到冻结时产生的不利因素

果蔬在受到伤害和冻结时，会产生以下的不利因素，即由于果蔬细胞外的自由水中含可溶性物质少，冰点较高，则受冻时首先在细胞间隙中生成晶核，然后水分子逐渐聚集在晶核周围而形成冰晶体，此时细胞内的水因浓度高而尚未结晶（处于过冷状态）。水和水蒸气透过细胞膜汇集到细胞外，在细胞间隙中形成大型的柱状冰晶，这就造成了细胞膜挤破，组织变形等“机械损伤”。同时由于细胞内脱水，溶液的浓度汇集而增加，从而使细胞内胶质状态变为不稳定，原保水性的淀粉、蛋白质等高分子化合物因凝固或变性，变成脱水性，这一变化过程是不可逆的，即冻结时失去的水分在解冻后不能再回到细胞内，这叫做“脱水毒害”。当水变成冰时，体积增大约 9%，增加了组织内部的挤压力，这一现象称为“冻结膨胀”。因此受到伤害和冻结时，产生的“机械损伤”、“脱水毒害”、“冻结膨胀”等缺陷是果蔬解冻后品质降低的主要原因。

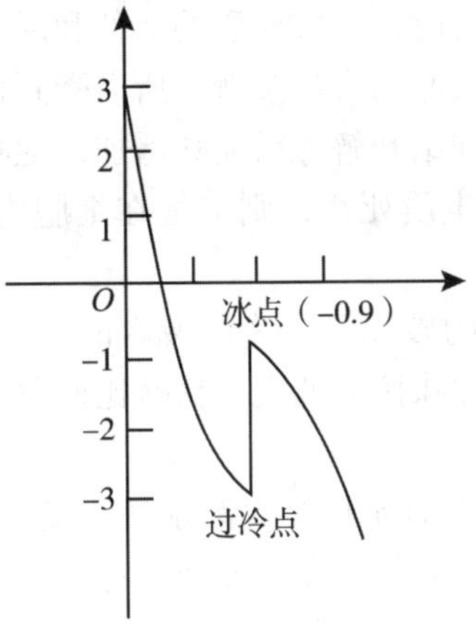

图 2-4　蒜苗汁液的冰点

六、果蔬受到冷害时的症状

60% 以上的果蔬受到冷害时其表面出现斑点即陷斑病，局部组织坏死，果蔬表皮变色。如表面烫伤，严重时果蔬内部发生褐变或者有的组织成为水渍状，果蔬不能正常成熟；绿熟番茄不能转红（因为番茄红素的合成受到破坏），植物组织过早丧失硬度，而且增加了对腐烂的敏感性。在贮藏中如果果蔬由低温转移到高温以后，这些症状变得更为明显。

七、酶褐变在果蔬贮藏中的影响

在低温冻结的情况下，果蔬内的化学成分会发生明显变化，果蔬在偶然冻结时，苹果和梨常发生果皮变黑、味变甜的现象。这些都是由于果蔬中的酶促褐变和非酶褐变两种褐变引起的。

1. 酶促褐变

在各种酶的催化下，它使组织中某些化合物发生氧化、缩合及聚合反应等，生成复杂的有色物质。其中多酚氧化酶催化果蔬中的酚类化合物的氧化过程，水解酶也是果蔬中的主要酶类。蔬菜中的绿原酸、酪氨酸、儿茶酚是引起褐变的主要化合物。如马铃薯在贮藏加工中的褐变主要是酪氨酸发生了氧化反应。单宁普遍存在于各种果蔬及香辛料中，在多酚酶的催化下，极易氧化，氧化后产生红褐色的根皮鞣红，而后变为黑色。梨和苹果的褐变就是单宁氧化的结果。如鸭梨的褐变属于酶促褐变，在梨果心中的酚类化合物（特别是绿原酸）和多酚氧化酶的活性都比果皮和果肉的高。因此，果心极易褐变。另外，氧化型的抗坏血酸（去氢抗坏血酸）也能与氨基酸结合，而形成有色物质，这些褐变受到机械伤害后会迅速发生。

2. 非酶褐变

它是指氨基酸、糖的羧基化合物、抗坏血酸等氧化后，产生黑蛋白素的反应。参与褐变反应的氨基酸主要有赖氨酸、酪氨酸、甘氨酸及天门冬氨酸。

总之，果蔬在遇到各种伤害时，一方面酶的活性和反应底物增加；另一方面，受伤害的组织细胞壁往往破裂，使酶与底物容易接触。所以受到伤害的组织常常会发生褐变。

含单宁较多的果蔬，经过冻结和解冻后甜味增加，涩味减少的原因是：

（1）果蔬冻结时，如果原生质死亡，则空气在细胞内获得更自由的通路，在某些酶的促进下，单宁就被氧化。

（2）冻结时由于细胞结构的破坏，果蔬汁液内的单宁和原生质接触而形成不溶性的化合物，单宁含量大大减少，涩味接近消失，糖酸比值发生显著变化，所以在食用时就会显出甜味。

（3）果蔬受到冷害后，里面的淀粉会逐渐水解为糖分。天气越冷糖分越多是冬季果蔬适应生存环境的一种本能。冬天果蔬发生冻结，特别是蔬菜，由于细胞组织内大部分是水，容易造成死亡。如果蔬菜体内的一部分淀粉转化为葡萄糖，使细胞液的浓度增高，就不容易结冰，也不致于胀破细胞膜，于是蔬菜增加了抗寒能力。由于糖分的增加，所以冷害后的果蔬特别甜。

（4）冻结的果蔬解冻后，水解活性加强，果胶物质在原果胶酶、果胶酶的作用下，水解成果胶酸，使果实由硬变软，由软变成软烂。软烂是由于植物组织受冻后，细胞的体积膨胀，引起细胞壁破裂。个别是由于细胞的收缩，原生质脱水收缩而变性。当然细胞的冻结分为外冻结和内冻结两种。

第三章　果蔬采收及采后处理

果蔬的采收、分级、包装和运输是果蔬生产的重要组成部分。采前是栽培，采后是贮藏和运输的过程，这些工作的好坏不仅是保证果蔬丰产丰收的重要环节，而且也是直接影响商品价值和贮藏质量的关键。如果不加强重视，即使贮藏设备、管理技术先进，也难以发挥应有的作用。因此，果蔬采收及采后处理的任务是：生产部门、商业部门和交通运输部门必须紧密配合，以保证果蔬的品质、减少损耗，为广大人民群众和外贸部门提供更多更好的果蔬。

第一节　果 蔬 采 收

一、采收时期对产量、品质和贮藏性状的影响

果蔬采收时期的早、晚对产量、品质和贮藏性状都有很大的影响。如果采收过早，果蔬尚未成熟、个头小、产量低、颜色差、品质低劣、不耐贮藏。但采收过晚也不行，如元帅系苹果，采收过晚，落果的现象相当严重，损失很大。所以在适宜的成熟阶段采收会在贮藏中得到较好的品质。不同采后目的，果蔬采用不同的成熟度和采收时期。采收时期跟产量和品质有关。

一般来说，果蔬临近成熟时，果蔬内的糖、有机酸、芳香物质等各种化学成分都会发生很大的变化，大量的淀粉转化为糖、酸味降低，形成该品种固有的风味。同时，临近成熟前，正是果蔬迅速着色的时期。因此，早采的果蔬不但着色差、品质低、而且在贮藏中容易发生生理性的病害，如红玉苹果的斑点病、虎皮病等。一些果园为减少采前落果而早采，既降低了产量，又使果品的质量受到了影响。近年来，不少单位在果实采前喷洒生长激素。如：萘乙酸或丁酯、甲基酯，对防止采前落果、促进着色、增加品质有一定的效果。

二、采收时期的确定

果蔬的采收时期是由果蔬本身的化学特性所决定的。但也受环境条件和栽培技术的影响，还与果蔬的采后目的有关。

采收时期主要决定于果蔬的成熟度。果蔬的用途不同，对成熟度的要求也不同。怎样才能做到适时采收？通常根据果蔬的成熟度、运输的远近、贮藏方法、市场要求及加工等方面来确定，做到适时采收。

1. 果蔬成熟度的划分

果蔬的成熟度是确定适宜采收时期的重要依据。果蔬的用途不同，对成熟度的要求也不同，采收时期也就不同。果蔬的成熟度一般可以分为三种：

（1）可采成熟度：果蔬的生长发育已经达到可以采收的阶段，但还完全不能适用于鲜食。此时采收的果蔬称为可采成熟度。

特点：果蔬的生长和各种化学成分的积累完成，大小已经定型，绿色减退，开始出现本品种固有的色泽。采后在适宜的条件下，可以完成它的后熟期，此时采收的果蔬适宜于贮藏运输。

加工适性：可以用来加工罐头、蜜饯等。为了防止煮烂，要求原料必须要有良好的耐煮性。如北方的晚熟苹果，南方的香蕉等都必须在可采成熟度时采收。

（2）食用成熟度：该品种的色、香、味、形和营养价值、硬度达到最好，商品价值最高，可以用来鲜食（部分），如晚熟的苹果、柑桔，蔬菜中的西红柿等。

特性：适宜于就地销售或短距离运输。

加工适性：适宜于做果汁、果酒、果酱等。如酿造用的葡萄，应在含糖量高时采收，这样出酒率高，品质较好，成本降低，没有成熟的葡萄进行酿造，酒中带有酸味。

（3）生理成熟度：果蔬在生理上已达到充分成熟，种子具有独立的生活能力。

特性：果肉开始软绵或崩烂，不宜于食用，更不适合于运输和贮藏。

加工适性：只需要一些品种的种子。

2. 确定果蔬成熟度的方法

（1）果蔬的呼吸进程（生理方法）：主要是掌握果蔬的呼吸高峰期（即果蔬的呼吸进程）。在幼果时呼吸强度很高，以后随着果蔬的增大，呼吸强度降低。当果蔬开始成熟时，呼吸强度又逐渐增高，到充分成熟时达到最高峰。这段时期叫做呼吸高峰期，然后又再度下降。

（2）淀粉的减少：在果蔬的生长发育过程中，幼果（淀粉增加）→增大（淀粉减少转化为糖）→果蔬成熟。一般对果品来说，淀粉在中心先消失。

测定的办法：将碘化钾水溶液涂在果蔬的横断面上，使淀粉染成蓝色，根据其部位存在的多少来判断果蔬的成熟度。如：苹果淀粉下降到最大 2/3 时，是最适宜的采收期（中间是清晰的，边缘变为蓝色）。

（3）颜色的变化：果蔬的颜色包括底色和覆盖色。果实在成熟的过程中，其底色由深色变浅、由绿转黄，是判断成熟度的主要依据。此时覆盖色逐渐出现，其着色状况是质量的重要标志，但面色受光照的影响较大。有些果实在成熟前出现底色，有的果实成熟后也未出现。如绿色的苹果金冠、青香蕉等基本上不着覆盖色（面色），在底色变为浅绿色时采收，适宜于长期贮藏。因此，颜色和成熟度不一定成正相关系。

（4）硬度：它是指果蔬中的果胶物质存在于果蔬的细胞间隙中，将果蔬细胞紧紧粘连在一起，使果蔬表现出一定的硬度。

果蔬的硬度主要取决于果胶物质的含量，随着果蔬的成熟，果胶物质发生变化。原果胶（不溶于水、存在于细胞壁中）→果胶（存在于植物汁液中）→果胶酸（微溶于水）。使果蔬逐渐变软。所以根据果蔬的硬度变化可以用来判断果蔬的成熟度。

测定的仪器：果蔬硬度压力测定计，单位为：kg/cm^2。如红元帅和金冠苹果采收时，适宜的硬度应为：$7.7kg/cm^2$以上，国光为$\geq 9.1kg/cm^2$，鸭梨为$7.2 \sim 7.7kg/cm^2$。

（5）糖、酸含量：根据糖、酸含量的变化，可以比较准确地判断果蔬的成熟度。一般来说，在果蔬成熟过程中，含糖逐渐增加，含酸量不断地减少，即糖酸比逐渐增加。糖酸比值的变化使果蔬的风味和品质逐渐提高。如苹果在糖酸比值为30∶1时采收，风味最好。

测定糖的仪器：主要是简易的仪器，手持糖量测定仪，用来测定果蔬中可溶性物质的含量，而可溶性物质中主要是糖。

（6）果柄脱离的难易程度：在采收时，如果碰一下果实，果柄和果枝之间形成离层，表明果蔬趋于成熟。如种子的表面3/4变暗，那么就要进行采收。但有些果蔬也有例外，如柑桔不形成离层的现象。

（7）果实的生长期：它是指在正常的气候条件下，同一品种在同一地区从落花到果实的成熟，都有各自的生长天数。

根据果实的生长天数来确定采收期，是当前果蔬生产上最常用的简便方法。如苹果一般早熟品种应在开花后的100天，中熟品种100～140天，晚熟品种为140～175天采收。

三、采收技术（采收方法）

1. 采收工具

常用的工具有采果剪、采果筐、采果袋、采果箱和运输车等。

采果篮、采果袋：采果篮是用细柳条编制或钢板制成的，无底半圆柱形筐，篮底用帆布做成，采果袋完全是用布做成。

2. 采收的方法

果蔬的种类繁多，性状各异，采收的方法多种多样，可以概括为人工采收和机械采收两大类（见图3-1、图3-2）。

图3-1　人工采收

图3-2　机械采收

（1）人工采收：用手摘、采、拔，用刀剪、刀割，用锨、镢挖等采收的方法都属于人工采收。

人工采收的特点：

优点：便于边采边选，分期分批采收，还能满足一些种类的特殊要求。如苹果、梨等带梗采收，黄瓜顶花带刺采收，并能减轻果蔬的机械损伤。

缺点：费时多，工效低，成本高。

（2）机械采收：包括振动法、挖掘机法。如振动法，用一个器械夹住树干并振动，使果实落到收集帐上，再通过传送带装入果箱，在美国用于李子的采收。

四、采收时应注意的问题

1. 采收时间

不同的果蔬采收时间有差异。因此，要选择适宜的天气。苹果和梨适宜在晴天的午前采收，但对一般的果蔬来说，早到中午，中午之前比较好，这样可以降低果温。可蒜苔适宜在中午采收，因为经太阳曝晒，蒜苔细胞的膨压降低，质地柔软，抽苔时不易折断。在采前 6 ~ 7 天不能灌水。贮藏前要进行干燥处理，放在阴凉通风的地方，散发一些田间热。

2. 分期采收

对同一植株上的果实，由于花期或各自所处的光照和营养状况不同，成熟期早晚有差异。如黄瓜、番茄、菜豆等分期采收，可提高果实品质，增加产量。对果品进行采收时，先采收果园外围，路道及迎风面，做到先成熟先采收，成熟一块采收一块。对于同一棵树来说：采用从下到上、从外向内的采收方法。但对需要分次采收的果品，则先由树的顶端、中间、下部采收，这样可以既保持采收质量，又能保护果树。

3. 轻拿轻放

果蔬的含水量高，新鲜脆嫩，应尽量保护好果蔬的表面结构，如果粉、蜡质、茸毛等。尽量避免碰伤、擦伤、压伤、刺伤，千方百计保证采收的质量。

第二节　果蔬采后处理

将果蔬的分级、包装和运输等称为果蔬的采后处理。

一、分级

1. 分级（产品标准化）

果蔬的分级就是根据果蔬大小、色泽、形状、成熟度、病虫害及机械损伤等情况，按照国家规定的内外销标准进行分级。

（1）分级目的：可以使果蔬的规格、品质一致。便于包装、运输和销售，避免浪费，实现果蔬生产销售的标准化。

（2）分级的好处：可以使果蔬的品质一致，大小整齐，优劣分明，统一了规格，贯彻了以质论价、优质优价的政策，实现果蔬商品化目的。

果蔬按品质分等，按大小和重量分级，根据以上两种分法，对不合适的果蔬要剔除

（见图 3-3）。

图 3-3 果品分级

2. 分级的方法

用感官和理化的方法进行分级。当然对果蔬的颜色和新鲜度也要考虑。

（1）感官方面：除凭目测和手测外，还可用简单的器械和机器，按大小和重量进行分级。如最简单的器械：分级板、分级圈等。

（2）理化方面：一些国家利用光电原理，就是根据果蔬表面的叶绿素的含量多少，以及果蔬的不同成熟度、不同色泽、内部缺陷等对光的透过能力不同，进行果实的挑选分级。

二、包装

包装是实现果蔬商品标准化的重要措施，也是提高贮藏效果的重要环节。

1. 包装的好处

（1）便于运输、贮藏和销售。

（2）可以预防水分的蒸腾损失，防止运输过程中互相间的摩擦。

（3）病虫害的侵染可以减少和限制。

（4）避免产品发热。

（5）可以使产品美观大方，增加人们的食欲。

2. 包装的选择

包装材料的要求：

（1）有利于果蔬质量的保护和减少损伤，便于运输和贮藏。

（2）必须兼顾美观、大方、不易变形，能承受一定的压力。

（3）方便于消费者。

（4）有利于堆放和搬运，内部平整光滑。

（5）降低运输费用，使用新的运输方法。

使用的容器：篓、筐、纸箱、木箱等。现在大多用塑料薄膜袋包装。如瓦楞纸箱，具有容易制作、贮藏质量好、自重经、搬运方便、便于运输，同时还具有缓冲作用、能节省材料。

3. 包装的方法

（1）衬垫物：包装容器在果蔬放入前，须放垫衬物，它可以避免果蔬与容器间的摩擦。还具有防寒、防湿、保持清洁的作用（见图3-4）。

图3-4　果品包装

要求：清洁、干燥、无异味、柔软不易破裂等。

常用的有：蒲包、草帘、纸张、塑料制品等。

（2）填充物：在包装容器的底部及装好果蔬后的空隙间，加入填充物，避免果蔬之间的碰撞、擦伤等。

要求：柔软、干燥、不吸水、无异味、无病虫。

常用的主要有：稻壳、锯屑、刨花、干草和纸张等。

（3）包纸（包装纸）：果蔬包纸可以起到填充物的作用，减少果蔬在容器中的滚动，避免机械损伤和病菌的传染，同时还可以减缓果蔬内水分的蒸发，保持果蔬较稳定的温度和湿度，有利于运输和贮藏。

要求：质地柔软、光滑、干净、无异味，具有韧性的纸或者薄膜。

常用的有：皮纸、有光纸、毛边纸等。

包装的方法：先在箱底平放一层垫板，加上格套，把用纸包好的果蔬放入格套内，每格一果，放好一层后，再放垫板、格套，继续装果至满。最后加垫板一块，封盖、粘严、捆好。

三、运输

果蔬包装好以后，通过各种运输途径能够到达目的地。

1. 运输的要求：快装、快运、快卸，并注意轻拿轻放，减少机械损伤。

2. 运输的工具：加冰车箱、机械冷藏车箱、冷藏船等运输工具。

3. 运输的目的：消除生产的地方性及市场的淡旺季供应。

今后发展的趋势就是要大量采用集装箱（内设有空气调节装置）。国际标准化组织104技术委员会专门下了定义：

A. 长期反复使用，具有足够的强度。

B. 在转运时，不动货物，可以直接换装。

C. 便于货物的装满和卸完。

D. 具有1立方米以上的内容物。

优点：（a）成本低；（b）占空间少；（c）减少损伤，使用时间长。

目前已推广一种折叠式的集装箱。

第四章　果蔬的贮藏方式

果蔬贮藏的基本原理：根据果蔬的生物学特性及其对温度、相对湿度、气体成分等条件的要求，创造适宜而又经济的贮藏条件，以维持果蔬正常的新陈代谢作用，从而延缓果蔬的品质变化，保持新鲜饱满的状态，减少腐烂损失，延长果蔬贮藏寿命。

果蔬贮藏的方式：

- 按温度分
  - 自然冷却
    - 简易贮藏
      - 堆藏：贮藏堆
      - 沟藏：贮藏沟
      - 窖藏：棚窖、井窖、窑窖
    - 通风库贮藏：库藏、通风冷藏库
  - 人工冷却：冷气贮藏
    - 冷块法
      - 冰窖
      - 冰库
    - 机械法
- 按气体法
  - 普通气体贮藏
  - 自然气体贮藏
  - 人工调节气体贮藏
- 气体贮藏
  - 塑料薄膜封闭
  - 机械法——气调库

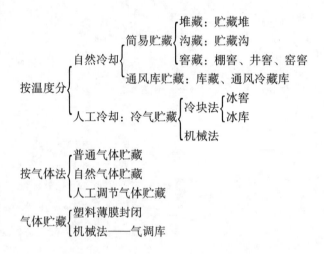

在果蔬的贮藏中无论采用哪一种方式，影响贮藏方式最重要的因素是温度。果蔬一般要求在较低而又稳定的温度下贮藏。

第一节　沟　　藏

沟藏是指在一定的土壤深度中，利用土温稳定、变化比较缓慢，有利于保持适宜的贮藏温度、湿度而进行的一种贮藏方式，也称为埋藏。

适宜贮藏的果品：苹果、梨、山楂等。

适宜贮藏的蔬菜：大白菜、萝卜、胡萝卜、马铃薯、菠菜等。

一、沟藏的特点

1. 土壤中的温度变化比较缓慢而平稳。
2. 能保持贮藏中较高而稳定的相对湿度，防止果蔬的萎蔫，减少重量损失。
3. 能保持果蔬新鲜饱满的外观和品质。

4. 能自动进行气体调节的作用（提高二氧化碳的浓度 3% ~5%），降低呼吸强度，抑制微生物的活动。

二、沟藏的结构

1. 沟的选择

选在交通方便、地势平坦、比较干燥、地下水位较低的地方。

2. 沟的方向

在南方一般是东西长，在北方一般是南北长为宜。主要是为了在寒冷的地区为减少冬季寒风的影响。

3. 沟的大小

（1）沟的深度：沟的深度根据各地的气候条件来定。从南（暖区）到北（寒冷区），沟要逐渐加深，以免果蔬发热腐烂或者受冷而导致冻害。一般来说，沟深保温好，但降温比较困难，为了使果蔬既不受冻，又能得到适宜的低温，沟的深度一般以 70 ~100cm 为宜。

（2）沟的宽度：沟的宽度不宜过宽，过宽散热面积小，果蔬降温较慢。同时沟也不宜过窄，过窄受外界气温的影响大，沟内的温度不均匀，稳定性差。因此，沟的宽度在 1 ~1.5 米左右，贮藏量大时可以增加沟的长度（见图 4-1）。

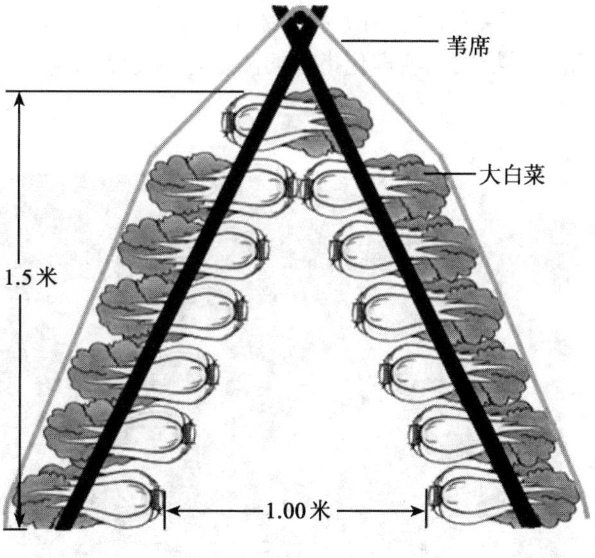

图 4-1　大白菜简易贮藏

三、沟藏的方法

将采收后的果蔬放在阴凉的地方贮藏，堆高约 67cm，白天覆盖“防热”，晚上揭开“放露”，除去果实的田间热，降低呼吸热。入沟的时间在 11 月下旬，首先在挖好的贮藏沟的沟底铺细沙 6 ~ 7cm 厚，然后将果蔬小心放入（有散堆的，也有排放的），北方地区高度距地面 30cm 为宜，以保证果蔬产品不受冻害，放好后的覆盖物有芦苇、土等。覆盖的时间、次数和厚度要根据气温掌握，一般分 3 ~ 4 次覆盖。最后覆盖的土层要高出地面，积雪多的地方在贮藏沟的左右开一条排水沟，以防雨雪的渗入。

四、沟藏的管理

为了解决贮藏初期温度过高而降温又慢的矛盾，可以在沟的两侧插入少量的玉米秆一类的东西，一端与果蔬接触，一端露出土表，使沟内的废气能够及时排出，并防止沟内温度过高而发生腐烂。

第二节　窑窖贮藏

窑窖是一种结构简单、建筑方便、管理容易、性能良好的贮藏方式。近几年来，张掖市马铃薯种薯繁育产业发展迅猛，但由于马铃薯销售季节过短，主要集中在每年的 10 ~ 11 月，给马铃薯加工企业造成收购压力。集中收购的马铃薯不能及时加工，出现淀粉流失，且加工企业收购价格较低，影响了种植农户的积极性。因此，山丹县、民乐县的部分农户利用以前的防空洞或自挖山体窖来贮藏马铃薯（见图 4-2、图 4-3），以保证种植效益。与通风库贮藏的马铃薯相比，山体窖内由于温度湿度相对稳定，通风情况良好，贮藏的薯块没有发现发热、失水现象。经多次对贮藏的马铃薯随机取样（见图 4-4），分品种进行还原糖、淀粉含量、干物质三项理化指标的测定，测定结果均符合马铃薯种薯贮藏标准。

图 4-2　30 年前的防空洞被农户改成贮藏窖

一、窑窖的特点

窑窖在我国采用得比较早，主要特点是：

图 4-3　农民自修的贮藏窖

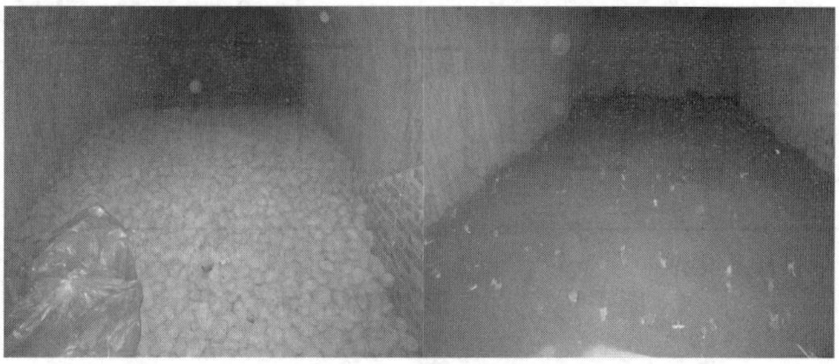

图 4-4　2010 年葡萄苗和马铃薯贮藏效果试验

1. 窑温较低而稳定，受外温的影响小。

2. 建造简单、管理方便、使用效果良好。建造窑窖不需要特殊的建筑材料，省劳力、省投资、管理又方便。

3. 有利于户户贮藏，增加农民的收入。

在农村可以就地贮藏，减轻国家秋季果蔬收购、调运和入库的负担，达到季产年销的目的。

二、窑窖的结构

1. 窖的选择

选地势高燥、土质较好的地方建窖。山区地方利用窖外的冷空气进行降温，因此尽可能选用偏北的阴坡。

2. 窖形的选择

根据地形来定。如坡地、崖道可以打平窖，对于坡不高或者平地，可以打斜坡道（称马道）的直窖。

3. 窖的大小

（1）窖身的建造：要求牢固安全，便于降温和保温。目前张掖市山丹县、民乐县广泛应用的是平窖。窖身长为60～100米为宜，不得小于60米，高2.5～3.0米，宽3.5～4.0米（图4-5、4-6为窖体平面示意图）。窖身的断面（窖顶）要建成尖拱形，即人字形（图4-7窖体纵剖面示意图）。窖身的高是指从尖拱形的最高点到窖底的距离，一般要求3.0米，窖身的两侧距离地面1.5米以下的窖壁要和地面保持垂直。其好处是这种造型比较坚固，可以使窖内的热空气向窖顶集中，便于排放，也有利于挂帐和操作，在不影响贮藏量的情况下还能减少建窖的土方工程。

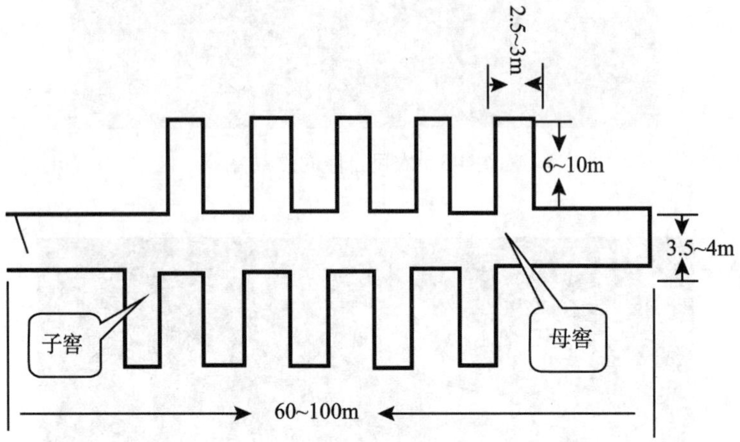

图4-5　“品字形”窖体平面示意图

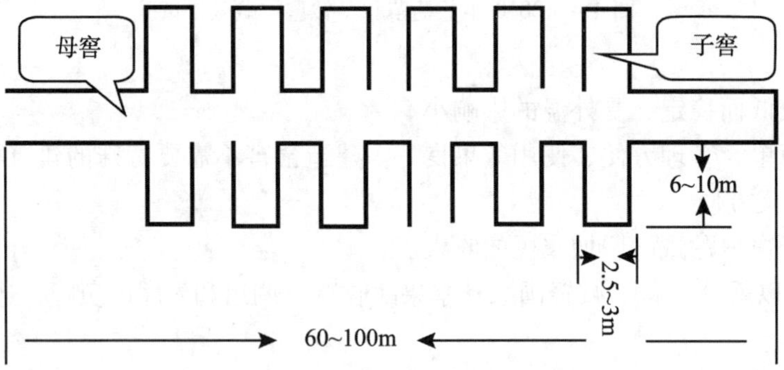

图4-6　“非字形”窖体平面示意图

在整个建窖的过程中，从窖门到窖底，坡度缓慢降低，比降约为1%，即窖身每延伸10米，高度下降约0.1米。这种结构有利于窖外冷空气进入窖内，加快窑窖的通风降温速度。在不影响窖内挂帐操作的情况下，适当加大比降能提高窑窖的通风降温效果。

（2）窖门的建造：为使果蔬运输方便，门道可适当放宽些。门道深（长）4.0～6.0米，门宽1.2～2.0米。门道前后分别设有两道门，门的上部留有小通气窗。头道门做成

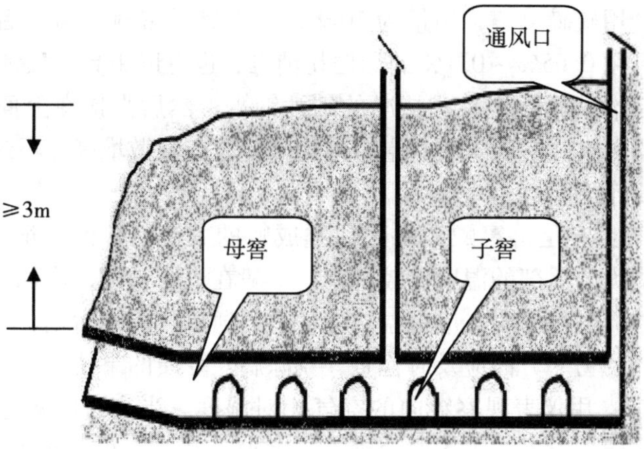

图 4-7 窖体纵剖面示意图

实门，关闭时能阻止窖内外空气对流，具有防热、防冻（中间有锯末、油毛毡等隔热材料）的作用。二道门做成铁纱窗门，在保证通风的情况下，还具有防鼠的作用。同时在二道门前还挂有一道棉门帘，增加整个窖门的隔温性能。

4. 通气孔的建造及作用

(1) 通气孔的建造：通气孔建于窖身的后部，从窖底一直通出地面以上，内径为 1.0~1.2 米，高 10~15 米。但建造时应注意，通气孔的内径上下粗度要相同，通风窗的通风面积和通风孔的截面积保持相等，否则会影响通风量。为了便于清理通气孔内的杂物，通气孔的下端可建一个较小的清洁窗。

(2) 通气孔的作用：促使窖内外冷热空气对流，降低窖温。比如在窖温高，外温低时，打开窖门和通气孔，集中在窖身顶部的热空气流向通气窗，从通气孔排放到大气中去，窖内的冷空气从窖外进入，吸收窖内的热量变热后上升，从通气孔中排出，这样的过程连续不断地进行，窖温就可以逐渐地降低。

窑窖的子窖（太平窖）：门宽 0.8~1.2 米，高约 2.0 米，门道长约 1.5 米，比降 20%~25%。子窖窖门的高比母窖窖身的高约低 40cm，这样有利于子窖热空气的排放。因为热空气的比重小，向上集中在子窖窖身的顶部，然后通过母窖通气孔排出。

子窖窖身：这是母子窖的贮果部位，宽 2.5~3.0 米，高约 2.8 米，长 6.0~10.0 米。窖身的断面也为尖拱形，窖底和窖顶平行由外向内缓慢下降，比降约为 1%，同侧子窖的距离要求间隔 5.0~6.0 米，相邻子窖的窖身要保持平行（见图 4-5、图 4-6）。两侧子窖的窖门不能正对着，应相间排列，这样可以增加母窖整体结构的坚固性。

三、窑窖贮藏的管理技术

窑窖贮藏主要是利用土地的隔热保温性以及窖体的密闭性，保持稳定的温度和较高的湿度。因此，贮藏的方法与管理应注意以下几点：

1. 消毒：空窖特别是旧窖，在果蔬进窖前一周，要进行彻底的打扫和消毒，以减少病菌的传播。

消毒的方法：用硫磺熏蒸，用量为 $10g/m^3$。点燃后密封，两天后换入新鲜空气。贮藏时所使用的工具用0.05%～0.1%的漂白粉消毒，也可以用高锰酸钾、石灰等。

2. 入窖操作：消毒后的空窖用洁净的细沙铺平，然后直接在上面堆码果蔬，堆码时果蔬的高度依不同种类、形状大小、空窖结构来定，一般散堆高度不超过60cm。

3. 贮藏期间的管理：

（1）温度调节：它是窑窖贮藏果蔬保鲜成败的关键。窖温一般是上部高，下部低，靠门处受外界影响大，后部的温度比较稳定。一般在入窖初期，应加大通风换气，迅速降温。贮藏中期，外界气温下降，应保温防冻，适当通风。贮藏后期，外界气温回升，一方面应做好降温工作，另一方面应及时检查，剔除腐烂变质的果蔬。

（2）湿度调节：用仪表观察窖内的空气相对湿度。当高过贮藏适宜湿度时，可通风换气予以降低；当湿度过低，可用撒湿锯末、喷水、喷雾等办法提高相对湿度。

（3）质量检查：经常注意检查果蔬，对坏果、病虫果要及时剔出。如果蔬的品质严重下降时要及时处理。

果蔬出窖后，要立即将窖打扫干净，封闭窖门以保持窖内低温，为秋季贮藏创造条件。

第三节　通风贮藏库

一、概念和特点

通风贮藏库（永久性贮藏库）是指在良好的绝热建筑和灵活的通风设备条件下，利用库内外温度的差异，昼夜温度的变化而进行通风换气，使库内保持比较稳定而适宜的贮藏温度。（属于自然冷却贮藏）

特点：

1. 具有良好的隔热材料，保温性能好。
2. 具有完善的通风设施，降温速度较快。
3. 贮藏量大。
4. 贮藏的范围较广。
5. 工作人员进出方便，易操作管理。

二、通风贮藏库的类型

分为地下式、半地下式、地上式三种类型。

1. 地下式：是指库体全部处于地表面以下，受外界气温的影响小，保温性能好。但受地下水位的影响大，挖掘土方量也大。同时通风换气速度慢，通风效果差，常在西北寒冷的地区采用。如张掖市甘州区党寨园艺场所建的地下式贮藏库。

2. 半地下式：就是指库身一半或一半以上建筑在地下，利用土壤为隔热材料，可以节省部分建筑费用。一般在地势高燥、地下水位比较低的地方采用。如张掖九公里园艺场所建的半地下式贮藏库。

3. 地上式：一般是在地下水位和大气温度较高的地区采用的一种类型。这一类型的库要求建筑在地面之上，墙壁、库顶、门窗等完全依靠良好的绝缘建筑材料进行隔热，以保持库内适宜的温度。因此，建筑成本较其他类型要高。

三、通风贮藏库的结构和建造

通风贮藏库的结构及建造的基本要求是：绝热和通风。绝热就是贮藏库的库顶、库壁等建筑材料的导热要降低到最低限度，使库内不受外界气温影响。

1. 库址的选择

在建造通风贮藏库之前，首先应确定库体的位置，选择库址时应考虑以下的因素：

（1）地下水位：选择在地势高燥、地下水位比较低的地方。

（2）通风条件：为使库的通风良好，调节温度迅速，选在地势开阔、通风良好的地方。

（3）交通条件：库址应选在交通方便的地方，以保证果蔬的及时进出。

2. 保温要求

（1）库的方向（库房的坐落）：库的方向有两种，应遵循北方以南北向为宜，可以减少冬季寒风的直接侵袭面，以免果蔬受冻。其他季节可以减少阳光的直接照射面，以有利于贮藏库在不同季节的不同要求下，做好保温工作。南方以东西向为宜，可以减少阳光的直接照射，避免库温过高。

（2）库的表面积：在一定的容积范围内，库的表面积越大，与库外气温的接触面积越多，对库的影响也越大，所以对贮藏库的建筑要求是应尽可能采取大的宽度。目前我国采用的通风贮藏库的宽度为 9 ~ 12 米，长度为 30 ~ 40 米，库内的高度宜在 4 米以上，库顶的高度宜在 6 米以上。

表 4-1　　**通风贮藏库暴露面计算（m^{-1}）**

面积/体积	长（m）	宽（m）	高（m）	体积（m^3）	面积（m^2）
2.0	3	3	3	27	54
2.11	4.5	2	3	27	57
1.33	6	6	3	108	144
1.50	12	3	3	108	162
1	8	8	4	256	256
1.12	16	4	4	256	288

体积（容积）= 长×宽×高

面积 = 长×宽×2+长×高×2+高×宽×2

从表 4-1 可以看出，体积小暴露面大，长度增加暴露面大。因此，库的长度不能太长，建库要尽量减少对库内温度的影响。建库要考虑库的有效容积。（一立方米的贮藏

量：180kg/m^3）

3. 建筑材料

一般要求隔热、防湿、防虫、防火。

建筑隔热材料的选择：导热系数小，导热阻大的材料，其绝热能力比较强，反之亦然。

隔热材料的要求：(1) 干燥不易吸水。(2) 重量要轻。(3) 最好是多孔性的，组织疏松，不易压紧。(4) 使用方便，容易装置。(5) 不易自燃。(6) 无异味，廉价易得。

建库应注意：(1) 坚固压紧严密不透气。(2) 隔热材料要周全严密。(3) 隔热材料要全部连起来。(4) 选用的隔热材料要恰当。

防虫、隔潮的隔热材料：油毛毡、沥青等。防鼠：铁丝网。

4. 通风贮藏库的建筑

(1) 库墙的建筑：通风贮藏库的墙体要满足隔热的要求，生产上使用土墙、砖墙较多，中间填充隔热材料。

(2) 库顶的建筑：采用人字形（尖拱形），顶上设隔热材料，增加保温效果。

(3) 库门的建造：一般多采用双层木板结构。木板之间填充锯末渣或谷糠等填充材料，在门的四周钉毛毡等物，以便密封保温。

5. 通风设备（设施）

根据热空气上升，冷空气下降，形成对流的原理。利用通风设备导入低温的新鲜空气，排出果蔬在贮藏中释放出的二氧化碳、热、水及乙烯等芳香气体，使库内保持适宜的低温。

在进气方面设有进气窗或进气筒，排气方面设有排气窗或排气筒。

通风设备的建筑应注意以下几点：

(1) 通风面积和通风量。在设计通风面积时，以保证秋季果蔬入库后最大通风量为原则。

(2) 在进气口和排气口的垂直距离一定时，通风的速度和进排筒的面积成正比，即进排窗的面积越大，通风的速度越快。

(3) 在进气窗和排气窗的面积一定时，进气窗和排气窗的数量越多，通风的效果越好，但保温性能降低。

四、通风贮藏库的管理技术

1. 库房消毒：每年在果蔬入库前要对库房进行全面的消毒，消毒的方法一般用硫磺熏蒸，以 5 ~ 10g/m^3的硫磺粉加入木屑助燃，密闭两昼夜后通风。

2. 果蔬预藏：果蔬入库贮藏前在库外保管的过程，称为预藏。

用于贮藏的苹果、梨一般在九十月采收。这时温度较高，采收下来的果蔬带有大量的田间热，呼吸强度大，物质转化快，不利于贮藏。通过预藏，采取人工方法来降低果温、库温，减弱呼吸强度，提高耐藏性。所以预藏后再入库，在降低库温的同时，可以用来降低果蔬的田间热，蒸发过多的水分。堆码时，垛与垛之间，垛与墙之间要有通风道。

3. 温度控制：有两种控制的方法

(1) 当外界气温在0℃以上时，采用日闭夜开，降低库温。

(2) 当外界气温在0℃以下时，采用日开夜闭，保温防冻。

4. 湿度调节：通风贮藏库内的湿度一般维持在相对湿度80%～90%之间，当通风量过大造成库内的湿度下降时，可采用地面喷水，悬挂湿草帘、撒湿锯末等形式增加库内的湿度。当库内的湿度过大时，可采用在库内放置消石灰等吸湿剂的方法，降低湿度。

第四节　机械制冷贮藏

一、概念和类型

机械冷藏是指利用制冷剂的相变特性，通过制冷机械循环运动的作用产生冷气并将其导入有良好隔热效能的库房中，根据不同贮藏商品的要求，控制库房内的温、湿度条件达到合理的水平，并适当加以通风换气的一种贮藏方式。

机械冷藏要求有坚固耐用的贮藏库，且库房设置有隔热层和防潮层以满足人工控制温度和湿度贮藏条件的要求，使用产品对象和使用地域扩大，库房可以常年使用，贮藏效果好。机械冷藏的贮藏库和制冷机械设备需要较多的资金投入，运行成本较高，且贮藏库房运行要求有良好的管理技术。

机械冷藏库根据制冷剂要求不同，分为高温库（0℃左右）和低温库（低于-18℃）两类，用于贮藏新鲜果蔬产品的冷藏库为前者。冷藏库根据贮藏容量大小划分，虽然具体的规模尚未统一，但大致可分为四类（见表4-2）。目前我国贮藏新鲜果蔬产品的冷藏库中，大型、大中型占的比例小，中小型、小型库较多。近年来个体投资者建设的多为小型冷藏库。

表4-2　**机械冷藏库的库容分类**

规模类型	容量/吨	规模类型	容量/吨
大型	>10000	大中型	5000～10000
中小型	1000～5000	小型	<1000

二、机械冷藏的原理

机械制冷的特点：它不受地区、季节的影响，人为地对贮藏的温度、湿度和通风换气的要求进行调节和控制。

1. 原理：利用汽化温度很低的液体（又称制冷剂），使它在低压下蒸发变成气体，从而吸收热量，达到降温的目的。

2. 制冷剂：是指在制冷循环中膨胀蒸发时吸收热量，因而产生制冷效果的物质，所用的制冷剂是氟利昂（或氨液）。

对制冷剂的要求：

（1）蒸发的温度要低。一般在-10℃以下甚至更低（在1atm以下），氨为：-33.4℃，氟利昂：-29.8℃。

（2）汽化热要大。蒸发时制冷剂吸热的多少不同，汽化热大吸热就多，制冷的效果就越好。氨为：1258.18kJ/kg·0℃，氟利昂为：155.496kJ/kg·0℃。

（3）冷凝压力要小。氨：12～15Pa，氟利昂：10～12Pa。

（4）临界温度要高。氨：132.4℃，氟利昂：113.5℃。

（5）凝固的温度要低。氨：-77.7℃，氟利昂：-111.5℃。

（6）蒸汽的比容要小。氨：0.2897m^3/L，氟利昂：0.057m^3/L。

（7）制冷能力要大。氨：2210.802kJ/m^3，氟利昂：1333.42kJ/m^3。

（8）化学性质要稳定。氟利昂比氨稳定，氨的含量在13.1%～26.8%时，抽烟、点火柴马上就能燃烧。

（9）对人体无毒害。

（10）价廉易得。

三、机械冷藏库的组成和设计

1. 机械冷藏库的组成

机械冷藏库是一建筑群体，由主体建筑和辅助建筑两大部分组成。按照构成建筑物的用途不同，可分为冷藏库房、生产辅助用房、生产附属用房和生活辅助用房等。

冷藏库是贮藏新鲜果蔬产品的场所，根据贮藏规模和对象的不同，冷藏库可分为若干间，以满足不同温度和相对湿度的要求。

生产辅助用房包括装卸站台、穿堂、楼梯、电梯间和过磅间等，生产附属用房主要是指与冷藏库房主体建筑和生产操作密切相关的生产用房，包括整理间、制冷机房、水泵房、产品检验室等。

生活辅助用房主要有生产管理人员办公室、员工更衣室、休息室、卫生间及食堂等。

2. 机械冷藏库的设计

机械冷藏库的设计广义的包括建筑群整体的合理规划和布局，及生产主体用房——冷藏库房库体的设计两部分，狭义的（下文）仅指后者。

整个建筑群的合理规划直接关系到企业生产经营的效果，在库房建造前的库址选择时就必须认真研究，反复比较。适于建造冷藏库的地点通常应具备以下条件：（1）靠近新鲜果蔬产品的产地或销地；（2）交通方便，地域开阔，留有一定的发展空间；（3）有良好的水、电源；（4）卫生条件良好。

在选择好库址的基础上，根据允许占用土地的面积、生产规模、冷藏的工艺流程、产品装卸运输方式、设备和管道的布置要求等来决定冷藏库房的建筑形式（单层、多层），确定各库房的外形和各辅助用房的平面建筑面积和布局，并对相关部分的具体位置进行合理的设计（详见《中华人民共和国冷库设计规范》）。

生产主体用房——冷藏库房的设计总体要求有：（1）满足冷藏库规定的使用年限，结构坚固；（2）符合生产流程要求，运输路线（物流、冷流等）要尽可能短，避免交叉；（3）冷藏间大小和高度应适应建筑模数、贮藏商品包装规格和堆码方式等规定；（4）冷藏间应按不同的设计温度分区（分层）布置；（5）尽量减小建筑物的表面积。根据新鲜果蔬产品的特点和生产实践经验，大中型冷藏库采用多层、多隔间的建筑方法，小型冷藏库房采用单层多隔间的方法，且贮藏间容量相对较大，如300～500吨向小型化如100～250吨发展；库房的层高传统上多在4.5～5.0米，随着科学技术水平提高，操作条件的改善和包装材料更新，层高可增加至8～10米，甚至更高。这样的小库容、高层间距的贮藏间既可满足新鲜果蔬不同贮藏条件和贮藏目的的要求，又有利于提高库房的利用率和便于管理。

四、冷藏库房的围护结构

机械冷藏库房投资费用大、使用年限长，且要求达到较高的控制温、湿度指标的要求，因而其围护结构至关重要。在建造冷藏库房时除必须保证坚固外，围护结构还需要具备良好的隔热性能，以最大幅度地隔绝库体内外热量的传递和交换（通常是外界热量侵入和库内冷量向外损失），维持库房内稳定而又舒适的贮藏温、湿度条件。由于一般建筑材料阻止热量传递的能力都较弱，隔热要求的满足通常是采用在建筑结构内敷设一层隔热材料而达到。隔热层设置是冷藏库房建筑中一项十分重要的工作，不仅冷库的外墙、屋面和地面应设置隔热层，而且有温差存在的相邻库房的隔墙、楼面也要做隔热处理。

用于隔热层的隔热材料应具有如下的特征和要求：导热系数（λ）小（或热阻值要大），不易吸水或不吸水，质量轻，不易变形和下沉，不易燃烧，不易腐烂、虫蛀和被鼠咬，对人和产品安全且价廉易得。隔热材料如果不能完全满足以上要求，必须根据实际需要加以综合评定，选择合适的材料。常用隔热材料的特性（见表4-3）。

表4-3 **常用隔热材料的特性**

材料名称	导热系数λ（$W \cdot m^{-1} \cdot K^{-1}$）	防火性能
软木	0.05～0.058	易燃
聚苯乙烯泡沫塑料	0.029～0.046	易燃，耐热70℃
聚氨酯泡沫塑料	0.023～0.029	离火即灭，耐热140℃
稻壳	0.113	易燃
炉渣	0.15～0.25	不燃
膨胀珍珠岩	0.04～0.10	不燃
蛭石	0.163	难燃

隔热材料的导热性能是决定其是否被采用的主要指标。导热系数（λ）指的是单位时间通过厚度1m，面积$1m^2$相对面内外温差为1℃材料的热量，单位是$W/(m \cdot K^{-1})$。导热系数也称为导热率，导热系数小表明材料的隔热性能好。导热系数的倒数即为热阻（R），即$R=1/\lambda$。冷藏库房围护结构在相同热阻要求下，因材料的导热系数不同，则所需材料厚度不同。热阻值的要求是有差别的，在冷库使用期间，围护结构内外温差越大，

则热阻值要求越大，隔热层所用材料的厚度也应增加。厚度不够，虽然节省了隔热材料的费用，但冷藏库保温性能差，耗电多，运行成本提高，设备投资及维修费用相应增加。隔热层加厚，提高了隔热性能，则耗电减少，设备投资及维修费用相应下降。因此，根据各地实际情况和具体条件决定冷库围护结构合理的热阻值（选择合理的隔热材料和决定其采用的厚度）是工程设计人员必须认真考虑和加以解决的问题。

冷藏库房在不同温差条件下使用时所需围护结构的总热阻值（见表4-4）。

表4-4　**不同温差条件下围护结构所需的总热阻值 R**

室内外温差△t（℃）	设计时允许的最大单位面积传入热量（kj·m^{-2}·h^{-1}）				
	7月	8月	9月	10月	11月
50	29.94	26.17	23.24	20.93	19.05
40	23.24	20.93	18.21	16.75	14.86
30	18.21	15.49	14.03	12.56	11.30
20	11.93	10.47	9.21	8.37	7.54

防潮层的有无与质量好坏对于冷藏库房围护结构的性能起着极其重要的作用。冷藏库房运行时其内外温度的差异使围护结构的两侧产生水蒸气压力差，且库外高温空气中的水蒸气会慢慢穿透隔热材料向库内渗透（由热端向冷端转移），同时也侵入隔热层内部，使其隔热性能显著降低。为确保隔热材料的隔热性能，必须在围护结构内设置防潮层，以隔绝水蒸气的渗透。防潮层设置不合理，不管隔热层采用何种材料和多大的厚度，都难以取得满意的隔热效果。如若仅仅隔热层性能差，还可采取增加制冷装置的制冷量加以弥补；而若防潮层设计和施工不良，外界空气中的水蒸气不断侵入隔热层，这不仅增大了制冷负荷，而且导致围护结构的损坏，严重时甚至造成整个冷藏库房建筑报废。防潮层的设置应完全包围隔热材料，因而在隔热层的两侧均应敷设，至少在隔热层的高温一侧必须具有，并且施工时要保持防潮层的完整性。目前生产实施中常用的防潮层材料有油毛毡、水柏油、防水涂料、塑料薄膜及合金材料（金属板）等。

冷藏库房的围护结构包括隔热防潮层在内，随着建筑结构的改进、材料的更新等在不断发生变化，由传统的6~7层简化为2~3层。现列举几例说明冷藏库房的围护结构。

1. 石灰砂浆抹面—砖外墙（承重）—防潮层—隔热层—砖内墙—石灰砂浆抹面；
2. 混凝土抹面—砖外墙—防潮层—隔热层—木板；
3. 钢筋混凝土—空心砖—防潮层—塑料贴面；
4. 金属薄板—（聚乙烯苯/聚氨酯）泡沫塑料—金属薄板；
5. 钢筋混凝土—（聚氨酯）泡沫塑料。

值得一提的是当建筑结构中导热系数较大的构件（如柱、梁、管道等）穿过或嵌入冷藏库房围护结构的隔热层时，可形成“冷桥”。冷桥的存在破坏了隔热层和防潮层的完整性和严密性，从而使隔热材料受潮失效，因此必须采取有效措施消除冷桥的影响。常用的方法有两种，即外置式隔热防潮系统（隔热防潮层设置在地坪、外墙屋顶上，把能形成冷桥的结构也包围在其里面）和内置式隔热防潮系统（隔热防潮层设置在地板、内墙、天花板上）。

五、氨制冷循环的机制

高压系统：压缩机→膨胀阀（粗线表示）

低压系统：膨胀阀→压缩机（细线表示）（见图4-8）。

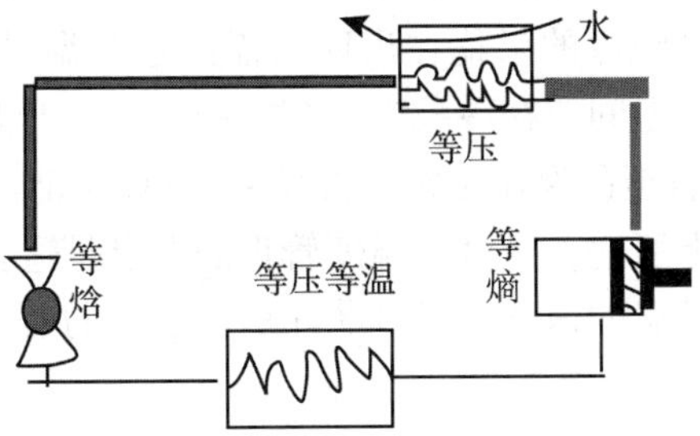

图4-8　氨制冷循环示意图

氨的低压高温的蒸汽，在压缩机内压缩成高温高压的过热蒸汽为等熵过程。氨的高压高温过热蒸汽，其温度高于环境介质（水和空气）的温度。其压力使氨蒸汽能在常温下冷凝成液体状态。因而排到冷凝器时，经冷却冷凝成高压的氨液，把热量传递给冷却水为等压过程。高压液体通过膨胀阀时，因节流而降压，在压力降低的同时，氨液因沸腾蒸发吸热，而使其本身的温度也相应下降（只要降压足够，就可使温度降到所需要的低温）为等焓过程。把这种低压低温的液氨引入到蒸发器，蒸发器吸热，产生冷效应使周围的空气及物料温度下降为等压等温过程。从蒸发器出来的低压高温的蒸汽重新进入压缩机，这样就完成了一次制冷循环。

冷凝器的作用：是将高压高温的过热蒸汽冷却，冷凝成高压的氨液并将热量传递给周围的介质（水或空气）。

膨胀阀的作用：在管路系统中起着降压和控制流量的作用。

蒸发器的作用：是用以把冷却介质的热量传递给制冷剂的热交换器。

六、机械冷藏库的管理技术

机械冷藏库用于贮藏新鲜果蔬时效果的好坏受诸多因素的影响，在管理上主要注意以下几个方面的内容：

1. 温度。温度是决定果蔬贮藏成败的关键。各种不同果蔬贮藏的适宜温度是有差别的（见表4-5），即使同一种类的不同品种也存在差异，甚至成熟度不同也会产生影响。苹果和梨，前者贮藏温度稍低些，苹果中晚熟品种如国光、红富士、秦冠等应采用0℃的温度，而早熟品种则应采用3～4℃的温度。选择和设定的温度太高，贮藏效果不理想；太低则易引起冷害，甚至冻害。其次，为了达到理想的贮藏效果和避免田间热的不利影响，绝大多数果蔬贮藏初期降温速度越快越好，但对于有些果蔬由于某种原因应采取不同的降温方法，如：鸭梨应采取逐步降温方法，避免贮藏中冷害的发生。另外，在选择和设定适宜贮藏温度的基础上，需维持库房中温度的稳定。温度波动太大，往往造成果蔬失水加重。贮藏环境中水分过于饱和会导致结露现象，这一方面增加了湿度管理的困难，另一方面液态水的出现有利于微生物的活动繁殖，致使病害发生，腐烂增加。因此，贮藏过程中温度的波动应尽可能小，最好控制在±0.5℃以内，尤其是相对湿度较高时（0℃的空气相对湿度为95%，温度下降至-1.0℃就会出现凝结水）。此外，库房所有部分温度要均匀一致，这对于长期贮藏的果蔬来说尤为重要。因为微小的温度差异，长期积累可达到令人难以相信的程度。最后，冷藏库的果蔬在出库前需经过升温过程，以防止"出汗"现象的发生。升温最好在专用升温间或在冷藏库房穿堂中进行。升温的速度不宜太快，维持气温比品温高3～4℃即可，直至品温比正常气温低4～5℃为止。出库前需催熟的产品可结合催熟进行升温处理。综上所述，冷藏库温度管理的要点是适宜、稳定、均匀及合理的贮藏初期降温和商品出库时升温的速度。对冷藏库房内温度的监测、温度的控制可人工或采用自动控制系统进行。

2. 相对湿度。对于绝大多数果蔬来说，相对湿度应控制在80%～95%（见表4-5)，较高的相对湿度对于控制果蔬的水分损失十分重要。水分损失除直接减轻了重量以外，还会使果蔬新鲜程度和外观质量下降（出现萎蔫等现象)，食用价值降低（营养含量减少及纤维化等)，促进成熟衰老和病害的发生。与温度控制相似的是相对湿度也要保持稳定。要保持相对湿度的稳定，维持温度的恒定是关键。库房建造时，增设能提高或降低库房内相对湿度的湿度调节装置是维持湿度符合规定要求的有效手段。人为调节库房相对湿度的措施有：当相对湿度低时需对库房增湿，如地坪洒水、空气喷雾等；对产品进行包装，创造高湿的小环境，如用塑料薄膜单果套袋或以塑料袋作内衬等是常用的手段。库房中空气循环及库内外的空气交换可能会造成相对湿度的改变，管理时在这些方面应引起足够的重视。蒸发器除霜时不仅影响库内的温度，也常引起湿度的变化。当相对湿度过高时，可用生石灰、草木灰等吸潮，也可以通过加强通风换气来达到降温目的。

表4-5　**常见蔬菜的贮藏温湿度**

种类	温度(℃)	相对湿度(%)	种类	温度(℃)	相对湿度(%)
石刁柏	0～2.0	95～100	芹菜	0	95～98
大白菜	0	95～100	甜玉米	0	98～100
胡萝卜	0	95～100	茄子	8.0～12.0	90～95
生菜（叶）	0	98～100	大蒜子	0	65～70
蘑菇	0	95	西瓜	10.0～15.0	90
青椒	7.0～13.0	90～95	洋葱	0	65～70
萝卜	0	95～100			

3. 通风换气。通风换气是机械冷藏库管理中的一个重要环节。果蔬由于是有生命的

活体，贮藏过程中仍在进行各种活动，需要消耗氧气，产生二氧化碳等气体。其中有些对于果蔬贮藏是有害的，如果蔬正常生命过程中形成的乙烯、无氧呼吸的乙醇、苹果中释放的 a-法尼烯等，因此需要将这些气体从贮藏环境中除去，其中简单易行的是通风换气。通风换气的频率视果蔬种类和入贮时间的长短而有差异。对于新陈代谢旺盛的果蔬，通风换气的次数可多些。果蔬入贮时，可适当缩短通风间隔的时间，如 10～15 天换气一次。在建立起符合要求、稳定的贮藏设施后，通风换气一个月一次。通风时要求做到充分彻底。通风换气时间的选择要考虑外界环境的温度，理想的是在外界温度和贮温一致时进行，防止库房内外温度不同带入热量或过冷对产品带来不利影响。生产上常在每天温度相对最低的晚上到凌晨这一段时间进行。

4. 库房及用具的清洁卫生和防虫防鼠。贮藏环境中的病、虫、鼠害是引起果蔬贮藏损失的主要原因之一。果蔬贮藏前库房及用具均应进行认真彻底的清洁消毒，做好防虫防鼠工作。用具（包括垫仓板、贮藏架、周转箱等）用漂白粉水进行认真的清洗，并晾干后入库。用具和库房在使用前需进行消毒处理，常用的方法有用硫磺熏蒸（$10g/m^2$，12～24h），福尔马林熏蒸（36% 甲醛 12～15ml/m^3，12～24h），过氧乙酸熏蒸（26% 过氧乙酸 5～10ml/m^3，8～24h），0.2% 过氧乙酸，0.3%～0.4% 有效氯漂白粉或 0.5% 高锰酸钾溶液喷洒等，以上处理对虫害也有良好的抑制作用，对鼠类也有驱避作用。

5. 果蔬入库及堆放。果蔬入库贮藏时，如已经预冷处理可一次性入库后建立适宜贮藏条件贮藏；若未经预冷处理则应分次、分批进行。除第一批外，以后每次的入贮量不应太多，以免引起库温的剧烈波动和影响降温速度。在第一次入贮前可对库房预先制冷并贮藏一定的冷量，以利于产品入库后使品温迅速降低。入贮量第一次不超过该库总量的 1/5，以后每次以 1/10～1/8 为宜。

果蔬入贮时堆放的科学性对贮藏有明显的影响。堆放的总要求是“三离一隙”。“三离”指的是离墙、离地坪、离天花板。离墙一般要求果蔬堆放距墙 20～30cm。离地指的是产品不能直接堆放在地面上，用垫仓板架空可以使空气能在垛下形成循环，保持库房各部位温度均匀一致。应控制堆的高度不要离天花板太近，一般原则是离天花板 0.5～0.8cm，或者低于冷风管道送风口 30～40cm。“一隙”是指垛与垛之间及垛内要留有一定的空隙，以保证冷空气进入垛间和垛内，排出热量。留空隙的多少与垛的大小，堆码的方式有密切关系。“三离一隙”的目的是为了使库房内的空气循环畅通，避免死角的发生，及时排除田间热和呼吸热，保证各部分温度的稳定均匀。果蔬堆放时要防止倒塌情况的发生（底部容器不能承受上部重力），可搭架或堆码到一定高度时（如 1.5 米）用垫仓板衬一层再堆放的方式解决。

果蔬堆放时，要做到分等、分级、分批次存放，尽量避免混贮情况的发生。不同种类的果蔬其贮藏条件是有差异的，即使同一种类、品种，等级、成熟度不同、栽培技术措施不一样等均可能对贮藏条件选择和管理产生影响。因此，混贮对于果蔬是不利的，尤其对于需长期贮藏，或相互间有明显影响的如串味、对乙烯敏感性强的果蔬更是如此。

6. 冷库检查。果蔬在贮藏过程中，不仅要注意对贮藏条件（温度、相对湿度）的检查、核对和控制，并根据实际需要记录、绘图和调整等，还要组织对贮藏库房中的果蔬进行定期的检查，了解果蔬的质量状况和变化，做到心中有数，发现问题及时采取相应的措施。对果蔬的检查应做到全面和及时，对于不耐贮果蔬间隔 3 ~ 5 天检查一次，对贮藏性好的可 15 天甚至更长时间检查一次，检查要做好记录。此外，在库房设备的日常维护中应注意制冷效果、泄漏等的检查，以采取针对性措施如及时除霜等。

第五节 调节气体成分贮藏

气调贮藏是指在特定的气体环境中的冷藏方法。气调贮藏目前已成为工业发达国家果蔬保鲜的重要手段，美国的气调贮藏苹果已占冷藏总数的 80%，新建的果品冷库几乎都是气调库。英国气调库容达 22 万吨，法国、意大利也大力发展气调冷藏保鲜技术，气调贮藏苹果达到冷藏苹果总数的 50% ~ 70%，并且形成了从采收、入库到销售环环相扣的冷藏链，果蔬的质量得到了有效保证①。我国气调保鲜技术的研究和应用起步于 20 世纪 60 年代初，1978 年建成第一座实验性模拟气调贮藏保鲜库，1980 年气调贮藏开始进入人工控制气体成分的快速降氧法 CA 贮藏。目前，国内已研制开发多种塑料薄膜简易气调贮藏保鲜库房和设备，气调贮藏的趋势是自动化气调贮藏。

从 20 世纪 70 年代开始，我国陆续研制开发出了催化燃烧降氧机、二氧化碳脱除机、分子筛制氮机、氧气控制仪及二氧化碳测试仪等气调贮藏库所必需的设备和检测仪器。同时，通过从意大利、澳大利亚等国引进分子筛等关键气调设备，使我国气调贮藏工业得到迅速的发展。据不完全统计，我国商业系统拥有果蔬贮藏库房面积达 200 多万平方米，仓贮能力达 130 多万吨，其中机械冷藏库 70 多万吨，普通冷藏库为 60 多万吨。②

气调贮藏保鲜是目前世界上一种最先进的果蔬保鲜方式。气调贮藏保鲜库既能控制库内的温度、湿度，又能控制库内的氧气、二氧化碳、乙烯等气体的含量，通过控制贮藏环境的气体成分来抑制果蔬的生理活性，使库内的果蔬处于休眠状态。实际应用证明，运用气调保鲜库贮藏保鲜的果蔬，无论是从贮藏保鲜期上，还是从果蔬的保鲜质量上都达到了最佳的效果，这是其他贮藏方式所不可比拟的。

调节气体成分贮藏是指在一定的适宜温度下，保持有较多的二氧化碳和较少氧的空气环境，从而抑制果蔬的呼吸作用，使得新陈代谢降低到最低的限度，保持果蔬固有的品质，延长果蔬的贮藏寿命。

调节气体成分的贮藏，简称为气调贮藏，国外称之为“CA”贮藏。

一、气调贮藏的基本原理

采摘下的新鲜果蔬，仍进行着旺盛的呼吸作用和蒸腾作用，从空气中吸取氧气，分解消耗自身的营养物质，产生二氧化碳、水和热量。

呼吸作用要消耗果蔬采摘后自身的营养物质，所以延长果蔬贮藏期的关键是降低呼吸速率。贮藏环境中气体成分的变化对果蔬采摘后的生理活动有着显著影响，低氧含量能够有效地抑制呼吸作用，在一定程度上减少蒸腾作用，抑制微生物生长；适当高浓度的二氧

① 邓立，朱明．食品工业高新技术设备和工艺．北京：化学工业出版社，2006，114 页。
② 邓立，朱明．食品工业高新技术设备和工艺．北京：化学工业出版社，2006，114 页。

化碳可以延缓呼吸作用，对呼吸跃变型果蔬有推迟呼吸跃变启动的效应，从而延缓果蔬的成熟和衰老。乙烯是一种果蔬催熟剂，控制或减少乙烯浓度对推迟果蔬成熟是十分有利的。降低温度可以降低果蔬呼吸速率，并可抑制蒸腾作用和微生物的生长。

正常大气中氧含量为20.9%，二氧化碳含量为0.03%。气调贮藏是在低温贮藏的基础上，通过调节空气中氧、二氧化碳的含量，即改变贮藏环境中的气体成分，就是在果蔬贮藏中保持适宜的温度，减少氧的含量，提高二氧化碳的浓度，就能降低果蔬的呼吸强度，抑制乙烯的生成，减弱对果蔬的催熟作用。所以调节气体贮藏，就是采用低温低氧和较高二氧化碳，使果蔬的呼吸强度降低，营养物质消耗减少，后熟衰老过程减缓，保持较好品质和延长贮藏寿命的一种方法。

简单地说，就是降低贮藏环境中氧的浓度，提高二氧化碳的浓度，并通过控制这两种气体组成来达到延长果蔬寿命的目的，这就是气调贮藏的基本原理。

据报道，对元帅系列苹果的贮藏试验得出统计结果，应用一般冷藏法贮藏4个月，果实开始发面，品质下降，出库后易腐烂。采用CA贮藏6个月后果肉仍香脆、风味不变。出库后在21℃条件下比一般冷藏的、保鲜时间要长15天左右。

CA贮藏应用的依据（理由）：

1. 能降低呼吸强度。
2. 抑制乙烯的生物合成。
3. 减弱乙烯对果蔬的敏感性。
4. 减少叶绿素的损失。
5. 防止果胶的降解。原果胶→果胶。
6. 减少果蔬营养物质的损失。
7. 控制微生物的活动，减少腐烂率。

CA贮藏应用的前提（原则）：

1. 如果一般的贮藏能够达到保鲜的目的就不用CA。
2. 果蔬的种类对气调的效果不显著就不用CA。
3. 如果交通方便，可以异地贮藏，比CA费用低就不用CA。
4. 如果花费的代价超过经济效益，那么就不用CA。

二、气调贮藏适宜的条件

不同品种的果蔬需要的温度、氧和二氧化碳要适当配置，才能起到既降低果蔬的呼吸作用、抑制后熟，又不产生生理性病害为目的。

在CA贮藏中，低浓度的氧在抑制果蔬的后熟，延长果蔬的贮藏时间上起着决定性的作用。但浓度低于1%时，果蔬以无氧呼吸为主，大量的有毒物质积累，如乙醇、乙醛，产生某些生理性的病害而使果蔬坏死。但为了增加贮藏的效果，较高浓度的二氧化碳对果蔬的保绿、保脆具有重要作用。但是二氧化碳的浓度高到10%～20%以上时，果蔬就会发生二氧化碳中毒，果肉果皮变为褐色。

防止高二氧化碳的办法：1. 消石灰吸收。2. 分子筛。3. 活性炭。4. 低温水。这四种方法都可以降低二氧化碳的浓度。

三、气调贮藏的方法

经过气调贮藏的果蔬，其贮藏期都有所延长。常用的气调贮藏的方法有五种：塑料薄膜帐气调贮藏法、硅窗气调贮藏法、塑料薄膜袋小包装贮藏法、催化燃烧降氧气调贮藏法和充氮气降氧气调贮藏法。

1. 塑料大帐气调贮藏法

利用塑料大帐贮藏果蔬，贮藏规模大，管理方便，成本低，贮藏效果好。近几年来，广泛被贮藏保鲜单位所使用。

（1）大帐设备：用作气调贮藏的大帐，一般选用厚度为0.12～0.20mm厚的聚乙烯薄膜，这种薄膜机械强度好，耐低温，透明，热密封性能好。帐子分帐顶和帐底两部分，大小能贮藏果蔬2000～3000kg为宜。帐身的下部设有抽气袖口，上部设有充气袖口，中间设有取气样孔，平时密闭，帐底比帐身稍大20～30cm，以便卷封严密。

（2）帐内堆码：先在库底铺设帐底，帐底上垫枕木，枕木上按气调库要求堆码果蔬，堆码原则是既要保证冷空气及气体循环，又要保证堆码的稳定性。

（3）扣帐：堆码后将大帐扣好，将帐身与帐底充分卷合，用砖及砂土压实，保证帐内外气体不相互影响。

（4）调气：按不同果蔬对气体组成成分的要求，调节气体成分。

（5）在大帐气调贮藏时应注意几点：①要经常检查大帐的严密性，如有漏气的地方，应及时粘补。②帐内过量的乙烯要及时排除。目前多采用在帐底放置用高锰酸钾浸泡的砖块吸收乙烯。③帐内要注意通风换气，并维持合适的温湿度。

（6）降氧的方法：①自然降氧：就是利用果蔬自身的呼吸作用，逐渐将密闭在帐内的氧消耗到所要求的浓度，然后再进行调节和控制。这种方法简单，不需要充氮，易于推广。缺点：降氧需要的时间长，贮藏效果比人工降氧方法差。

②快速降氧（人工降氧）：通过抽气机的多次抽气充氮，使帐内的气体成分的比例达到所要求的比例。这种方法降氧快，贮藏效果好，但要有氮气瓶。

③半自然降氧：首先采用快速降氧，使密闭在帐内气体氧的含量降到10%左右，然后用自然降氧的办法达到。这种方法贮藏效果略低于快速降氧，但比自然降氧效果好，同时可以节约氮气，降低成本。

2. 硅橡胶气调贮藏

硅橡胶具有特殊的透气性能。首先是对二氧化碳和氧的透性较大。其次具有较大的二氧化碳和氮的渗透比，CO_2：O_2：N_2的渗透比值为12：2：1。同时对乙烯也有较大的透性，能使混合气体中渗透方向和速度彼此相对独立，互不影响。

在贮藏期间，帐内果蔬呼吸作用释放出的二氧化碳通过气窗透出帐外，所消耗的氧，则由大气中的氧透过气窗进入帐内。由于硅橡胶具有较大的二氧化碳和氧的透性比，并且帐内二氧化碳的透出量与帐内二氧化碳浓度成正相关。因此，贮藏一段时间后，帐内二氧化碳和氧的含量就会自然调节在一定的范围内。

3. 塑料薄膜袋小包装贮藏

各地广泛利用塑料薄膜袋小包装贮藏果蔬已取得显著的效果。

采收后的果蔬，经过分级挑选出好的果蔬，及时装袋、扎紧，也可在果筐或果箱中衬以塑料薄膜袋，装入果蔬后，缚紧或密封。一般在温度较低的地方贮藏。贮藏的过程中，定时抽取袋内的气体进行检测，如果氧的浓度低，二氧化碳的浓度过高，应根据果蔬对气体成分的要求通过透气进行调整。

4. 催化燃烧降氧气调贮藏

用催化燃烧降氧机以汽油、石油、液化气等燃料与从贮藏环境中（库内）抽出的高氧气体混合进行催化燃烧反应。反应后无氧气体返回气调贮藏库内，如此循环，直到把库内气体含氧量降到要求值以下。这种燃烧方法及果蔬的呼吸作用会使库内二氧化碳浓度升高，可以配合采用二氧化碳脱除机，降低二氧化碳浓度。

5. 充氮气降氧气调贮藏

用真空泵从气调贮藏库中抽出空气，然后充入氮气。这抽气和充入氮气的过程交替进行，使库内氧气含量降到要求值以下。小型的气调贮藏库多用液氮钢瓶充氮，大型的气调贮藏库多用碳分子筛制氮机充氮。

四、气调贮藏保鲜库的分类

气调贮藏保鲜库按气调冷库结构类别可分为组合板式气调冷库、土建式气调冷库和窖洞式气调冷库。

按气调贮藏环境中气体成分的控制方法，可分为自然降氧法（MA）气调贮藏、快速降氧法（CA）气调贮藏和减压降氧法气调贮藏。MA贮藏中又可分为塑料薄膜袋装式MA气调贮藏、硅窗塑料帐式MA气调贮藏和房间式MA气调贮藏。CA贮藏中又可分为塑料帐式CA气调贮藏和房间式CA气调贮藏。

按贮藏工艺参数控制方式可分为全自动控制、半自动控制和手动操作控制的气调贮藏冷库。

五、快速降氧法（CA）气调贮藏的设备

快速降氧法（CA）气调贮藏库主要由降氧制氮设备、一氧化碳脱除设备、除乙烯设备、加湿设备、制冷设备、密封门装置、密封保温库房、检测设备和控制系统组成。快速降氧法（CA）气调贮藏库的关键设备，制氮机（降氧机）、一氧化碳脱除机、除乙烯机和加湿器等，目前国内均有生产。

1. 制氮机

制氮机（降氧机）经历了燃烧式降氧机、碳分子筛制氮机、中空纤维膜制氮机的升级换代发展过程。燃烧式降氧机业已淘汰。中空纤维膜制氮机技术性能优越，产品质量可靠，价格低廉，目前被广泛选用。

（1）变压吸附制氮装置（PSA）。变压吸附制氮设备（PSA）是采用碳分子筛为吸附剂，利用变压吸附原理来获取氮气的设备。碳分子筛对空气中的氧和氮的分离作用主要是基于这两种气体在碳分子筛表面上的扩散速率不同。直径较小的气体分子（O_2）扩散速率较快，较多地进入碳分子筛微孔。直径较大的气体分子（N_2）扩散速率较慢，较少地进入碳分子筛微孔，这样在气相中可以得到氮的富集。利用空气中的氧、氮在碳分子筛表

面的吸附量的差异，即碳分子筛对氧的扩散吸附远大于氮，通过控制多个阀门的导通、关闭，从而完成氧、氮的分离，得到所需纯度的氮气。

变压吸附制氮装置（PSA）的制氮成本低、常温下工作、自动化程度高、性能可靠、开停车方便，氮气纯度和氮气产量可适当调节，无环境污染，是一种高效的现场制气装置。

（2）中空纤维膜制氮机。中空纤维膜组件是一种聚酯微型中空纤维束集成组件，其每根微型中空纤维和人的头发差不多粗细，这些纤维束通过对空气成分的不同渗透速率来分离空气中氮气和氧气。空气中的氧和水蒸气是一种快速气体，能快速渗透过膜纤维而被脱附掉。氮则经过其中空纤维微孔而富集。整个分离过程没有任何运动部件，仅依靠压缩空气就可以实现完成以上过程。中空纤维膜分离设备运行安全可靠、成本低、气量大、体积小、寿命长。

CA 系列制氮机采用中空纤维膜组件为空气分离主要部件，是专为气调贮藏保鲜库的配套使用而设计的，用于降低气调贮藏保鲜库的氧气含量，使果蔬产品处于理想的贮存条件中。CA 系列制氮机的主要参数（见表 4-6）。

表 4-6 **CA 系列制氮机的主要参数**

项　目	参　数
氮气产量（m^3h^{-1}）	5～100
标准纯度（%）	95～99
二氧化碳含量（%）	<0. 1
运行压力（MPa）	1. 25
噪声（dB）	<65
功能	超压氮气排放保护，第一级过滤器自动排水
工作环境	温度：0～40℃，相对湿度<95%

2. 二氧化碳脱除机

二氧化碳脱除机采用活性炭吸附的方法脱除二氧化碳，活性炭吸附脱除二氧化碳脱除量大、时间快、工作稳定、可靠。

含有较高浓度二氧化碳的空气被抽到脱除机中，活性炭吸附二氧化碳后，再将吸附后的低浓度二氧化碳气体送回原处，从而达到脱除二氧化碳的目的。当工作一段时间后活性炭即达到饱和，不能再吸附二氧化碳。此时，另一套循环系统启动，将新鲜空气吸入，使被吸附的二氧化碳脱除，排入大气，如此吸附、脱附交替运转，而达到脱除库内多余二氧化碳的目的。

3. 乙烯脱除机

目前大多数乙烯设备采用乙烯吸附剂的原理脱除乙烯。乙烯吸附剂脱除乙烯吸收效率高、安全、经济。

CY 系列乙烯脱除机选用进口乙烯吸附剂，主要与制氮机、二氧化碳脱除机等气调设备配套或单独使用，用于降低气调库内乙烯含量，使果蔬产品处于理想的贮藏条件下。CY 系列乙烯脱除机的主要参数见表 4-7。

表 4-7　**CY 系列乙烯脱除机的主要参数**

项　目	参　数
风量（$m^3 \cdot h^{-1}$）	130～200
噪声（dB）	<60
进出口管径（mm）	60
定时器	操作时间进行预先设定，定时脱出，最长为 30h
功能	温度：0～40℃，相对湿度<95%

4. 加湿设备

常用的加湿设备有超声波式加湿器、气水混合式加湿器和离心式加湿器。国内都有现成的设备可供选择。

气调贮藏保鲜库用的加湿器，要求相对湿度可达 95%，要求雾化稳定，雾化率高。

5. 组合式气调贮藏保鲜库

组合式气调贮藏保鲜库有天津、大连等多家生产厂商，关键部件多选用进口的材料和设备。组合式气调贮藏保鲜库的基本要求见表 4-8。

表 4-8　**组合式气调贮藏保鲜库的基本要求**

项　目	指标要求
库内温度（℃）	−2～15 可调
相对湿度（%）	75～95 可调
氧气含量（%）	1～10 可调
二氧化碳含量（%）	1～10 可调
乙烯含量	$<10^{-6}$
库体气密指标	限定压力 25mm 水柱，30min 后残留水柱高度不小于 8mm
库板厚度（mm）	75～200（聚氨酯夹芯板）
地坪保温层地坪厚度/mm	100～200（聚氨酯夹芯板）

六、气调贮藏保鲜对果蔬的质量要求

果蔬具有含水量高、收获季节性强、收获季节温度高以及大多数品种较难保鲜等特点，但鲜销、鲜食仍是今后水果和蔬菜消费的主要形式，果蔬保鲜一直是我国各个时期果蔬贮藏与加工业规划中发展的重点。

在果蔬保鲜领域中有短期（1~4 周）、中期（1~3 个月）、长期（3~12 个月）三种保鲜期，最有价值、增值最明显的是中期保鲜。目前，我国蔬菜恒温保鲜库容量仅约 20 万吨，主要品种是蒜薹（保鲜量在 6 万吨以上），其余保鲜量在 5000 吨以上的品种有大白菜、甜椒、黄瓜、菜豆、芹菜等。据估计，我国果品保鲜库容量约 250 万吨，其中机械高温冷库约占 40%，其余为通风库和普通仓库，主要集中在供销系统和商业系统。目前，我国水果保鲜主要品种为苹果、梨和柑桔，蔬菜保鲜主要品种只有蒜薹，保鲜品种单调。由于经济发展的不平衡，上述绝大多数保鲜库都在我国东部，西部的果蔬保鲜以农户的土法贮藏为主。

由于其独特的气候条件，我国西部特色果蔬具有种植面积大、产量高、品质好等特点，但大多数品种易腐烂，贮存期不超过 2 周。由于中长期保鲜的困难，极大地制约了特色果蔬的集约化生产。目前，由农户各自种植和销售的方式损耗较大（15%~25%），特级品和一级品率较低（30%~40%）。在收获期的中后阶段，由于价格很低（每千克在 1.2 元以下），导致产后各个环节重视程度下降，优质品率在 25% 以下。

气调贮藏保鲜对入库的果蔬质量有以下几点要求：（1）果蔬无破损，表皮无擦伤；（2）成熟度基本相同；（3）对入库果蔬必须严格分级挑选、检查；（4）进入气调库贮藏室的果蔬，要求采收后不得超过 4~8 小时，部分水果最多不能超过 48 小时；（5）采摘后若条件具备要进行快速预冷。

七、常见果蔬气调贮藏保鲜参数

常见果蔬气调贮藏保鲜参数见表 4-9。

表 4-9　**常见果蔬气调贮藏保鲜参数**

种　类	温度（℃）	相对湿度（%）	W（O_2）（%）	W（CO_2）（%）	贮藏期
红富士苹果	0~1	85~95	2~5	2~5	6~8 个月
元帅苹果	0~1	85~95	1~5	3~5	6~8 个月
国光苹果	0~1	85~95	2~5	2~5	6~8 个月
桃	0~1	85~95	3	5	6 周
番茄	12	85~95	2~4	2~4	55~60 天
菜花	0	95	2~4	8	2~3 个月
蒜薹	0	95 以上	2~5	0~8	8~9 个月
李子	0	85~95	3~5	2~5	1~1.5 个月

第六节　果蔬速冻贮藏

速冻贮藏（quick freezing and frozen storage）是利用人工制冷技术降低果蔬的温度，

使其达到长期保鲜且较好保持产品质量的最重要的贮藏方式之一。应用速冻技术保藏果蔬则可以较长期而又良好地保持果蔬原有新鲜状态的品质。

人类远在机械制冷方法发明之前，已利用冬季、天然冰和蒸发冷却降温来保存果蔬。19世纪中期英、法、美等国家机械制冷技术的开发，使冷冻保藏在肉类的长途运输中开始实现工业应用，随后是半成品果蔬的商业冷冻。直到20世纪30年代，冷冻食品、冷冻蔬菜才进入零售市场。

我国的果蔬速冻加工在20世纪60年代已开始发展，尤其是蔬菜速冻，20世纪70年代初在上海、福建、江苏、广州等地陆续兴起，当时已有一定的数量出口外销。20世纪80年代初在国内市场也相继出现各种速冻蔬菜，尤其在东北、西北地区冬季缺菜时，速冻蔬菜供应颇受消费者欢迎，一般在商品供应上以速冻蔬菜较多，速冻水果则多用作其他食品（如果汁、果酱、蜜饯、点心、冰淇淋等）的半成品、辅料或装饰物。

近年来由于“冷链”（cold chain）配备的不断完善和家用微波炉的普及，发达国家冷冻果蔬在食物结构中占有相当大的比例，美国冷冻食品人均年消费量已超过60kg，欧洲国家为30～40kg，日本达15kg，而我国约为3kg。由于速冻设备及技术的进步，速冻冰淇淋和质量有了较大提高，冰淇淋和速冻业获得迅速的发展，果蔬的速冻保藏也处于这样的趋势，可以说速冻保藏是较先进而理想的加工方法。

一、速冻原理

新鲜果蔬的水分含量很高，其中的游离水占总含水量的70%～80%，速冻保藏是要将其水分冻结成冰。一般果蔬中的游离水是含有溶质的溶液，其冻结点（freezing point）在-3.8～-0.6℃之间；其余的结合水则难以冻结，在-20℃以下也不能全部结冰。

果蔬速冻是要求在30min或更短时间内将新鲜果蔬的中心温度降至冻结点以下，把水分中的80%游离水尽快冻结成冰，这样就必须应用很低的温度进行迅速的热交换，将其中热量排除，才能达到要求。果蔬在如此低温度条件下进行加工和贮藏，能抑制微生物的活动和酶的作用，可以在很大程度上防止腐烂及生物化学作用，新鲜果蔬就能长期保藏下来，一般在-18℃以下，可以保存10～12个月以上，其质量是其他贮藏方法所不能及的。果蔬速冻保藏的原理主要有以下几个方面：

1. 低温对微生物的影响

防止微生物繁殖的临界温度是-12℃。微生物的生长与活动有适宜的温度范围，它们生长繁殖最快的温度称之为最适温度，超过或低于此温度，它们的活动就逐渐减弱直至停止或被杀死。大多数微生物在低于0℃的温度下生长活动可被抑制。一般酵母菌及霉菌比细菌耐低温的能力强，有些霉菌及酵母菌能在-9.5℃的未冻结基质中生活，有些嗜冷细菌也能在低温下缓慢活动。它们的最低温度活动范围：有些嗜冷细菌可在-8～0℃生存，有些霉菌、酵母菌可在-12～-8℃生存。冷冻不是杀菌措施，并不能完全杀死微生物，即使长久在低温下它们会逐渐死亡，但往往还有生存下来的（尤其是污染严重的产品和微生物的孢子和芽孢等），在冻藏的条件下，幸存的微生物会受抑制，但解冻时在室温下会恢复活动。因此，冷冻果蔬的冻藏温度一般要求低于-12℃，通常都采用-18℃或更低温度。

冷冻果蔬中微生物的存在引起关注的有两个方面：一方面是冷冻果蔬的安全性问题，即存在有害微生物产生有害物质，危及人体健康；另一方面是造成产品的质量下降或全部腐烂。

关于冷冻果蔬的贮藏对于某些产毒致病菌类，如肉毒杆菌、伤寒菌、霍乱菌以及其他致病菌的影响，已进行过很多的研究。虽然冷冻和长期的冻藏有可能使细菌在低温下逐渐死亡，但不是所有的细菌都会失去生命活力。冷冻既能保存果蔬，也保护了不少的微生物。Engley（1956）的研究结果表明，有的霉菌、酵母菌和细菌在冷冻果蔬中能生存数年之久（见表4-10）。

表4-10　**冷冻果蔬中微生物的生存期（Engley，1956）**

微生物	果　蔬	贮藏温度（℃）	生存期
芽孢菌			
肉毒梭状芽孢杆菌	蔬菜	−16	2年以上
肉毒梭状芽孢杆菌	罐头	−16	1年
生芽孢梭状芽孢杆菌	水果	−16	2年以上
肠道菌			
大肠埃希氏杆菌	甜瓜	−20	1年以上
大肠埃希氏杆菌	蘑菇	−9.4	6个月
产气肠细菌	甜瓜	−20	1年以上
伤寒杆菌	青豆	−9	贮藏12周
生芽孢乳杆菌	蔬菜及青豆	−10	2年
粪链球菌	蔬菜	−20	贮藏1年
葡萄球菌，微球菌			
一般细菌	冷冻蔬菜	−17.8	9个月以上
一般细菌	苹果汁	−21～7	贮藏1个月
一般细菌	草莓	−18	贮藏6周
一般细菌	草莓	−6.6	贮藏6周
霉菌	果汁	−23.3	3年
霉菌	罐装草莓	−9.4	3年
酵母菌	罐装草莓	−9.4	3年

当冷冻果蔬解冻后并在解冻状态下长时间存放时，腐败菌可能繁殖起来，足以使果蔬发生腐烂，也可能是不安全的微生物繁殖起来，产生相当数量的毒素，使果蔬食用不安全。保证冷冻果蔬安全的关键是避免加工产品与原料的交叉污染；在加工过程中坚持卫生的高标准；在加工流水线上避免物料积存和时间拖延；保持冷冻产品在合适

的低温下贮藏。

2. 低温对酶的影响

防止微生物繁殖的临界温度（-12℃）还不足以有效地抑制酶的活性及各种生物化学反应，要达到这些要求，还要低于-18℃。

一般果蔬内的水分被冻结达 90% 时才能抑制微生物的活动和生物化学反应，这样才可以达到长期贮存的要求。

冷冻果蔬的色泽、风味、营养等变化，多数情况下有酶参与，由此造成褐变、变味、软化等现象。未冻结的水分在-18℃以上时仍有不少数量存在，这就为酶提供了活动条件；而且有些酶在温度低至-73.3℃时仍有一定程度的活性。至解冻时，酶活性会骤然增强，导致产品的变化。如整果（带果皮、核）荔枝速冻，在速冻前外果皮的多酚氧化酶活性是 14.301 活性单位（Vit. Cmg）/（kg・$30min^{-1}$），在解冻后则是 39.996 活性单位，酶的活性成倍增强，因而荔枝果皮很快变褐。多数果蔬都存在氧化酶系统，因此在冻结前要考虑钝化或抑制酶活性的处理措施，如采用烫漂或添加护色剂处理。从有效地抑制酶活性及其引起的反应方面考虑，一般长期冻藏的温度不能高过-18℃，有些还需采用更低的温度。

3. 冷冻过程

（1）冷冻时水的物理特性

①水的冻结包括两个过程：降温与结晶。当温度降至冰点，接着排出了潜热时，游离水由液态变为固态，形成冰晶，即结冰；结合水则要脱离其结合物质，经过一个脱水过程后，才冻结成冰晶。

②单位质量的某种物质升高（或降低）单位温度所吸收（或放出）的热量定义为该种物质的比热容（Specific heat Capacity）。水的比热容是 4.184kJ/（kg・℃），冰的比热容是 2.09kJ/（kg・℃），冰的比热容只是水的 1/2。

水的冰点是 0℃，当 0℃的水要冻结成 0℃的冰时，每千克还要排出 334.72kJ 的热量；反过来，当 0℃的冰解冻融化成为 0℃的水时，每千克同样要吸收 334.72kJ 的热量，这称之为“潜热”（Latent heat），其热量数值颇大。

水的导热系数（thermal conductivity）为 2.09kJ/（m・h・℃），冰的导热系数为 8.368kJ/（m・h・℃），冰的导热系数是水的 4 倍，冻结时，冰层由外向里延伸，由于冰的导热系数高，有利于热量的排除使冻结快速完成。但采用一般的方法解冻时，却因冰由外向内逐渐融化成水，导热系数降低，因而解冻速度慢。

③水结成冰后，冰的体积比水增大约 9%，冰在温度每下降 1℃时，其体积则会收缩 0.005%～0.01%，二者相比，膨胀比收缩大，因此含水量多的果蔬，体积在冻结后会有所膨大。

冻结时，表面的水首先结冰，然后冰层逐渐向内伸展。当内部水分因冻结而膨胀时，会受到外部已冻结冰层的阻碍，因而产生内压，这就是所谓“冻结膨胀压”；如果外层冰体受不了过大的内压时，就会破裂。冻品厚度过大、冻结过快，往往会形成这样的龟裂现象。

（2）冻结温度曲线和冻结率

果蔬在冻结过程中，温度逐步下降，表示果蔬温度与冻结时间关系的曲线，称之为“冻结温度曲线”（freezing time-temperature curve）。曲线一般分为以下三段（也可以说是冻结过程的三个阶段）。

①初阶段：从初温至冻结点（冰点），这时放出的是“显热”，显热与冻结过程所排出的总热量比较，其量较少，所以降温快，曲线较陡。其中还会出现过冷点（温度稍低于冻结点，见图4-9中的S点）。因为果蔬大多有一定厚度，冻结时其表面层温度降得很快，所以一般果蔬不会有稳定的过冷现象出现。

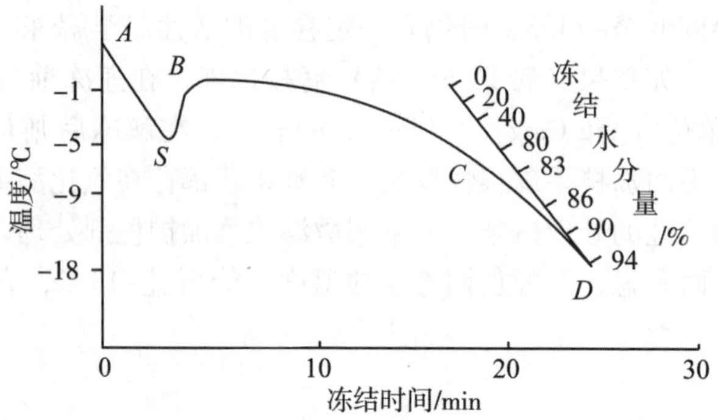

图4-9 冻结温度曲线和冻结水分量

②中阶段：此时果蔬中水分大部分冻结成冰（一般果蔬从冻结点下降至其中心温度为-5℃时，果蔬内已有80%以上水分冻结），由于水转变成冰时需要排出大量潜热，整个冻结过程中的总热量大部分在此阶段放出，所以当制冷能力不是非常强大时，降温慢，曲线平缓。

③终阶段：从成冰后到终温（一般是-18～-5℃），此时放出的热量，其中一部分是冰的降温，一部分是内部余下的水继续结冰，冰的比热容比水小，其曲线应更陡，但因残余水结冰所放出的潜热大，所以曲线有时还不及初阶段陡峭。

在冻结过程中，要求中阶段的时间要短，这样的冻结果蔬质量才理想。中阶段冻结时间的快慢，往往与冷却介质导热快慢有很大关系。如在盐水中就比在空气中冻结来得迅速，在流动的空气中就比静止的空气中的冻结速度快。因此速冻设备很重要，要创造条件使之快速冻结。

大部分果蔬在从-1℃降至-5℃时，近80%的水分可冻结成冰，此温度范围称为“最大冰晶生成区”（zone of maximum ice crystal formation），最好能快速通过此温度区域。这是保证果蔬质量的最重要的温度区间。

冻结果蔬要在长期贮藏中能充分抑制微生物生长及降低生化反应，一般要求把果蔬中90%的水分冻结才能达到目的，这是保证果蔬质量的“冻结率”（frozen water ratio）。

要求将果蔬内的水分全部冻结，温度最后要降至-60℃。这样低的温度，在加工工艺上难以应用，一般只要求中心温度在-30～-18℃。在-18℃时，已有94%的水分冻结；-30℃时，有97%的水分冻结，这样就足以保证果蔬的质量。

（3）冷冻量的要求

从冻结温度曲线可知，需要排出大量的热量才能完成冻结过程的三个阶段。此后冷冻果蔬在冻藏和运销中，必须始终维持其内部水分处于冻结状态。两者都涉及热的排出和防止外来热源的影响。冷冻量包括果蔬冷冻时需要排出的热量以及冻藏中冻藏库墙壁门窗的漏热和照明、机械等引进的热量，这些热量都要通过制冷系统的作功来排出。因此设计时应考虑冷冻量包括以下三个方面。

①果蔬完成冷冻过程三个阶段（由初温降到冻藏温度）应排出的热量，计算时可用焓差法，也可按下列三个部分分别计算：

果蔬由初温降到冰点释放的热量：

果蔬在冰点以上的比热容×产品重量×降温度数（初温降到冰点的度数）。

液态变为固态结冰时释放的热量：

物料的潜热×物料重量。

果蔬由冰点降到冻藏温度时释放的热量：

冻结果蔬的比热容（冰点以下的比热容）×产品重量×降温度数。

②维持冻藏库低温贮藏需要消除的热量，包括墙壁、地面和天花板的漏热，例如墙壁的漏热计算如下：

墙壁漏热量=（导热系数×24×外墙面积×冻库内外温差）/绝热材料的厚度。

③其他热源：包括照明、马达和操作管理人员工作时释放的热量。

上述三个方面的热源数据是冷冻设计规划的基本参考资料。实际应用时，一般还要将上述总热量增加10%。

（4）冰点及晶体的形成

果蔬的水分不是纯水，大多是含有各种无机盐和有机物的溶液，其冰点较低，要降至0℃以下才能结冰。冰晶开始出现的温度就是冻结点（冰点），一般植物性食品，如果蔬的冻结点大多在-3.8～-0.6℃，各种果蔬的冻结点不同，有些还低些。尤其是在缓慢冻结过程中，结合水从其结合物质中脱水而结冰后，溶液浓度逐渐增大，其冻结点还会下降。

当温度下降至冻结点，潜热被排出后，开始液体与固体之间的转变，进行结冰。结冰包括晶核的形成（nucleation）和冰晶体的增长（ice growth）两个过程。晶核的形成是极少一部分水分子有规则地结合在一起，即结晶的核心，这种晶核是在过冷条件达到后才出现的。冰晶体的增长是其周围的水分子有次序地不断结合到晶核上面去，形成大的冰晶体。只有温度很快下降至比冻结点低得多时，则各种水分几乎同时析出形成大量的结晶核，这样才会形成细小而分布均匀的冰晶体。

当温度上下波动时，未冻结的水分和小冰晶会移动靠近大冰晶体或互相聚合，就会产生重结晶而使冰晶体体积增大，只有稳定的温度才能避免这个现象。

果蔬的中心温度从-1℃下降至-5℃所需的时间，在30min以内属于“快速冻结”，超过则属于“缓慢冻结”。在30min内通过-1～-5℃的温度区域内所冻结形成的冰晶对果蔬组织影响最小，一般冻结速度越快，影响越小，冻品的质量越好。尤其是果蔬组织比较脆弱，冻结速度应要求更快。

冻结速度还可用单位时间内-5℃的冻结层从果蔬表面延伸向内部的距离来判断（冻结速度 v=cm/h）。并以此而将冻结速度分为三类：

快速冻结 v=5～20cm/h

中速冻结 v=1～5cm/h

缓慢冻结 v=0.1～1cm/h

目前应用的各种冻结设备可以用上述的标准来判断其性能。如冷冻库为0.2cm/h，送风冻结器为0.5～2cm/h，悬浮冻结器（即流态床速冻器）为5～10cm/h，液氮冻结器10～100cm/h。前者只属于缓慢冻结，其次是中速冻结，后二者才属于快速冻结，由此可见冻结设备的重要性。

冻结速度与冰晶分布的状况有密切的关系，一般冻结速度越快，通过-5～0℃温区的时间越短，冰层向内伸展的速度比水分移动速度越快时，其冰晶的形状就越细小，呈针状结晶，数量无数，冰晶分布越接近新鲜物料中原来水分的分布状态。冻结速度慢的，由于细胞外的溶液浓度较低，首先就在那里产生冰晶，水分在开始时就多向这些冰晶移动，形成了较大的冰晶体，就造成冰晶体分布不均匀。当采用不同的冻结方式或冻结介质时，由于冻结速度不同，因而形成冰晶的大小与状态不一样（见表4-11、表4-12）。

表4-11 **冻结速度与冰晶状况的关系（鱼肉）**

（冯志哲等，1984）

通过0～-5℃时的冻结速度	冰晶			数量	冰层伸展速度 *I* 水分移动速度 *w*
	位置	形状	大小（um×um）		
数秒	细胞内	针状	（1～5）×（5～10）	无数	I>>w
1.5min	细胞内	杆状	（0～20）×（20～500）	多数	I>w
40min	细胞内	柱状	（5～100）×100以上	少数	I<w
90min	细胞外	块状	（50～200）×200以上	少数	I<<w

表4-12 **龙须菜冻结速度与冰晶大小的关系**

（冯志哲等，1984）

冻结方法	冻结温度	冻结速度次序	冰晶大小（um）		
			厚	宽	长
液氮	-196	1	0.5～5	0.5～5	5～15
干冰+乙醇	-80	2	6.1	18.2	29.2
盐水（浸）	-18	3	9.1	12.8	29.7
平板（接近）	-40	4	87.6	163.0	320.0
空气	-18	5	324.4	544	920

近年来，冷冻果蔬保藏引入了玻璃化转变理论（glass transition theory）的概念。当非

晶高聚物的温度低于玻璃化转变的温度（T_g'）时，高分子链段运动既缺乏足够的能量以越过内旋转所要克服的能量，又没有足够的自由体积，链段的运动受到约束，高分子材料失去柔软性，成为玻璃样的无定型的固体，称之为玻璃态。果蔬在冻结过程中，冰晶核一旦形成和生长，体系向热动力学的平衡点靠近。当水从液态转变成固态（冰）时，液相中溶质的浓度增加，继而提高了液相黏度，假如溶质不发生结晶，水继续从液相转变为冰，液相的活动性受到很大的约束。浓度的提高和温度的降低造成黏度的增加，液相不再结冰，将使这一相态具有玻璃的特性。通过冻结浓缩途径达到的玻璃化可称为"最大冻结浓缩玻璃化"（maximally freeze—concentration glass），此时达到最大冻结浓缩玻璃化转变温度为 T_g'。T_g'对冷冻果蔬的稳定性意义很大，由于当温度低于 T_g'时，由扩散控制的物质交换及化学反应在动力学上受阻，因而体系具有良好的结构和化学稳定性。不同的组织和种类的果蔬有不同的 T_g'，因此，研究清楚各种果蔬的 T_g'，对探明冷冻果蔬在冻结和冻藏的过程中的稳定性非常重要。

4. 冷冻对果蔬的影响

果蔬在冷冻、贮藏和解冻中发生的变化是非常复杂的，大致可分为两类：物理性的如冰晶体的膨大和失水干燥引起组织结构变化等；化学的如代谢活动，由微生物和酶引起的化学变化等。

（1）速冻对果蔬组织结构的影响

冻结对果蔬组织结构的不利影响，如造成组织破坏，引起软化、流汁等，一般认为不是低温的直接影响，而是由于冰晶体的膨大而造成的机械损伤，细胞间隙的结冰引起细胞脱水、死亡，失去新鲜特性的控制能力。目前的解释主要集中在机械性损伤、细胞的溃解和气体膨胀三个方面。

①机械性损伤（mechanical damage theory）

在冷冻过程中，细胞间隙中的游离水一般含可溶性物质较少，其冻结点高，所以首先形成冰晶，而细胞内的原生质体仍然保持过冷状态，细胞内过冷的水分比细胞外的冰晶体具有较高的蒸汽压和自由能，因而促使细胞内的水分向细胞间隙移动，不断结合到细胞间隙的冰晶核上面去，此时在这种条件下，细胞间隙所形成的冰晶体会越来越大，产生机械性挤压，使原来相互结合的细胞分离，解冻后不能恢复原来的状态，不能吸收冰晶融解所产生的水分而流出汁液，组织变软。

②细胞的溃解（cell rupture theory）

植物组织的细胞内有大的液泡，水分含量高，易冻结成大的冰晶体，产生较大的"冻结膨胀压"，而植物组织的细胞具有的细胞壁比动物细胞膜厚而又缺乏弹性，因而易被大冰晶体刺破或胀破，细胞即受到破裂损伤，解冻后组织就会软化流水，说明冷冻处理增加了细胞膜或细胞壁对水分和离子的渗透性。

在慢冻的情况下，冰晶体主要在细胞间隙中形成，细胞内水分不断外流，原生质体中无机盐浓度不断上升，使蛋白质变性或不可逆地凝固，造成细胞死亡，组织解体，质地软化。

③气体膨胀（gas expansion theory）

组织细胞中溶解于液体中的微量气体，在液体结冰时发生游离而使体积增加数百倍，这样会损害细胞和组织，引起质地的改变。

果蔬的组织结构脆弱，细胞壁较薄，含水量高，当冻结进行缓慢时，就会造成严重的组织结构的改变。所以应快速冻结，以形成数量多、体积细小的冰晶体，而且让水分在细胞内原位冻结，使冰晶体分布均匀，如此才能避免组织受到损伤。

冷冻果蔬的质地和外观与新鲜的果蔬比较，还是有差异的。组织的溃解、软化、流汁等的程度因果蔬的种类、成熟度、加工技术及冷冻方法等的不同而异。

（2）果蔬在速冻和冻藏过程中的化学变化

果蔬冷冻过程中除了对其组织结构有影响外，还可能发生色泽、风味等化学或生物化学变化，因而影响产品的质量。一般在-12℃可抑制微生物的活动，但化学变化没有停止，甚至在-18℃下仍有缓慢的化学变化。

①盐析作用引起的蛋白质变性

产品中的结合水是与原生质、胶体、蛋白质、淀粉等结合，在冻结时，水分从其中分离出来而结冰，这也是一个脱水过程，这个过程往往是不可逆的，尤其是缓慢的冻结，其脱水程度更大，原生质胶体和蛋白质等分子过多失去结合水，分子受压凝集，会破坏其结构；或者由于无机盐过于浓缩，产生盐析作用而使蛋白质等变性，这些情况都会使这些物质失掉对水的亲和力，以后水分不能再与之重新结合。这样，当冻品解冻时，冰体融化成水，如果组织又受到了损伤，就会产生大量“流失液”（drip），流失液会带走各种营养成分，因而影响了风味和营养，使食品在质量上受到损失，所以流失液的产生率是评定速冻产品的质量指标之一。

②与酶有关的化学变化

果蔬在冻结和贮藏过程中出现的化学变化，许多都是与酶的活性和氧的存在相关的。如前所述，在一般的冷冻加工贮藏条件下酶仍然保持其活性，只不过其催化的反应慢得多了，但造成的质量下降是很明显的，尤其是在解冻后更迅速，因为提供了它反应所需的条件。

有些无烫漂处理的果蔬在冻结和冻藏期间，果蔬组织中会累积羰基化合物和乙醇等，产生挥发性异味。原料中含类脂物多的果蔬，由于氧和脂肪氧化酶的氧化作用也会产生异味。曾有研究报道，豌豆、四季豆和甜玉米在低温贮藏中发生类脂化合物的变化，它们的类脂化合物中游离脂肪酸等都有显著的增加。

冷冻果蔬的组织软化，原因之一是果胶酶的存在，使原果胶水解变成可溶性果胶，造成组织结构分离，质地变软。

抗坏血酸（Vc）是果蔬中最重要的维生素，作为研究冷冻果蔬的一个重要营养质量指标。不同贮藏温度冷冻豌豆（无烫漂处理）维生素 C 的变化情况（见图 4-10）。说明果蔬在-12℃时维生素 C 还会损失，在-18℃下的损失就慢得多。

蔬菜在冻结前的热烫以及冻结冻藏期间，由于加热、H^+、叶绿素酶、脂肪氧化酶等的作用，其中存在的叶绿素形成脱镁叶绿素，蔬菜由绿色变为灰绿色或绿色减退。在烫漂溶液中加入碳酸钠等对保持绿色有一定效果，但有研究表明会降低热钝化酶效果而需延长热烫时间。

酶在解冻时，尤其是在组织受到损伤时，其活性会大大加强，因而引起一系列生化反应，造成变色、变味、营养损失等变化。这需要在冻结前用热处理或化学处理等方法来将酶破坏或抑制。蔬菜一般用热烫处理。对于无烫漂处理的果品，需硫处理或加入抗坏血酸作为抗氧化剂以减少氧化，或加入糖浆减少与氧接触的机会，有利于保护果品的风味和减少氧化。

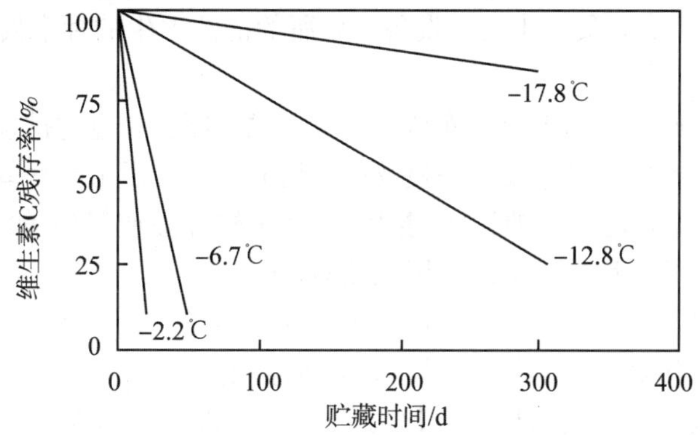

图 4-10　不同贮藏温度冷冻豌豆维生素 C 的残存率
（International institute of refrigeration，1972）

由此可知，果蔬应该进行快速冻结，使中心温度尽快达到-18℃或更低，让大部分水分未及脱水即冻结成冰晶，这是果蔬速冻的理由，也是当前果蔬速冻越来越向更低温度发展的原因。

二、果蔬速冻贮藏

1. 预处理

（1）原料选择及整理

加工原料的质量和温度的控制是影响冷冻果蔬质量的两个最重要的因素。而原料的质量则依赖于适宜的品种和成熟度以及原料的产地、栽培条件、采收方法和贮运条件。

一般加工原料的品种特性要求有：突出的风味，出色和均匀的颜色，理想的质地，均一的成熟度，抗病虫害，高产，适合机械采收。对于速冻加工，有些果蔬原料不耐冻（抗冻性较差），易造成组织损伤。有些纤维质的原料（如菜心），冻后品质易劣变；又如番茄的细胞壁薄而含水量高，冻后易流水变软。因此，要注意选择宜于速冻加工的品种，主要是看解冻后的食用（鲜食或烹调）品质及价值。

采收及采后处理，要考虑到能获得最优的原料质量。要求适时采收，成熟度适当，新鲜度好。一些冷冻蔬菜如豆类和甜玉米，达到最优质量的收获期很短，如果此时不采收而延缓，则原料中的糖很快转化成淀粉，甜味减退，出现粗硬的质地，产品不受消费者欢迎。

原料采收和运输应尽量避免机械伤害，进厂检验合格后应及时加工。新鲜果蔬采收后放置而未加工，败坏虽不易明显看出，但是仍然会很快丧失风味、甜味和组织硬化，质量下降。如豌豆、甜玉米等采收后风味损失很快，失去甜味也较快，原因是果蔬采后继续进行呼吸作用而消耗了糖分。如甜玉米在21℃下24小时之内损失其原含糖量的一半；同样如在0℃下24小时之内只损失原含糖量的5%。鲜豌豆在25℃下放置6小时就失去其原含糖量的1/3。所以必要时原料可采用短期的冷藏保鲜。

速冻果蔬属于方便食品类，而在加工过程中并没有充分保证的灭菌措施。因此，微生物污染的检测指标要求很严格。原料加工前应充分清洗干净，加工所用的冷却水要经过消毒（可用紫外灯），工作人员、工具、设备、场所的清洁卫生的标准要求高，加工车间要加以隔离。

从消费者食用方便及有利于快速冻结的要求考虑，原料要经过挑选，除了适宜整个加工的原料外，一般原料应予以去皮、去核及适当切分，切分后由于暴露在空气中会发生氧化变色，可以用0.2%亚硫酸氢钠、1%食盐、0.5%柠檬酸或醋酸等溶液浸泡防止变色。需要注意的是，一些国家目前已限制使用亚硫酸盐。

有些蔬菜（如西兰花、菜豆、豆角、黄瓜等）要在2%～3%的盐水中浸泡20～30min，以便将其内部的小害虫驱出，浸泡后应再漂洗。

速冻后的果蔬脆性不免会减弱，可以将原料在含0.5%～1%的碳酸钙（或氯化钙）溶液中浸泡10～20min，以增加其硬度和脆性。

利用渗透脱水技术在蔬菜冻结前脱去部分水分后再冻结，可以降低冷冻的要求和改善最终产品的质量。Biswal等人（1991）证实青豆在冻结前用氯化钠作渗透脱水剂进行部分脱水处理，产品的接受性与常规工艺冻结的相同。

速冻果品为考虑对品质的影响，往往不采用热烫。但为了防止产品变色和氧化，可和罐头加工一样，应用适当浓度的糖液作填充液，淹没产品，在填充液里可加入0.1%左右的抗坏血酸及0.5%柠檬酸（应考虑风味而定）等抗氧化与抑制酶活性的添加剂，也可用拌干糖粉的办法。

（2）烫漂与冷却

烫漂（blanching）是蔬菜速冻、干制及罐藏等加工中一个重要的操作步骤。如前所述，由于原料中酶的作用会使产品在加工和贮藏过程中发生颜色和风味的改变。为了避免这种不利的变化，原料可在速冻前进行烫漂处理，优点是能钝化酶的活性，使产品的颜色、质地、风味及营养成分稳定；杀灭微生物；软化组织有利于包装。冷冻青豆在-18℃下贮藏5个月和10个月后维生素C的残存量变化（见图4-11）表明经烫漂处理后维生素C的损失大大减少。

烫漂主要是应用在蔬菜速冻产品上，一般进行短时间的热处理（2～3min，95℃）以钝化酶活性。烫漂的方法有热水烫漂和蒸汽烫漂等。酶有多种，由于过氧化物酶（POD：peroxidase）和过氧化氢酶（CAT：catalase）对热失活具有抵抗性，耐热性强，它们常用作指示酶，衡量烫漂处理是否适度。通过判定过氧化物酶的活性已被破坏，其他的酶即可达到同样效果。可应用试液或试纸进行检测，如无着色反应即可判断其活性已被破坏，以此来确定热烫时间。

热烫后应迅速加以冷却，否则等于将加热的时间延长，会带来一系列不良反应。如果将温度还相当高的原料直接送进速冻器里，既会增加制冷负荷，而且会造成冻结温度升高，因而降低产品质量。

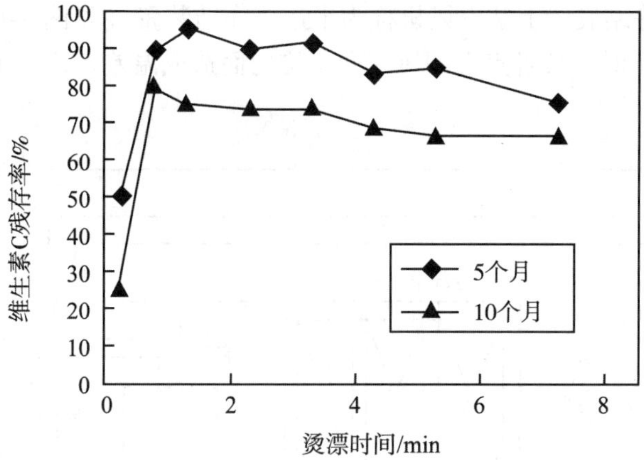

图 4-11 不同烫漂时间的冷冻青豆在-18℃贮藏维生素 C 的残存率
(Lester E. Jeremiah, 1995)

冷却措施要求达到迅速降温的效果，一般有水冷却和空气冷却，可以用浸泡、喷淋、吹风等方式。必要时将水及空气的温度降低些，使温度高达 80～90℃的原料迅速冷却。原料温度能冷却至 5～10℃最好，最高不应超过 20℃。

经过烫漂和冷却的原料带有水分，要加以沥干，可以用振动筛（或加吹冷风），有些还用离心机脱水，以免产品在冻结时粘结成堆。

2. 速冻

(1) 冻结设备

用于果蔬冻结的装置有多种，按使用的冷冻介质及与食品接触的状况，可分为以下几类。

间接冻结：静止空气冻结、送风冻结、强风冻结、接触冻结。

直接冻结：冰盐混合物冻结、液氮及液态二氧化碳冻结。

低温静止空气冻结装置：用空气作为冻结介质，其导热性能差，而且空气与其接触的物体之间的“放热系数”也最小；但它对食品无害、成本低、机械化比较容易，因此是最早使用的一种冻结方式。

静止空气冻结，一般应用管架式，把蒸发器做成搁架，其上放托盘，盘上放置冷冻原料，靠空气自然对流及有一定接触面（贴近管架）进行热交换。

空气的导热系数低，自然对流速度又低（一般只有 0.03～0.12m/s），因此原料的冻结时间长。果蔬产品的冻结往往要 10 小时左右（视温度及原料的大小厚薄而定），一般效果差，效率低、劳动强度大。目前只在小库上应用，低温冰箱也属此类，在工艺上已落后。

送风冻结装置：增大风速能使原料的表面放热系数提高，从而提高冻结速度。风速达 1.5m/s 时，可提高冻结速度 1 倍；风速达 3m/s 时，提高 3 倍；风速达 5m/s 时，可提高 4 倍。虽然送风会加速产品的干耗，但若加快冻结，产品表面形成冰层，可以使水分蒸发减慢，减少干耗，所以送风对速冻有利。但要注意使冻结装置内各点上的原料表面的风速一致。在静止空气冻结装置上装上风机称为半送风冻结装置（见图4-12）。但一般的冷风速度如果在1～2m/s时，其各点上的风速会不均匀而造成温差，这在工艺上也颇为落后。

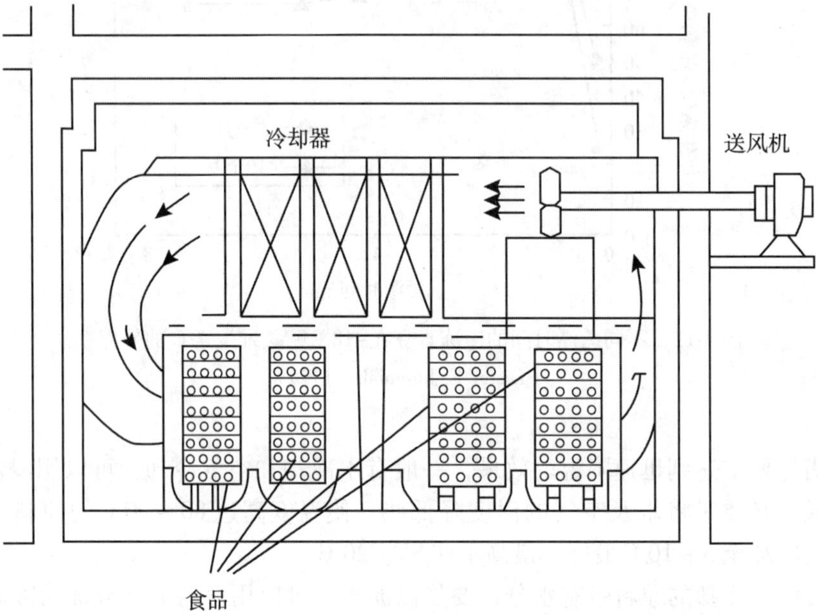

图4-12 送风冻结装置（徐进财，1995）

强风冻结装置：以强大风机使冷风以3m/s以上风速在装置内循环，有以下形式。

①隧道式：可以用轨道小推车或吊挂笼传送，一般以逆向送入冷风，或用各种形式的导向板造成不同风向。生产效率及效果尚可，连续化生产程度不高。

②传送带式：有各种形式，目前多用不锈钢网状输送带，原料在传送上冻结，冷风的流向可与原料平行、垂直、顺向、逆向、侧向。传送带速度可根据冻结时间进行调节。

有单向直走带式，在传送带底部与一冷冻板（蒸发器）相贴紧，上部还装有风机。有螺旋带式，此装置中间是一个大转筒，传送带围绕着筒形成多层螺旋状逐级将原料（装在托盘上）向上传送（见图4-13）。冷风由上部吹下，下部排出循环，冷风与冻品呈逆向对流换热。原料由下部送入，上部传出，即完成冻结。也有用链带形成传送装置，上挂托盘可以脱卸。头一段，托盘在最下层进入，逐层循链带呈S形回转上升，至最上层时进入下一段，再逐级回转下降，直至下一段的最下一层送出托盘，将之脱卸下来即完成整个冻结过程。装置内以多台风机侧向送入冷风。

这类形式的冻结装置，一般厚2.5～4cm的产品，在40min左右能冻至-18℃，薄一些的还会更快。可以连续进行生产，效率高，通风性强，适用于果蔬速冻。

③悬浮式（也称流态床）：冻结（fluidized freezing）装置一般采用不锈钢网状传送带，分成预冷及急冻两段，以多台强大风机自下向上吹出高速冷风，垂直向上的风速达到6m/s以上，把原料吹起，使其在网状传送带上形成悬浮状态不断跳动，原料被急速冷风

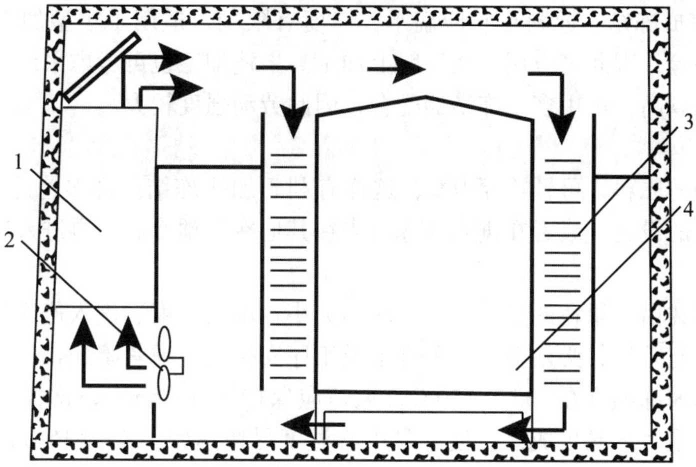

图 4-13　螺旋带式连续冻结装置（冯志哲等，1984）
1. 蒸发器；2. 风机；3. 传送带；4. 转筒

所包围，进行强烈的热交换，被急速冻结。一般在 5 ~ 15min 就能使食品冻结至 -18℃，生产率高、效果好、自动化程度高。由于要把冻品造成悬浮状态需要很大的气流速度，所以被冻结的原料大小受到一定限制。一般颗粒状、小片状、短段状的原料较为适用。由于传送带的带动，原料是向前移动，在彼此不粘结成堆的情况下完成冻结，因此称为“单体速冻”（individual quick frozen，简称 IQF），这是目前大多数颗粒状或切分的果蔬加工采用的一种速冻形式（见图 4-14）。

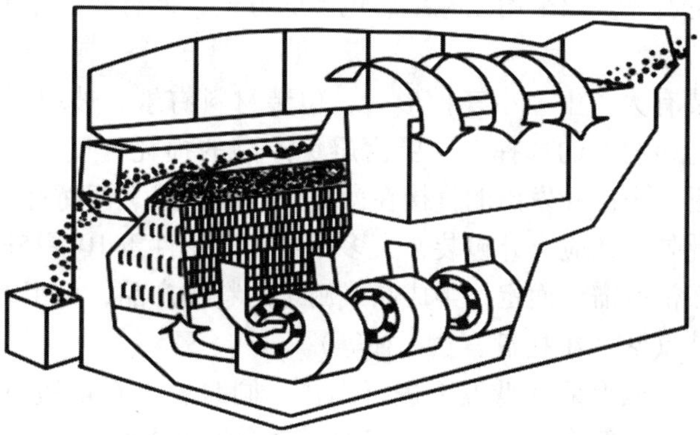

图 4-14　悬浮冻结装置（Mallett C. P.，1993）

接触冻结装置：平板冻结机即属此类。一般由铝合金或钢制成空心平板（或板内配蒸发管），制冷剂以空心板为通路，从其中蒸发通过。使板面及其周围成为温度很低的冷却面。原料就放置在板面上（即与冷却面接触）。一般用多块平板组装而成，可以用油压装置来调节板与板之间的距离，使空隙尽量减小，这样使原料夹在两板之间，以提高其热交换效率，由于原料被上、下两个冷却面所吸热，所以冻结速度快。厚 6 ~ 8cm 的食品，2 ~ 4 小时就可完成冻结。原料形状应扁平，厚度有限制，适用于小型加工，多应用于水产品，如鱼、虾等，因此多应用于在渔船上加工。果蔬加工也可考虑采用。属间歇生产类型，生产效率不算高，可用多个冻结器配合，因此劳动强度较大。

（2）速冻

经过预处理的原料，可预冷至 0℃，这样有利于加快冻结。许多速冻（quickreezing）装置设有预冷段的设施，或者在进入速冻前先在其他冷库预冷后，再进入速冻设备进行速冻。

冻结速度往往由于果蔬的品种不同、块形大小、堆料厚度、进入速冻设备时品温、冻结温度等因素而有差异，必须在工艺条件上及工序安排上考虑紧凑配合。

果蔬产品的速冻温度在-35 ~ -30℃，风速应保持在 3 ~ 5m/s，这样才能保证冻结以最短的时间通过最大冰晶生成区，使冻品中心温度尽快达到-18 ~ -15℃以下，能够达到这样的标准要求，才能称为“速冻果蔬”。只有这样才能使 90% 以上的水分在原来位置上结成细小冰晶，大多均匀分布在细胞内，从而获得具有新鲜品质，而且营养和色泽保存良好的速冻果蔬。

果蔬速冻生产以采用半机械化或机械化连续作业生产方式为理想，速冻装置以螺旋式（链带）连续速冻器或流态化床速冻器为好。

3. 包装

通过对速冻果蔬包装（packaging），可以有效地控制速冻果蔬在长期贮藏过程中发生的冰晶升华，即水分由固体冰的状态蒸发而形成干燥状态；防止产品长期贮藏接触空气而氧化变色，便于运输、销售和食用；防止污染，保持产品卫生。

果蔬速冻产品加工完成后，应进行质量检查及微生物指标检测，包装前要经过筛选。

果蔬速冻产品生产大多数采用先冻结后包装的方式，但有些产品为避免破碎可先包装后冻结。

冻结果蔬的包装有大、中、小三种形式，包装材料有纸、玻璃纸、聚乙烯薄膜（或硬塑）及铝箔等。包装材料的选择，主要为避免产品的损耗、氧化、污染而考虑采用透气性能低的材料。近年来已开发出能直接在微波炉内加热或烹调而且安全性能高的微波冷冻食品包装材料。此外，还应有外包装，大多用纸箱，每件重 10 ~ 15kg。

包装的大小可按消费需求而定，半成品或厨房用料的产品，可用大包装。家庭应用及方便食品要用小包装（袋、小托盘、盒、杯等）。

在分装时，工厂上应保证在低温下进行工作。同时要求在最短时间内完成，重新入库。工序要安排紧凑。一般冻品在-4 ~ -2℃时，就会发生重结晶。

4. 冻藏与运销

（1）冻藏

速冻完成包装好的冻品，要贮于-18℃以下的冷库内，要求贮温控制在-18℃以下，或者更低些，而且要求温度要稳定，少波动，并且不应与其他有异味的食品混藏，最好采用专库贮存。低温冷库的隔热效能要求较高，保温要好，一般应用双级压缩制冷系统进行降温。速冻果蔬产品的冻藏期一般可达 10 ~ 12 个月，条件好的可达 2 年。

在冻藏过程中，未冻结的水分及微小冰晶会有所移动而接近大冰晶与之结合，或者互相聚合而形成大冰晶，但这个过程很缓慢，若库温波动则会促进这样的移动，大冰晶成长就加快，这就是重结晶现象。这样同样会造成组织的机械损伤，因而使果蔬解冻后汁液流失。

（2）运销

在流通上，要应用能制冷及保温的运输设施，以-18～-15℃的温度运输冻品。在运输销售上，要应用有制冷及保温装置的汽车、火车、船、集装箱等专用设施，运输时间长的要控制在-18℃以下，一般可在-15℃，销售时也应有低温货架与货柜。整个商品供应程序也应采用冷链流通系统（见图4-15），使产品能维持在冻藏的温度下贮藏。由冷冻厂或配送中心运来的冷冻产品在卸货时，应立即直接转移到冻藏库中，不应在室内或室外的自然条件下停留。零售市场的货柜应保持低温，一般仍要求在-18～-15℃。

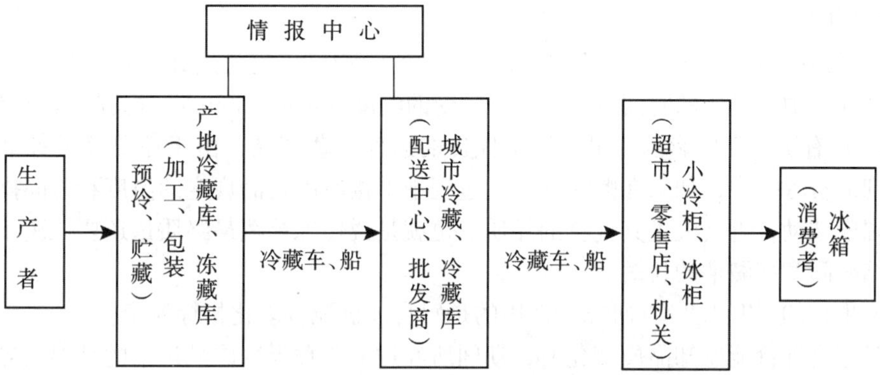

图4-15 冷链流通系统模式

5. 解冻与使用

冷冻果蔬在使用之前要进行解冻（thawing）复原，升高冻结果蔬的温度，融解果蔬中的冰结晶，恢复冻结前的状态称为解冻。各种产品的性质不同，解冻情况有差异，对产品的影响变化表现不一。

从热交换看，冷冻果蔬在解冻与速冻的进行过程中是两个相反的传热方向，而且速度也有差异，非流体果蔬的解冻比冷冻要慢。解冻时的温度变化趋向于有利微生物的活动和理化变化的增强，恰好与冷冻情况相反。如前所述，冷冻并不能作为杀死微生物的措施，只是起抑制微生物的作用。果蔬解冻后，由于温度的升高，汁液（内容物）的渗出有利于微生物的活动和理化特性的变化。因此，冷冻果蔬应在食用之前解冻，解冻后及时食用，切忌解冻过早或在室温下长时间搁置。冷冻水果解冻过程越短，对色泽和风味的影响就越小。

解冻方法，可以在冰箱中、室温下以及冷水或温水中进行，也可用微波或高频迅速解冻，但要注意产品的组织成分要均匀一致，否则容易造成产品局部的损害。

冷冻蔬菜的解冻，可根据品种形状的不同和食用习惯，不必先洗、再切而是直接进行炖、炒、炸等烹调加工，烹调时间以短为好，一般不宜过分地热处理，否则影响质地，口感不佳。

冷冻水果一般解冻后不需要热处理，就可供食用。解冻程度因解冻用途而异，鲜吃的果实以半解冻较安全可靠。有些冷冻的浆果类，可作为糖制品的原料，经过一定的加热处理，仍能保证其产品的质量。

6. 影响速冻果蔬质量的因素

通过大量试验及生产的总结，速冻果蔬商品从生产、贮藏至流通，其质量的优劣，主要是由“早期质量”与“最终质量”来决定。在冷冻果蔬从生产到消费的过程中，所经过的冻藏、输送、商店的销售状况等保持的温度都不一致，自生产工厂出货时开始是同一温度和品质（早期质量），但转到消费者手中时的品质（最终品质）将有不同，因此，以品质第一为前提，保持一定温度的冷链系统的实施非常必要。

速冻果蔬的早期质量受“P. P. P.”条件的影响，即受到产品原料（product）的种类（品种）、成熟度和新鲜度、冻结加工（processing）包括冻结前的预处理、速冻条件、包装等因素影响。

速冻果蔬的最终质量则受“T. T. T.”条件的影响，也就是速冻果蔬在生产、贮藏及流通各个环节中，经历的时间（time）和经受的温度（temperature）对其品质的容许限度（tolerance）有决定性的影响。早期质量优良的速冻果蔬产品，由于还要经过各个流通环节才能到消费者手中，如果在贮藏和流通过程中不按冷冻食品规定的温度和时间操作，如温度大幅度波动，也会失去其优良的品质。也就是说速冻果蔬最终质量还要取决于贮运温度、冻结时间和冻藏期的长短。

速冻果蔬的“T. T. T.”研究中常用的是感官评价配合理化指标测定。

通过感官评价能感知品质变化时，期间所经过的贮藏天数因贮运中的品温而异，温度越低，能保持品质的不变越久。贮藏期的长短与贮运温度的高低之间的关系，一般称为品质保持特性（keeping quality characteristic）。通过感官评价感知某一冷冻果蔬品质开始变化时所经过的天数（贮藏期），称为优质保持期（high quality life，简称 HQL），此期间该冷冻果蔬仍保持其优良品质状态。实际上，感官评价冷冻果蔬品质时，常稍将条件放宽，以不失商品价值为度，这就是所谓的实用贮藏期（practicality storage life，简称 PSL）。HQL 和 PSL 的长短是由冷冻果蔬在流通环节中所经历的时间和品温决定的。

构成果蔬品质的许多要素如风味、质地、颜色等，除了用感官评价评定外，同时可进行一些理化方法的检测，如测定维生素 C 含量、叶绿素中脱镁叶绿素含量、蛋白质变性以及脂肪氧化酸败等，可根据冷冻果蔬的种类选择测定项目。

三、果蔬速冻贮藏实例

1. 蔬菜速冻贮藏实例

（1）马铃薯（学名：Solanum tuberosum 英文：Potato）。马铃薯速冻产品中，主要是马铃薯快餐食品。如速冻马铃薯薯条（france fry potato）的销售量和消费量随着快餐业的发展而呈直线上升趋势。

目前全世界大部分国家及地区均栽培马铃薯。发达国家马铃薯较多用于加工，占其总产量的 40% 以上，美国甚至达到 70%。而我国的马铃薯加工利用率仅为 3% 左右。

从美国的情况看，美国有速冻薯条生产厂家300多家，如麦当劳、肯德基、Wendy's和汉堡王等。1993年其出口速冻薯条22万吨，价值2.67亿美元，主要出口到日本、韩国和中国。

我国速冻薯条生产厂家不多，其中有中美合资组建的北京辛普劳食品有限公司（在内蒙古、张家口地区和北京市郊设有原料基地），另一中外合资企业是山西嘉顺食品有限公司，其生产的马铃薯食品供不应求。据初步估算，中国年进口薯条上万吨，仅北京麦当劳年消费量即为4000～5000吨。因此，发展我国马铃薯速冻系列产品有着广阔的市场前景。

①工艺流程：原料选择→清洗→去皮→修整→切条→分级→漂烫→干燥→油炸→沥油→预冷→速冻→称重包装→冻藏。

②操作要点

原料选择：薯条加工品种要求为马铃薯原料淀粉含量适中，干物质含量较高，还原糖含量较低的白肉马铃薯；薯形要求长柱形或长椭圆形，头部无凹，芽眼少而浅，表皮光滑，无裂纹空心；适合加工薯条的马铃薯品种要求休眠期长，抗菌性强。采购用于薯条加工的马铃薯时，选择外观无霉烂、无虫眼、无变质、芽眼浅、表面光滑的马铃薯，剔除绿色生芽、表皮干缩的原料。

生产前应进行理化指标的检测，理化指标的好坏直接影响到成品的色泽。马铃薯的还原糖含量应小于0.3%，若还原糖含量过高，则应将其置于15～18℃的环境中，进行15～30天的调整。

清洗：可以在水力清洗机中清洗马铃薯，借助水力和立式螺旋机构的作用将其清洗干净。

去皮：去皮方法有人工去皮、机械去皮、热力去皮和化学去皮。为了提高生产能力，保证产品质量，宜采用机械去皮或化学去皮。去皮时应防止去皮过度，增加原料损耗，影响产品质量。还要注意修整，去芽眼、黑点等。

切条：去皮后的马铃薯经清水冲淋，洗去其表面黏附的马铃薯皮及渣料，然后由输送带送入切条机中切成条，产品的规格应符合质量要求，马铃薯条一般选择方形，截面尺寸为（5～10）mm×（5～10）mm，长度为50～75mm。

漂洗和热烫：漂洗的目的是洗去产品表面的淀粉，以免油炸过程中出现产品粘结现象或造成油污染。热烫的目的是马铃薯条中的酶失活，防止酶促褐变产生而影响产品品质，同时使薯条表层淀粉凝胶化，减少油的吸收。采用的方法有化学方法和物理方法，化学方法采用化学试剂（抗氧化剂、抗坏血酸等）溶液浸泡；物理方法即采用85～90℃的热水进行烫漂，时间因品种及贮藏时间的不同而异。

干燥：干燥的目的是为了除去马铃薯条表面的多余水分，从而在油炸过程中减少油的损耗和分解。同时使烫漂过的马铃薯条保持一定的脆性。但应注意避免干燥过度而造成粘结，可采用压缩空气气流干燥。

油炸：干燥后的马铃薯条由输送带送入油炸设备内进行油炸，油温控制在170～180℃，油炸时间为1min左右。油炸后通过振动筛振动脱油。

速冻：油炸后的产品经脱油、冷却和预冷后，进入速冻机速冻，速冻温度控制在

-35℃以下，单体速冻（IQF）冻结，保证马铃薯产品的中心温度在 18 min 内降至-18℃以下。

包装：速冻后的马铃薯条半成品应按规格重量迅速装入包装袋内，然后迅速装箱。包装袋宜采用内外表面涂有可耐249℃高温的塑料膜的纸袋。

冻藏：包装后的成品置于-18℃以下的冷藏库内贮藏。

（2）豌豆（学名：Pisum sativum Linn 英文：pea）

豌豆荚（pea pod）又名荷兰豆荚，由于其具有青绿的颜色和鲜嫩的质地，深受消费者的欢迎。速冻豌豆荚是我国出口欧美、日本等国家的重要速冻蔬菜品种之一。

①工艺流程：原料选择→去蒂、去筋丝→洗涤→漂烫→冷却→速冻→称重包装→冻藏。

②操作要点

原料选择与整理：选择新鲜无农药残留、无组织硬化及病虫害的嫩软荚豌豆，运送至工厂，选择长5～8cm，厚度小于7mm的豆荚，然后去蒂，去筋丝（豆荚两侧边缘的粗纤维），该工作费时很多，需注意加工处理时间，自采收至加工完毕的时间不超过24小时为宜。经初选，去蒂及去筋丝的豌豆荚，在洗涤前复选一次，将色泽及规格不合格者剔除。

洗涤：经去蒂及去筋丝的豌豆荚，以含有效氯5～10mg/kg的清水洗涤，可用自动振动洗涤机洗涤，洗涤后沥干水分。

烫漂：豌豆荚充分沥干后，即进行烫漂。浸渍于沸水或含有3%食盐的沸水中，加以搅拌，根据烫漂设备的不同与豌豆荚的多少而需时40s至1min。可以过氧化物酶的活性是否被钝化作为烫漂时间的依据。

冷却：烫漂后的豌豆荚，应立即迅速冷却，以确保风味、质地及营养成分因热作用的损失最少。冷却方法一般采用清水冷却法，用不锈钢水槽，可分成两段冷却或采用两个冷却槽。为了提高冷却效果，有条件的可采用冰水冷却。冷却后豌豆荚应沥干水分，温度控制在20℃以下（最好在0～5℃）。

冻结、包装、贮藏：冷却和沥干水分后的豌豆荚通过输送带提升至单体速冻（IQF）冻结机入口的振动机筛分均匀和作最后的沥干水分，然后进入单体速冻（IQF）冻结机冻结。冻结温度为-40～-35℃。冻结完后按规定重量进行包装，贮藏于-18℃的冻库。

（3）菠菜（学名：Spinacia oleracea 英文：spinach）

①工艺流程：原料验收→挑选→整理→漂洗→烫漂→冷却→沥水→装盘→速冻→包冰衣→包装→冻藏。

②操作要点

原料选择及整理：选择叶子茂盛的圆叶种。原料要求鲜嫩、浓绿色、无黄叶、无病虫害，长度为150～300mm。原料采收与冻结加工的时间间隔不要超过24小时。初加工时应逐株挑选，除去黄叶，切除根须。清洗时也要逐株漂洗，洗去泥沙等杂物。

烫漂与冷却：由于菠菜的下部与上部叶片的老嫩程度及含水率不同，因此烫漂时将洗净的菠菜叶片朝上竖放于筐内，下部浸入沸水中30s，然后再将叶片全部浸入烫漂1min。为了保持菠菜的浓绿色，烫漂后应立即冷却到10℃以下。冷却后的菠菜要将水分沥干，然后按重量要求装盘，每盘可装500g。

速冻与冻藏：菠菜装盘后迅速进入速冻设备进行冻结，用-35℃冷风，在20min内完成冻结。然后脱盘，将冻结好的菜体在清洁的冷水中浸泡一下即捞起，在菜体表面形成一层冰衣。用塑料袋包装封口，装入纸箱，在-18℃下冻藏。

（4）南瓜饼

①工艺流程：南瓜→预处理→配料→成型→熟制→裹屑冻结→包装→入库。

配方：脱水南瓜浆10kg，糯米粉5kg，白砂糖4kg，葡萄糖浆100g，干桂花20g，面包屑1.5kg。

南瓜、糯米粉、白糖（纯度在99.5%以上）、葡萄糖浆、面包屑、干桂花，均符合国家标准。

②操作要点

南瓜预处理：南瓜原料一般要求形状完好，无污染、无烂透情况，内肉色泽金黄。南瓜清洗后削去外皮，去除瓜蒂、瓜瓤和瓜子后洗净，并检查有无杂质混入。然后将南瓜切成厚薄均匀的南瓜片，这个过程要注意防止异物进入，并要控制切片质量。将切好的南瓜片放入蒸盘中，要求每盘南瓜片装放厚度基本均匀一致，然后在0.03～0.04MPa蒸气压力下，将南瓜片蒸制40～50min。注意蒸制时间要根据南瓜的装盘厚度适当控制，时间过短则南瓜不易制浆，过长则不易脱水或影响出品率。将蒸熟的南瓜片冷却后装入脱水袋内，用压滤机脱水，脱水南瓜的干湿度以手捏无明显水分挤出为准，脱水后的南瓜浆应立即搅拌用风冷却，防止变酸。

为确保常年能生产，也可以将脱水南瓜浆冷却后用食品级塑料袋包装扎紧，立即送入-18℃下冻结坚硬，然后贮存在-18℃冷库中。经冷藏的脱水南瓜浆投入生产时，需先解冻，必要时进行第二次脱水。

配料、混合：按配方要求依次将符合要求的脱水南瓜浆、糯米粉、白砂糖、干桂花等原料加入和面机中搅拌，然后加入葡萄糖浆拌匀，若混合后料团过干可适量加水。

成型：将料团用规定的模具定型，形成扁平的圆饼。

熟制：把成型后的饼坯放入蒸盘中，注意不能重叠，在0.04～0.05MPa的蒸气压力下蒸制10min后出炉。要控制蒸制时间，以免不熟或过烂而出现异味等。

裹屑：将蒸熟南瓜饼冷却后放入面包屑中包裹至外皮有均匀的面包屑，注意控制冷却温度，太热易变形，太冷不易裹屑。裹屑可防止南瓜饼间相互粘连，提高口感质量。

冻结：将冷却的半成品放入特制的塑料托盘内，在-25℃以下温度中冻结，时间为25～30min，半成品要求冻结坚实。

包装：将合格的南瓜饼连同塑料托盘装入特定的包装中，将袋口封合。

成品贮藏：贮存温度应控制在-18℃以下。

③质量标准

感官标准：

色泽：内坯颜色为淡黄色，表层为乳白色颗粒；

香气：具有南瓜和桂花特有的香味；组织形态：组织有韧性，糯性好，冻结坚实，无外来杂质；

外形：完整无缺口，圆饼型，表层裹有面包屑，大小均匀。

微生物指标：菌落总数≤25000cfu/g；大肠菌群≤350PMN/g；霉菌≤500cfu/g；无致病菌。

（5）黄瓜

①操作要点：

原料选择：用于速冻的黄瓜，要求新鲜饱满，色泽深绿，无花斑，肉质紧密脆嫩，无空心，外形顺直。

清洗：用流动清水将黄瓜冲洗干净，除去表面泥沙及污物。

浸钙：将黄瓜放在浓度为 0.1% 的氯化钙溶液中浸渍约 20min，以增加制品的脆性，然后用清水将黄瓜漂洗干净。

切分：可将黄瓜切成片、块或条状。

漂烫：将切分的黄瓜置于沸水中热烫 2～3min，取出黄瓜，立即用水冷却，沥干表面水分。

装袋：一般多为塑料袋小包装，每袋 0.5～1kg。

速冻：将装袋后的黄瓜送入冷冻室冷冻，待中心温度达-18℃时为止。

包装、贮藏：瓦楞纸箱包装，每箱 20～25kg，在-18℃下保藏。

②质量要求：

外表呈青绿色，肉质洁白，无粗纤维，具有黄瓜应有的滋味和风味。

（6）苦瓜

苦瓜（Momordica charantia）为葫芦科一年生蔓性草本植物果实，其性味苦寒，具有清热解毒、清心明目、滋养强壮、降低血糖等功效，有抑菌和抗病毒的作用，同时富含蛋白质、维生素、多种氨基酸及矿物质，是一种深受人们喜爱的食药两用的蔬菜。但其季节性强，鲜食期短，不能满足市场需求。速冻苦瓜经原料预处理后，在-30℃的速冻设备中速冻，于-18℃的低温条件下贮藏，可全年供应。

①工艺流程：原料验收→预冷→分级→漂洗→剖切、去瓤→预煮→冷却→护色→沥水晾干→摆盘→速冻→包装→冷藏。

②操作要点

原料验收：肉质厚，成熟度适中，外皮呈绿色，无机械伤，无病斑，无虫害的新鲜优质苦瓜。

预冷：将苦瓜放在预冷间，在 5～10℃的温度下冷却，除去田间热和呼吸热，若原料来不及验收，可在验收前进行预冷。

分级：根据色泽大小分级，分为乳白、淡绿两级，每级大小长短一致。

漂洗：用流动水漂洗苦瓜，除去杂质、泥沙。

剖切、去瓤：用刀把苦瓜纵切对剖，切两端，去瓤，去籽，根据需求切分，如切片、切块、切段等。

预煮：将苦瓜放在 90～95℃沸水中热烫 3～4min，以钝化组织中酶的活性，杀死部分微生物，排出组织中部分气体和部分水分，防止热烫过度和不足。

冷却：预煮后立即分段冷却，避免物料长时间受热，使某些可溶性物质发生变化，保证产品的品质和质量。首先在流动水槽中，用自来水进行第一次冷却，然后在水冷却器中，用5～10℃的冷水进行第二次冷却，使其温度下降到10～15℃。

护色、清洗、沥水晾干：将苦瓜浸泡于护绿液中1小时（真空条件下效果更好），使护绿液中铜离子、钙离子和锌离子渗入组织中。将苦瓜捞出，用清水冲洗干净，沥水、晾干，时间10～15min，同时平放入盘中，注意不要堆积。

速冻：采用隧道式单体速冻机（IQF）速冻，速冻温度为-30℃，冻结时间为10～15min。

称量包装、贮藏：称0.25kg、0.50kg的小包装，包装间的温度为5～10℃。

速冻包装好的产品立即放在-18℃的冷藏库中贮藏，库温波动±1℃，避免重结晶和水分蒸发。注意堆放整齐，有外包装的每五层加一个底盘，无外包装的分层堆放，以防止下部的速冻苦瓜粘结。

③产品质量标准

感官指标：

色泽：解冻前后均具有苦瓜品种的正常颜色，即乳白、淡绿；滋味及气味：解冻后具有苦瓜应有的滋味和气味，无异味；组织形态：大小长短均匀，单体无粘结，苦瓜表面和袋内无冰霜；杂质：不允许存在。

理化标准：中心温度≤-18℃；食品添加剂：按GB2760执行；农药残留量：符合我国绿色食品要求和输入国卫生许可标准。

微生物指标：细菌总数≤100000cfu/g；大肠菌群≤100PMN/100g；致病菌不得检出。

（7）胡萝卜

胡萝卜经原料预处理后，在-30℃的速冻设备中速冻，于-18℃的低温条件下贮藏，可长期保持原有的生物活性成分且风味、品质不变，延长上市时间，调节市场供应，并且有利于远运外销，提高经济效益。

①工艺流程：原料验收→清洗→整理→去皮→切分→挑选→烫漂→冷却→沥水→速冻→包装→冷藏→解冻。

②操作要点

原料验收：胡萝卜要求选用肉红色，表面光滑无沟痕，形状挺直，肉质柔嫩，髓部小，大小均匀一致，无病虫害，无损伤，无腐烂变质，无斑疤，根形正常，充分成熟的原料。

清洗、整理：清除胡萝卜表面粘附的泥土、沙粒和大量的微生物，及表面残附的农药，同时要及时更换清洗用水，保持其清洁程度。切除胡萝卜的头部和表面的须根。

去皮、切分：采用手工或机械去皮，削净表面及不能食用的部分。一般根据国际市场销售习惯或客户要求而定，可切分成不同形状或要求。切片规格厚度一般在0.3cm左右，直径约3cm左右（圆形）；切丁成0.8～1.0cm小方块或橘瓣块；切丝规格为厚0.2cm，长3～4cm的细丝。

挑选：可用筛选法，将切成丁、片、丝的原料进行分级，相同规则大小的原料筛选在一起，根据实际需要分为不同的级别，以便对不同级别的原料分批速冻。

烫漂：将切分的胡萝卜放在筐内，在pH6.5～7.0沸水中热烫1.5～2min，以钝化组织中的酶活性，杀死部分微生物，排除组织中部分气体和水分。要防止热烫过度和不足，热烫时要不断搅拌，根据需要可添加1%氯化钠或氯化钙，可防止产品氧化变色。

冷却、沥水：热烫后立即分段冷却，以减少余热效应对原料品质和营养的破坏，首先在流动水槽中，用自来水进行第一次冷却，然后在冷却槽中，用0～5℃的冷水进行第二次冷却，使物料温度最后达到1～5℃。采用中速离心机或震荡机沥去表面多余的水分，离心机转速为2000r/min，沥水时间为10～15min。

速冻：将散体原料装入冻结盘或直接铺放在传送带上，采用液态氮快速冷冻，冻结温度为-35～-25℃，冻结原料厚度为5.0～7.5cm，冻结时间为10～30min。

包装：为防止冻结后的产品在冷藏中发生脱水萎蔫和因与空气接触而氧化变色，对冻结原料应立即采取包装。一般用0.06～0.08mm厚的聚乙烯薄膜袋，每袋包装容量以500g较为适宜，外包装采用双瓦楞纸箱，每箱10kg。为防止在解冻和冷藏干耗时短缺分量，每袋应酌情增重2%～3%。包装间的温度为0～5℃。

速冻：包装好的产品立即放在-21～-18℃、相对湿度95%～100%、库温波动±1℃的冷库中贮藏，避免重结晶和水分蒸发，一般安全贮藏期12～15个月，并可随时鲜销。

解冻：解冻的方法较多，可放在冰箱、室温、冷水、温水或热水中解冻，解冻的过程愈短愈好，在微波炉中解冻更好。解冻后的原料在烹调时不宜过分加热，烹调时间要短。

③产品质量标准

感官指标：

色泽：呈淡红或橘红色；滋味及气味：具有胡萝卜应有的滋味和气味，无异味；组织形态：胡萝卜粒大小均匀，碎粒和不规则粒不得超过3%；杂质：不允许存在。

理化指标：黄曲霉毒素B（μg/kg）≤5；铅（mg/kg）≤1；砷（mg/kg）≤0.5；食品添加剂按GB2760执行。

微生物指标：细菌总数（cfu/g）≤300000；致病菌不得检出；霉菌总数（cfu/g）≤1500。

④注意事项：速冻胡萝卜必须热烫处理，并且热烫要热，不得夹生和热烫过度，否则其质量和风味不佳。对原料沥水要彻底，这样能避免表面多余的水分在冻结后相互粘连或粘结在冻结设备上。原料在速冻时，在冻结盘或输送带上的摆放厚度不能太厚，这样才能在短时间内达到迅速而均匀冻结的目的。速冻胡萝卜在食用之前解冻，并且解冻之后立即食用，不宜在室温下长时间搁置待用。

（8）蘑菇

①工艺流程：原料挑选→护色→漂洗→热烫→冷却→沥干→速冻→分级→复选→镀冰衣→包装→检验→冷藏。

②操作特点

原料挑选：蘑菇原料要求新鲜、色白或淡黄、菌盖直径50～120mm，半球形，边缘内卷，无畸形，允许轻微薄菇，但菌褶不能发黑发红，无斑点、无鳞片。菇柄切削平整，不带泥根，无空心，无变色。

护色：将采摘的蘑菇浸入300mg/kg Na_2SO_3溶液或500mg/kg $Na_2S_2O_3$溶液中，为防止蘑菇露出液面，应不断翻转，使菇体均匀接触药液。浸泡2min后，立即将菇体浸泡在13℃以下的清水池中浸泡30min，脱去蘑菇体上残留的护色液。此方法能保证蘑菇色泽。

热烫：热水热烫设备通常使用螺旋式连续热烫机，也可采用夹层锅或不锈钢热烫槽。热烫水温为96～98℃，水与蘑菇的比例为3∶2，热烫时间根据菇盖大小控制在4～6min，以煮透为准。为减轻蘑菇烫煮后色泽发黄变暗，可在热烫水中加0.1%柠檬酸以调节煮液酸度，并注意定期更换新的煮液。

冷却、沥干：热烫后的蘑菇要迅速冷却。为保持蘑菇原有的良好特性，热烫与冷却工序要紧密衔接，首先用10～20℃冷水喷淋降温，再浸入3～5℃的冷却水池中继续冷透，以最快的速度把蘑菇的中心温度降至10℃以下，冷却水含余氯0.4～0.7mg/kg。这种两段冷却法可避免菇体细胞骤然遇冷表面产生皱缩现象。

蘑菇速冻前须经沥干。沥干可用振动筛、甩干机、离心机或流化床预冷装置进行。

速冻：采用流化床速冻机，使保温箱内冻结点的温度保持在-40～-35℃，加速蘑菇的冻结速度。风机的配置要合理，选择适当的风压、风量和合理的气流，以保证原料的流态化。投产前先将速冻机各部位用高压水枪冲洗消毒干净，随后开机将冻结间温度先预冷至-25℃以下，再将经过预处理沥干水分后的蘑菇由提升输送带输送至振动筛床，传送带的蘑菇层厚度为80～120mm，把原料振散后，再进入冻结间输送网带，流经蒸发器冷却冻结，冻结温度为-35～-30℃。冷气流速为4～6m/s，冻结时间为12～18min，使蘑菇中心温度达-18℃以下。冻结完毕，冻品由出料口滑槽连续不断地流出机外，落到皮带输送机上，送入-5℃的低温车间，进入下一道工序。通常每隔7h停机并用冷却水除霜1次。

分级：速冻后的蘑菇应进行分级，可采用滚筒式分级机或机械振筒式分级机进行分级。按菌盖大小可分为大大级、大级、中级、小级四级。大大级：代号“LL”，横径（菌盖）36～40mm；大级：代号“L”，横径（菌盖）28～35mm；中级：代号“M”，横径（菌盖）21～27mm；小级代号“S”，横径（菌盖）15～20mm。

复选、镀冰衣、包装、冷藏等同速冻菠菜。

2. 果品速冻贮藏实例

（1）草莓（学名：Fragaria ananassa Duchesne 英文：strawberry）

成熟的草莓果实鲜红艳丽，柔软多汁、甜酸适中、芳香宜人，有增进食欲、帮助消化作用，是老少皆宜的佳果，它具有较高的营养价值。但草莓在常温下只能贮藏1～3天，经速冻加工处理后在-18℃下冻藏可达1年。

①工艺流程：原料采收→挑选、分级→去果蒂→清洗→加糖液处理→冷却→速冻→包装→冻藏。

②操作要点

原料要求：冻结加工对草莓原料的品质要求比较严格，采摘时带蒂采收且须精心操作，由于带露水的草莓采摘后容易变质，所以要待露水干后才采摘。草莓果实成熟适宜，果面红色占2/3，大小均匀，坚实，无压伤，无病虫害，采摘装箱时不宜装得过满，运输时注意轻拿轻放，避免太阳直接照射。

预处理：按果实的色泽和大小分级挑选。首先挑选出果面红色占2/3的适宜速冻加工的果实，然后按直径大小进行分级：20mm以下、20～24mm、25～28mm、28mm以上；也可按单果重分级：单果重10g以上为1级、9～10g为2级、6～8g为3级、6g以下为4级。质次的草莓冻结后可作为加工草莓酱的原料。

原料分级后，去果蒂，注意不要损伤果肉，一手轻拿果实，另一手轻轻转动，就可去除果蒂，接着用清水清洗果实 2 ~ 3 次，除去泥沙、杂物等。

将预先配制好的浓度为 30% ~ 50% 的糖液倒入浸泡容器中，然后放入草莓，轻轻搅拌均匀，浸泡 3 ~ 5min，捞出滤去糖液。

冻结和冻藏：将浸泡过糖液的草莓迅速冷却至 15℃以下，尽快送入温度为 -35℃的速冻机中冻结，10min 后草莓中心温度为 -18℃。冻结后的草莓尽快在低温状态下包装，以防止表面融化而影响产品质量。包装材料采用塑料袋或纸盒。装入塑料袋内真空包装或用塑料袋直接包装封口，每袋可装 0.25kg 或 0.5kg，然后装入纸箱，每箱装 20kg。在温度为 -18℃的冻藏库贮藏。注意每层堆积不宜过多，要求每 5 层加一木制底盘。

（2）桃（学名：Amygdalus persica 英文：peach）

①工艺流程：原料选择→清洗→去皮核、切片→浸渍糖液→包装→速冻→冻藏。

②操作要点

预处理：桃的品种中以白桃和黄桃最适宜速冻加工。原料要求新鲜，成熟度八成左右。果实大小均匀，无压伤，无病虫害。加工时应按品种大小分类，用清水洗去表面污物和残留的农药，用劈桃机将果实从中间切开去除桃核，然后采用氢氧化钠溶液处理去皮。碱液的浓度和处理时间要根据实际实验结果来确定。处理后在清水中去皮，并用 2% 的柠檬酸溶液浸泡，再用清水冲洗干净。然后切分，规格较大的切成 4 块，较小的切成 2 块。再在浓度 40% 的糖液中浸泡 5min。为了防止解冻后发生褐变，可在糖液中加入 0.1% 的抗坏血酸。浸泡后捞起沥干糖液。

速冻和冻藏：原料沥干糖液后经包装和冷却，然后迅速送入温度为 -35℃的速冻装置中冻结。使中心温度尽快降至 -18℃。冻结后的产品再用纸箱包装，随即送入 -18℃的冻藏库贮藏。

（3）脱皮去籽葡萄果粒

①工艺流程：原料验收→剪枝→清洗→消毒→热烫→冷却→摘粒→去皮、去籽→护色→选拣→水洗→沥水→装袋密封→装盘成型→预冷→速冻→脱盘→检验→装箱→冷藏。

②操作要点

原料选择：葡萄的品种很多，应选择颗粒大、易脱皮、皮薄肉厚、加工过程中不易软烂的品种。采收时，取成熟度在八成以上。呈青绿色、果粒饱满、无霉烂、无机械伤的葡萄，采收后立即加工。暂时不能加工的葡萄应贮存在 0 ~ 8℃的冷藏库中，以保持果实新鲜。

剪枝、清洗、消毒：剪去不合格的果粒，剪成每串留有 10 个左右果粒的小串，在流水中冲洗 2 ~ 3min，以洗去杂质、污物及农药，然后浸入 0.05% 的高锰酸钾溶液中消毒 3 ~ 5min，再用清水漂洗 3 次至无红色为止。

热烫、冷却：将漂洗干净的葡萄先放在 40℃的温水中，再用 95℃的热水热烫 3min，至果粒柔软，不破裂、不变色，立即投入冷水中冷却至 10℃以下，以减少热处理的影响，尽量避免可溶性和热敏感营养成分的损失。

热烫的目的在于使葡萄中的各种酶类如多酚氧化酶、抗坏血酸氧化酶、过氧化物酶等的活性降至最低程度，避免果粒变色变味，也可以杀灭葡萄表面附着的虫卵和酵母，还能使果粒不发生褐变，从而提高产品的耐藏性。热烫时要求葡萄在短时间内达到所需温度，而且受热要均匀。热烫不足，不能使酶完全失去活性，表现为冷藏后，变色变味，产品质量下降；热烫过度，固然能使酶失去活性，但营养成分损失过多，也使果粒变色，果粒组织软化，口感变差，风味变淡，且增加速冻的能耗。

摘粒、去皮、去籽：将冷却后的葡萄，从枝上轻轻扭转下来，注意不要直接摘，以防果粒损伤破裂。而后放入盛有0.1%异抗坏血酸-Na的溶液中，以防葡萄蒂处氧化变色，并把烂果、病虫害果、过小和过熟的不合格果粒挑出。把葡萄粒倒入机器，将皮核去净。若无机器设备，可用手从果蒂一端剥皮，对葡萄的去皮要彻底，但不能损伤果肉。

果蒂对产品的影响（见表4-13）。经过加工，不带果蒂的葡萄比带果蒂的葡萄失重率明显增多，说明用不带果蒂的葡萄加工出的产品汁液流失严重。另外，可溶性固形物和可滴定酸的含量均偏低，营养物质损失严重，并且色泽、质地等感官指标也不如带果蒂的葡萄好，所以，采用带果蒂的方法进行脱粒，果蒂保留2mm左右。

表4-13　**果蒂对产品的影响**

项　目	失重率(%)	可溶性固形物(%)	可滴定酸(%)	感官评价
处理前的原料	—	11.30	0.42	果粒完好，色泽红润均匀，质地硬脆，果香浓郁
带果蒂	2.90	12.30	0.36	果粒完好，有褪色，质地较软
不带果蒂	5.30	12.10	0.35	果粒有破损，褪色且褐变，质地很软

护色、选拣：去皮去籽后的葡萄粒立即浸入0.1%异抗坏血酸-Na溶液中护色。将去尽皮核的葡萄粒平铺于透光的玻璃板上进行检验选拣，将较小粒、严重破损粒、有斑点或褐变等不合格的果粒挑出，将仍有皮核的果粒手工去除，合格粒及时放入护色液中。控制葡萄果粒褐变、色泽变深是加工中的重要问题。葡萄果粒褐变反应机制主要是在氧化酶催化下的多酚类氧化和抗坏血酸氧化，抗坏血酸在空气中自动氧化褐变，这种褐变均在有氧的酸性环境条件下发生。研究证明，防止褐变，必须消除酚类、多酚氧化酶和氧三种因素之一。比较有效的是抑制多酚酶活性，其次是防止果粒与空气接触。

控制褐变除了对原料热烫、浓缩加工操作时间、减少与空气接触的时间外，加入护色剂也是一种行之有效的手段。异抗坏血酸-Na是强还原剂，可利用其还原性消耗氧和抑制酶的活性，防止酚类变为醌类。加工过程中使用0.1%异抗坏血酸-Na溶液可防止果粒出现褐斑和色泽变深。0.1%异抗坏血酸-Na溶液作护色剂既有护色作用，还可以保持葡萄营养成分损失较少（见表4-14）。

表4-14　**不同护色剂对产品的影响**

项　目	失重率(%)	可溶性固形物(%)	可滴定酸(%)	感官评价
处理前原料	—	13.40	0.32	色泽鲜艳、红润、均匀，有光泽
0.1%异抗坏血酸溶液	1.46	14.00	0.31	色泽红润、均匀、无光泽
1% NaCL溶液	1.64	14.00	0.34	色泽不均匀，无光泽，有褪色
0.1%柠檬酸溶液	2.44	14.00	0.32	褪色严重，有褐变

水洗、沥水：将合格葡萄粒用清水清洗 2～3 次，将残皮、果核等杂质除去。干净果粒置于竹筛或塑料筛内沥水 5～8min。

袋装密封、装盘成型：将沥干水分、完好无损葡萄果粒定量装入 0.08mm 厚的塑料袋中，加入 0.1% 异抗坏血酸-Na 溶液护色，排净袋内空气后封口。将塑料袋摆放在托盘中使葡萄果粒平整成型。

预冷速冻：将装好的托盘立即送入 0℃冷库内预冷至 5℃左右，再送入速冻机或速冻库，在-35℃以下进行速冻，要求在 30min 内使果粒中心温度迅速至-18℃，以通过最大冰晶生成带，减少冰晶的生成。

脱盘：速冻完成后，从速冻机出口或速冻库取出托盘，将速冻果粒在操作台上整盘脱出，检验果粒有无变色及畸形块、果粒块有无断裂、包装袋有无破损现象、每袋重量与标示重量是否相符等。对合格产品进行装箱、封箱。

冷藏：包装好的整箱葡萄果粒立即送入-18℃左右的低温库贮藏。

（4）鲜枣

①工艺流程：原料挑选→清洗→表面消毒→脱水→装袋→预冷→速冻→检验→装箱→贮藏。

②操作要点

原料挑选、清洗：鲜枣采收后选择质量较好的作为速冻原料，挑出表面不完整和有碰伤、有病斑的枣。用清水将鲜枣清洗 3 遍，去掉表面的尘土和农药残留。将消毒剂溶于清水中并搅匀，将枣在溶液中浸泡 1min，杀灭鲜枣表面的微生物，使产品达到国家食品卫生标准，再用经过过滤和紫外线消毒的水洗掉消毒剂。

脱水、装袋：采用风机吹去鲜枣表面的水分。将脱水后的鲜枣按定量装入复合塑料袋，热合封口。操作中应符合卫生要求，避免二次污染。

预冷、速冻：将袋装鲜枣装入周转箱，推入冷藏间进行预冷，预冷温度 0℃左右，预冷时间 12 小时。将预冷后的鲜枣推入速冻间，速冻温度-20℃以下，速冻时间为 12～20 小时。

检验：分批抽样，检验合格的速冻鲜枣装箱，置于贮藏间贮存或出厂销售，贮存时间为 12～15 个月。

（5）杏

①工艺流程：原料选择→原料处理（清洗、切半、去核）→护色→漂烫→冷却→速冻→包装→冷藏。

②操作要点

原料选择：当杏的色泽变为橙黄色、成熟度为八成熟时采收，尽量做到当天采收当天加工。去除有病虫害、霉烂、畸形及锈斑的果实。

原料处理：用清水洗去原料上的泥沙，去除杏果柄部分，然后用刀沿缝合线切半去核，并立即投入 5%～6% 的维生素 C 溶液中护色，防止杏肉褐变。

漂烫：采用螺旋式连续热烫机，加工数量不大时，也可用夹层锅或不锈钢锅或不锈钢制成的热烫槽代替。热烫水的温度一般在 90℃左右，漂烫 3～5min，以原料烫透但不熟为宜。热烫后将杏捞出，迅速投入冷水中冷却，防止杏肉继续受热力作用而过熟。

速冻：可用隧道式速冻机进行速冻，将冻结间先进行预冷至-25℃以下。将原料由提升输送带送入振动筛床，把原料振散后进入冻结间输送网带，高速冷气流从网筛格隙由下向上吹散原料，进行单体快速冻结。冻结温度在-30℃以下，至原料中心温度达-18℃以下，冻结完毕。

包装与冷藏：包装车间必须保持在-5℃的低温环境，内包装用0.06～0.08mm厚的无毒薄膜袋，每袋装500g。外包装用瓦楞纸箱，每箱净重10kg，箱外用胶带纸封口，刷明标记，进入冷库冷藏。

冻藏：速冻杏存放于-20～-25℃的冷藏库中，温度波动范围±1℃，冷藏温度保持稳定。

第七节　冰温保鲜技术

冰温保鲜，就是将果蔬贮藏在0℃以下至果蔬冰点以上的温度范围内，相对湿度在95%以上的环境中保鲜。冰温保鲜可维持果蔬内细胞的活体状态，利用冰温冷藏技术贮藏果蔬，可以抑制果蔬的新陈代谢，可以使其保持刚刚摘取的新鲜度，在色、香、味、口感方面都优于一般冷藏，几乎和新鲜果蔬处于同等水平。冰温保鲜特别适合冻结点较低的果蔬。

果蔬冷藏保鲜期可以比一般冷藏法增长两倍左右。冰温保鲜可以很好地保存果蔬原有风味、口感和新鲜度。冰温贮藏的缺点是温度较难控制，搞不好就会发生冻害。另外，果蔬出库前要缓慢降温，如降温过快，融解的水分来不及被细胞原生质及时吸收，易引起失水。果蔬冷藏期限因品种繁多、特性各异而各不相同。冰温贮藏技术是仅次于冷藏、冷冻的第三种保鲜技术。

一、冰温的发现

日本鸟取县食品加工研究所的职员山根昭美在1970—1971年的冬天，运用当时主要使用的CA贮藏法（即以提高空气中二氧化碳气体的浓度，降低氧气浓度，抑制贮藏物呼吸的方法），试验性贮藏了4吨梨。新年过后，当他打开贮藏库的大门时，发现原本设定温度应保持在0℃，但是由于温度调节不良使贮藏库的温度变为-4℃，结果所有的梨都变成了晶光透明的冻梨。他想这次试验是彻底失败了，于是把所有的电源切掉，使贮藏库恢复到室温状态。几天后，所有的梨都恢复到了保存前的状态，皮表面没有一点因为冻伤而呈现黑色状态，完全恢复了原来的色泽和味道。这就是冰温的发现。

二、冰温保鲜果蔬

利用冰温技术贮藏保存果蔬在时间和新鲜程度上，比0℃以上的冷藏保存延长两倍以上。如：利用冷藏技术，梨最长只能保鲜1周左右，而在冰温状态下则能够保鲜200天以上。现在占流通领域主导地位的冷冻（-8℃以下）虽然比冷藏的保存时间长，但是存在着冻结时营养成分向外流失，味道破坏的缺点。而冰温技术则具有既不破坏细胞，也不流失营养成分的优点。冰温技术的开发与利用不仅减少了由于果蔬的新鲜度降低所引起的损失，而且使调整出库时间成为可能。

冰温技术在食品制造、加工领域中也被广泛灵活地利用。动植物在冰点温度附近，为了防止被冻死，从体内不断分泌大量的不冻液以降低体液冰点，这种不冻液的主要成分是葡萄糖、氨基酸及天冬氨酸等，这些成分增加食品味道的成分，应用这些原理生产的食品即为冰温食品。

三、冰温保鲜设备

只要能满足温度能长期保持在0～-4℃，相对湿度大于90%范围内的传统的冷库、冰箱都可以作为冰温保鲜设备使用。冰温保鲜设备主要有湿空气保鲜冷库和冰蓄冷库。

1. 湿空气保鲜冷库和冰蓄冷库

湿空气保鲜冷库是通过空气冷却器产生的湿空气，保持温度和湿度的冷库。冰蓄冷库是一种用冰降温和蓄冷的湿空气保鲜冷库。冷库用于果蔬和花卉的保鲜在美国和欧洲已有一百多年历史了。十多年前，美国首先采用空调技术提高冷库的湿度进行保鲜。冰温保鲜这项新技术刚出现立即引起欧洲一些国家的极大兴趣，因为欧洲人对食品质量的要求比美国人更高，他们宁愿多花钱也要买刚采摘的新鲜果蔬和花卉。新的保鲜技术能使果蔬失水少，颜色鲜艳，外形和味觉等都比传统冷库保鲜要好很多。果蔬的冰温保鲜在欧洲的应用比在美国更为广泛。除了保鲜效果好，冰蓄冷和湿空气保鲜技术使进库农产品达到冷藏所需温度的时间缩短，冷藏期延长。

2. 传统保鲜法的缺点

传统的冷库使用冷却盘管和冷风机组，空气中的水分不断被冷凝，库藏产品经过一段时间的冷藏后水分损失大，干缩变形，失去原有的色泽，品质下降。水分的损失对果蔬的质量影响很大，在保鲜过程中，空气的相对湿度在98%时，库藏产品品质保持的有效程度要比空气的相对湿度在90%时好得多。在传统的冷库中冷却盘管表面温度低于0℃，空气中的水分不断冷凝和结霜，必须周期性除霜，这会使冷库温度升高，如果水滴落在果蔬上还会加速腐烂。制冷设备的容量是按冷藏物品从入库温度开始冷却的最大负荷确定的，最大负荷比冷藏过程中的平均负荷大得多，因此设备容量大，体积大，造价也高。上述这些缺点在采用冰蓄冷和湿空气保鲜技术后都可以避免。

3. 湿空气保鲜冷库和冰蓄冷库的工作原理和特点

（1）湿空气保鲜冷库：传统的湿空气保鲜冷库，冷库里的蔬菜、瓜果放在敞开的周转箱内，周转箱叠放成集装箱形式便于运输。湿空气冷却器靠一面墙布置在天花板下面，冷的湿空气向对面墙方向吹，流过周转箱，最后空气再回到空气冷却器做降温和增湿处理。每一库房可以设计安装一台或数台空气冷却器，湿空气的换气次数通常为40次/h。空气冷却器中以接近0℃的冷水为冷却介质，它由水泵打到空气冷却器上进行喷淋；如果湿空气中带有水滴，落在库藏果蔬上会引起腐烂，因此，要用水分离器把水滴从气流中除去。从空气冷却器吹出的空气温度为1.5℃，相对湿度为98%。

湿空气保鲜冷库的最大优点是流经果蔬的空气是湿空气，经长时间贮存的果蔬水分损失少，不会干缩、变形、变色。另一显著特点是入库果蔬初冷却速度快，在较短时间内即可达到冷藏所需温度。

（2）冰蓄冷库：冰蓄冷库就是冰蓄冷的湿空气保鲜冷库，先用制冷设备将水冻结成冰，然后采用冰融化的潜热使循环冷却水保持在0℃。采用冰蓄冷方式，库房温度比较恒定，因为冷却空气的冷却水温度稳定地接近0℃，即使制冷机短时间停机，也不会像传统冷库那样很快引起库温升高。空气冷却器温度始终处于0℃，不需要化霜。果蔬也不会有冻伤危险。在新型冷库内循环空气能保持98%左右的相对湿度。即使果蔬长期冷藏，也不会像传统冷库中由于结露、结霜，而使果蔬含水量不断下降。另外，冰蓄冷库中不需要架设制冷剂盘管，可以减少基建投资，同时也不会因制冷剂可能的泄漏而造成库藏果蔬受损。采用冰蓄冷技术，制冷设备的容量比传统冷库小30%左右。在果蔬入库冷却初始阶段可以利用冰蓄冷器的冷量，制冷设备容量可按平均负荷确定，而传统冷库制冷设备容量是按最高负荷确定的。

4. 冰蓄冷湿空气保鲜冷库的应用实例

（1）比利时的MTV（Mechelse Tuinboun Veiling）公司。这家公司位于布鲁塞尔东北郊，有2800名员工，生产水果、花卉、西红柿、花菜、洋葱、芹菜、黄瓜、洋白菜和布鲁塞尔孢子甘蓝。这家公司的冷库由6个面积各为200m^{2}和12个面积各为100m^{2}库房组成，总容积为13700m^3。果蔬放在宽0.8m、长1.2m的周转箱内，成集装箱形式。在18个库房内可放入3162个周转箱，四周均有空气流通。制冷系统有2台功率各为1200kW的活塞式压缩机、2台功率各为1000kW的蒸发式冷凝器，1座钢筋混凝土的冰蓄冷水池设置在地坪下，有16组盘管，蓄冷量1400kW·h，带热交换器的空气冷却器共有28台，功率最小的为24kW，产生的冷空气风量为17000m^3/h。空气冷却器内水流量为5.5L/s，水温为1℃，进入空气冷却器的空气温度为5℃。

（2）比利时的斯卡特（Schatten）公司。这家公司冷库主要贮藏麝香草莓和黄瓜，冷库有3个库房，总容积为4300m^3，能把400吨农产品在10h内从25℃冷却到5℃，制冷系统有2台功率各为410kW的氨活塞式压缩机，1台额定功率为1800kW的蒸发式冷藏器和2个容量各为2300kW·h的冰蓄冷槽，接触式空冷器共有24台，装有可调导向风阀。

（3）荷兰NCB公司。这家公司冷库贮藏洋葱、蘑菇和生菜。每个库房装有宽度、高度与库房相等的密封性能很好的卷帘门，装卸机械进出很方便，7个库房总容量为3200m^3，每一库房叠放154个周转箱，空气冷却器共有42台，生菜的水色（水分和色泽）损失仅为0.2%。

（4）法国最大的蔬菜生产批销联合企业瓦马特（val Mantais）公司冷库贮藏胡萝卜，在湿度较高的库房里，胡萝卜的贮藏时间可长达7个月。

（5）法国德帕特—卡文内（Depot de Kerveney）批销公司。这家公司从属于大型联合企业Sica st. PO公司，经销菜花，每天向美国空运发货，供给饭店与商场。它的冷库有3个库房，各装有2台空气冷却器。

（6）瑞士日内瓦加卡克鲁德（Jacquenoud）公司。这家公司引进一套法国设备，冷库冷藏马铃薯、鲜嫩豆类、黄瓜、菜花、芹菜和胡萝卜。在一个容积为2000m^{3}的库房里装了4台空气冷却器，在另一个容积为1200m^{3}的库房里装了2台空气冷却器。制冷机用活塞式压缩机向冰蓄冷器供冷温度为-8℃，冰蓄冷器向空气冷却器供水温度为0.5℃，用混合调节阀控制循环回水量，出水温度可调节至8℃，并可调节对各种果蔬适宜的空气温度。

第八节　纳米技术在果蔬保鲜上的应用

纳米材料又称为超微颗粒材料，由纳米粒子组成。纳米粒子也叫超微颗粒，一般是指尺寸在1~100nm的粒子，是处在原子簇和宏观物体交界的过渡区域，它具有表面效应、小尺寸效应和宏观量子隧道效应。它的光学、热学、电学、磁学、力学以及化学方面的性质和大块固体时相比有显著不同。

一、纳米材料的特性

1. 纳米材料的表面效应

纳米材料的表面效应是指纳米粒子的表面原子数与总原子数之比随粒径的变小而急剧增大后所引起的性质上的变化。粒径在10nm以下，将迅速增加表面原子的比例。当粒径降到1nm时，表面原子数比例达到90%以上，原子绝大部分全部集中到纳米粒子的表面。由于纳米粒子表面原子数增多，表面原子配位数不足和高的表面能，使这些原子易与其他原子相结合而稳定下来，所以具有很高的化学活性。

2. 纳米材料的体积效应

由于纳米粒子体积极小，所包含的原子数很少，相应的质量极小。因此，许多现象就不能用通常有无限个原子组成的块状物质的性质加以说明，这种特殊的现象通常称之为体积效应。

3. 纳米材料的量子尺寸效应

当纳米粒子的尺寸下降到某一值时，金属粒子费米面附近电子能级由准连续变为离散能级，并且纳米半导体微粒存在不连续的最高被占据的分子轨道能级和最低未被占据的分子轨道能级，使得能隙变宽的现象，被称为纳米材料的量子尺寸效应。

二、纳米材料在食品工业上的应用

纳米生物学的出现为食品工程的发展提供了一个崭新的平台。由于纳米陶瓷具有良好的耐磨性、较高的强度及较强的韧性，可用于制造刀具、包装以及以提高食品机械耐磨性和耐蚀性的密封环、轴承等，也可用于制作输送机械和沸腾干燥床关键部件的表面涂层。纳米TiO_2表面涂层的自洁玻璃和自洁瓷砖，在光的照射下，任何粘污在表面上的物质，包括油污、细菌，由于纳米TiO_2的催化作用，可使这些碳氢化合物进一步氧化变成气体或者很容易被擦掉的物质，纳米TiO_2表面涂层可用于制作包装容器、食品机械的箱体和生产车间等。纳米硅基陶瓷不污染耐磨透明涂料，涂在玻璃、塑料等物体上，具有防污、防尘、耐刮、耐磨和防火等功能，可用于包装和食品机械上与食品直接接触的零部件的表面涂层。

1. 纳米杀菌和保鲜包装材料

纳米SiC和纳米Si_3N_4在较宽的波长范围内对红外线有较强的吸收，可用作红外吸波和透波材料，做成功能性薄膜或纤维，纳米Si_3N_4非晶块具有从黄光到近红外光的选择性吸收，也可用于特殊窗口材料，以纳米 SiO_2 做成的光纤对 600nm 以上波长光的传输损耗小于 10dB/km，以纳米 SiO_2 和纳米 TiO_2 制成的微米级厚的多层干涉膜，透光性好而反射红外线能力强，与传统的卤素灯相比，可节省 15% 的电能。这些特性可用在食品机械的红外干燥和红外杀菌设备上。用 30～40nm 的 SiO_2 分散到树脂中制成薄膜，是一种对 400nm 波长以下的光有强烈吸收能力的紫外线吸收材料，可用于食品杀菌袋和保鲜袋。

抗菌塑料是将无机的纳米级抗菌剂利用纳米技术充分地分散于塑料制品中，可将附着在塑料上的细菌杀死或抑制生长。这些纳米级抗菌剂是以银、锌和铜等金属离子包裹纳米 TiO_2、纳米 $CaCO_3$ 等制成，可以破坏细菌生长环境。SiO_2 无机纳米抗菌塑料加工简单，广谱抗菌，24h 接触杀菌率达 90%。纳米无机材料填充的塑料制品，功能性涂料及专用纸张，可有效地用于包装食品的抗菌保鲜。

抗菌包装材料目前应用较广的是抗菌薄膜，纯天然的基础材料在纳米 SiO_2 等的改造下，能够发挥惊人的杀菌效果。抗菌薄膜可用于抗菌、无菌包装，能使菌体变性或沉淀，一旦遇到水，便会对细菌发挥更强的杀伤力。抗菌薄膜吸附能力、渗透力也很强，多次洗涤后也还有较强的抗菌作用。此外，抗菌薄膜阻隔的气溶胶的效率达到 98% 以上，具有极好的透气、阻隔和过滤性能。纳米保鲜包装材料可提高新鲜果蔬等的保鲜效果，延长货架寿命。在保鲜包装材料中加入纳米银粉，可加速氧化果蔬中释放出的乙烯，减少包装中乙烯含量，从而达到良好的保鲜效果。

2. 纳米除菌保鲜冰箱

纳米除菌保鲜冰箱，实际上就是纳米表面涂层冰箱，将纳米 SiO_2 等填充的塑料细粉用静电喷涂的方法喷涂在冰箱的门把手、内胆和塑料盒等保鲜关键性部件中。如将纳米 SiO_2 等混入橡胶制成门封条，将纳米 SiO_2 等混入塑料粒子制成果菜盒。纳米材料涂层和添加纳米 SiO_2 的塑料件和橡胶件，有相当好的抑菌、耐腐蚀、自洁和保鲜的效果，整体抑菌率达 93%。能有效抑制细菌的繁殖，阻断菌体能量代谢，防止冰箱污染食品，消除异味，提高了冰箱的使用性能和使用质量，抗菌保鲜。

3. 纳米保鲜库房

纳米保鲜库房的开发，是一个新的值得开发的热点。果蔬制品放在纳米材料处理的库房中，就可以有效地抗菌、防霉。简单地铺设纳米抗菌塑料地板，用抗菌涂料粉刷墙壁、天花板，就可以成为一个抗菌、防霉的纳米保鲜库房，这样一个纳米保鲜库房的成本是相当低的。

三、纳米无机抗菌材料及其安全性

无机抗菌材料分三类：第一类是光催化型无机抗菌材料；第二类是金属离子金属氧化物型无机抗菌材料；第三类是稀土激活光催化复合型无机抗菌材料。

光催化半导体材料有 TiO_2、ZrO_2、V_2O_3、ZnO、CdS、SeO_2、GaP 和 SiC 等，光催化无机抗菌材料是以半导体 TiO_2 为主体的材料。TiO_2 光催化抗菌薄膜作用稳定性好，催化效率高，作用效果持久。目前光催化抗菌陶瓷砖、光催化抗菌卫生洁具等都采用 TiO_2 光催化抗菌薄膜。

金属离子主要是银离子，银离子及其化合物的抗菌作用早就为人们所知，并得到广泛应用。银型无机抗菌剂的抗菌作用机理具有两种解释，一是银离子的缓释杀菌抗菌机理，二是活性氧杀菌机理。

稀土激活无机抗菌材料利用半导体材料的光催化作用，变价稀土元素激活作用。采用原子水平上的纳米复合技术和包覆技术，将稀土离子交换到多层纳米黏土中，同时将TiO_2和 ZnO 包覆在其中，增大羟基自由基产量，提高材料抗菌效率，材料在室内光条件下就具有优良抗菌性能。

当物质的微粒达到纳米级的时候，穿透能力特别强，能够轻易穿透细胞膜和血脑屏障（脑部细胞膜对微粒的屏障作用），进入到细胞内，破坏原生组织和细胞核，从而破坏细胞生命或产生基因突变。纳米级杀菌剂在医学上被称为“非特异性杀菌剂”，这就意味着它在破坏细胞的时候是“通吃”，除了细菌细胞之外，它同样可以畅通无阻地进入人体细胞。这就是所谓的纳米粒子毒性。纳米粒子对人体有潜在的危害，在使用纳米材料进行抗菌保鲜时，原则上应将纳米有效地复合到坚固的基材中，避免其对人体的伤害。

第九节　气调保鲜包装及设备

气调保鲜包装亦称气体置换包装，国际上称为 MAP 包装（Modified Atmos Pherepacking），是在密封标准中放入果蔬，抽掉空气，用选择好的气体代替包装内的气体环境，以抑制微生物的生长，从而延长果蔬货架期。果蔬气调包装产品自 20 世纪 80 年代开始进入欧美市场，至今已有较大的发展，年增长速度达 25%，包装总量已超过 50 亿盒。产品包括新鲜食品（鱼、肉、果蔬）、熟肉制品、乳制品、焙烤食品和面条食品等。我国自 20 世纪 90 年代初开始进行食品气调包装工艺、设备的开发与研究。气调包装与既往的充氮包装、冷冻包装、抽真空加高温杀菌包装等方法相比，保鲜包装大概念得到彻底的更新，保鲜技术与效果取得了突破性的进展，果蔬在得到保鲜的同时，确保了营养成分，真正做到了原汁、原味和原貌。

一、气调包装的原理和特点

气调包装的原理是采用复合保鲜气体，对包装盒或包装袋的空气进行置换，改变盒、袋内果蔬的外部环境，达到抑制细菌和微生物的生长繁衍，减缓新鲜果蔬的新陈代谢速度，从而延长果蔬的保鲜期或货架期。气调包装的特点是将果蔬用不同的保护气体置换包装内的空气以达到防腐保鲜的目的，它比单一真空包装的应用范围更广泛，保鲜效果更好。

气调包装常用的气体有二氧化碳、氮气和氧气。二氧化碳气体可抑制细菌和真菌的生长，尤其是细菌繁殖的早期，也能抑制酶的活性，在低温和 25% 浓度时抑菌效果最佳，并具有水溶性；氧气的作用是维持氧合肌红蛋白，使肉色鲜艳，并能抑制厌氧细菌，但也为许多有害菌创造了良好的环境；氮气是一种惰性气体，氮气不影响肉的色泽，能防止氧化酸败、霉菌的生长和寄生虫害。

影响果蔬气调包装货架期的关键因素是保护气体的组分与混合比例，以及包装材料的选择。气调包装是通过氧气、二氧化碳、氮气中的两种气体或三种气体组成保护气体防腐保鲜的，保护气体的组分和混合比例要根据果蔬的防腐特点来确定。鱼类常会遭受厌氧性肉毒梭状杆菌的污染，在缺氧和温度超过4℃时产生毒素，它的危险性在于毒素在感官腐败之前产生，而不易被发觉。因此，鲜鱼气调包装的保护气体应由二氧化碳、氮气和氧气三种气体组成。新鲜果蔬气调包装通过降氧和升高二氧化碳，使需氧呼吸的新陈代谢活动降低而延缓衰老枯萎。

大部分防腐性气调包装的包装材料都要求采用对气体高阻隔的复合包装材料，以保持包装内保护气体的组分。如货架期不必很长，一般阻隔性的PA/PE或PET/PE就可满足，货架期要求长的最好采用高阻隔性PVDC或EVOH复合的包装材料。新鲜果蔬的包装薄膜起着气体交换膜的作用，通过薄膜与大气进行气体交换来维持包装内的气体成分，常用透气性的PE、PP、PVC薄膜，但这种薄膜还不能满足高呼吸速度的菇类的包装要求，还需开发高透气性的薄膜。采用高氧气调包装袋包装鲜蘑菇，在80℃环境下，货架期可达到8天。

大多数的气调包装果蔬要求在0~4℃温度下贮藏与销售，才能保护食用安全和质量，适应气调包装产品0~4℃的低温陈列柜、低温冷库和低温运输车的冷链是气调包装产品进入市场的关键。

二、气调包装生产的设备分类

气调包装生产的主要设备由真空气调包装机、气体比例混合器、氮气发生器、二氧化碳气瓶、空气压缩机等组成。真空气调包装机主要有袋式软包装和盒式包装机两种。从某种程度上说，气调包装机就是增加气体置换功能的软包装机。

将需要包装的产品，放在阻隔性的包装材料袋内或盒内，放入真空气调包装机的工作室，开启空气压缩机，通过喷射真空泵头抽除工作室内的空气，然后，通过气体比例混合器将工作室充满所需要比例的二氧化碳、氮气和氧气的混合气体，然后用机器封合。

气体置换形式有单一气调补偿式和全真空混合气体置换式两种。单一气调补偿式是抽除真空气调包装机的工作室内的部分空气，然后根据要求，补充加入一定量的二氧化碳、氮气或氧气。单一气调补偿式的缺点是气调气体成分的比例有差异，保鲜效果不稳定。全真空混合气体置换式，是抽除真空气调包装机的工作室内的全部空气，然后通过气体比例混合器，精确充入确定的二氧化碳、氮气和氧气，气体成分的比例恒定精确，保鲜效果好，目前，全真空混合气体置换式是最常用的气调包装方式。

三、国内生产的气调包装设备和材料

气调包装多用于日用食品的小包装，所以巧妙、灵活与价廉是新一代气调保鲜包装的发展方向。国外公司新开发的高速气调包装Delta 3000LD（Long Dwell）流水线包装机，可以预编多达64种生产方案，以保证快速、简单地调整包装尺寸。其特色还在于能精密控制充气，高紧密度的密封口能长效保持以及没产品时就不上包装袋的质量控制装置。莫提瓦（Multivac）公司针对家禽和包装即食肉产品，开发出一款新型托盘密封机。该新技术将产品气调后封装在浅浅的托盘里，在保证完全密封的同时，产品可获得更好的视觉效果。罗唯玛（Rovema）包装机械公司的系列气调软包装袋和枕式包装，适合咖啡、早餐谷类、烘烤食品等多种产品，其立式成型/填充/抽真空/充气/密封系统可处理液体、黏稠、颗粒或固体产品；枕式包装机的速度最快可达180包/min，从单份包装到大批食品包装量均可生产。

气调包装是一种新型的包装形式，工艺简单，设备技术要求不高。国内生产的气调包装设备，已经基本上能满足生产的需要。目前国产的复合气调保鲜包装机，多为全真空混合气体置换式机电一体化设备，设备多为单工位的小型设备，多工位单机和复合气调保鲜包装生产线也有生产。

目前气调包装已被广泛地应用于保鲜食品的包装，如各种卤菜、炒菜、鱼肉制品；新鲜果蔬菌菇；泡菜腌制品；茶叶、中草药及土特产品；超市配送中心需保鲜的各类食品。几种国产气调包装机的主要参数（见表4-13）。不同产品气调包装混合气参数（见表4-14）。用于气调包装的材料（见表4-15）。

表4-13　**几种国产气调包装机的主要参数**

型　号	MAP-H360	MAP-D400	MAP-HL350	MAP-580
包装形式	盒式气调包装	袋式气调包装	连续盒式气调包装	盒式气调包装
包装速度（盒.h^{-1}）	400～800	300～600	2000～3500	600
最大包装规格（mm×mm×mm）	400×300×200	400×750	400×300×200	400×300×200
最大封膜宽度（mm）	360	400	350	360
保鲜气纯度（%）	>99.5			
复合气体置换率（%）	95～99			
气体混合精度（%）	<2			
工作电源	AC220V/50Hz			
气源压力（MPa）	0.5～0.8	0.5～0.8	0.5～0.8	0.6～0.8
额定功率（W）	1000	700	4000	2000
气源流量（L.min^{-1}）	250	180	750	250
附机	氮气的发射器、空气压缩机、气瓶			
外形尺寸（mm×mm×mm）	1450×1200×1650	800×600×1500	7450×1200×1650	1400×1250×1720
设备质量（kg）	480	120	4200	600

表 4-14　　不同产品气调包装混合气参数

产品	气体比例			货架期	
	氧气	二氧化碳	氮气	空气中	气调包装
生鲜肉（%）	60～80	20～45	0～70	2～3 天	8～10 天
生鲜鱼（%）	55～65	35～45		2～3 天	10～15 天
家禽（%）	65～75	25～35		4～7 天	15～20 天
熟食制品（%）	65～80	25～35		1～2 周	3～8 周
面条产品（%）	40～60	40～60		1～2 周	3～4 周
果蔬（%）	10～30	15～30		3～5 天	1～2 周

表 4-15　　用于气调包装的材料表

复合包装材料结构	适用范围	特　性	备　注
PET/ALU/PE	真空或气调包装	机械阻抗性好，机上加工性能好	三边封或四边封，用于颗粒状或粉状
PP/ALU/PE	真空或气调包装	机械阻抗性非常好，机上加工性能好	
PET/M/PE	真空或气调包装	阻隔性相当高	
纸 PE/ALU/PE	单袋真空或气调包装	食用方便	
OPA/ALU/PE	真空或气调包装	高阻隔性，机械阻抗性极好	
PET/PE	水果	高速包装	冷冻食品，长期保存易腐烂食品
PET/M/PE	蔬菜、果酱和鲜肉	镀铝复合膜，视觉效果好	
PET/PE/M	蔬菜、果酱和鲜肉	镀铝复合膜，视觉效果好	
OPP/PE/M	蔬菜包装	受环境影响小，镀铝复合膜	
PET/PP	气调包装和巴氏消毒的托盘封口盖	机械性能好，可巴氏消毒，易撕开	热成型盘、袋的包装
PET/EVOH/PE	气调包装的托盘封口盖	阻气性高	
PET/EVOH/PP	气调包装的托盘封口盖	阻气性高	
OPA/PE	气调包装	非常好的机械性能	
OPA/PP	气调包装和巴氏消毒	透明性高，适合热处理	

第十节　小包装果蔬的辐射灭菌保鲜

果蔬的辐射保藏是利用某种电离辐射源（γ 射线、X 射线或电子束射线）发出的射线对食品进行照射，从而引起食品中一系列化学反应或生物化学反应，达到抑制发芽、推迟后熟、延长货架期、杀虫、杀菌或灭菌的效果。这种保藏方法与常规的热处理、化学处理、脱水处理、冷冻处理等一样也是一种食品加工方法，通常把这种经辐照处理的食品称为辐照食品。利用γ射线辐照保藏食品是继传统保藏方法之后的又一种发展较快的新技术和新方法。20世纪50年代以来，利用γ射线辐照食品，以延迟食品某些生理生化变化，或杀虫、杀菌等以延长保鲜时间，受到很大的关注。辐照保鲜最初主要用于鱼肉的贮藏，后来才扩大到其他农产品和果蔬产品上。

一、小包装辐射灭菌的果蔬和安全性

可小包装辐射灭菌的食品有熟畜禽肉、干果果脯、新鲜水果蔬菜、冷冻包装畜禽肉、豆类谷类及其制品、香辛料、脱水蔬菜、蔬菜粉、保健食品、罐头食品等。

1980年11月，联合国粮食及农业组织（FAO）、世界卫生组织（WHO）与国际原子能机构（IAEA）的联合专家委员会总结了30多年来辐照食品卫生性研究的结果，认为任何食品的辐照达到总体平均剂量10kJ/kg以下，都没有毒理学危害，也不会引起特殊的营养学或微生物学问题，因而这种辐照的食品不必再进行毒理学试验。

国外已有54种辐照食品（其中包括9种水果、14种蔬菜和9种粮食制品）进行过人体试食试验和长期的毒理学研究，结果表明，辐照食品是安全可靠的。目前全世界已有42个国家批准200多种辐照食品，年市场销售总量达30万吨，食品辐照加工已列为国际重点推广项目。

二、小包装辐射灭菌辐照保鲜的剂量

目前商业化的食品辐照保鲜多用同位素Co^{60}作为辐射源，辐照时根据食品与Co^{60}辐射源的距离和辐照时间来计算辐照剂量，剂量单位为拉德（rad）（1rad＝10mGy）。γ射线辐照可以延长果蔬的后熟衰老，减少果蔬害虫，还可以抑制病原菌导致的果蔬腐烂，从而延长果蔬的贮藏寿命。一般用于果蔬贮藏的是低剂量辐射处理，感官特性的变化很小，风味通常不受影响。低剂量的辐照可以抑制果蔬的发芽，如洋葱用3～15krad，马铃薯用7～15krad，可以抑制发芽，延长贮藏期。较低剂量的辐照还可以杀灭害虫和虫卵，也可以抑制一些热带、亚热带果实的生理生化变化，延长贮藏期。如用20krad辐照香蕉，可延迟香蕉16～20天成熟；用100krad辐照杨梅，可延长贮藏寿命8天；用75krad辐照木瓜，可杀灭害虫，减少腐烂，延迟3天成熟。大剂量（100～1000krad）可以进行食品的表面杀菌，如柑桔的青绿霉病菌需用150～200krad才能杀死，这将远远超过果实的耐受力。随着辐射剂量的增大，引起果肉组织软化、褐变或产生异味，所以食品辐照保鲜的辐照剂量不大于100krad。

三、果蔬辐射灭菌保鲜的优点

1. 果蔬辐射有利于贮藏和保鲜

果蔬辐照与其他食品保藏方法相比其优点在于：第一，可以杀菌、消毒，降低果蔬病原菌的污染；第二，果蔬的辐照处理是在常温下进行，特别适用于要保持原有风味的食品和含芳香性成分果蔬的杀菌和消毒；第三，耗能低，无毒物残留，无污染；第四，辐照果蔬可以促进早熟、抑制发芽、减少果蔬腐烂和损耗。

2. 辐射技术在果蔬保鲜方面的优越性

辐射技术可以对果蔬进行杀虫、辐照杀菌、抑制发芽、延长果蔬的货架期及用于辐照检疫，在果蔬保鲜方面有着难以比拟的优越性。

（1）辐照能杀死果蔬中的昆虫以及它们的卵及幼虫。经过一定剂量的辐照，可以使昆虫死亡、缩短寿命、不育、发育迟缓等。

（2）辐照加工能帮助保存食物，消除危害全球人类健康的食源性疾病，使食物更安全，延长果蔬的货架期。

（3）辐照能杀死细菌、霉菌、酵母菌，这些微生物能导致新鲜食物如果蔬等的腐烂变质。

（4）辐照可以抑制如马铃薯、洋葱和大蒜等蔬菜的发芽。

（5）辐照果蔬比用巴氏等杀菌法消毒、热杀菌，或者罐装果蔬能更长期保持原味，更能保持其原有口感。

四、小包装果蔬的辐射处理

一般情况下，小包装果蔬的辐射处理是将果蔬用塑料袋等材料密封包装好后，送往国家或商业的辐照中心进行灭菌辐照处理。

接受辐射灭菌辐照保鲜食品的一般要求如下：

1. 果蔬包装箱不要太大，便于人工搬运；

2. 果蔬应用厚实的塑料袋、铝塑复合袋、纸塑复合袋等密封包装好；

3. 果蔬的包装材料不会因为辐射产生有毒或有害的物质。

第十一节　其他贮藏技术

果蔬是鲜活食品，采收后易腐烂，为延长保鲜期，各国科研人员发明了多种保鲜新技术，现介绍如下：

一、保鲜剂贮藏

1. 保鲜剂的种类及主要成分

目前所采用的保鲜剂有液态保鲜剂和固态保鲜剂两种。

（1）液态保鲜剂：就是通过浸泡、喷洒、涂抹等措施，使果蔬产品的表面形成一层液态膜，起到保鲜的作用，其主要成分有以下几种：

①杀菌防腐剂：利用防腐剂杀死附着在果蔬表面上的微生物，主要有多菌灵、仲丁胺、克菌丹等。化学防腐剂的应用应严格遵守国家有关规定，保证果蔬产品的安全性。

②植物生长调节剂：植物生长调节剂在保鲜中主要起抑制果蔬产品的呼吸、延缓衰老，抑制果蔬的发芽等作用，根据果蔬的不同特性，在保鲜剂中应用的主要有2，4-D，赤霉素，青鲜素等。

③无机盐类：无机盐类在保鲜剂中主要起调节果皮酸碱度，抑制病菌的活动，减少某些生理性病害的发生等作用。生产上应用的主要有钠盐、钙盐和钾盐等。

④蜡和高分子化合物：这类物质能迅速在果蔬表面形成膜，防止水分的蒸发，防止细菌交叉感染，起保护作用。主要以蜂蜡、石蜡、糖甘蔗蜡等为主剂，以油酸为乳化剂，可均匀喷洒在果蔬表面，具有防腐保鲜作用。

⑤粘附剂：其作用是将以上几种成分粘附在果蔬表面，从而起到保鲜的作用，常用的有虫胶、淀粉等。

（2）固态保鲜剂：它是按照一定的要求放入贮藏场所，起防腐保鲜作用，主要是杀菌防腐和改变贮藏场所的气体成分，多用于短期的鲜品贮运。如在贮藏场所中放置吸附饱和高锰酸钾的砖块、硅藻土等，起到脱除乙烯的作用，从而延缓果蔬的衰老，达到保鲜的目的。

2. 保鲜剂的使用方法

固体保鲜剂是直接将其均匀放置在贮藏场所内，利用不同的保鲜作用，达到保鲜的效果；液态保鲜剂是按要求配制一定浓度后对果蔬进行处理，处理的方法有：

（1）浸泡法：是将果蔬产品放进配制好的保鲜剂中，然后再捞出沥干，再入库贮藏。这种方法的优点是：省时、效率高；缺点是：保鲜剂用量多，较浪费。

（2）喷洒法：是将配制好的保鲜剂喷洒在果蔬表面。优点：这种方法简便、效率高、劳动量小，但易造成死角，果蔬个别部位喷洒不均匀。

（3）涂抹法：是将保鲜剂用毛刷涂抹于果蔬的表面。优点：涂抹均匀、节省保鲜剂；缺点：劳动强度大、效率低，一般在实验过程中使用。

3. 保鲜剂使用过程中应注意的几个问题

（1）保鲜剂在贮藏过程中一般只作为辅助措施，它必须和其他贮藏方式结合起来使用，才能具有良好的保鲜效果。

（2）保鲜剂的浓度，根据不同果蔬不同贮藏温度来确定。

（3）保鲜剂的种类不同，其保鲜机理和保鲜作用也不同。具体应根据果蔬的贮藏要求使用。

二、保鲜纸箱

这是由日本食品流通系统协会近年来研制的一种新式纸箱。研究人员用一种“里斯托瓦尔石”（硅酸盐的一种）作为纸浆的添加剂。因这种石粉对各种气体具有良好的吸附作用，而且所保鲜的果蔬分量不会减轻，所以营销商都使用它，它更适合对果蔬远距离贮藏和运输。

三、微波保鲜

这是由荷兰一家公司对水果、蔬菜和鱼肉类食品进行低温消毒的保鲜办法。它是采用微波在很短的时间内（120s）将其加热到72℃，然后将这种经处理后的食品在0～4℃环境条件下上市，可贮存42～45天，不会变质，十分适宜淡季供应“时令果蔬”，深受人们青睐。

四、临界低温高湿保鲜

日本北海道大学率先开展了临界低温高湿保鲜研究，此后国内外研究和开发的趋势是采用临界点低温高湿贮藏（CTHH），就是控制在物料冷害点温度以上0.5～1℃和相对湿度为90%～98%的环境中贮藏保鲜果蔬。临界点低温高湿贮藏的保鲜体现在两个方面：（1）果蔬在不发生冷害的前提下，采用尽量低的温度可以有效地控制果蔬在保鲜期内的呼吸强度，使某些易腐烂的果蔬品种达到休眠状态；（2）采用湿度相对高的环境可以有效降低果蔬水分的蒸发，减少失重。从原理上说，采用临界点低温高湿贮藏既可以防止果蔬在保鲜期内的腐烂变质，也可以抑制果蔬的衰老，是一种较为理想的保鲜手段。

五、可食用的果蔬保鲜剂

可食用的果蔬保鲜剂是由英国一家食品协会所研制成的可食用的果蔬保鲜剂，它是采用蔗糖、淀粉、脂肪酸和聚脂物配制成的一种“半透明乳液”，既可喷雾，又可涂刷，还可浸渍覆盖于西瓜、西红柿、甜椒、茄子、黄瓜、苹果等表面，其保鲜期可长达200天以上。由于这种保鲜剂在果蔬表面形成一层“密封保护层”，完全阻止了氧气进入果蔬内部，从而达到延长果蔬后熟的过程，达到增强保鲜效果的目的。

六、新型薄膜保鲜

新型薄膜保鲜是日本研制开发出的一种一次性消费的吸湿保鲜塑料包装膜，它是由两片具有较强透水性的半透明尼龙膜组成，并在膜之间装有天然糊料和渗透压高的砂糖糖浆，能缓慢地吸收从蔬菜、果实表面渗出的水分，从而达到保鲜作用。

七、高压保鲜

高压保鲜作用原理主要是在贮存物上方施加一个小的由外向内的压力，使贮存物外部大气压高于其内部蒸气压，形成一个足够的从外向内的正压差，一般压力为253～404MPa。这样的正压可以阻止果蔬水分和营养物质向外扩散，减缓呼吸速度和成熟速度，所以能有效地延长果蔬的贮藏期。

八、基因工程技术保鲜

基因工程技术保鲜主要通过减少果蔬生理成熟期内源乙烯的生成以及延缓果蔬在后期成熟过程中的软化来达到保鲜的目的。目前，日本科学家已找到产生乙烯的基因，如果关闭这种基因，就可减慢乙烯释放的速度，从而延缓果蔬的成熟，达到果蔬在室温下延长货架期的目的。因此利用DNA的重组技术来改变遗传信息，可以推迟果蔬成熟衰老，延长保鲜期。

九、双孢菇护色保鲜

新鲜双孢菇采摘后要在3小时内用0.03%的焦亚硫酸钠溶液（100L清水，加入30g焦亚硫酸钠），护色漂洗2～3min，同时清除泥沙及杂质，再移入0.06%的焦亚硫酸钠护色液中浸泡 2 ~3min，随后捞出用清水漂洗 30min，使二氧化硫的残留量不超过 20mg/kg（国际标准）。最后将护色处理后的双孢菇用 0.1% 的甘藻聚糖水溶液浸渍 1min，捞出晾干后堆入到阴凉、干燥的室内贮存，12 ~15℃可完好保鲜 15 ~20 天，色泽质量不变。

十、减压贮藏

减压贮藏是指果蔬以及其他许多食品保藏的又一个技术创新，是气调贮藏的进一步发展。

原理：它是通过减压技术使贮藏环境中的气压低于大气压，即具有一定的真空度。由于气压的降低，使氧气也减少，乙烯等有害气体的浓度也降低，从而起到延长果蔬贮藏保鲜期的目的。

十一、电磁处理

原理：它是利用果蔬本身的电荷特性，通过高压电场和磁场处理，使果蔬内部的分子有规则地排列，从而增强果蔬抗衰老和抗病虫害的能力。其方法有：

（1）高压电场处理。（2）磁场处理。（3）臭氧处理和离子空气处理。

第五章　主要果蔬的贮藏技术

第一节　果品贮藏技术

果蔬的种类繁多，栽培技术各不相同，但在贮藏保鲜的措施上则大同小异。

苹果、梨、葡萄、桃在我国树种的栽培上占有比较大的比重，特别是甘肃河西走廊占的比重更大。由于果品的品种繁多，产量很大，又耐贮藏，因此，在保证市场的常年供应和提供外贸商品方面均有重要意义，搞好主要果品的贮藏就起着至关重要的作用。

一、苹果和梨

1. 苹果

（1）早熟品种：黄魁、红魁、早金冠、伏锦、祝光等，耐藏性差，只能作短期的贮藏。

原因：由于成熟早，生育期短、果肉内积累的营养物质少，加之果肉质地软，细胞结构松，果皮薄，保护物质不发达，所以不耐贮藏。

（2）中熟品种：红玉、金冠、元帅、红星等，比早熟品种耐贮藏，不足之处在于贮藏后也容易过熟发绵。

（3）晚熟品种：青香蕉、印度、富士、国光等品种最耐贮藏。尤其国光在适宜的条件下可贮藏到第二年的6~8月而损耗不超过10%。

原因：由于晚熟品种成熟迟，生育期长，果实内积累的养分多，同时果肉质地硬，细胞结构紧，果皮厚，蜡质多，所以耐贮藏。

2. 梨：分为三大类

（1）洋梨：巴梨、茄梨。

（2）日本梨：圆形、质地好，颜色较差，不耐贮藏。

（3）中国梨：辽宁的秋白梨，吉林的苹果梨，兰州的冬果梨、软儿梨，新疆的库尔勒香梨、贡梨，山东黄县的长把梨，山西的油梨，安徽砀山的酥梨等都是品质比较好而又耐贮藏的果品。但有些品种，如辽宁的蜜梨，河北的安梨、红霄梨、油梨等尽管石细胞多，含酸高，肉质较粗，但极耐贮藏，并且贮藏后品质有所提高。

3. 苹果和梨贮藏的适宜环境条件

贮藏的适宜条件有温度、湿度和气体成分等，其中最主要的条件是温度。

（1）贮藏环境的温度

在贮藏中果实的生理活动，水分蒸发，病虫害的发生都与温度有关。特别是对果实的呼吸作用有非常明显的影响。比如在一定的温度范围内，温度越低，果实的呼吸强度越小，其后熟就越缓慢。因此，在贮藏中保持适宜的低温非常重要。

苹果、梨贮藏的适宜温度就是能够抑制果实的后熟，控制生理性病害的发生，避免低温失调。由于苹果汁液的结冰点平均在-2.78～-1.4℃，所以苹果贮藏的适宜温度为-1～4℃（适宜低温为-1～0℃）。梨汁液的结冰点平均为-2.1℃，因此梨的适宜低温为-2～-0.6℃，由于梨是脆肉种，贮藏期不宜冻结，即使轻微冻结，解冻后果肉的脆度也会很快降低甚至消失。

采收后的果实应尽快进入温度较低的贮藏环境，使果温迅速降低，这对果蔬的安全贮藏十分重要。这样它不仅能有效地减弱果实的呼吸强度，而且能缩小果实内外的水汽压力差，减少果实水分蒸发，抑制微生物的活动。贮藏环境温度的高低变动能刺激果实中水解酶的活性，促进呼吸，缩短果实的贮藏寿命，所以在整个贮藏期不但要保持适宜的低温，还应尽量维持温度的稳定。

（2）贮藏环境的相对湿度

保持贮藏环境中足够的相对湿度，是防止果实水分蒸发的重要因素。相对湿度越大，果实水分的蒸发量就越小，自然损耗就会减轻，也能保持果实新鲜饱满的外观。但如果湿度过大，加速了微生物病害的发生，腐烂损失增加，所以首先应该采取措施，防止果面上形成结露，以避免果面结露而引起的腐烂和果皮的开裂。苹果贮藏的相对湿度为90%，梨贮藏的相对湿度为90%～95%。

（3）贮藏环境的气体成分

氧（O_2）：空气中氧的含量为21%。在贮藏中降低氧的含量可有效降低果实的呼吸强度，抑制果实的呼吸作用，减少呼吸基质的氧化消耗，延缓果实的后熟，抑制叶绿素的降解，减弱果实的退绿速度，减少乙烯的产生和维生素C的损失，放慢果胶的水解速度，对果实的保硬保脆有明显的作用。但并不是贮藏环境中氧的含量越少越好，如果贮藏环境中氧的含量过低时，果实正常的呼吸作用（有氧呼吸）受阻而转向缺氧呼吸，使果实产生生理性的病害。所以在贮藏环境中规定了氧的最低浓度，下限浓度，大多数果品氧的下限浓度为2%左右，即$O_2$2%～4%。

二氧化碳（CO_2）：在贮藏环境中的气体成分主要指二氧化碳的含量。由于苹果、梨组织的细胞间隙大，故能忍受较高的二氧化碳浓度。试验证明：二氧化碳含量在5%～10%，不会发生缺氧呼吸，相反对许多微生物还有抑制作用，对果蔬保脆、保鲜有较好的效果。

提高贮藏环境中二氧化碳含量的机制：能够有效地抑制果实的呼吸作用，减少呼吸基质的消耗，延缓果实的后熟，抑制某些酶的活性，减少挥发性物质的产生，使果胶物质的分解速度放慢，果实的脱绿过程减缓。高浓度的二氧化碳还能减弱乙烯对果实成熟的刺激作用。

高二氧化碳的不利因素：在贮藏环境中不是二氧化碳的浓度越高越好，一般要求不能超过14%～16%。当二氧化碳的浓度过高时，再加上低氧配合时，果实也会产生伤害，果心发红，果肉褐变并有异味产生。

总之，在贮藏环境中降低氧的含量可减少果实内源乙烯的产生，增加二氧化碳的含量能削弱乙烯的催熟作用，所以在苹果、梨的贮藏中应力求减少乙烯的产生，并及时排除贮藏环境中乙烯含量，尽量减少乙烯对果实的催熟作用。

4. 预藏

果实采收后进行预藏的原因：以苹果为例，如红玉、青香蕉、元帅、印度、国光等，采收时期在9～10月，这期间的气温、库温都比较高，但气温下降得快，库温因受地温的影响下降极其缓慢，同时刚采收的果实呼吸作用十分旺盛，放出的热量较多，并带有大量的田间热，使果温高于气温，如果采后就入库，果实容易发热腐烂，影响品质，缩短贮藏期。根据以上的分析，预藏的目的在于加速释放田间热，降低果温，降低呼吸作用，等库温也降低后再进行入库贮藏，从而避免果实因热引起的腐烂变质。

预藏具体做法是：将采收后的果实放到冷凉的地方过夜，利用夜间的低温降温，也可以将果筐、果箱运到贮藏库后在库外搭棚或盖席进行预冷处理。预藏的过程中要防止日晒雨淋，不至于损耗过多的水分，导致果实的萎蔫，影响品质。

5. 贮藏的方法及管理

（1）沟藏

沟藏的方法是根据当地的气候条件，开沟贮藏，如青香蕉、国光等比较耐贮藏的晚熟品种，可以贮藏到第二年的2～3月，而重量损失仅为2%～2.5%。

沟的建造：一般在果园或果园的附近选择地下水位较低，向阳背风平坦的地段挖沟，沟的深度为70～100cm，沟的宽度为1～1.5m，沟的长度可以根据地形和贮藏量来定，一般长25m，可贮藏苹果10吨。

沟的贮前管理：先在沟底铺一层6～7cm厚的细沙，沟内每隔1m砌一30cm见方的砖垛，其用途既可供人检查苹果用，又能借砖的导热性能，加快底层苹果的散热。

沟的贮藏管理：沟藏的果品应适当晚采，一般在10月中旬采收。此时的气温已经降低，采下的果实经短时间的预藏后可以直接入沟贮藏。但在10月中旬前采收的果实，采收后必须堆于阴凉干燥处，进行预冷，高度不超过30cm，白天覆盖遮阴，夜间揭开放露，释放田间热，降低果温，到10月底选果入沟。贮藏时若沟内的土壤比较干燥，可先喷洒少量的水。果实在沟内堆积的厚度为60～80cm。分段堆放留有一定的空间，竖立草把进行通风换气。冬季在果面上覆盖草防寒，随气温的下降逐渐加覆盖土，最后可达到30cm左右，覆盖土高出地面以上呈屋脊形，以防雨雪渗入（两边设有排水沟）。

沟藏的特点：优点：不需要特殊的建筑材料，简单易行，成本低。缺点：受季节影响较大，贮藏期短，到春季地温回升时，果实必须立即出沟，否则会很快腐烂变质。

（2）窑窖贮藏

窑窖的建造：这里介绍的窑窖是张掖市民乐县、山丹县采用窑窖贮藏梨时用的，先挖宽约70cm、高2m的拱形窑门，再向内挖约2m的走道，然后继续向内挖宽约2m，深约6～8m的拱形窑洞。

注意：窑洞不宜过深，以免通风不良，窑洞的两侧留有高约30cm的土台。

贮期管理：先在窑内的土台上横架木梁和木椽，其上铺一层高粱秆，梨放在上面，两边高中间低。梨堆高不超过70cm。原因：过厚通风不良，容易发热，增加腐烂率。同时在梨堆的下面设有通风道的装置，利于果堆的通风散热。为了便于冷热空气的对流，窑顶内低外高具有一定的坡度，有利于冷热空气的对流，同时为了防止梨与窖壁的接触，可用拱形瓦片隔开。

温湿度的调节：可以借窖门草帘的封闭与移开来调节窖内的温湿度。

（3）通风贮藏库

苹果和梨使用通风贮藏库应注意的问题。如张掖九公里园艺场的半地下式果窖，可以使苹果和梨贮藏到第二年的5～6月。贮藏苹果和梨的方式主要是筐装。其好处是：果实可以受到包装容器的保护，减少底层果实承受的压力，容器周围的空隙有利于通风。另外，容器还可层层堆叠，增加贮藏容量。堆码果箱时，地面应铺垫枕木或搁板，注意稳妥。枕木或搁板要留有间隙和通道，以便通风和操作管理。

通风贮藏库管理的工作主要是调节库内的温度和湿度。而温湿度的调节主要是依据仪表来掌握和控制通风换气的时间和通风量。

影响通风速度的主要因素：一是库内外的温差。这个温差越大通风过程中空气的对流速度就越快，所以通风换气应在库内外温差较大时进行。如春秋两季多利用每天大气温度最低夜间进行通风。二是风速。风速愈大，通风速度就越快。因此，在风速小时为使气温调节速度提高，在不受冻害的条件下可将全部的通风设备打开。三是大气压。库内外大气压差越大，气体的对流速度就越快。

在寒冷的季节，通风贮藏库以保温为主，只是在大气温度较高时进行短时间的换气排湿工作。

在贮藏前通风贮藏库一般采用硫磺熏蒸后，再用高锰酸钾洗库的办法达到消毒的目的。高锰酸钾最后再洗，主要是为了吸收贮藏期间的乙烯。

（4）冷藏库贮藏

贮藏时应做到：苹果和梨，尤其是苹果冷藏的适宜温度，因品种而异，大多数晚熟品种以-1～1℃（或0℃）为宜，冷库的相对湿度应控制在90%左右。

采收后的果实，应最好尽快入库（3天之内及时入库）。因为刚采收的果实如果在气温21℃下延迟1天，在0℃下就会减少10～20天的贮藏寿命。同时根据试验，在5℃时的后熟过程比0℃时要快1倍。所以采后经过挑选的果实，入库后3天之内，应迅速冷却到-1～0℃，进行长期的贮藏。

温度的控制：在贮藏期，主要是通过控制制冷剂的蒸发速度来控制温度，冷库的管道系统结霜会影响导热能力，应定期升温除霜。

湿度的控制：冷藏库比较干燥时，应及时淋湿或喷雾来调节湿度，或者在地面设水沟等办法来提高冷库的相对温度。

气体成分的调节：夜间温度低时通风调节；若二氧化碳积累过多时，可装置空气净化器，或者用消石灰、低温水等进行吸收。

冷藏后的苹果在出库时，应使果温逐渐上升到室温，否则果实的表面会产生许多水珠，容易引起腐烂。同时，如果果实骤然遇到高温，果实的色泽极易变暗，果肉容易变软。

（5）气调贮藏

气调贮藏一般是结合冷藏进行的。在普通库中利用气调贮藏苹果和梨，同样有比较好的效果。

气调贮藏的苹果和梨比较适宜的气体成分是氧2%～4%，二氧化碳3%～5%，其余的为氮气和微量的惰性气体。大量的事实证明，在这种气体组合中贮藏苹果和梨，甚至蔬菜，起到的作用是：果蔬的呼吸作用会显著降低，后熟过程会明显地延长，果肉细胞结构紧密，硬度下降幅度比较小。

在气调贮藏中降低氧的浓度和提高二氧化碳的浓度，都有抑制呼吸作用。但如果超过以上气体组成成分时将会发生生理性的病害，以致会坏死。如果氧的浓度低于1%持续6天，就有3%的苹果发生穿心烂。同时如果长期贮藏在二氧化碳15%以上高浓度环境中，果实就会受伤褐变。在梨品种中的洋梨，容易出现果实的褐心病。

苹果和梨气调贮藏的方法主要有以下几种：

①塑料薄膜小包装

选用厚度为0.06～0.08 ㎜的聚乙烯或无毒的聚氯乙烯薄膜，罩在果筐或果箱的外面，缚紧或密封，构成一个密闭的贮藏环境，才能起到气调贮藏的作用。果实密封后，依靠其本身的呼吸作用来降低袋内的氧气，同时提高二氧化碳的浓度，来抑制果实的呼吸，减少养分的消耗，延长贮藏期，这种方法的使用叫自然降氧法。

举例：用塑料薄膜袋小包装贮藏西瓜一年不变样。把西瓜放到15%的盐水中浸泡后，密封在聚乙烯袋中，在地窖中存放一年，西瓜的表面仍然鲜嫩，味道香甜可口。葡萄、黄瓜、苹果也能用这种方法贮藏。

②塑料薄膜帐

塑料薄膜帐用厚度为0.1～0.25 ㎜的聚乙烯薄膜裁压成帐。

苹果、梨罩入帐中要进行密封。用抽气机和充氮机进行抽气和充氮处理。抽气的目的：抽去帐内的氧气等。充气的目的：使帐子复原。用充氮机充入氮气，如此反复几次可以使帐内的氧降下来。这种方法由于降氧的速度快，贮藏的效果好。这种降氧的方法又称快速降氧法或人工降氧法。

用塑料大帐贮藏苹果，需要经常取气分析帐内的氧和二氧化碳的含量，尤其在扣帐初期更为重要，以便于进行必要的调节。

常用的仪器有：CY-5型测氧仪和CH-1型测二氧化碳仪。小型的帐可以用奥氏气体分析器测定，使用需要注意：室内温度保持在20℃左右，最低不得低于15℃，以避免焦性没食子酸溶液对氧的吸收能力降低。

如果帐内二氧化碳浓度过高时，要设法降低。根据有关报道，常用于吸除二氧化碳的材料和装置有：氢氧化钠溶液、乙醇胺溶液、碳酸钾溶液、消石灰、低温水、分子筛、活性炭、气体“交换扩散器”等。前四种是利用化学反应吸收二氧化碳，由于吸收剂耗用量大，除消石灰外很少采用。后三种属于物理方法，吸收材料经处理后可以重复使用。但目前使用较多的是消石灰和活性炭。消石灰的用量：一般每100公斤苹果配置0.1～0.5斤。

另外对帐内乙烯气体的积累也不可忽视。因为乙烯会加速果实的成熟及衰老。吸收乙烯的措施，常用高锰酸溶液或用高锰酸钾溶液浸泡过的碎砖块或一些多孔材料吸收。山东农业大学采用帐内加活性炭吸收乙烯，其用量为果实贮藏量的0.05%，活性炭兼而用之，既能吸收二氧化碳，又能吸收乙烯。

③硅窗气调帐（袋）

近年来硅窗气调帐已逐渐用于苹果和梨的贮藏。要使这种方法获得较好的贮藏效果，关键在于确定适宜的硅窗面积，硅窗面积过小，会出现二氧化碳浓度过高，氧的含量过低；面积过大，会使氧含量过高。所以贮藏一定数量的苹果和梨，要结合贮藏温度、帐子大小，计算适宜的硅窗面积。

例如：贮藏1吨的苹果，在5～10℃的条件下，使氧气保持在2%～4%，二氧化碳3%～5%，硅窗面积应为0.3～0.6m^2。

附加：硅窗气调袋配有F_C-8布基硅橡胶膜，对气体具有不同的透性。因而可以使密封在袋（帐）中的贮藏物因呼吸作用造成过量的二氧化碳而升高到3%～5%，袋（帐）内的氧通过渗透作用而降低到2%～4%，使贮藏物处于低氧呼吸水平，而减少自身养分的消耗。同时这种膜还可以排出乙烯和其他有害的气体，从而提高果蔬的贮藏寿命，风味不变，不失水分。

近年来，用硅橡胶保鲜袋（帐）贮藏果蔬已被人们所认识，特别是乡镇企业和个体户，利用地窖，半地下式果窖、土窖洞、空房、冷库贮藏苹果、梨、蒜苔、西红柿、青椒等效果很好，一般用硅窗大帐贮存万斤苹果，可获利600元到2000元。

（6）冻藏

冻藏是冬季利用自然低温，使果实在轻微冻结下短期贮藏。果实冻结后，新陈代谢几乎完全停止，到第二年气温回升后，再缓慢解冻，生命活动重新恢复。如把国光等不同品种的果实分别存放在-8℃和-5℃的环境中，冻结两个月，经缓慢解冻后，果实的外观饱满、色泽鲜艳。据外国研究材料介绍，苹果在-4℃冻结4个月，就不能恢复生机。

总之，苹果和梨能否冻藏主要取决于三个因素：①品种。②冻结时忍受低温的程度。③低温下持续的时间。就目前国内外对苹果和梨的冻藏来看，长时间冻结的温度在-3℃左右为宜。

在冻藏时，库温的升与降要保持缓慢稳定，避免温度的骤然上升或下降。特别需要注意的是：解冻必须缓慢而又稳定地进行，否则果实细胞间的冰晶体融化后不能被原生质吸收，使果实的生理机能遭到破坏，轻则果实发绵，重则腐烂流汁，失去生机。

此外，果实一旦冻结后就不能任意搬动。如蔬菜中的葱，不仅要避免发生机械损伤，而且还要避免在解冻后的重复冻结。

例如：大葱怕动不怕冻。俗语说：大葱怕动不怕冻。这是有道理的。因为家家户户冬储的葱，冬季虽然冻结，可是到了春天解冻后，依然可以恢复生机，味道仍然很鲜。这个问题在显微镜下就可以揭开。原来大葱冻结时，只是细胞空间的水分结了冰，而细胞壁没有受到任何损伤。在这种情况下只要不去搬动它，等到气温上升后，大葱仍能复苏。如果任意搬动，受冻的大葱由于受到外力的挤压，细胞空间的冰晶就会把细胞壁压坏，当周围的温度上升时，细胞液就流出，葱体就会变得黏糊糊的，造成腐烂。

（7）贮藏期主要生理病害的防治

①苹果的虎皮病

症状描述：苹果的虎皮病又称为果皮褐变、表面烫伤或晕皮病，是苹果贮藏的中、后期发生的一种生理性病害。其主要的品种有：青香蕉、国光等比较严重。发病初期特点：

部分果皮变成淡褐色，果点的周围尤为明显，有时发病部位略有凹陷。随着病势的加重，颜色变为褐色或深褐色，病斑扩大并连成大片块斑。再严重者，皮下数层细胞变褐死亡，果肉发绵变质，容易染霉菌而腐烂。病斑发生的部位：多在果实的阴面和着色差的果面上。

发病原因：

A. 果实采收过早，是虎皮病发生的主要原因。如青香蕉采收期越早发病就越重。

B. 着色差的果实也容易发病。

C. 贮藏中的高温、高氧对虎皮病发生都有不同程度的诱发作用。

预防措施：

A. 适期采收、避免早采，是防止虎皮病发生的一项经济而有效的措施。

B. 加强综合管理，合理整枝修剪、使树体保持良好的通风透光条件，提高果实的品质，增强果实的着色，可以大大减轻虎皮病的发生。

C. 在贮藏中控制较低而稳定的低温，同时避免出现高氧。

②红玉斑点病

症状描述：红玉斑点病是红玉苹果在贮藏中常见的一种生理病害。发生在果实的表面，初期为褐色的小斑点，到后期为直径几毫米或近一厘米的大病斑。发病的特征：病斑边缘清晰，微凹陷，但不深入果内。在阴面绿色部分，病斑为褐色，阳面红色部分病斑为黑褐色。成熟期的果实，有时树体上就会发生，采收到入库发病迅速。发病严重的果实果面布满斑点，易被霉菌侵染而腐烂。

发病原因：

A. 果实内钙元素缺乏时容易发病。

B. 树修剪重、长势旺、产量低的树结的果实和衰老的果实容易发病。

C. 在一定的温度范围内，温度高，温差波动大，果实发病快，发病率高。同时高浓度的氧比低浓度的氧发病快，发病率高。

预防措施：

A. 施钙肥，增强果实的抗病能力。方法：采前一个月用0.5% ~1%氯化钙溶液对树体喷雾，重点放在果实，隔半月再喷一次，一般喷两次，就可以达到预期的效果。

B. 严格掌握采收期，做到适时采收。

C. 采收后的果实要及时入窖并尽快进入气调环境。如0℃左右的温度硅窗大帐气调法。

③苹果苦痘病

症状描述：苦痘病又叫苦陷病或者苦斑病。苹果发病后，在近果皮处的果肉开始出现小褐斑，病斑在近果实的顶部较多，有时在果肉的深层部位也会出现，从外部较难鉴别。去掉果皮，在病部可以看到疏松的干组织，其味微苦。有时在采收时不显症状，而在贮藏期才表现出来。这种病主要发生在国光、青香蕉等品种上。

发病原因：

A. 缺钙是苦痘病发生的重要原因。特别是在氮素化肥施用量过多的情况下，这种病就会大量发生。

B. 果实临近成熟时，气候干燥，水分损失大，也容易发病。

C. 修剪过重，新梢生长旺盛，产量低的树所结的果实以及采收过早，采后冷却速度慢，贮藏温度高都利于苹果苦痘病的发生。

预防措施：

A. 多施有机肥料，特别是要施钙肥。适当控制氮素化肥的用量。

B. 合理整枝修剪，防止枝条徒长，保持树势中庸，尽可能缩小大小年结果量的变化幅度。

C. 在果实生长发育中、后期喷 0.8% ~1% 硝酸钙或 0.6% ~1% 氯化钙，喷 2 ~4 次，中间间隔 15 ~20 天。

D. 适时采收，避免早采，采后及时入窖。

E. 采用大帐堆藏硅窗气调能有效抑制苹果苦痘病的发生。

④鸭梨黑心病

症状描述：黑心病除主要发生在鸭梨上，雪梨、长把梨等也有类似现象。鸭梨的黑心有两种类型：一种是早期黑心，多发生在入库后的 30 ~50 天内，围绕种子部分的黑心发生不同程度的褐变，果肉仍为白色，果皮保持绿色或黄绿色。另一种是后期黑心，多数发生在入库后第二年的 2 ~3 月，此时的黑心梨果实的色泽暗黄，果心变褐以致影响部分果肉变褐，严重时有酒味。

发病原因：早期黑心病的发生与果实入库后降温过急，入库温度低于 10℃ 有关。后期黑心病则是在早期黑心病的基础上，或者由于库温不适宜而发展起来的。

预防措施：

A. 控制早期黑心病的发生，是解决黑心病的关键。主要是控制入库后一个月的温度。

B. 鸭梨对温度变化比较敏感，刚入库时适当提高入库温度，贮藏期间可以缓慢降温。

C. 果实在生长期间喷植物生长调节剂。如：B_9，赤霉素等，可以减少黑心病发病的趋势。

D. 果实的成熟度与黑心病有一定的关系，适当地提早采收可防止鸭梨的黑心病。

二、葡萄

葡萄，英文名 grape，是世界四大果品之一，意大利、法国、美国、智利、俄罗斯等国为葡萄的主产国家。我国自汉代张骞出使西域引种回国，至今已有两千多年的栽培历史，河西地区现已成为葡萄主产区。

葡萄是浆果类中栽植面积最大、产量最高、特别受消费者喜爱的一种果品。随着人们生活水平的提高，鲜食葡萄的需求量增长很快。目前，国际上解决鲜食葡萄周年供应的途径有培育早熟和晚熟的品种、保护地栽培和贮藏保鲜。根据我国的实际情况，目前和今后相当长的时期内，贮藏保鲜是解决鲜食葡萄供应的主要途径。

1. 贮藏特性

（1）品种。葡萄品种很多，其中大部分为酿酒品种，适合鲜食与贮藏的品种有巨峰、乍娜、京秀、京亚、无核白、克瑞森无核、森田尼无核、红地球、美人指等。用于贮藏的品种，必须同时具备商品性状好和耐贮运两大特征。品种的耐贮运性是其中多种性状的综合表现，晚熟、果皮厚韧、果肉致密、果面和穗轴上富集蜡质、果刷粗长、糖酸含量高等都是耐贮运品种具有的性状。一般来说，晚熟品种较耐贮藏；中熟品种次之；早熟品种不耐贮藏。近年来河西地区从美国引进的红地球（又称晚红，商品名叫美国红提）、秋红（又称圣诞玫瑰）、秋黑等品种颇受消费者和种植者的关注，认为是河西地区目前栽培的所有鲜食品种中经济性状、商品性状和贮藏性状均较佳的品种。

（2）生理特性。葡萄属于非跃变型果实，无后熟变化，应在充分成熟时采收。充分成熟的葡萄色泽好，香气浓郁，干物质含量高。果皮增厚，大多数品种果粒表面被覆粉状蜡质，因而贮藏性增强。在气候和生产条件允许的情况下，采收期应尽量延迟，以求获得质量好、耐贮藏的果实。

（3）贮藏条件。葡萄贮藏中发生的主要问题是腐烂、干枝与脱粒。腐烂主要是由灰霉菌引起；干枝是因蒸腾失水所致；脱粒与病菌危害和果梗失水密切相关。在高温、低湿的条件下，浆果容易腐烂，穗轴和果梗易失水萎蔫，甚至变干，果实脱粒严重，对贮藏极为不利。所以降低温度和增大湿度对减轻上述问题均有一定的效果。葡萄贮藏的适宜条件是温度-1～1℃，RH 90%～95%。氧气和二氧化碳对葡萄贮藏产生的积极效应远高于其他非跃变型果实，在其他的低氧气和高二氧化碳条件下，可有效地降低果实的呼吸水平，抑制果胶质和叶绿素的降解，从而延缓果实的衰老。低氧气和高二氧化碳对抑制微生物病害有一定作用，可减少贮藏中的腐烂损失。目前有关葡萄贮藏的气体指标很多，尤其二氧化碳指标的高低差异比较悬殊，这可能与品种、产地以及实验条件和方法等有关，一般有良好的贮藏效果。

2. 葡萄的贮藏方式及管理

我国民间贮藏葡萄的方式很多，但由于贮藏量少、贮藏期短、损失严重，已不适应现代葡萄商品化和大生产的需要，目前贮藏葡萄的主要方式有冷库贮藏和气调贮藏。

（1）冷库贮藏。葡萄采收后迅速预冷至5℃以下，随后在库内堆码贮藏。或者控制入库量，直接分批入库贮藏，比如容量为50～100吨的冷藏间，可在3～5天内将库房装满，这样有利于葡萄散热，避免热量在堆垛中蓄积。葡萄堆满库后要迅速降温，力争3天之内将库温降至0℃，降温速度越快越有利于贮藏。随后在整个贮藏期间保持-1～1℃，并保持库内RH 90%～95%。葡萄在冷藏过程中，结合用二氧化硫处理，贮藏效果会更好。

（2）气调贮藏。由于葡萄是非跃变型果实，对其气调贮藏目前有肯定与否定两种认识。如美国的葡萄主要采用冷藏，而法国、俄罗斯气调贮藏却比较普遍。我国近年在冷库采用塑料薄膜帐或袋贮藏葡萄获得了明显的成功，这可能与我国的栽培条件、品种特性、贮藏习惯与要求等的差异有关。所以，在商业性大批量气调贮藏葡萄时，应该慎重从事。

葡萄气调贮藏时，首先应控制适宜的温度和湿度条件，在低温高湿环境下，大多数品种的气体指标是：氧气3%～5%和二氧化碳1%～3%。用塑料袋包装贮藏时，袋子最好用0.03～0.05mm厚聚乙烯薄膜制作，每袋装5kg左右。葡萄装入塑料袋后，应该敞开袋口，待库温稳定在0℃左右时再封口。塑料袋一般是铺设在纸箱、木箱或者塑料箱中。采用塑料帐贮藏时，先将葡萄装箱，按帐子的规格将葡萄堆码成垛，待库温稳定至0℃左右时罩帐密封。定期逐帐测定氧气和二氧化碳含量，并按贮藏要求及时进行调节，使气体指标尽可能达到贮藏要求的范围。气调贮藏时亦可用二氧化硫处理，其用量可减少到一般用量的2/3～3/4。

(3) 葡萄贮藏期间的管理。葡萄在贮藏期间的管理措施主要是降温、调湿、调节气体成分和防腐处理。如上所述，控制温度0℃左右、RH 90%～95%，氧气3%～5%和二氧化碳1%～3%。此外，对于中、长期贮藏的葡萄，二氧化硫防腐处理似乎是目前不可缺少的措施。现在生产中使用的许多品牌的葡萄防腐保鲜剂，实际上都属于二氧化硫制剂。鉴于目前葡萄贮藏中二氧化硫处理的必要性和普遍性，所以对二氧化硫处理葡萄重点进行叙述。

二氧化硫对葡萄上常见的真菌病害有显著的抑制作用，只要使用剂量适当，对葡萄皮不会产生不良影响。用二氧化硫处理过的葡萄，其呼吸强度也受到一定的抑制，而且有利于保持穗轴的鲜绿色。

二氧化硫处理葡萄的方法有二氧化硫气体直接熏蒸、燃烧硫磺熏蒸、用重亚硫酸盐缓慢释放二氧化硫熏蒸，其中以燃烧硫磺熏蒸方法使用较多，可视具体情况选用。将入冷库后箱装的葡萄堆码成垛，罩上塑料薄膜帐，以每平方米帐内容积用硫磺2～3g，使之完全燃烧生成二氧化硫，熏20～30min，然后揭帐通风。在冷库中也可以直接用燃烧硫磺熏蒸。为了使硫磺能够充分燃烧，每30份硫磺可拌22份硝石和8份锯末助燃。将药放在陶瓷盆中，盆底放一些炉灰或者干沙土，药物放于其上点燃。每贮藏间内放置数个药盆，药盆在库外点燃后迅速移入库内，然后将库房密闭，待硫磺充分燃烧后熏蒸约30min。

用重亚硫酸盐如亚硫酸氢钠、亚硫酸氢钾或焦亚硫酸钠等使之缓慢释放二氧化硫气体，达到防腐保鲜的目的。将重亚硫酸盐与研碎的硅胶按1∶2的比例混合，将混合物包成小包或压成小片，每包1～3g，根据容器内葡萄的重量，按含重亚硫酸盐约0.3%的比例放入混合药物。箱装葡萄上层盖一两层纸，将小包混合药物放在纸上，然后堆码。还可用湿润锯末代替硅胶做重亚硫酸盐的混合物，锯末事前要经过晾晒、降温，用单层纱布或扎孔塑料薄膜包裹后即可使用。药物必须随配随用，放置时间长会因二氧化硫挥发而降低使用效果。

葡萄因品种、成熟度不同而对二氧化硫的忍耐性有差异。二氧化硫浓度不足达不到防腐的目的，浓度太高又会造成二氧化硫伤害，使果粒漂白褪色，严重时果实组织结构也受到破坏，果粒表面生成斑痕。二氧化硫在果实中的残留量为10～20μg/g比较安全，所以硫处理大规模用于贮存时，有必要先进行实验，以确定硫的适宜用量。在冷藏期间发生的药害往往不明显，但当葡萄移入温暖环境后则发展很快。二氧化硫只能杀灭果实表面的病菌，对贮藏前已入侵果实内部的病菌则无效。

二氧化硫熏蒸也存在一些弊端。例如库内或者塑料帐、袋内的空气与二氧化硫不易混合均匀，局部存在二氧化硫浓度偏高，因而使葡萄表皮出现褪色或产生异味等二氧化硫的伤害；二氧化硫溶于水生成亚硫酸，对库内的铁、铝、锌等金属器具和设备有很强的腐蚀作用；二氧化硫对人呼吸道和眼睛的黏膜刺激作用很强，对人体健康危害较大；熏蒸后为除去二氧化硫要进行通风，通风影响库内温度和湿度的正常状态。对于二氧化硫熏蒸带来的这些负面影响应有足够的认识，并注意设法减少由此而产生的不良影响。

三、桃

桃，英文名 peach，又名桃子，原产我国黄河上游。桃外观艳丽、肉质细腻、营养丰富，深受人们的喜爱。

1. 贮藏特性

桃属于典型的呼吸跃变型果实，果皮薄、果肉软、汁多、含水量高，收获季节多集中于七八月份高温季节，采收后后熟迅速，极易腐烂，是较难贮藏的果品。

桃品种繁多，品种间的耐贮性差异大，一般晚熟品种耐贮，中熟品种次之，早熟品种最不耐贮藏。用于贮藏和运输的桃，必须选择品质优良，果体大，色、香、味俱佳并且耐贮藏的品种。一般按贮期长短，大致可分为以下几类。

（1）耐贮品种：陕西冬桃、中华福桃、巨红蜜桃、新川中岛桃、红久鲜桃、河北的晚香桃、春雪桃等，一般可贮 2 ~ 3 个月。

（2）较耐贮品种：红不软桃、早甜甘露、春蜜桃、早熟白桃、春美桃、大久保、深圳蜜桃、肥城水蜜、绿化 9 号、京玉、北红、白凤等，一般可贮 50 ~ 60 天，贮后品质较好。

2. 采收、预冷与运输

用于贮运的果实，必须选择适宜的采收成熟度，一般八九成熟即可，现将桃采收时的几种成熟标准简述如下：

七成熟：绿色大部分褪去，白肉品种底色呈绿白色，黄肉桃呈黄绿色，果面已平展，局部稍有坑洼，毛茸稍密，有色品种开始着色，果肉很硬。

八成熟：绿色基本上褪去，白肉品种底色呈绿白色，黄肉桃呈黄绿色，果面已平展，无坑洼，毛茸稍稀，果实仍比较硬，稍有弹性。

九成熟：绿色全部褪去，白肉品种底色呈乳白色，桃尖变软。

十成熟：白肉品种果实底色呈乳白色，黄肉桃呈金黄色，果肉柔软，毛茸易脱落，芳香味浓郁，达到最佳食用期。

在高温下采摘的桃，不能立即进入 1 ~ 2℃冷藏，否则容易发生冷害，而应先在 5 ~ 10℃预冷 2 ~ 3 天。

桃的长途运输最好采用冷藏车，温度以 5 ~ 12℃为宜，常温运输时间 7 ~ 10 天，不宜过长，并应结合适当的防腐保护措施。

桃在贮运中应加适当的塑料保鲜包装，一方面保持高湿，避免桃失水干缩；另一方面维持一定的低氧和高二氧化碳浓度，可大大延迟果实衰老，减少果实腐烂。

3. 桃的贮藏方法及管理

（1）常温贮藏　虽然桃不宜采取常温贮藏方式，但由于运输和货架保鲜的需要，采用一定的措施尽量延长桃的常温保鲜寿命还是必要的。

钙处理：用 0.2% ~ 1.5% 氯化钙的溶液浸泡 2min 或真空渗透数分钟桃果实，沥干液体，裸放于室内，对中、晚熟品种一般可提高耐藏性。如吕昌文（1995）等以此法处理大久保桃，第七天调查好果率与果实硬度分别为对照的 4.86 倍、4.17 倍，且比对照失水减少 62.4%。

钙处理是桃保鲜中简便有效的方法，但是不同品种宜采用的氯化钙（$CaCl_2$）浓度应慎重筛选，浓度过小无效，浓度过大易引起果实伤害，表现为果实表面逐渐出现不规则褐斑，整果不能正常软化，风味变苦。资料记载，大久保用1.5%，布目早生用1.0%，早香玉用0.3%氯化钙浓度较适宜。

热处理：用52℃恒温水浴浸果2 min，或者用54℃热蒸气保温15min。用该法处理布目早生桃，比清水对照延长保鲜期2倍以上，且室内存放8天好果率还维持在80%，果实饱满，风味正常。生产上大规模处理时宜用热蒸气法，可把果实置于二楼地板上，一楼烧蒸汽通过一处或多处进气口进入二楼，这样避免了桃果小批量地经常搬动，比热水处理操作简便、省功。

薄膜包装：用0.02～0.03mm厚的聚氯乙烯单果包，可单独使用，亦可与钙处理或热处理联合使用效果更好。

（2）冷库贮藏 在0℃、相对湿度90%的条件下，桃可贮藏15～30天。贮藏过久会丧失风味，果肉发糠，汁液减少。采后迅速预冷并采用冷链运输的桃，贮藏时间可长一些。桃预冷有风冷和0.5～1.0℃冷水冷却两种形式，常用冷风冷却。

（3）气调贮藏 我国对水蜜桃系的气调标准尚在研究之中，部分品种上采用冷藏加改良气调，得到贮藏60天以上未发生果实衰败的好效果，最长可贮藏四个月，在没有条件实现标准气调（CA）时，可采用桃保鲜袋加气调保鲜剂进行简易气调贮藏（MA）。具体做法为：桃采收遇冷后装入冷藏专用保鲜袋，附加气调剂，扎紧袋口，袋内气体成分保持在氧0.8%～2%，二氧化碳3%～8%，大久保、燕红、中秋分别贮藏40天、55～60天、60～70天，果实保持正常后熟能力和商品品质。

间歇升温气调贮藏将气调冷藏的桃贮藏15～20天后移至18～20℃的空气中敞放2天，再放回原来气调室，能较好地保持桃的品质，避免或减少贮藏伤害。

四、枣

1. 贮藏条件

贮藏条件是影响采摘后红枣寿命的主要因素之一。贮藏环境因素主要有水分含量、贮藏温度、环境湿度及气体成分等，确定适宜红枣贮藏保鲜的条件对于规模化生产具有重要的作用。

通常用于长期贮藏的鲜枣内部水分应控制在55%～60%，贮藏温度保持在-1～0℃，贮藏环境RH90%～95%，贮藏气体成分氧3%～5%、二氧化碳2%～4%。

2. 贮藏保鲜技术

（1）保鲜袋冷藏

选用0.03mm厚聚乙烯薄膜保鲜袋，袋内RH90%～95%，库内温度控制在-1～0℃，氧气浓度控制在3%～5%，二氧化碳浓度低于2%。保持稳定的低温，库温上下波动不应超过1℃，红枣果实温度波动低于0.5℃最为理想。通常可贮藏60～100天，好果率占50%～90%。

（2）气调贮藏

气调贮藏管理方便，极易达到贮藏要求的条件。贮藏室、贮藏库内温度控制在-

0.5～1℃，RH90%～95%，气体条件氧3%～5%，二氧化碳低于2%。该方法能保持鲜枣的风味与品质，可使贮藏期延长至90～130天，好果率达80%～90%。

（3）减压贮藏

减压贮藏是气调贮藏的发展，是一种特殊的气调贮藏方式。通过降低气压，使空气中的各种气体组分浓度相应降低。一方面不断地保持减压条件，稀释氧浓度，抑制乙烯生成；另一方面将果蔬已释放的乙烯从环境中排除，从而达到贮藏保鲜的目的。减压贮藏可抑制鲜枣呼吸作用，保持鲜枣硬度，抑制非水溶性果胶降解，但对多聚半乳糖醛酸酶活性的影响不明显。不同减压条件对鲜枣贮藏期呼吸强度与软化相关指标的影响不同，其中在55.7kpa减压条件下鲜枣贮藏保鲜效果最佳。经减压贮藏处理的产品移入正常空气中，后熟仍然较缓慢。

（4）化学药剂处理

化学药剂的处理可在一定程度上抑制微生物和酶的作用，从而延长红枣的贮藏期。研究表明，采用钙处理红枣果实可提高其硬度并延长贮藏期寿命。常用的浸钙处理方法有两种：一种是真空浸钙；另一种是静置式浸钙，就是将红枣果实在钙溶液中浸渍30min后晾干包装贮藏。有时还在红枣果实采收前，为防止果实霉烂对其喷洒高脂膜150倍液、甲基托布津1000倍液和过碳酸钠1000倍液等杀菌剂。

（5）复合涂膜保鲜剂处理

涂膜保鲜是在果蔬表面人工涂一层薄膜，该薄膜能适当阻塞果蔬表面的气孔与皮孔，对气体交换有一定的阻碍作用，因此能减少水分蒸发，改善果蔬外观品质，提高商品价值。涂膜还可作为防腐抑制剂的载体而避免微生物侵染。用瓜尔豆胶、卡拉胶、分子蒸馏单甘脂、乙醇、水、杀菌剂以及防腐剂配制涂膜保鲜剂处理鲜枣果实。

五、其他果实

主要果品的最适贮藏条件及可能贮藏期见表5-1。

表5-1　**主要果品的最适贮藏条件及可能贮藏期**

果实种类	贮藏温度(℃)	相对湿度(%)	气体成分(%)(CO_2, O_2)		贮藏寿命(天)
鸭梨	0	90～95	0	7～10	210
砀山酥梨	0～2	90～95	3～5	3～5	200
库尔勒香梨	-1～0	90–95	1	5	240
21世纪梨	0～1	85～90	0～3	4	180
杏	-0.5～0	90～95	2.5～3	2～3	20
李	-0.5～0	90～95	2～5	3～5	28
草莓	0～1	90～95	10～20	5～10	7～10
枣	-1～0	90～95	2～4	3～5	60～100
核桃	0～5	50～60	–	–	180～360

续表

果实种类	贮藏温度(℃)	相对湿度(%)	气体成分(%)(CO_2, O_2)		贮藏寿命(天)
西瓜	8～14	75～80	–	–	21～35
哈密瓜	3～4	75～85	0～2	3～8	90～120
白兰瓜	5～8	75～85	–	–	28–80

第二节　蔬菜贮藏技术

一、蒜薹

蒜薹，英文名 garlic bolt，为大蒜的幼嫩花茎。蒜薹的营养价值很高，且含有杀菌能力很强的大蒜素，是我国目前果蔬贮藏保鲜业中贮量最大、贮藏供应期最长、经济效益颇佳和深受消费者欢迎的一种蔬菜，全国总贮量已超过 2 亿千克。河西走廊武威市凉州区、张掖市民乐县等县（区）均盛产蒜薹。目前，随着贮藏技术的发展，蒜薹已做到季产年销。

1. 蒜薹的贮藏特性

蒜薹采后新陈代谢旺盛，表面缺少保护层，加之采收期为高温季节，所以在常温下极易失水、老化和腐烂。蒜薹只要在25℃以上放置 15 天，薹苞会明显增大，总苞也会开裂变黄，形成小蒜，薹梗自下而上脱绿、变黄、发糠，蒜味消失，失去商品价值和食用价值。

2. 贮藏环境的温度

蒜薹的冰点为-1～-0.8℃，因此贮藏温度应控制在-1～0℃为宜。温度是贮藏的重要条件，温度过高，蒜薹的呼吸强度增大，贮藏期缩短；温度太低，蒜薹会出现冻害；贮藏温度要保持稳定，温度波动过大，会严重影响贮藏效果。

3. 贮藏环境的湿度

蒜薹的贮藏 RH90% 为宜，湿度过低易失水，过高又易腐烂。由于蒜薹适宜贮藏温度在冰点附近，温度稍有波动就会出现凝集水而影响湿度。

4. 贮藏环境的气体成分

蒜薹贮藏适宜的气体成分为氧 2%～3%、二氧化碳 5%～7%。氧气过高会使蒜薹老化和霉变；过低又会出现生理病害。二氧化碳过高也会导致比缺氧更厉害的二氧化碳中毒。

当然不同产地的蒜薹和不同年份的蒜薹贮藏条件会有差异。目前普遍采用冷库气调贮藏方法，保鲜效果良好，贮藏期可达 7～10 个月。

蒜薹田间生长的好坏将直接影响贮藏效果。实践证明，田间生长健康无病的蒜薹，贮藏效果就好，贮期长，反之效果差，这一点是贮藏的基础。田间生长质量除靠品种、施肥、病害防治等栽培管理技术保证外，气候条件也是一个重要因素。如：民乐县一带的蒜薹由于海拔高，昼夜温差大，气候冷凉，薹条上没有锈斑，蒜薹田间生长质量好，贮藏效果也好。

气候上的影响应注意以下几点：一是采前一个月左右雨水充足，气温正常，蒜薹田间生长质量良好；若遇到春旱，或早春低温寡照，蒜薹质量下降。二是采前有晨雾的天数少，蒜薹的质量就比较好；如果雾多、雾大同样会引起蒜薹质量下降。三是采收期无雨，适时采收，蒜薹质量正常；若采收时遇雨，推迟采收期，可能使薹苞膨大，成熟度偏大，会明显影响贮藏的质量和效果。

5. 贮藏前的采收、收购和装运

（1）采收：贮藏用蒜薹适时采收是确保贮藏质量的重要环节。蒜薹的采收季节为6～7月份，产区采收期只有5～7天，在一个产区适合采收的3天内采收的蒜薹质量好，稍晚1～2天采收，薹苞便会偏大，薹基部发白，质地偏老，入贮后效果不佳。贮藏用蒜薹质量标准如下：色泽鲜绿，质地脆嫩，成熟适度，薹梗不老化，无明显虫伤，粗细均匀，薹苞不膨大，不坏死。

贮藏蒜薹的适宜采收成熟度应为薹梢打弯如钩时。采收要求不用刀割无伤蒜薹，采收时间应以早晨露水干后为宜，晴天的正午之前采收，雨后、浇水后不能采收。

（2）收购：收购时应注意，划薹和刀割的普遍带叶梢的薹，薹条基部受伤不耐贮运，均不能收购；采后堆码时间过长，不加遮荫，直接在阳光下暴晒，已开始萎蔫、褪色、堆内发热，或堆放期间遇大雨，明显过水，甚至被水泡过的薹均不能收购。

（3）装运：蒜薹采后应尽快组织发运，最好当天运走。近年来，越来越多的仓库采用汽车装运，基本可以保证入贮薹的质量变化不大。汽车装薹最好早晚装车，封车时上面覆盖不可太严，四周应适当通风，不能用塑料膜覆盖，装量大的汽车堆内设置通风道最好。总之，不论采用火车或者汽车装运，都应注意通风散热、防晒、防雨、防热捂包，昼夜兼程，尽量缩短在途中的时间。

（4）挑选和整理：蒜薹运至贮藏地，应立即放在已降温的库房内或在荫棚下开包，尽快整理、挑选、修剪。不能将蒜薹先入冷库再拿出来挑选，否则会引起结露。整理时要求剔除机械伤、病虫、老化、褪色、开苞、软条等不符合要求的贮藏蒜薹，理顺薹条，对齐薹苞，解开辫梢，除去残余的叶梢，然后用塑料绳按1kg左右在薹苞下3～5cm处扎把，松紧要适度。薹条基部伤口大、老化变色、干缩的均应剪掉，剪口要整齐，不要剪成斜面。若断口平整、已愈合成一圈干膜的可不剪，整理好后即入库上架。

（5）预冷和防霉处理：预冷的目的是要尽快散除田间热，抑制蒜薹呼吸，减少呼吸热，降低消耗，保持鲜度。因此收购后要及时预冷，迅速降温。目前预冷的最佳方式是将经过挑选处理的蒜薹上架摊开、均匀摆放。每层架摆放的蒜薹数量与装袋数量相近即可、不同产地、不同收购时间的蒜薹，应分别上架、装袋，以利贮期管理和销售。预冷时间以冷透为准，堆内温度达到−0.3℃后才能装袋。

蒜薹贮藏期间，薹梢易发生霉变腐烂，可在入库遇冷时、装袋前，用防霉剂处理。具体的方法可按药剂说明进行。

（6）装袋：蒜薹遇冷之后，可进行装袋。装袋时应注意以下三点：

①保鲜袋用之前先检查是否漏气，以免影响贮藏质量。

②每袋应按标准装量装入蒜薹，不可过多或过少，以免造成气体不适。

③为了方便测气，可在近袋口处或扎口时安上取气嘴，不同库房、不同部位、不同产地、不同批次的蒜薹均应设代表袋测气。装袋时工人应剪掉指甲，戴薄手套，专人上架装袋，薹条理顺整齐装到袋底，薹苞要与架沿平齐，薹梢松散下垂，袋口与薹梢要留出空隙，待库温和薹温均降至贮藏适温时，将袋口扎紧，防止漏气。

6. 蒜薹的贮藏方法及管理

（1）贮藏库：贮藏蒜薹必须用标准冷库，即库体隔热良好、库温控制稳定的冷库。蒜薹入库前提前10天左右开始缓慢降温，入库前两天将库温降至0～2℃，库内温度如采用挂温度计人工观察记录，应采用每度1/5或1/10刻度较精确的水银玻璃棒温度计，不能选用刻度粗的红色酒精温度计。

（2）贮藏架：蒜薹冷库贮藏架多用角钢制作，应注意贮藏架承重牢固，彼此焊接拉扯，防止倒架。一般要求单个贮架宽110cm，长依据库内宽度而定，每袋横向占位在50～55cm，贮架彼此间距离60～70cm，贮架每层高度在35～40cm，最下层离地面15～20cm，最上层摆放蒜薹后还应离库顶30cm以下。贮藏架上应用削光棱角的竹竿铺底，用旧塑料膜缠绕，以免刺破贮藏袋。蒜薹入贮前，应用0.5%～0.7%的过氧乙酸水溶液喷洒墙壁、货架、地面，亦可用0.5%的漂白粉液刷洗菜架，最后将各种容器、架杆一并放在库内，每立方米10g的用量燃烧硫磺，密闭熏蒸消毒24小时，再进行通风以排尽残药。

（3）包装袋：蒜薹贮藏属塑料薄膜袋小包装气调冷藏。最早使用的是高压聚乙烯膜制袋，薄膜厚0.06～0.08mm，幅宽700～800mm，袋长100～120cm，装量为20～30kg。要求袋子抗拉、抗撕裂、耐低温，低温下不硬脆、耐揉搓，具有韧性，柔软，确保袋子不漏气。塑料袋子应注意热合封口严密，特别注意袋子的两个底角严封，不能开缝。

硅窗袋是一种减少人工开袋放风调气用的自动调节气体的贮藏袋，在贮藏期内维持一定的较平稳的气体组成。硅窗袋和塑料膜之间热合要牢固，防止在低温下贮藏开裂。开窗位置在纵向距袋口1/3处较合适，开窗面积为：贮15kg蒜薹，硅窗面积为70cm^2，贮20～25kg蒜薹，硅窗面积为100cm^2。硅窗袋贮藏技术要求库温稳定，蒜薹充分预冷，在贮藏中、后期放风1～2次，防止气体出现问题。另外库内湿度不能过低，否则硅窗口下的蒜薹脱水严重。

贮期管理：

（1）普查漏袋：为了确保蒜薹处于气密条件下，待全部入贮装袋后，要安排管理人员逐袋查漏，即用手从袋口处向上，使袋子鼓胀呈气球状，用耳朵贴在袋上听声，听到漏气声即为漏袋。查出漏袋，立即粘补或换袋。

（2）开袋排热：入贮装袋后的前两周，不管袋内气体浓度如何，一周左右时间即打开袋子放一次风，连续放两次，目的是排除袋内蒜薹的余热和蒜薹入贮后较高的呼吸热，避免结露。经过这样两次开袋排热后，再依据设计要求的气体指标进入正常的人工管理。

（3）严格控制稳定的低温和适宜的湿度：控制稳定的低温是蒜薹贮藏很重要的一项技术措施，这对有效抑制蒜薹呼吸强度，维持其缓慢而正常的生理代谢活动，延缓其衰老，保持其鲜嫩品质十分必要。贮藏蒜薹的适宜库温为-1±0.5℃，但要注意库内的温差，应经常开动冷风机加强库内冷空气对流循环，以减少各部位的温度差。靠近冷风机、冷风嘴的蒜薹要用棉被或麻袋进行遮挡，防止受冻。

库内湿度保持在85%～90%为宜，以利于保鲜袋适当渗透袋内过多的湿气而又不产生太大的干耗。

（4）定期测定袋内气体浓度并检查贮藏情况：不同来源、不同批次、不同库房的蒜薹应分别设立代表袋，每袋隔5～7天用奥氏气体分析仪测定一次袋内氧气和二氧化碳的浓度，蒜薹扎口后10～20天内气体浓度趋于稳定，正常条件下氧气浓度在1.0%～3.0%，二氧化碳浓度在4.8%～7.2%范围内。贮藏期间每隔一两个月可放风一次，每次2小时左右。

贮藏期间应根据市场需求和价格波动，随时准备供应市场，以获得较好的经济和社会效益。

二、番茄

番茄（Lycopersicon esculentum），英文名 tomato，又称西红柿、洋柿子，属茄科蔬菜，食用器官为浆果。起源于秘鲁，在我国栽培已有近一百年的历史。栽培品种包括普通番茄、大叶番茄、直立番茄、梨形番茄和樱桃番茄5个变种，后两个果形较小，产量较少。果实形状有圆球形、扁圆形、卵圆形、梨形、桃形等，栽培上多以圆球形居多，近年来樱桃番茄的种植也逐渐增多。

番茄的营养丰富，经济价值较高，是人们喜爱的水果兼蔬菜品种。番茄的贮藏，可以以旺补淡，满足市场需求。

1. 番茄的贮藏特性

番茄性喜温暖，不耐0℃以下的低温，但不同成熟度的果实对温度的要求也不一样。用于长期贮藏的番茄，一般选用绿熟果，适宜的贮藏温度为10～13℃，温度过低，则易发生冷害；用于鲜销和短期贮藏的红熟果，其适宜的贮藏条件为0～2℃，RH为85%～90%，氧气和二氧化碳浓度均为2%～5%。在适宜的温度条件下，采用气调方法贮藏，绿熟果可贮藏60～80天，红熟果可贮藏40～60天。

用于贮藏的番茄首先要选择耐贮藏品种，不同的品种贮性差异较大。一般耐贮品种有以下特点：抗病性强，不易裂果，果形整齐，果实种腔上皮厚，肉质致密，干物质和含糖量、含酸量高。通过实验发现，早熟品种有：早魁、早丰、鲁番茄7号、矮红宝、鲁粉2号、鲁番茄4号、西粉3号、东农704、苏粉1号等；中熟品种有：番茄大王K168、英石大红、中熟番茄品种72～69、合作905等；晚熟品种有：加茜亚、红太阳、秀丽、毛粉802、凯特一号等。

2. 番茄的采收

采收前7～10天可喷一次杀菌剂，对预防采后病害效果较好。杀菌剂有：40%乙磷铝可湿性粉剂250倍加多菌灵湿性粉剂500倍或25%代森锰锌胶悬剂300倍。另外，遇雨不宜立即采收，否则容易腐烂。

番茄采收的成熟度与耐藏性密切相关，采收的果实过青，积累的营养物质不足，贮后品质不良；采收的果实过熟，则很快变软，而且容易腐烂，不能久藏。番茄果实在植株上生长至成熟时会发生一系列的变化，叶绿素逐渐降解，类胡萝卜素逐渐形成，呼吸增加，乙烯产生，果实软化，种子成熟。但最能代表成熟度的是外表的着色程度。根据色泽的变化，番茄的成熟度可分为绿熟期、发白期、转色期、粉红期、红熟期5个时期：

绿熟期（green mature stage）：全部浅绿或深绿，已达到生理成熟。

发白期（breaker stage）：果实表面开始微显红色，显色小于10%。

转色期（turning stage）：果实浅红色，显色小于80%。

粉红期（pink stage）：果实近红色，硬度大，显色率近100%。

红熟期（red stage）：又叫软熟期，果实全部变红而且硬度下降。

采收番茄时，应根据采后不同的用途选择不同的成熟度，鲜食的番茄应达到变色期至粉红期，但这种果实正开始进入或已处于生理阶段，即使在10℃低温也难以长期贮藏；绿熟期至转色期的果实，已充分长成，此时果实的耐贮性、抗病性较强，在贮藏中完成成熟过程，可以获得接近植株上充分成熟的品质，故长期贮藏的番茄应在这一时期采收，并且在贮藏中尽可能滞留在这一阶段，实践中称为"压青"，随着贮藏期延长，果实逐渐达到红熟期。

3. 贮藏期主要病害及防治

番茄在贮藏中主要的侵染性病害有以下四种：

①番茄交链孢果腐病。多发生在成熟果实裂口处或日灼处，也可发生在其他部位。受害部位首先变褐，呈水浸状圆形斑，后发展变黑并凹陷，有清晰的边缘。病斑上生有短绒毛状黄褐色至黑色霉层，在番茄遭受冷害的情况下，尤其容易感病。一般是从冷害引起的凹陷部位开始侵染，引起腐烂。

②番茄根霉腐烂病。引起番茄软腐部位一般不变色，但因内部组织溃烂果皮起皱缩，其上长出污白色至黑色小球状孢子囊，严重时整个果实软烂呈一泡儿水，多从裂口处或伤口处侵入，患病果与无病果接触可很快传染。

③番茄绵腐病。被害果表现为较大的水浸状斑，有时果皮破裂，表面产生纤细而茂密的白霉，造成腐烂。

④番茄灰霉病。多发生在果实肩部，病部果皮变为水浸状并皱缩，并产生大量土灰色霉层，在果实遭受冷害的情况下更易大量发生。

除以上介绍的四种外，常发生的病害还有番茄炭疽病、细菌性软腐病等。

4. 番茄的贮藏方法及管理

（1）常温贮藏：利用常温库、地下室、土窖洞、通风贮存库、防空洞等阴凉场所进行贮藏。将番茄装在浅筐或木箱中平放地面；或将果实堆在菜架上，每层架放两三层果实。要经常检查，随时挑出已成熟或不宜继续贮藏的果实供应市场。此法可贮藏20～30天，作为调剂市场短缺的短期贮藏措施是适宜的。

（2）气调贮藏：番茄在蔬菜中研究气调效应最早，也是迄今为止积累资料最多的一种果实。一般认为，绿熟番茄在10～13℃，RH85%～90%，氧气和二氧化碳均为2%～5%，可以贮藏100天以上；转色期果实在此条件下可贮藏45～60天。气调贮藏的具体方法有以下几种：

①适温快速降氧贮藏：利用制氮机或工业氮气调节气体，制冷机调节温度，将贮藏条件控制在10～13℃，RH85%～90%，氧气和二氧化碳均为2%～5%，可以得到较理想的

贮藏效果。

②常温快速降氧法：只控制贮藏条件下的氧气2%～4%，二氧化碳在5%以下，可贮藏25～30天。这种方法贮藏效果不及快速降氧贮藏，但可在无机械降温条件下进行。

③自然降氧法：番茄进帐密封后，待帐内的氧气由果实自行呼吸降到3%～6%或2%～4%时，再采用人工调节控制，使氧含量不继续下降而稳定在这一范围，温度力求维持在贮藏适宜的范围内。

④硅窗气调法：国内多使用甲基乙烯橡胶薄膜，在一定范围内，硅窗的渗透性随着帐内二氧化碳浓度升高或降低而增大或减少，这样就能迅速排除帐内过高的二氧化碳，并有限地补入氧气，从而使氧气和二氧化碳保持适当的比例。硅橡胶薄膜还能使番茄代谢产生的乙烯很快透出帐外。对比试验表明，使用0.08mm厚的硅窗，帐内氧气含量维持在6%左右，二氧化碳在4%以下，效果比较好。

⑤自发气调贮藏法：果实采收并用药剂处理后，便可以装保鲜袋贮藏，袋规格为：宽25cm长35cm，容量1.5kg，因番茄易被挤压受伤，而且成熟后逐渐变软，因此不能用大袋包装贮藏。用塑料绳扎紧口，平摆在架子或放入菜筐中即可。此法也可以贮藏15～25天。

三、甘蓝

甘蓝（Brassica），英文名cabbage，又名结球甘蓝，俗称洋白菜、圆白菜、卷心菜、莲花白等，属于十字花科蔬菜。原产于地中海至北海沿岸，引入我国已有三百多年历史，现在全国各地都有栽培。甘蓝的品种按照叶球的形状，大致可分为平头、尖头和圆头三种类型。其中以平头种甘蓝品质优良，产量高，较耐贮藏。

甘蓝的生长发育可分为两个时期，即营养生长期和生殖生长期。种子发芽到叶球形成时期称营养生长期。从花芽分化到现蕾、抽薹、开花、结果、种子成熟的过程称为生殖生长期。甘蓝成熟后形成其固有品质。一般而言，晚熟品种比早熟品种耐贮藏，叶球外部叶片颜色深者较浅者耐贮藏。近年来，由于甘蓝育种工作的进展及保护地栽培，甘蓝在河西地区基本做到常年生产，周年供应。

1. 甘蓝的贮藏特性

甘蓝性喜冷凉，具有一定的抗寒能力，作为营养贮藏器官的叶球也是在冷凉条件下形成的，所以甘蓝的贮藏需要低温条件。其适宜的贮藏条件为：温度0～1℃，RH90%～95%，气体成分氧气2%～5%，二氧化碳0～5%。一般贮藏寿命为60～150天。

2. 甘蓝的采收

(1) 采收成熟度的确定。甘蓝的采收期要因地而异。北方一般在降霜前后采收，一般根据市场需求分期分批采收。但早熟品种成熟后仍留在田间会加剧抽薹、脱帮及腐烂现象发生。甘蓝采收过早，影响产量，同时因气温和库温都较高，对贮藏不利；采收过晚，易在田间受冻。贮藏的甘蓝要选晚熟、结球紧实、外叶粗糙并有蜡粉的品种，且要尽量晚采。

当甘蓝贮量太大时，可适当提前采收，提前入窖，采用人工降温的办法降低窖温，以减轻集中采收、贮藏的压力。

（2）采收方法。假植贮藏的甘蓝，要求带根收获。其他方法贮藏的甘蓝，可在3～4cm长的根上砍断。选择无虫蛀、无烂根、无病叶、不开裂的叶球，保留第二、三层外叶。另外，采前10天内应停止灌水。

3. 甘蓝采后损失及控制

（1）侵染性病害：主要由一些真菌感染引起，病部最初呈半透明水渍状，随后病部迅速扩大，表面略陷，组织逐渐变软，黏滑，色泽为浅灰色浅褐色，腐烂部有腥臭味，真菌一般不能由寄主表面直接侵入，大多数由伤口侵入致病，且在高温、高湿条件下发病率高。因此，在采收和贮运过程中尽量避免机械损伤，采后及时晾晒，合理堆码，贮藏库内保持空气流畅等措施皆有助于防治侵染性病害的发生。另外，采后用0.2%托布津与0.3%过氧乙酸混合液蘸根，可防止菌落从根部切口侵入。

（2）脱帮：脱帮指叶帮基部形成离层面脱落，主要发生在贮藏初期。贮藏温度过高，或湿度过高、晾晒过度都会促进脱帮。因此，适宜的温湿度，合理的晾晒，或采前辅以药剂（如NAA）处理都有利于减轻脱帮。

（3）失水：失水主要是因为贮藏温度偏高或相对湿度偏低，晾晒过度也易脱水。适宜的低温、高湿有利于防止失水。

4. 甘蓝的贮藏方法及管理

（1）假植贮藏：主要适用于包心还未完全或包心不够充实的晚熟品种。假植贮藏可使甘蓝进一步生长成熟，增加重量。

其方法为，贮藏前事先挖好一长方形沟，大小根据贮量而定。采收时将菜连根拔起，带土露天堆放2～3天，进行晾晒和预贮。然后，在沟内一棵紧靠一棵排列栽好，再向沟内浇少量水，在植株顶上覆盖些老叶。每隔7～8天后覆盖6～8cm厚的土，共覆盖三次，覆土要求均匀实在。贮藏期间适当覆土，干燥时需适量浇水。

（2）简易贮藏：主要适用于菜农小规模短期贮藏，其方式主要有沟藏、堆藏、架藏等。沟藏要求选择地势高、排水畅的地块，进行开沟贮藏；堆藏即用板条箱、柳条筐等容器装菜或将菜着地堆成长方形贮藏；架藏就是将甘蓝直接一棵棵斜放在预先制成的贮藏架上进行贮藏。贮藏过程中应注意通风散热。

（3）冷库贮藏：冷库使用前要进行杀菌消毒。入贮的甘蓝事先要在0～5℃的预冷间或冷库通道处进行预冷1～2天，待甘蓝品温下降后，再入贮到温度已降到0℃的冷库中。入库要分批进行，一次入贮量不能过大，以防库温波动太大，影响贮藏效果。特别是没有预冷的甘蓝，每次进入量一定要控制好。在冷库中，将菜筐码成通风垛，或直接着地堆放成宽50～60cm、高70～80cm的长方体。冷库温度保持0～1℃，相对湿度以95%～97%为宜。这样可贮2～6个月。

入库后，贮藏初期以降温为主，贮藏中期以保温防冻为主，贮藏后期以降温翻菜防烂为主。另外，10～100ml/L的乙烯就可以使甘蓝脱叶和失绿，故在贮藏中应注意通风换气。

（4）气调贮藏：目前采用的现代化气调技术，对控制甘蓝的失水、失绿，防止抽薹、脱帮均有很显著的效果。据报道，在3～18℃，氧气2%～5%，二氧化碳0～6%条件下，贮藏100天，外叶略黄，球心发白，未发现抽薹、腐烂等不良现象。

四、花椰菜

花椰菜，英文名 cauliflower。又名花菜、菜花，属于十字花科植物，是甘蓝的一个变种。花椰菜的供食器官是花球，花球质地嫩脆，营养价值高，味道鲜美，而且食用部分粗纤维少，深受消费者的喜欢。

1. 花椰菜的贮藏特性

花椰菜喜冷冻和湿润的环境，忌炎热，不耐霜冻，不耐干旱，对水分要求严格。花椰菜的花球是由肥大的花薹、花枝和花蕾缩短聚合而成。贮藏期间，外叶中积累的养分能向花球转移而使之继续长大充实。花椰菜在贮藏过程中有明显的乙烯释放，这是花椰菜衰老变质的重要原因。花球外部没有保护组织，而有庞大的贮藏营养物质的薄壁组织，所以花椰菜在采收和贮运过程中极易失水萎蔫，并易受病原菌感染引起腐烂。

花椰菜适宜的贮藏条件为：温度为 0～1℃。温度过高会使花球变色，失水萎蔫，甚至腐烂；但温度过低（<0℃），花椰菜容易受到冷害。相对湿度为 90%～95%。湿度过低，花球易失水萎蔫；湿度过高，有利于微生物的生长，容易发生腐烂。气体成分为氧气 3%～5%，二氧化碳 0～5%。低氧对抑制花椰菜的呼吸作用和延缓衰老有显著作用，且花球对二氧化碳有一定的忍受力。在此气体条件下，花椰菜一般可贮藏 1～3 个月。

2. 花椰菜的采收

①采收成熟度的确定。从出现花球到采收的天数，因品种、气候而异。早熟品种在气温较高时，花球形成快，20 天左右即可采收；而中晚熟品种，在秋、冬季采收需要一个月左右。采收的标准为：花球硕大，花枝紧凑，花蕾致密、表面圆正，边缘尚未散开。花球球大而充实，收获期较晚的品种适宜贮藏；球小松散，收获期较早的品种，收获后气温较高，不利于贮藏。

②采收方法。用于假植贮藏的花椰菜，需连根带叶采收。用于其他方法贮藏的花椰菜，需要选择花球直径 15cm 左右的中等花，表面圆正光洁等，边缘尚未散开，没有病虫害的植株，保留距离花球最近的三四片叶子，连同花球割下，将菜头朝下，放入筐中，因为花球形成不一致，所以要分批采收。

3. 花椰菜采后损失及控制

①侵染性病害。花椰菜贮藏过程中易受病菌感染，引起腐烂，主要是黑斑病，染病初期花球变色，随后变褐。此外，还有霜霉病和菌核病。病菌主要通过伤口侵入，在采收和贮运的过程中要尽量避免机械损伤。另外，采后给花球喷洒 3000mg/L 苯莱特、多菌灵或托布津药液，晒干后入贮，可有效减轻腐烂。

②失水变色。失水的主要原因是因为贮藏期相对湿度过低，导致水分大量蒸发，变色的主要原因是在采收和贮运的过程中受机械损伤和贮温过高所致，另外贮藏期间乙烯浓度高也会使花球变色。防治方法主要是控制适宜的温、湿度，避免机械损伤和加乙烯吸收剂。

4. 花椰菜的贮藏方法及管理

①假植贮藏。入冬之前，利用贮藏沟等场所，将尚未长成的小花球假植其内，用稻草等物捆绑包住花球，要进行适当覆盖，注意防热防冻，适当灌水，适当通风。一般可使花

球长至春节时，长大到0.5kg左右。

②冷库贮藏。选择优质花椰菜，经充分预冷后入贮，冷藏库温度控制在0.5～1℃，相对湿度控制在90%～95%。花椰菜在冷库中要合理堆码，防止压伤或污染。冷藏的整个过程要注意库内温、湿度控制，避免波动范围太大。同时，还要及时剔除烂菜。这种方法在低温季节一般可贮存60天。

③气调贮藏。因为花椰菜在整个贮藏期间乙烯的合成量较大，采用低氧高二氧化碳可以降低花椰菜的呼吸作用，从而减少乙烯的释放量，有效防止花椰菜受乙烯的伤害。因此，气调法贮藏花椰菜能收到较好的效果。气调贮藏花椰菜的气体成分一般控制在氧气2%～4%，二氧化碳5%的条件下，采用袋封法或帐封法均可。严格控制氧气和二氧化碳的浓度，并在封闭的薄膜帐内放入适量的饱和高锰酸钾可以吸收乙烯。气调贮藏对保持花椰菜的花球洁白，外叶鲜绿有明显效果。采用薄膜封闭贮藏时，要特别注意防止帐壁或袋壁的凝结水滴落到花球上。

此外，还可以采取一些辅助措施，进一步增强保鲜效果。为了防止叶片黄化和脱落。可用50mg/kg丁酯或5～20mg/kg 6-苄氨茎腺嘌呤溶液浸蘸花球根部。为了减轻腐烂，可在入贮前给花球喷洒3000mg/kg苯莱特、多菌灵或托布津药液，其中以苯莱特的效果更为明显。

五、黄瓜

黄瓜，英文名cucumber，属于葫芦科黄瓜属一年生植物，原产于中印半岛及南洋一带，性喜温暖，在我国已有二千多年栽培历史。幼嫩黄瓜质嫩肉细，清香可口，营养丰富，深受人们的喜欢。

1. 黄瓜的贮藏特性

黄瓜每年可栽培春、夏、秋三季。春黄瓜较早熟，一般采用南方的短黄瓜系统；夏秋黄瓜提倡耐热抗病，一般用北方的鞭黄瓜和刺黄瓜系统，还有一种专门用来加工小黄瓜的系统。贮藏用的黄瓜，一般以秋黄瓜为主。黄瓜采后数天即出现后熟衰老症状，受精胚在其中继续发育生长，吸取果肉组织的水分和营养，以致果梗一端组织萎缩变糠，蒂端因种子发育而变粗，整个瓜形呈棒槌状；同时出现绿色减褪，酸度增高，果实绵软的情况。刺黄瓜类品种，瓜刺易被碰脱造成伤口流出汁液，易受病菌的侵染。黄瓜采收时节气温较高，表皮无保护层，果肉脆嫩，易受机械损伤，在黄瓜的贮藏中，要解决的主要问题是后熟老化和腐烂。

黄瓜适宜的贮藏条件为：温度10～13℃。低于10℃，2天即会出现冷害；高于13℃，黄瓜代谢旺盛后熟加快，品质劣变。但在一些简易贮藏中，如河西各地秋冬季的缸贮、窖贮、大白菜包黄瓜贮也可见温度低于10℃，甚至接近0℃，未见冷害，这可能与多种因素有关。相对湿度为90%～95%。黄瓜果实多汁，表面无保护层，采后呼吸旺盛，极易造成组织脱水、萎蔫、变形、变糠，因此黄瓜贮藏必须保持高湿。鲜销黄瓜通常要打蜡防失水或用聚乙烯收缩膜包装以延缓萎蔫。气体成分为氧气2%～5%，二氧化碳0～5%。二氧化碳浓度高于10%会引起产品的高二氧化碳伤害。黄瓜对乙烯敏感，1ml/L乙烯在一天之内会使黄瓜衰老变黄，果柄端最明显。因此，要采取一定的措施除去乙烯。有些试验表明黄瓜经气调贮藏后，维管束变褐，瓜肉也呈淡黄色，并有苦味。这种情况可能与品种有关或者是气体成分不当所致。

2. 黄瓜的采收及采后处理

采收成熟度对黄瓜的耐贮性有很大的影响，一般幼嫩黄瓜贮藏效果较好，越大越老的越容易衰老变黄。贮藏用瓜最好采用植株主蔓中部生长的果实（俗称“腰瓜”），果实应全身丰满壮实、瓜条匀直、全身碧绿；下部接近地面的瓜条畸形较多，且与泥土接触，果实带较多的病菌，易腐烂；植株衰老时所结果实，有的头大，有的细把，果实内含物不足，贮藏寿命短。黄瓜采收期多在雌花开花后 8 ~ 18 天，此时较采摘上市的黄瓜稍微嫩些，但已具有该品种特有的果形、果色和风味。采摘宜在晴天早上进行。最好用剪刀将瓜带 3cm 长果柄摘下，放入筐中，注意不要碰伤瘤刺；若为刺黄瓜，最好用纸包好放入筐中，认真选果，剔除过嫩、过老、畸形和受病虫侵害、机械损伤的瓜条。将合格的瓜条整齐放入消过毒的筐中，每放一层，用薄的塑料制品隔层，以防瓜刺相互刺伤，感染病菌。瓜筐不宜装得过满，留出 1/3 空间，以便通风散热。避免码垛压伤瓜条，气温较高季节贮藏黄瓜还应预冷，除去田间热，以防黄瓜在温差较大时“出汗”。

入库前，用软刷将 0.2% 甲基托布津和 4 倍水的虫胶混合液涂在瓜条上，阴干，对贮藏有良好的防腐保鲜效果。

3. 黄瓜的采后损失及控制

黄瓜贮藏期间会发生炭疽病、疫病和绵腐病。炭疽病发生时，瓜面出现褐色圆形小病斑，略有凹陷。表面有红褐色黏物质，其中含大量的分生孢子。此病菌属霉菌，最适生长温度为 24℃，最适空气相对湿度为 97%。可以通过降低温度减少病菌的感染，也可以用托布津、百菌清、炭疽福灵等药剂处理加以防治。若瓜面呈水渍状，出现明显凹陷，表面长出霜状灰白色霉，有腥味则为疫病病菌感染所致。此病的防止可在栽培前选用抗病品种，也可在田间喷洒甲霜灵、乙磷铝等加以防治。绵腐病常使瓜面变黄，病部长出长毛绒状白霉，应严格控制温度，防止温度波动太大凝结水滴在瓜面上，也可以结合使用一定的药剂处理。

黄瓜贮藏的适宜温度范围狭窄，极易造成低温冷害。据报道，在 0 ~ 5℃下放置 8 ~ 16 天即受严重伤害；温室栽培黄瓜 10℃下，1 周即出现明显冷害，腐烂率较贮在 13℃要高。因此，需严格控制温度。50% ~ 70% 的湿度，高二氧化碳浓度均可增加黄瓜对冷害的敏感性。冷害的主要症状表现为：瓜面出现大小不等的凹陷斑，随时间推移，瓜面呈水渍状继而因镰刀菌感染而腐烂。针对黄瓜冷害的影响因素可采取以下几种方式加以防治：（1）根据品种选取适宜的贮温；（2）维持高湿状态，湿度应达到 90% ~ 95%；（3）采用适当的气体组成，但氧气浓度不能低于 3%，二氧化碳浓度也应控制在 10% 以下，否则气调黄瓜会产生异味。

4. 黄瓜的贮藏方法及管理

简易贮藏：在北方多采用缸藏或冰窖贮藏。两者原理相同，在缸底或窖底有一定深度的水起调温保湿作用。常用的贮窖长 6 ~ 10 米，宽 0.5 ~ 3 米，深 1 ~ 2 米，将挖出的土堆在窖四周以减少外界温度对窖温的影响。沿南侧挖出一条深 30cm 的土沟以备贮水。窖底依次铺竹竿、稻草、塑料薄膜和瓜条，窖顶绑设竹架、铺塑料薄膜防渗漏雨水；然后盖

1～2cm厚的稻草帘两三层防止外温对窖内温度的影响。窖内黄瓜采取纵横交错方式堆码，不宜放置过满，应留有一定的空间。入贮初期，贮窖应在夜间通风降温；天气转凉时，则在白天通风并设置风障防止窖内温度过低。应经常下窖检查剔除烂瓜、伤瓜。

气调贮藏：北京宣武区菜站通过试验得出黄瓜气调贮藏的适宜参数为：（1）温度10～13℃；（2）气体组成：氧气、二氧化碳均为2%～5%，快速降氧；（3）封闭垛内混入瓜重1/20～1/40的高锰酸钾泡沫砖载体，分放在上层空间以除去乙烯；（4）黄瓜1∶5虫胶水液加3000～4000mg/kg托布津涂膜；（5）氯气消毒：为垛内空气体积的0.2%，每2～3天进行一次。

在此条件下，黄瓜贮藏期可达45～60天，好瓜率高达85%。不同的品种气调贮藏效果有所差异。如早熟品种：津优2号、津优3号、中农12号等。中晚熟品种：津优40号、津春4号、津春5号、津杂4号、豫优新4号、中农8号、鲁黄瓜7号、夏青3号、夏青4号、夏丰等。在气调贮藏过程中要严格控制氧气和二氧化碳的浓度，氧气的浓度最少不能低于2%，二氧化碳的浓度最高不能超过5%。还要特别注意库内湿度的变化，以防形成凝结水在瓜条上引起腐烂。另外，也有报道采用塑料薄膜袋贮藏取得良好的效果。

辐射保藏：有报道用$^{60}Co\gamma$射线，辐射剂量为8.4～25krad时，可明显抑制黄瓜种子的发育。

六、茄子

茄子，英文名egg plant，又名“落苏”，为茄科茄属的一年生草本植物，在热带为多年生植物。原产于印度，在我国已有一千多年的栽培历史。茄子适应性强，在我国南北各地都普遍栽培，为夏秋季主要蔬菜品种之一。

1. 茄子贮藏特性

茄子有圆茄、长茄、矮茄三个变种。一般果实大而圆的品种多属晚熟型，果实小且植株矮小的品种多属早熟型，品种之间的耐贮性有较大的差异。贮藏时要选择晚熟耐藏的品种。贮藏用茄子的种植应适当晚育苗、晚定植，避免重茬和重施氮肥，及时防治病害，应在霜冻前采摘。河西适宜种植长茄，如早熟品种：金刚、布利塔、小黑龙、京茄21号、紫龙王4号、娜塔丽等；中晚熟品种：长茄1号、齐茄1号、9318长茄、辽茄七号、紫长茄、京茄20号等。河西适宜种植圆茄，如早熟品种：主要地方品种有北京灯泡茄、天津牛心茄、孝感白茄、湖南灯泡茄；中晚熟品种：天津快圆茄、圆杂2号、茄杂2号等。

茄子采摘后营养损失的研究较少。据报道，茄子采摘后酶活性迅速升高，如多酚氧化酶、乙醇脱氢酶、过氧化物酶等酶活性在采后迅速成倍增加，引起果实品质劣变。茄子在贮藏中存在的主要问题有：（1）果梗连同萼片湿腐或干腐，蔓延至果实或与果实分离。（2）果面出现各种病斑，不断扩大，甚至全果腐烂。主要是褐纹病、绵疫病等。（3）5～7℃以下出现冷害，果面出现水渍或脱色的凹陷斑块，内部种子和胎座薄壁组织褐变。也有报道茄子在10℃即出现冷害症状，可能与品种成熟度、大小、收获季节有关。采用低氧气、低二氧化碳指标气调贮藏，可防果梗脱落；用50～100mg/kg丁酯浸果梗可防止梗萼脱落。

茄子贮藏的适宜条件为：

温度：茄子性喜温暖，不耐霜冻，最适贮温为10～13℃。它对低温的敏感性与品种、成熟度、收获季节等有关。一般来说秋天采收、生长温度较低的茄子，敏感性小于仲夏采收的茄子。据报道，秋天采收的茄子8℃下能贮藏10天，而仲夏采收的茄子12℃以下只能贮藏7天。

相对湿度：茄子含水量高，因此应放于高湿环境中贮藏，贮藏最适相对湿度为90%～95%。湿度过高会导致各种病菌对果实的侵染。在贮藏管理时要严格控制湿度，使它处于较理想的范围内。用收缩膜包装茄子有良好的保湿效果。

气体成分：在气调贮藏中，一般氧气2%～5%，二氧化碳0～5%，具有较好的效果。茄子对乙烯敏感，乙烯处理可加速其腐烂变质。

2. 茄子的采收及采后处理

茄子以嫩果供食用，早熟品种定植后40～50天可开始采收；中熟品种需50～60天。按茄子在植株的生长部位及先后次序，第一层果称为“门茄”，第二层果称为“对茄”，第三层果称为“四母斗”，第四层果称为“八面风”，再往上称为“满天星”。贮藏用果多采用生长在植株中部的中等大小果实如“四母斗”、“八面风”为宜。晚熟品种呈深紫色，圆形、果肉细嫩、种子少、含水量低者也常用做贮藏用果。

茄子的采收宜在早、晚气温较低时进行。待果实充分长大并且果皮光亮平滑时即可采收。也可通过萼片上的带状环判断，若茄萼片与果实相连接地方有明显白色或绿色环状带，则表明果实正快速生长、组织柔嫩、不宜采收；若这条环状带已趋于不明显或正在消失则果实已停止生长应及时采收。茄子采收时宜保留完整的萼片和一小段把柄；采后宜置于阴凉通风处，降低茄子温度，散去田间热。

3. 茄子的采后损失及控制

采后的病害主要有真菌、霉菌侵染所致绵疫病、褐纹病、灰霉病等，冷害茄子放回常温状态极易受交链孢菌的侵袭而腐烂变质。

绵疫病为绵疫病菌感染所致，此病原微生物属于真菌类，最适生长温度为28～30℃，最适相对湿度为90%。茄子患此病后，果实上出现1～2cm大的水渍状圆形病斑，无光泽；逐渐可扩大到3～4cm，中央暗褐，边缘淡白，表面平陷，出现棉丝状白色菌丝，果肉变黑腐烂。若气温较高，4～5天后病害可蔓延至整个果实。防治方法主要采取选用优良抗病品种，加强田间管理，雨季不收获，贮藏期间采取通风、降温、排湿措施；另外还可采用药剂防治，常用的药液有1∶1∶600～1∶1∶200波尔多液，5%克菌丹可湿性粉剂500倍稀释液等。

褐纹病是茄子褐纹病菌感染所致。发病时果实出现圆形或椭圆形病斑，呈淡褐色与健部分界明显，后期病斑上出现许多黑点，排列成轮纹状，果肉呈海绵状。褐纹病菌属于霉菌类，最适生长温度为21～33℃，高温高湿可诱发此病害。因此，要注意降温、排湿，同时可用多种药剂交替使用进行防治，常用药品有30%甲基托布津、百菌清、波尔多液等，每隔7～10天喷洒一次。

4. 茄子的贮藏方法及管理

简易贮藏：民间常用的贮藏方法有窖藏、沟藏法等，都达到了一定的贮藏效果。贮藏时要注意严格选果，严密观察温度，以防止冷害的发生；定期察看果实，及时剔除病果，烂果。采取上述几种措施后一般贮藏期可达 40 ~ 50 天。

冷库贮藏：贮藏前应进行预冷，茄子预冷不能采用水冷法，此法易导致病菌的传播，一般用空气预冷法以散去田间热。在 12 ~ 13℃的温度和 90% ~ 95%的相对湿度条件下可贮藏 20 天左右，冷藏时应注意防止冷害发生。

气调贮藏：在低氧、高二氧化碳条件下，茄子组织产生乙烯的能力下降，同时还能阻止空气中的乙烯对茄子果实的影响，具有较好的防腐保鲜效果。有试验表明，将茄子在库房堆码成垛，用塑料薄膜帐密封，在温度 20 ~ 25℃的常温下，帐内氧气 2% ~ 5%，二氧化碳 5%的条件下，贮藏 30 天，能很好地保持茄果的商品价值。

涂膜保鲜法：据日本专利报道，下列两种试剂涂于茄子果柄部，可防止脱把现象，有良好的保鲜效果：（1）蜜醋 10 份，酪朊 2 份，蔗糖脂肪酸酯 1 份（按重量比），将这几种成分充分混合成乳状保鲜剂；（2）蜜醋 70 份，阿拉伯胶 20 份，蔗糖脂肪酸酯 1 份（按重量比）加热至 40℃充分混合成糊状保鲜剂。

七、菜豆

菜豆（Phaseolus culgaris L.），英文名 bean，又称芸豆，四季豆、扁豆，属豆科蔬菜。原产于中美洲热带地区。供食用的嫩豆荚，蛋白质含量高，其中富含赖氨酸、精氨酸，还含有丰富的维生素、糖和矿物质，是深受人们喜爱的蔬菜。菜豆在调节蔬菜种类，增加淡季蔬菜供应上具有重要作用。

1. 菜豆的贮藏特性

食用豆荚柔嫩多汁，采后很容易后熟老化。随着时间的推移，豆荚叶绿素逐渐消失变成黄色，纤维化程度增加，豆荚变坚韧，荚内籽粒长大使豆荚膨大，尖端萎蔫；豆荚表面出现褐色锈斑。豆荚性喜温暖，不耐霜冻、酷暑，低于 8℃容易发生冷害；温度过高，呼吸代谢旺盛，容易老化，继而腐烂。

菜豆适宜的贮藏条件为：

温度：最适贮温为 8 ~ 10℃。温度低于 8℃，豆荚表面出现锈斑、水渍状斑块等冷害症状。所以贮藏中应严格控制温度，防止温度波动而产生冷害。

相对湿度：空气相对湿度为 90% ~ 95%。如湿度过低则很快造成菜豆的失水萎蔫，营养价值和商品价值下降。湿度过大，容易形成凝结水，加重锈斑和腐烂。

气体成分：氧气 5%，二氧化碳 1% ~ 2%。在这种低氧浓度下，有利于抑制呼吸作用，延缓菜豆的后熟老化；同时对微生物的生长也有一定的抑制效果。也有将氧浓度降至 2% ~ 3%取得良好贮藏效果而无副作用的报道。由于高浓度的二氧化碳会加重冷害症状，所以浓度一般不超过 2%。

2. 菜豆的采收及采后处理

菜豆属于热敏性植物，夏季高温多雨不利于开花结荚；它不耐霜冻，可适当调节栽培时间，在无霜期栽培并在霜冻前进行采收。菜豆分为两种，即大菜豆和小菜豆，其中每种又分为蔓生型和矮生型两种。菜豆在开花后 13 ~ 14 天即可开始摘豆荚。其成熟标准为：荚由细变粗，色由绿变白绿，豆粒略显，荚大而嫩。贮藏用菜豆一般选用早菜豆的晚熟品种或秋菜豆，在种子未充分发育之前采摘。选择纤维素少、不易老化、豆荚肉厚、抗病性强的品种作贮藏用，如“法国芸豆”、“青岛架豆”、“丰收一号”等。采收时应轻拿轻放，避免挤压，防止折断菜豆尖端。采收后菜豆应迅速预冷除去田间热。可采用真空预冷、强制通风预冷或水冷法。其中水冷法效果最好，它的冷却速度快，还可以防止菜豆的萎蔫、皱缩。

3. 菜豆的采后损失及控制

采收期低温多雨，采后未及时预冷均可导致炭疽病的发生。发病初期豆荚上生出褐色小斑，不久发展为5～10mm的凹陷褐色圆斑，其中产生大量小黑粒点为分生孢子盘，严重时各病斑相互连接成片状。湿度高时病斑边缘出现深红色的晕圈，病斑内部分泌出肉红色的黏稠物。此病发生的适温为14～18℃，对空气湿度要求高，要达到95%以上。菜豆贮期过长，贮温过高会发生严重腐烂。可选用无病种子进行播种，或选用抗病品种，也可选用百菌清、多菌灵、托布津、炭疽福灵等药剂进行喷洒，防止此病的发生。

4. 菜豆的贮藏方法及管理

（1）窖藏：贮前对采摘的菜豆进行挑选，剔除老荚、有病斑、有伤口、虫蛀者再行入窖贮藏，贮藏用具一般为容积15～20kg的荆条筐。若使用旧荆条筐还需用石灰水浸泡消毒，晾干使用。筐底及四周铺塑料薄膜，以防荆条扎伤菜豆，塑料薄膜略长于筐高以便于密封。筐四周的塑料薄膜均匀打20～30个直径5mm左右的小孔，以利于二氧化碳的排出。菜豆中还需放两个圆形通气筒散热，豆荚装入筐内密封后还需用1.5～2.0ml仲丁胺熏蒸防病。豆荚入窖后应注意夜间通风，使窖温维持在9℃左右；还应定期倒筐挑拣，及时剔除腐烂菜豆。利用此法一般可贮藏30天左右。

（2）气调贮藏：可采用0.1mm厚的聚乙烯薄膜袋进行小包装贮藏，袋内装入消石灰吸收凝结水，用0.01ml的仲丁胺熏蒸防腐，两周左右检查一次。贮期可达一个月，好荚率为80%～90%。据报道，用下述气调贮藏的方法也可取得良好的效果：用内垫蒲包的消毒筐，装入筐容积1/2左右的菜豆，外套为0.1mm厚的聚乙烯塑料袋，袋上半部装有调气孔。用工业氮气输入密封筐内，使氧含量降至5%。当氧低于2%，气孔中放入空气提高氧含量至5%。二氧化碳浓度超过5%时，用氮气调节至1%。每垛之间留一定的空隙，库房温度保持在13℃左右。这种方法贮期可达30～50天。

八、洋葱

洋葱（Allium cepa），英文名onion，又称葱头、圆葱，属百合科植物，起源于中东和地中海沿岸。洋葱可分为普通洋葱、分蘖洋葱和顶生洋葱三种类型，我国主要以栽培普通洋葱为主。普通洋葱按其鳞茎颜色，可分为红皮种、黄皮种和白皮种。其中黄皮种属中熟或晚熟品种，品质佳、耐贮藏，红皮种属晚熟种，产量高、耐贮藏，如高桩红皮洋葱、云南通海红皮、北京紫皮葱头、上海红皮、西安红皮洋葱等；白皮种为早熟品种，如新疆的哈密白皮、江苏白皮洋葱、甘肃紫皮洋葱等品种内质柔嫩，但产量低、不耐贮。

1. 洋葱的贮藏特性

洋葱的食用部分为肥大的鳞茎，具有明显的休眠期，休眠期长短因品种而异，一般1.5～2.5个月。处于休眠期的洋葱，外层鳞片干缩成膜质，能阻止水分的进入和内部水分的蒸发，呼吸强度降低，具有耐热和抗干燥的特性。通过休眠期的洋葱遇到合适的外界环境条件便能出芽生长，贮藏的大量养分被利用，呼吸作用旺盛，有机物大量被消耗，鳞茎部分逐渐干瘪、萎缩而失去原有的食用价值。所以，如果能有效延长洋葱的休眠期，就能有效延长洋葱的贮藏期。

洋葱贮藏的适宜条件为：温度 0～1℃，相对湿度 65%～75%，氧气浓度为 3%～6%，二氧化碳浓度为0%～5%。贮藏温度过低，容易造成洋葱组织冻伤，温度、湿度过高，会促进洋葱发芽，缩短贮藏期。

2. 洋葱的采收及采后处理

为了提高洋葱的耐贮性，除了选择较好的耐贮品种外，还应注意洋葱大田生长期间的管理工作，一般要求在叶片迅速生长阶段和鳞茎肥大阶段及时追肥浇水，并适当增施磷、钾肥。要求采收前 10 天停止浇水。

采收时期对洋葱的耐贮性影响很大。一般在洋葱田约有 2/3 植株出现假茎松软，地上茎倒伏，近地面 1～2 片叶枯黄，第 3、4 片叶部分变黄，葱头外部 1～2 片鳞片变干为最适收获期。采收过早，不仅影响产量，而且水分含量高，不耐贮藏；采收过晚，地上假茎容易脱落，不利于编辫，鳞茎外皮也易破裂，不利于贮藏。采收应选择晴天进行。

采收后的洋葱，经过严格挑选，去除掉头、抽薹、过大过小以及受机械损伤和雨淋的洋葱。挑选出用于贮藏的洋葱，首先要摊放晾晒。具体方法是：在干燥向阳的地方，把洋葱整齐地排放在地上，后一排的叶子正好盖在前一排的鳞茎上，不让葱头裸露暴晒。每隔 2～3 天翻动一次，一般晾晒 6～7 天，当叶子发黄变软，能编辫子时停止晾晒。然后，编辫晾晒，用晒软了的茎叶编成长辫子，每挂约有葱头 60 个，晾晒 5～6 天，直晒至葱叶全部褪绿，鳞茎表皮充分干燥时为止。晾晒过程中，要防止雨淋，否则，易造成腐烂。

3. 洋葱的贮藏方法及管理

（1）吊挂贮藏：将经过挑选晾晒的洋葱装入吊筐内，吊在室内或仓库的通风凉爽之处贮藏。此法虽然贮藏量小，但简便易行，适合于家庭贮藏。挂藏是在通风干燥的房中或荫棚内，将洋葱辫子挂在事先搭好的木架上，葱辫下端距地面 30 cm 左右，如挂在荫棚内需用席子等物围好，以防雨淋。贮到 12 月底移至室内，一般可再贮藏到来年的春季。

（2）冷库贮藏：在洋葱脱离休眠、发芽前半个月，将葱头装筐码垛，贮于 0℃冷库内。试验认为：洋葱在 0℃冷库内可以长期贮藏，有些鳞茎虽有芽露出，但一般都很短，基本上无损于品质。存在的问题是一般冷库湿度较高，鳞茎常会长出不定根，并有一定的腐烂率。针对这两个问题，库内可适当使用吸湿剂如无水氯化钙、生石灰等吸湿。为防止洋葱长霉腐烂，可在入库时用 0. 01ml/L 的克霉灵熏蒸。

（3）气调贮藏：将晾干的葱头装筐，用塑料帐封闭，每垛贮藏 5000～10000kg，塑料帐应在洋葱脱离休眠之前封闭，利用洋葱自身的呼吸作用，降低贮藏环境中的氧气浓度，提高二氧化碳浓度，一般维持在氧气 3%～6%，二氧化碳 8%～12%，堆垛时垛内湿度较高，特别是在秋季的昼夜温差大，密封帐内易凝结大量水珠，对贮藏不利。所以，一方面应尽量减少昼夜气温变化的影响，力求贮藏环境中的温度稳定，并配合使用吸湿剂；另一方面可以配合药物消毒，据报道，采用氯气消毒效果较为理想。

试验表明，采用此法贮藏到 10 月底，发芽率可控制在 5%～10%，即使气体管理较为粗放，但仍明显地优于不封闭管理。

（4）辐射贮藏：对洋葱进行^{60}Co γ射线处理，能有效抑制洋葱的发芽，其抑制率可达90%，并且辐射处理简单易行。辐射剂量因品种不同，辐射时间及剂量率也应有所不同，适宜的辐射剂量一般为60～100Gy，辐射时间以休眠结束前进行最合适。经辐射处理的洋葱，对其含糖量、维生素C等营养成分的保存及食用品质均无不良影响。如郑州市蔬菜公司采用此法贮藏洋葱226天，其发芽率不到2%，而未经辐射的对照贮藏100天，则全部发芽。

（5）化学贮藏：洋葱收获前10～15天，用0.25%的青鲜素进行田间喷洒，每公顷喷液750kg，喷药前3～5天，田间最好不要灌水，以免影响药物的作用。喷后一天内遇雨应重喷。经青鲜素处理的洋葱有较好的抑制发芽作用，但在贮藏后期鳞茎易腐烂。

九、马铃薯

马铃薯，英文名potato。又名土豆、洋芋、山药蛋，属茄科蔬菜。在我国各地都有栽培，目前已发展成为河西地区的主导产业，是调节市场余缺的大宗蔬菜之一。早熟品种有：早大白、费乌瑞它、克新4号、中薯3号、中薯4号、金冠等；中晚熟品种有：大西洋、克新1号、美国大红皮、夏波蒂等。它既可作为粮、菜直接食用，也是食品加工的重要原料。贮藏的马铃薯既可作食用，也可作为种薯用。

1. 马铃薯的贮藏特性

马铃薯含淀粉量很高。我国现有品种的淀粉含量为12%～20%。淀粉和糖在酶的作用下互相转化，温度较低，薯块内单糖积累，温度升高，单糖又可转化成淀粉。

马铃薯表皮薄，肉皮嫩，含水量大，不耐碰撞，易受病菌感染和腐烂，造成大量损失。马铃薯有休眠特性。马铃薯采收后，呼吸强度大，新陈代谢活动旺盛，水分散失，以后进入生理休眠阶段。生理休眠之后，一旦条件适宜就会发芽。发芽后的马铃薯会降低种用和食用价值。马铃薯的休眠期长短与品种、成熟度、气候、温度等因素有关。总的来说，晚熟品种比早熟品种休眠期长，低温下贮藏的比高温下贮藏的休眠期长，未成熟的块茎较已成熟的休眠期长。另外，同一品种在南北方的休眠期会因气候条件的变化而变化。所以，马铃薯贮藏的关键：一是防止病烂；二是延长薯块休眠期。

马铃薯适宜的贮藏条件为：温度2～3℃，相对湿度85%～90%。温度低于0℃会引起生理失调，出现低温伤害。湿度过高，易引起发芽及腐烂，湿度过低，会使块茎失水萎缩。在贮藏过程中注意通风换气。另外，马铃薯应避光贮藏，块茎暴露在光下，表皮易生成叶绿素，使马铃薯发绿。马铃薯的贮藏寿命一般可达150～240天。

2. 马铃薯的采收及采后处理

马铃薯的采收一般在地上部枯黄后开始，此时薯块发硬，周皮坚韧，淀粉含量高，采收后容易干燥，这种马铃薯的耐贮性好。用于贮藏的马铃薯宜选沙壤土栽培，增强有机肥控制氮肥用量，收获前10～15天控制浇水。采收时如遇高温和大雨，薯块易腐烂。

马铃薯表皮薄，易受伤害。受伤后容易感染细菌、霉菌、真菌，不利于贮藏，导致腐烂。所以马铃薯采收时应注意深挖，不能伤及薯块，注意轻拿轻放，防止机械损伤。采收后的马铃薯应放在阴凉通风处晾晒几天，至表皮干燥时即可进行贮藏。

3. 马铃薯的贮藏病害及控制

马铃薯在贮藏时易发生的侵染性病害主要有：（1）环腐病，它是薯块在田间由棒状杆菌马铃薯环腐细菌侵染引起，在贮藏期间发病蔓延，该病多由伤口入侵，不能从自然孔道入侵；（2）脱疫病，又称马铃薯疫病，它是全株性病害，主要从田间带菌，在贮藏期间发病；（3）炭疽病，为侵染性真菌病害，它在5℃干燥条件下腐烂率最高，在贮藏期间可用仲丁胺熏蒸抑制。

4. 马铃薯的贮藏方法及管理

马铃薯在我国除北方为一季栽培外，华中、中原、西南等地区都采用二季栽培，于是就有夏季和冬季两类的贮藏方法。

在夏季收获的马铃薯，因气温高，采后应尽快摊放在凉爽通风的室内、窖内或荫棚下预贮，尽快让薯块散热和蒸发过多的水分，并使伤口愈合。预贮期间视天气情况，不定期翻动薯块，以免薯块热伤，倒动时要轻拿轻放避免产生机械损伤。经2～3周后薯皮充分老化和干燥，剔除腐烂薯块，即可贮藏。此时马铃薯已处于休眠期，不需制冷降温。将薯块放在通风良好的室内或通风贮藏库内堆成高0.5米以下，宽不超过2米的薯堆即可。后期可结合降温措施，进一步延长其休眠期。

对于秋收的马铃薯，先在田间晾晒1～2天，蒸发部分水分，使薯块略有弹性，以减少贮运中的机械损伤。秋冬季节气温低，不像春天那样容易腐烂，应以防冻保温贮藏为主。冬季贮藏形式很多，河西地区农村家庭自食马铃薯多用沟藏、井藏；张掖市山丹县、民乐县的部分农户利用以前的防空洞或自挖山体窖来贮藏马铃薯；大批量生产的马铃薯常用通风贮藏库散堆贮藏。

常用的贮藏方法有：

（1）通风库贮藏：马铃薯经过预贮入库后，在前2个月内，每周通风换气2～3次。2个月之后，生理休眠期结束，马铃薯呼吸又开始旺盛，要采用制冷措施，使库温降到1～2℃，并保持库温稳定。

（2）药剂贮藏：马铃薯在贮藏后期易发芽，因此防止发芽是马铃薯贮存中的主要问题。抑制马铃薯发芽常用喷洒萘乙酸甲醛溶液或粉剂的方法。此药剂对抑制发芽有明显的效果，也能略微抑制病原微生物的繁殖，有一定的防腐作用。药物要现用现配，每万千克马铃薯用药0.4～0.5 kg，加15～30kg细土制成粉剂撒在薯块中。

（3）辐射贮藏：用80～150Gy的$^{60}Co\gamma$射线照射有明显的抑芽效果，同时能抑制晚疫病或环腐病的病原菌繁殖，是目前贮藏马铃薯抑芽效果较好的一种技术。处理后在0～26℃的仓库内贮藏即可。

十、蘑菇

蘑菇，英文名mushroom，又称双孢蘑菇、口蘑等，是世界上栽培地域最广，生产规模最大的一种著名食用菌，有“世界菇”之称，最早栽培始于法国。蘑菇除了直接食用之外，也是一种重要的加工原料，重要的加工品有蘑菇罐头、健肝片、肝血康复片和蘑菇糖浆等。

1. 蘑菇的贮藏特性

鲜菇含水量高，组织幼嫩，各种代谢活动非常活跃，采后如不及时进行处理，因其呼吸作用快速消耗体内养分而迅速衰老，水分大量蒸发，子实体出现萎蔫。另外，蘑菇体内的邻苯二酚氧化酶非常活跃，采后容易引起蘑菇变色。常温下，在正常的空气中，采后蘑菇在1～2天之内就会变色、变质，菌柄伸长，菌盖开伞，颜色暗褐，降低食用品质和商品价值。蘑菇组织结构特点使它容易遭受病菌、害虫侵染和机械损伤，因此引起腐烂变质。常见的贮藏病害有：菌洼、菌斑、褐腐病等。蘑菇对贮藏环境的温度、湿度、氧气、二氧化碳浓度的变化反应敏感，一般适宜的贮藏条件为：温度0～3℃，相对湿度95%～100%，氧气0～1%，二氧化碳>5%。

2. 蘑菇的采收及采后处理

在蘑菇子实体充分长成、体积增加不明显时采收。采收过早，子实体未充分长成，品质不佳，产量低；采收过晚，子实体易老化，开伞，变色。采收时要轻拿、轻放、轻装，尽可能减少机械损失，采收用具、包装容器使用之前要进行消毒处理。

蘑菇采收后，剪去菌柄，如菇色发黄或变褐可放入0.5%的柠檬酸溶液中漂洗10min，捞出沥干，再将蘑菇迅速预冷，以防在较高温度下蘑菇体内养分消耗，水分散失，后熟老化，褐变加重。

3. 蘑菇的贮藏方法及管理

低温气调贮藏：预冷后蘑菇装入0.025mm厚的聚乙烯薄膜袋内，每只贮藏袋装量约1kg，密封袋口后放入冷库中贮藏，在4～5小时内将菇体温度降至0～3℃，保持相对湿度95%～100%。蘑菇在氧气1%、二氧化碳10%～15%时，贮藏效果好，菇色洁白，开伞较少。在蘑菇刚入库时，温度较高，一般在10℃左右，蘑菇的呼吸作用较旺盛。所以在入库后降温的同时，即在4～5小时内贮藏袋中的氧气浓度可迅速降低至3%以下，二氧化碳浓度升高到10%以上；当温度降低到适宜贮藏温度0～3℃时，这时呼吸作用也逐渐减弱，贮藏袋中的氧气浓度缓慢下降，二氧化碳浓度缓慢上升，1天后袋中的氧气浓度可达到1%，二氧化碳可达13%。用细针在袋上刺一小孔，可基本上保持氧气和二氧化碳浓度相对稳定。此后，还需对贮藏环境采取增湿措施，以保证袋中的相对湿度保持在95%以上。

贮藏过程中应注意：（1）蘑菇贮藏期间必须保持稳定低温，否则会加速变色和老化；（2）蘑菇含水量高，表面保护组织不完善，水分蒸发剧烈，可用塑料袋包装，既可保持湿度，防止水分蒸发，减少失重，保持新鲜度，同时可起到气调贮藏效果；（3）降低氧气浓度和提高二氧化碳的浓度可抑制蘑菇呼吸作用，但不适宜的氧气浓度和二氧化碳浓度对蘑菇生长有刺激作用，如4%氧气浓度可刺激菇盖的生长，造成蘑菇开伞，5%二氧化碳浓度时能刺激菇柄伸长，但氧气浓度降低到1%或二氧化碳浓度上升到10%可完全抑制菇盖、菇柄生长，同时还能抑制呼吸作用，所以应控制适宜的气体指标。

辐射贮藏：辐射处理可有效延长蘑菇贮藏期，且处理方便快捷。实验表明：用1～10Gy处理可推迟蘑菇开伞10～14天。Bakrai-Golan等报道用γ射线辐射可延长蘑菇的货架期，在15℃下，20～25Gy剂量可抑制开伞和菌柄伸长；15～20℃时，50Gy可有效抑制褐变，从而可使在15℃下贮藏36天的蘑菇有相应的货架期。

化学贮藏：用化学药剂处理蘑菇，在一定程度上能延长蘑菇的贮藏期，常见的化学药剂配方有：将蘑菇用0.1% ~0.2%的焦亚硫酸钠浸泡30min，再密封包装贮运；或将蘑菇浸泡于0.03% ~0.07%的焦亚硫酸钠溶液中；或用0.01%的焦亚硫酸钠漂洗5 ~6min，均可有效地抑制变色和衰老。

十一、其他蔬菜

主要蔬菜的最适贮藏条件及贮藏期（见表5-2）。

表5-2 **主要蔬菜的最适贮藏条件及贮藏期最适贮藏条件可能贮藏期**

品 种	最适贮藏条件				可能贮藏时间（天）	
	温度（℃）	相对湿度(%)	O_2（%）	CO_2（%）	冷藏	气调
番茄 绿熟	12.8 ~21.1	85 ~90	2 ~5	2 ~5	10 ~21	20 ~45
番茄 完熟	7.2 ~10	85 ~90	2 ~5	2 ~5	4 ~7	7 ~15
黄瓜	12 ~13	90 ~95	2 ~5	0 ~5	10 ~14	20 ~40
茄子	12 ~13	90 ~95	2 ~5	0 ~5	7	20 ~30
青椒	8 ~10	90 ~95	2 ~5	1 ~2	20 ~30	30 ~70
青豌豆	0	90 ~95	2 ~8		7 ~21	
甜玉米	0	90 ~95			4 ~8	
花椰菜	0	90 ~95	3 ~5	0 ~5	15 ~30	30 ~90
甘蓝春天收	0	90 ~95	2 ~5	0 ~5	20 ~50	60 ~150
甘蓝秋天收	0	90 ~95	2 ~5	0 ~5	90 ~120	60 ~150
大白菜	0	90 ~95	1 ~6	0 ~5	60 ~90	120 ~150
菠菜	0	90 ~95	11 ~16	1 ~5	10 ~14	30 ~90
芹菜	0	90 ~95	2 ~3	4 ~5	60 ~90	60 ~90
洋葱	0	65 ~75	3 ~6	0 ~5	60 ~180	90 ~240
大蒜	−3 ~ −1	65 ~75			180 ~300	
蒜薹	0	85 ~95	2 ~5	0 ~5	90 ~150	90 ~250
胡萝卜	0	90 ~95	1 ~2	2 ~4	60 ~100	100 ~150
萝卜	0	90 ~95			30 ~60	
蘑菇	0	90	0 ~1	>5%	3 ~4	7 ~10
南瓜	10 ~12.8	70 ~75			60 ~90	
马铃薯	2 ~3	85 ~90			150 ~240	

注：表中数据仅作为参考，具体贮藏条件应根据品种、栽培条件等因素而试验确定。

第六章　果蔬加工的理论基础

由于新鲜果蔬含有大量的水分，组织脆嫩，体积庞大（单位质量所占的空间较大），收获后如果没有适当的包装、运输和贮藏条件，就极容易受伤破损，萎蔫失重致使产品质量败坏或遭受病菌侵染而造成大量的腐烂。新鲜的果蔬又称为易腐性的农产品，其道理就在这里。因此，新鲜的果蔬收获后，必须及时进行加工和处理，制成各种果蔬加工品，以有利于保存和长期供应。同时由于新鲜果蔬生产的季节性很长，在旺季时进行加工以满足淡季的需要，是调节市场淡旺季供应的有效办法之一。因此，果蔬加工是果蔬保藏的另一种形式，它和果蔬的贮藏相辅相成，对保证果蔬的常年供应起着重要的作用。同时，果蔬的加工可以丰富食品的种类，延长保藏期限，充分利用果蔬资源，促进果蔬的发展，还可以利用残、次、落果、野生的山果加以综合利用，提高价值。

第一节　果蔬加工品的分类

果蔬加工品是利用食品工业的各种加工工艺和方法处理新鲜果蔬而制成的产品。

新鲜的果蔬进行加工之后就失去了活力，不再有生理机能。没有生理机能的果蔬，丧失了固有的抗病性和耐藏性，就很容易遭受微生物的侵染从而引起败坏和腐烂。如：夏季收获供鲜食的嫩玉米，如果放在室内至少可以保存几天以上，但是一旦被煮熟之后，隔夜就会变味，不能食用。这个简单的事例说明失去生命活动能力的蔬菜不耐保存。那么果蔬加工品既然已失去生理机能，它为什么经过特殊处理能够耐保存呢？这是由于果蔬加工品的保存与新鲜果蔬的贮藏截然不同的缘故。本章将主要阐述果蔬加工品耐保存的基本原理。

果蔬加工的范围广，加工的制品多，按其加工的方法及制品可以分为以下几类。

一、果蔬干制品

新鲜果蔬经过自然干燥或人工干燥的方法，使其水分减少到10%以下，所制成的加工品就称为果蔬的干制品。如葡萄干、杏干、苹果干、干红枣、干辣椒、萝卜干等。

二、果蔬糖制品

新鲜果蔬加糖合煮，使得含糖量达到65%～75%，加入香料辅料或不加入香料辅料制成的加工品，就称为果蔬的糖制品。如果脯、果酱、果糕、果丹皮等。

三、果蔬罐制品

将果蔬经过一系列的处理后，装入罐藏容器后，经过密封、杀菌，使制品得以长期保存。如糖水桃、糖水梨、糖水山楂，以及果酱、果汁等使用罐头包装的制品。

四、果蔬制汁品

将果蔬汁液取出后，将其密封杀菌制成的成品。如葡萄汁、桔子汁、草莓汁等。

五、蔬菜的腌制品

凡是新鲜的蔬菜先经过部分脱水或不进行脱水，利用食盐进行腌制，含盐量或高于10%或低于4%，添加或不加香料副料制成的加工品，称为蔬菜腌制品。例如咸菜、榨菜、大头菜、泡菜及酸菜等。

六、果酒制品

它是指将果实经过酒精发酵或利用果汁配制的酒精饮料。如葡萄酒、苹果酒、白兰地及其他的配制果酒。

第二节 果蔬加工品影响因素及保藏原理

在讲述果蔬加工品保藏的方法之前，首先了解食品败坏的原因，针对败坏的原因给以适当的处理，防止败坏的发生，以达到保藏的目的。当然造成果蔬及其加工品败坏的原因很复杂，现归纳为三个方面：

一、影响因素

1. 物理因素

主要因子是光、温度、机械损伤、水分蒸发等。如：加工品经常受日光的照射，促进其成分的分解，就会引起变色、变味。温度过高、过低对加工品的保藏都不利。高温能促进挥发物质的损失，使果蔬及其加工品的重量、体积、外观均发生变化。遭受机械损伤后，易被微生物侵染引起果蔬及加工品的腐烂变质。

2. 化学因素

各种化学变化特别是氧化、分解作用可以使果蔬及加工品腐烂变质，发生不同程度的败坏。如罐头铁皮的穿孔、加工品的变色、变味、维生素的破坏等，都是由于氧化的结果，金属和含酸较多的果蔬接触后发生化学反应，放出氧气，使罐头膨胀。金属溶解渗入食品后变味。

3. 生物因素

有害微生物的活动是造成果蔬及其加工品败坏的最主要因素。如细菌、霉菌、酵母菌大量存在于空气和水中，也附着在果蔬、加工用具及其工作人员手上，它们无孔不入，一有机会就生长、发育，使食品败坏，表现为发霉、酸败、发酵、软化、腐臭、变色等，造成的损失比较严重。

二、保藏原理

加工品保藏的原理：主要在于抑制微生物的生长和酶的活性，或者杀灭微生物，使酶失去活性。生产上常采用的一些措施可以归纳为以下几点：

1. 脱水干燥保藏

原理：水分是微生物生长繁殖及其吸收营养物质的主要条件。水分缺乏，造成干燥环境，可以抑制微生物的生命活动，在极干燥的环境条件下，可以使微生物死亡。同时，水分缺乏，酶的活性也受到一定程度的抑制，使得制品得到长期保藏。所以各种果蔬干制品的含水率越低，其保藏性越好，但在贮藏中特别需要注意处理返潮现象。

2. 利用高渗透压物质溶液保藏

原理：这种方法保藏的原理在于这些物质的溶液都能产生很高的渗透压。当微生物细胞内的渗透压（一般微生物细胞的渗透压在 3.5 ~ 16 个大气压之间）高于其体外溶液的渗透压时，才能得到生命活动所需要的水分和营养物质。当外界溶液的渗透压变得更高时，微生物不但不能获得水分，而且还会产生反渗透作用，引起细胞原生质的收缩，这时微生物不能发育，加工制品得以保藏。

通常在果蔬加工上所用的高渗透压的物质是：食盐和食糖。

食盐具有较高的渗透压，1% 的食盐水可以产生 6.1 个大气压的渗透压，一般要求鲜果盐腌的食盐浓度为 15% ，可以产生 90 个大气压的渗透压，从而可以防止大多数微生物的危害。有些酵母或霉菌比较耐盐，但是它们在酸性物质中其耐盐性下降。如 pH = 7 时，食盐的浓度为 20% 才能防止酵母菌的活动。若 pH = 2.5 时，食盐的浓度为 14% 时，酵母菌就停止发育。此外，酵母菌和霉菌的繁殖都需要氧气的供给，因此，在腌盐鲜果时采取两个方面的措施：（1）利用果蔬中的酸来降低 pH 值，以提高食盐的防腐能力。（2）用盐水淹没果蔬和压紧、减少空气的供应，以抑制霉菌和酵母菌的发育。此外，还可以抑制酶的活性。

食糖在同浓度的条件下，和食盐相比其渗透压小得多，1% 的蔗糖溶液只能产生 0.7 个大气压的渗透压。因此，为了抑制微生物的活动，糖的浓度一般为 65% ~70% 。

3. 微生物发酵保藏

原理：是利用某些有益微生物，使之在果蔬或溶液中生长发育，产生和积累代谢产物，以抑制有害微生物的活动。最常用的是：酒精发酵和醋酸发酵两种。如发酵产生 10% 的酒精就可以抑制大多数微生物的活动，5% ~6% 醋酸浓度，会使许多细菌死亡。

4. 密封杀菌保藏

原理：将果蔬密封于容器中，隔绝空气和微生物的侵染，经过杀菌，杀死内部的微生物，并使酶类失去活性，制品就可以得到较长时间的保藏，如罐藏食品。采用的方法有：热杀菌、光杀菌、高频电流杀菌和放射线杀菌等。

5. 化学防腐

原理：是利用一些化学药品来杀死或防止食品中微生物的生长和发育，避免食品的败坏，这些药品称之为杀菌剂或防腐剂。

防腐剂应具备下列条件：无毒、无异味，不妨碍人体健康，不破坏制品的营养成分，有明显的抑制或杀死微生物的作用。

第七章　果蔬加工用水及原料处理

果蔬的加工用水量较大，无论是原料的洗涤、热烫、冷却，还是原料液的配制都需要水。因此，一般来说，罐头工厂每生产1吨罐头产品，耗水量约4吨；制成1吨蜜饯制品，耗水量2吨左右。因此，在果蔬加工中，其水源的充足与否和水源的好坏，直接影响制品的质量优劣。所以加工厂址的选择，首先要考虑水源和水质的问题，应选择水源充足、水质较好的地方建厂。

第一节　果蔬加工用水

一、水质与果蔬加工的关系

1. 水的纯净性对加工品的影响

水是一种极好的溶液，一般天然水都是不纯净的，总有一些无机物（如氧化物、硫化物、碳酸盐类等）和有机物溶解于水，还有一些物质如泥沙、胶体物质、微生物等，它们是不被水溶解的，但混合于水。由于这些物质的含量不同，对水的质量有很大的影响，反过来又会影响加工制品的质量和品质。

不纯净的水：
- 无机物：如氧化物、硫酸盐、碳酸盐等
- 有机物
- 杂质：泥沙、胶体物质、微生物等

2. 水质对加工制品的影响

（1）硬度过大的水，不宜作加工用水。水的硬度取决于所含钙盐和镁盐的多少。因为硬水中的钙离子、镁离子能与果蔬中的有机酸结合，生成不溶于水的有机酸盐。如果罐头使用硬水加工，会使果蔬变得坚硬粗糙，罐液浑浊不清，甚至析出沉淀。硬度1度，相当于100ml水中含有氧化钙1mg。凡硬度在8度以下的称为软水；硬度在8～16度的称为中度硬水；16度以上的称为高度硬水。同时硬水中的碱土金属能与蛋白质反应，生成不溶于水的化合物，使制品汁液浑浊，形成沉淀。硬水中的镁盐不宜过多，如果100ml水中含有氧化镁4mg时就会使水有明显的苦味。但也有例外，如蔬菜的腌制，特别是加工的泡菜和酸菜以及用蔬菜制造蜜饯时的加工用水，则以硬水为宜。因为硬水中的钙盐离子可以增进这类蔬菜制品的脆度，保持其形态不至于被煮烂。

（2）含有铁、锰离子的水不宜作加工用水。如果水中含有铁、锰离子会给食品带来金属臭味，铁还能与果蔬中的单宁化合物形成黑色物质，另外这些金属离子的存在，还会使制品中的维生素很快分解。

（3）含有硝态氮及酸性反应的水不宜作加工用水。如在加工罐头时，如果用硝态氮的水，会促进罐壁的锡溶解；如果水中含有硫化物，不仅产生臭味，而且会腐蚀罐壁，生成黑色的硫化铁。呈酸性反应的水也不宜作加工用水。因为这种水往往发生过有机物的腐败，存在大量的细菌和有机物，这样不仅会污染食品，而且也给杀菌带来麻烦。对于加工用水的微生物指标，不允许有任何细菌及耐热性细菌的存在。一般来说，每100ml水中细菌的总数不得超过100个，如果在1000ml水中只发现1～2个大肠杆菌，认为是比较卫生的自来水。

二、果蔬加工用水的要求

凡是直接和食品接触的用水，应符合饮用水的标准。

1. 澄清、透明、无异味、无致病菌及寄生病虫卵。

2. 不含有毒物质、不含硫化氮、氨、硝酸盐和亚硝酸盐等。

3. 不应含有过多的铁、锰等盐，因为铁盐能与果蔬中的单宁作用，而引起变色，影响外观。

三、水的净化

对于不符合加工要求的用水，若水源来自江河、湖泊、水库等，要进行净化。净化包括澄清、消毒、除铁和软化。

1. 澄清

（1）自然澄清：将水静置于贮水池中，让杂质、漂浮物和泥沙自然沉积，以便除去。

（2）过滤：用水量不大的，如饮料，可用沙滤器。它是以沙石木炭作滤房，以便滤去水中的悬浮物、泥沙及大量的微生物。在过滤中一般使用10～14天后，还须将小石、粗砂等物换洗一次，木炭每天更换一次。

2. 消毒

天然水中含有大量的细菌和虫卵，为了达到饮用水的标准，还须进行消毒处理，加工用水的消毒方法一般广泛使用的是：漂白粉（次氯酸钙），漂白粉的用量应以输水管的末端放出水的含氯量为0.1～0.3mg/L为宜。如小于0.1mg/L，则消毒作用不完全；大于0.3mg/L，水会产生氯气味。对过量氯除去的方法：主要用活性炭作滤房将氯吸附。

3. 软化

降低水的硬度，以符合加工用水的需求。水的硬度有暂时硬水和永久硬水之分。水中含钙、镁碳酸盐的称为暂时硬水。含钙、镁硫酸盐或氯化盐的称为永久硬水。暂时硬水加永久硬水称为总硬水。天然水经过澄清、消毒后，如果水的硬度不符合要求，必须进行软化处理。

（1）加热法：可以降低暂时硬水的硬度

$$Ca(HCO_3)_2 \xlongequal{\Delta} CaCO_3\downarrow + CO_2\uparrow + H_2O$$

$Mg(HCO_3)_2 \xlongequal{\Delta} MgCO_3\downarrow + CO_2\uparrow + H_2O$

(2)加石灰与碳酸钠法

a. 加石灰可使暂时硬水软化

$Ca(HCO_3)_2 + Ca(OH)_2 = 2CaCO_3\downarrow + 2H_2O$

$Mg(HCO_3)_2 + Ca(OH)_2 = CaCO_3\downarrow + MgCO_3\downarrow + 2H_2O$

b. 加碳酸钠能使永久硬水软化

$CaSO_4 + Na_2CO_3 = CaCO_3\downarrow + Na_2SO_4$

$MgSO_4 + Na_2CO_3 = MgCO_2\downarrow + Na_2SO_4$

石灰先配制成饱和溶液，再与硫酸钠一同加水进行搅拌，石灰酸盐沉淀后，再过滤除去沉淀物。

第二节　果蔬加工原料的选择

果蔬加工品质的优劣，除了受加工设备和技术条件影响外，还与原料的品质和原料是否适宜有密切的关系。各种加工品质对原料的品质有相应的要求。各种果蔬加工适性如表7-1、表7-2所示，只有选择适宜的原料，才能加工出优良的制品。

表7-1　**主要果品的加工适性**

品种＼制品	果干	罐头	蜜饯	果酱	果汁	果酒	冷冻
苹果	✓	✓	✓	✓	✓	✓	
梨	✓	✓	✓	✓	✓	✓	
桃	✓	✓	✓	✓	✓	✓	✓
李	✓	✓	✓	✓			
杏	✓	✓	✓	✓			
葡萄	✓	✓	✓		✓	✓	✓
草莓		✓	✓	✓	✓	✓	✓
枣	✓	✓	✓	✓	✓	✓	

表7-2　**主要蔬菜的加工适性**

品种＼制品	干制	腌制	糖制	制罐	制汁	速冻
马铃薯	✓					✓
胡萝卜	✓	✓	✓		✓	✓
番茄	✓		✓	✓	✓	

续表

制品 品种	干制	腌制	糖制	制罐	制汁	速冻
豌豆	✓			✓		✓
辣椒	✓	✓	✓	✓		
茄子	✓	✓		✓		
黄瓜		✓		✓		
洋葱	✓				✓	✓
大蒜	✓	✓	✓		✓	
甘蓝	✓	✓			✓	
菠菜	✓				✓	
花椰菜		✓		✓	✓	✓
芹菜		✓	✓			
石刁柏				✓	✓	✓
蘑菇	✓			✓		✓

一、果蔬的种类、品种与加工的关系

根据不同的加工方式有目的地选择加工原料，是保证优良加工制品的基础，换句话说就是准确地根据原料制品特性进行加工，是充分利用资源和保证优良制品的重要条件。如果加工果酒、果汁应选择汁多、含糖量高、甜酸适度的果蔬。果酸物质含量少，便于榨汁的果蔬，如浆果类中的葡萄、草莓、西红柿等。相反加工果酱、果冻应选择果胶含量丰富，并含有一定数量有机酸的果实。如桃、杏、胡萝卜等。加工罐头的原料要求糖酸比适宜，肉质细嫩，不易变色。果心小，肉厚，质地紧密细致，热煮后能保持一定的硬度，整形后形态美观，色泽一致，并有良好香气的果蔬。如桃中的丰黄、庆丰、新大久保、明星等，这也进一步说明，各种加工品对原料的品质也有一定的要求。

二、果蔬的成熟度与加工的关系

果蔬的成熟度是表示原料品质与加工适性的标准之一。不同的加工品对原料的成熟度有不同的要求，选用成熟度适宜的原料进行加工，制品的质量高，原料的损耗低。成熟度不当，不仅影响制品的质量，也会给加工过程带来困难。如用过熟的桃制罐，不仅制品的形态难以保持完整，也为去皮、热烫、装罐等工序增加麻烦。

对果品来说，如果采收过早，色泽浅而灰暗，风味淡，酸度大，肉质生硬，产量低，品质差；如果采收过晚，则果品变软，酸度降低，并且不耐贮藏和加热处理，影响产品的脆度。总之过早或过晚采收都会影响果蔬的贮藏性和降低加工产品的质量。因此，对果蔬原料必须控制加工需要的成熟度，做到适时采收。

三、果蔬的新鲜度与加工的关系

果蔬新鲜完整也是表示原料品质的重要标志之一。加工原料新鲜完整，其营养成分保存越多，产品质量越好。

果蔬新鲜度与成熟度既是两个不同的概念，但它们之间又有着密切的联系。由于果蔬在采收以后的后熟作用，果蔬的成熟度又常影响新鲜度。例如一个本来适宜做罐头的九成熟苹果，经过一段时间的贮藏，随着成熟度的提升，只能做果酱或者果酒、果汁。

果蔬在采收、运输过程中造成的部分机械损伤以及轻微的病虫害，如果能及时进行加工，还可以保证制品的品质，否则原料会迅速腐烂，以致失去加工的价值。因此，果蔬的采收到加工之间，应尽量保证新鲜完整。在原料产地建立加工厂，或者在加工厂附近建立固定原料基地，是保证原料新鲜完整的重要条件。同时加工的设备和能力也要跟上去。

第三节　果蔬加工原料的预处理

果蔬原料的预处理，对其加工制品的影响很大，如果处理不当，不但会影响产品质量和产量，而且会对以后的加工工艺造成影响。为了保证加工品的风味和综合品质，必须认真对待加工前原料的预处理。

果蔬加工原料的预处理包括原料的选剔、分级、洗涤、去皮、修整、切分、烫漂（预煮）、护色、半成品的保存等工序。尽管果蔬的种类和品种各异，组织特性相差很大，加工方法也有很大的差别，但加工前的预处理过程都基本相同。

一、原料的分级与洗涤

1. 分级

在原料分级之前，首先要对原料进行选剔，就是要选择符合加工标准的原料，包括原料的外观、色泽、形状、成熟度等。品质相同才能按统一工艺进行加工。先要剔除不符合加工标准的果蔬，如病虫害果、裂果、腐烂果蔬等，选剔工作主要通过感官检验，在工作台或者在传送带上进行。

原料的分级：原料按大小、重量分级，品质分等。按照大小分级的目的是便于随后的工艺处理（见图 7-1 蘑菇分级机），能够达到均匀一致的加工制品的要求，提高商品价值。对原料进行品质分等，可以使制品的质量一致，保证能够达到规定产品的质量要求。特别是供罐藏用的蔬菜原料，要注重分级处理。如：供制整形番茄罐头的原料，要选择色泽鲜艳夺目，形态圆正，体积不大的为好。而加工果汁、果酒、果酱的原料就不需要进行大小的分级。

2. 洗涤

果蔬在加工前必须洗涤，以保证产品的清洁卫生。因此，洗涤的作用是：可以除去粘附在果蔬表面的泥沙、尘土、残留的药剂及部分微生物。

洗涤用水：除加工果脯、蜜饯可以用硬水外，其他加工品的制作均用软水，洗涤的水温一般为常温，有的为了增强洗涤效果，也可以用温水。洗涤前，先用水浸泡，使附着物

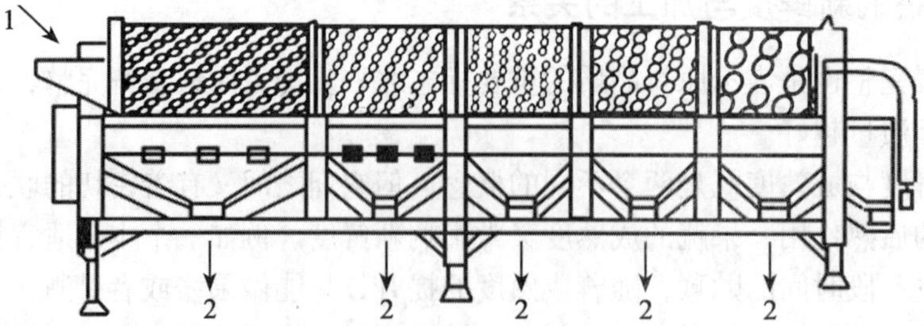

图 7-1　蘑菇分级机
1. 进口；2. 出口

变软，这样污物容易洗净。

洗涤方法：分为手工清洗和机械清洗两大类，有些特殊的果蔬用化学洗涤。

（1）手工清洗：这种清洗方法速度慢，劳动强度大，但清洗比较彻底。常用的设备为清洗水槽，清洗水槽呈长方形，大小随需要而定，可以使 3 ~ 5 个连在一起呈直线排列。水槽的上面安装有水龙头，槽壁用水泥抹光或镶瓷砖。槽内安装金属或木质滤水板，用来存放洗涤原料。洗涤的上方有溢水管，下方有排水管。槽底也还可以安装压缩空气喷管，通入压缩空气使水流动，提高洗涤的效果。

（2）机械洗涤：目前加工车间多数采用机械洗涤的办法，其洗涤机的种类很多，容量和速度也各不相同，但其主要部分大致为：

①液柜：用以贮存洗涤水或液体洗涤剂。

②升降机：用以由液柜中取出洗涤过的原料。

③换水及排污等设备。

机械洗涤机的类型有：①浆果洗涤机；②转筒洗涤机；③振动喷洗机；④刷洗机。

特点：洗涤的速度快、工效高，劳动强度低，但洗涤不彻底。

（3）化学洗涤：作用主要是利用化学洗涤剂洗去果蔬表面喷洒的防治病虫害的药剂，如石灰、石硫合剂等。如不清洗干净对人体有害，所以必须用化学药剂进行洗涤（见表 7-3）。一般常用的化学药剂有以下几种：

表 7-3　**几种常用化学洗涤剂及使用方法**

药品种类	浓度（%）	温度及处理时间	处 理 对 象
盐　酸	0.5	常温 3 ~ 5min	苹果、梨、葡萄等具有蜡质的果实
氢氧化钠	1.5	常温数分钟	具有果粉的果实如苹果
漂白粉	0.1	常温 3 ~ 5min	苹果、桃、梨、番茄等
高锰酸钾	600mg/L 0.1	常温 10min 左右	杨梅、草莓等

（1）肥皂和磷酸三钠混合液：配量是肥皂 1.5% 加磷酸三钠 0.5% ~1.5%，加温到

37～40℃可以除去药剂和油垢。

（2）高锰酸钾溶液：利用0.1%高锰酸钾溶液或600ppm的漂白粉溶液，进行杀菌。

注意：在常温下将果蔬浸泡在上述化学药剂中数分钟，取出后再用清水洗去化学药剂。

二、原料的去皮

原料经过选剔、分级、洗涤之后，下道工序就是原料的去皮。由于大部分果蔬的外皮一般都比较粗糙，有的还有不良的气味，如苹果、梨、桃等果实外皮，含有纤维素、原果胶和角质，比较粗糙，因此，为了便于加工，提高产品质量，除制汁和酿酒外，这些原料都需要除去果皮，挖去果核及果心。

去皮、去核、去心时，只要求去掉不符合要求的部分，表面不留凹坑，过度的去皮去心，只会增加原料的损耗，并不能提高产品的品质。果蔬去皮的方法主要有：

1. 手工去皮

特点：去皮细致彻底，损耗较少，但效率低，成本高。手工去皮要求使用不锈钢的工具，防止铁与果蔬中的单宁结合而引起制品变色，同时减少铁被酸腐蚀而增加成品的金属指标。

2. 机械去皮

特点：机械去皮比手工去皮效率高、质量好、但一般要求去皮前原料有较严格的分级。

常用的去皮机有以下三种类型：

（1）旋皮机：原理是在特定的机械刀架下将果蔬皮旋去，适合于苹果、梨等大型果品。

（2）擦皮机：利用表面有金刚砂，表面粗糙的转筒或滚轴，相互摩擦的作用擦去表皮。适用于马铃薯、胡萝卜等原料，效率较高，但去皮后表面不光滑。

（3）专用去皮机：黄豆、蚕豆等采用专用的去皮机来完成，菠萝也有专门的菠萝去皮、切端通用机。

3. 化学去皮

作用：利用一定浓度的碱液（或者酸液）在加热的条件下使果蔬表面的角质、半纤维素受碱（酸）的腐蚀作用而溶解，使得表皮下中胶层的果胶物质失去凝胶性，在短时间内造成1～2层薄壁细胞破坏，致使表皮脱落。而果肉的薄壁细胞比较抗碱（酸）被保存下来，但处理时间过长，也会伤及果肉。

优点：省工、速度快、损耗少，特别适合于形状不整齐、表面不平整、表皮较薄，果肉较软的果蔬，如桃、杏、苹果、胡萝卜等。

常用的碱液有：氢氧化钠、氢氧化钾，一般用氢氧化钠较多，其腐蚀性强且价格低廉，也可以用氢氧化钾或二者的混合液，但氢氧化钾较贵。

碱液去皮的作用和程度：取决于碱液的浓度、处理时间和温度三种因素（见表7-4）。其中适当提高任何一种因素都会提高去皮的效率。

表7-4　　几种果蔬的碱液去皮参考条件

果蔬种类	NaOH 浓度（%）	液温（℃）	处理时间（min）	备　注
桃	1.5～3	90～95	0.5～2	淋碱或浸碱
杏	3～6	90以上	0.5～2	淋碱或浸碱
李	5～8	90以上	2～3	浸　碱
苹果	20～30	90～95	0.5～1.5	浸　碱
梨	0.3～0.75	30～70	3～10	浸　碱
枣	5～7	95	3～5	浸　碱
胡萝卜	3～6	90以上	4～10	浸　碱
马铃薯	2～3	90～100	3～4	浸　碱
番　茄	15～20	85～95	0.3～0.5	浸　碱

碱液去皮的处理方法有：浸碱法和淋碱法两种。

A. 浸碱法：可分为冷浸和热浸，生产上以热浸较为常用。一般浸碱液浓度10%，95℃左右，60～90秒浸渍。也就是说将一定浓度的碱液装在容器（热浸渍常用夹层锅）中，将果蔬浸泡一定的时间后取出搅动、摩擦去皮、漂洗即可。

B. 淋碱法：将加热的碱液用高压喷淋于输送带上的果蔬表面，淋过碱的果蔬进入转筒内，在冲水的情况下，转筒边翻滚边摩擦去皮。如杏、桃等果实常用此法。

碱液去皮的过程中需要注意以下两个方面的问题：

第一，果蔬在碱液去皮的过程中，由于原料的不断加入而使得碱液的浓度下降，因此，在操作的过程中需要不断地对碱液进行测定和调整。补充碱液时应先将氢氧化钠配制成高浓度的饱和溶液，然后再加入液柜中，不能将固体的化学药品直接加入液柜中。

第二，原料处理后，虽然经过清水冲洗，但不能完全除去附着的碱液，常常使果实表面的酸度下降，导致影响杀菌效果，果实的表面也容易褐变。所以用水冲洗后，需要投入0.25%～0.5%的稀柠檬酸或0.1%的稀盐酸溶液中浸泡几秒钟，使得余碱和稀盐酸形成无害的盐，以防止变色。

4. 热力去皮

果蔬在高温短时间的作用下，表面迅速变热，果皮膨胀破裂。果皮与果肉间的原果胶发生水解失去胶凝性，与内部的果肉组织分离，然后迅速冷却去皮。此法适用于成熟度高的桃、杏、番茄等。

热力去皮的热源：主要有蒸汽（常压和加压）与热水。具体的热处理时间，可根据原料的种类和成熟度来定。如番茄可在95～98℃的热水中烫10～30s，取出后用冷水浸泡或喷淋，然后手工剥皮；桃可在100℃的蒸汽下处理8～10min，然后边喷淋冷水边用毛刷辊或橡皮辊刷洗。

热力去皮的特点：原料损失少，色泽好。但只适用于皮层易剥离，充分成熟的原料，对成熟度较低的原料不适用。

5. 酶法去皮

利用果胶酶的作用，将果胶水解，果皮与果肉分离。此法去皮效果好，使用安全，但关键是掌握酶的用量与处理时间的关系。处理时间长，浓度大容易使果肉受到影响，产品质量降低。

6. 冷冻去皮

将果蔬放置在−28～−23℃的条件下，使果实与装置的冷面发生片刻接触，果皮因骤然受冻与冻结面粘连，同时果胶层失去凝胶性，果实移动时就可以达到去皮的目的。

三、原料的切分、破碎、去心（核）、修整

体积较大的果蔬，用来干制、装罐、果脯、蜜饯、腌制及冻藏时都需要适当的切分，保持一定的形态。腌制萝卜干，需要切成条状晾干。蔬菜人工脱水时，将原料切分成块、条状或片状，增加蒸发面积，加快水分蒸发的速度，蔬菜切分后冻藏，有利于蔬菜组织的快速冻结，缩短冻结的时间。

制果酱、果泥的原料需要破碎以便煮制。加工果酒、果汁的原料，经过破碎后便于榨汁。

原料切分和破碎的方法，因原料的性质、形状和加工要求等而各有不同，少量的用手工，大量的用机械。如用劈桃机可以将桃沿缝合线切分为两半，之后去核。原料需要破碎打浆时，常用打浆机。

四、原料的烫漂（热烫）

果蔬的烫漂在生产上常称为预煮。将经过预处理后的新鲜果蔬原料放入沸水或热蒸汽中进行短时间的热处理，其主要目的在于：

1. 钝化酶的活性，防止酶褐变

果蔬受热后氧化酶等可被钝化，从而停止其本身的生化活动，防止品质的进一步败坏，这在速冻与干制品中尤为重要。

2. 软化或改进组织结构

热烫后的果蔬体积会适度缩小，组织变得适度柔韧，罐藏时便于装罐。同时由于部分脱水，容易保证有足够的固形物含量，干制和糖制时，由于改变了细胞膜的透性，使水分易蒸发，糖分容易渗入。不易产生裂纹和皱缩。热烫后的干制品复水也比较容易。

3. 稳定或改进色泽

热烫处理可以排出植物组织内的空气，有利于罐藏制品保持合适的真空度，对于含叶绿素的果蔬，色泽更加鲜绿，不含叶绿素的果蔬则变成半透明状，更加美观。

4. 除去异味

热烫处理可以除去部分果蔬的苦涩味、辛辣味或其他异味，经过烫漂处理可以适度减轻。

5. 降低果蔬中的污染物和微生物的数量

果蔬原料在去皮、切分或其他预处理的过程中难免会受到微生物等的再污染，经过烫漂可以部分杀灭微生物，减少对原料的污染，这对于速冻制品尤为重要。缺点：会使营养

物质损失一部分，尤其是维生素 C 损失更大（见表 7-5）。

表 7-5 **蔬菜烫漂与冷却过程中维生素 C 和维生素 B_1 的损失百分率（%）**
（Fennema，1975）

种 类	维生素 C	维生素 B_1
芦 笋	10（6~15）	
青 豆	23（12~42）	9（0~14）
硬化甘蓝	36（12~50）	
孢子甘蓝	22（21~25）	
花 菜	20（18~25）	
豌 豆	21（1~35）	11（3~23）
菠 菜	50（40~76）	60（41~80）

热烫的方法：有热水和蒸汽两种。比如用热水烫漂，其优点是：物料受热均匀，升温速度快，方法简便（见表 7-6）。缺点：可溶性固形物损失多。

表 7-6 **几种果蔬烫漂的参考条件**

种 类	温度（℃）	时间（min）	备 注
桃	95~100	4~8	罐藏常用 0.1% 的柠檬酸液
梨	98~100	5~10	罐藏常用 0.1% ~0.2% 的柠檬酸液
苹 果	90~95	15~20	罐藏常加柠檬酸
豌 豆	100	3~5	
青刀豆	100	3~4	
花椰菜	95	3~4	
蘑 菇	100	5~8	罐藏用 0.1% 的柠檬酸液
蚕 豆	100	10~20	0.2% 的柠檬酸液
胡萝卜	95~100	10~20	0.1% ~0.15% 的柠檬酸液
石刁柏	90~95	2~5	
带穗甜玉米	95	2	
菠 菜	95	2	
芹 菜	95	2	

五、原料的护色（工序间的护色）

颜色、香气、口味是鉴定食品的三个重要感官指标。爽心悦目的颜色，能刺激人们的食欲，促进人体的消化和吸收，工序间的护色是针对果蔬的褐变问题所提出来的保护色泽的方法。因此，一般的护色措施是从排出氧气和抑制酶的活性两个方面着手，所以防止酶褐变的方法有：

1. 选择单宁、酪氨酸含量少的加工原料。酶褐变与原料中的单宁、酪氨酸的含量呈正相关。

2. 钝化酶是防止酶褐变的重要措施。

（1）烫漂处理：这是最简单最常用的方法，将去皮、切分、去心、去核后的原料迅速用沸水或蒸汽进行热烫（一般果品 2 ~ 5min，蔬菜 2 ~ 10min），然后捞出迅速用冷水或冷风冷却，该处理可以破坏氧化酶的活性，使酶钝化，从而防止酶褐变以保持果蔬鲜艳的色泽。

（2）食盐溶液浸泡：食盐能减少水中溶解的氧，从而抑制氧化酶的活性，同时食盐具有高渗透压的作用，也能迫使氧化酶的细胞脱水，从而失去活性。如用 1% 的食盐溶液，能抑制酶的活性 3 ~ 4 小时，因此在果蔬加工上常用 1% ~ 2% 的食盐水进行护色。通常在生产上也用氧化钙溶液处理果蔬原料，既能护色又能增加果蔬的硬度。

（3）亚硫酸溶液浸泡：利用亚硫酸的强还原作用，来破坏果蔬组织内氧化酶系统的活性，可以防止氧化褐变。

3. 控制氧的供应：这也是防止酶褐变的有效措施之一。在加工或保藏的过程中，创造缺氧条件如抽空的办法，把原料周围及原料组织内的空气排除出去，可抑制氧化酶的活性，也能防止酶褐变。

方法：真空处理（干抽法、湿抽法），抽氧充氮，加用糖液。

六、原料的贮存

原料进行贮存的原因：由于果蔬的成熟期短，采收的时间集中，大批的原料运到加工厂短时间内加工不完，急需进行原料的贮存，以便延长加工的时间，有些果蔬（如国光苹果）需要经过后熟，才适合于罐藏或者其他加工。

1. 新鲜原料的贮备

（1）短期贮存：可将包装好的原料堆码于清洁、阴凉、干燥、通风的场所（放置在果菜棚内），在自然条件下只能存放几小时或几天。

（2）较长时间贮存：在冷藏的条件下可以延长贮藏期，但不能过长，否则会失去加工适性。

2. 半成品的保存

对于不能及时加工或产地不能及时运出的果蔬，可以先加工成半成品保藏起来，逐步进行加工和外运，这样不仅可以减少果蔬的腐烂和损失，而且对调节市场的淡旺季供应，延长加工时间都有着重要意义。

半成品制备：先将原料经过分级，同时挑选出不合要求的过熟和腐烂的果蔬，再经过洗涤、切分、去核就可制成半成品。

（1）盐腌处理

将新鲜的原料或半成品用高浓度的食盐溶液腌渍作成盐胚进行保存，其保藏的原理是：

①食盐具有较大的渗透压能迫使微生物细胞失水，而处于假死状态。例如大肠杆菌在6%～8%的食盐溶液中完全停止发育，在10%的食盐溶液中很多腐败性细菌停止活动，在15%的食盐溶液中完全可以防止大部分细菌的危害。

②食盐能使果蔬中水的活性降低（水的活性=果蔬中的水蒸气压/同温度下的纯水蒸气压）。因为微生物的发育要求有一定的水分活性，果蔬中的水分活性降低就使微生物不能发育而产生危害。果蔬用15%左右的食盐溶液腌渍，其水分活性降低到0.7以下能抑制微生物的发育。

③食盐溶液的高渗透压以及降低果蔬中水分活性的作用，也迫使新鲜果蔬停止生命活动，这是由于酶的活性需要限制和破坏，从而避免了自身的败坏。

缺点：盐腌处理会使食品的营养成分损失一部分。

（2）硫处理

果蔬用二氧化硫或亚硫酸处理是保存加工原料的另一个有效而简便的方法，各种化学物质中二氧化硫有效含量见表7-7。

表7-7　**亚硫酸中有效的 SO_2 含量（%）**

名　称	有效 SO_2	名　称	有效 SO_2
液态二氧化硫（SO_2）	100	亚硫酸氢钾（$KHSO_3$）	53.31
亚硫酸（H_2SO_3）	6	亚硫酸氢钠（$NaHSO_3$）	61.95
亚硫酸钙（$CaSO_3 \cdot 1.5H_2O$）	23	偏重亚硫酸钾（$K_2S_2O_5$）	57.65
亚硫酸钾（K_2SO_3）	33	偏重亚硫酸钠（$Na_2S_2O_5$）	67.43
亚硫酸钠（Na_2SO_3）	50.84		

二氧化硫的特性：二氧化硫是一种强烈的杀菌剂，它能杀死多种微生物的胚芽，能使微生物的细胞变性。高浓度的硫酸根离子能引起细菌体表面的蛋白质或核酸的水解，从而杀死微生物。亚硫酸还是强的还原剂，可以减少果蔬细胞中氧的含量，抑制酶活性，从而可以防止果蔬的腐烂、变色及维生素C的损失。

二氧化硫的作用：

①在缺乏氧气的环境中，绝大多数的微生物不能活动，实际能起到消灭微生物的作用，从而防止果蔬原料的腐烂。

②二氧化硫不仅阻止了氧气的供给，也能破坏氧化酶和水解酶的活性，使果蔬本身的氧化作用及微生物的水解作用受到抑制，迫使果蔬停止生理活动，就可以防止果蔬品质的变化。

③许多果蔬如苹果、梨、马铃薯等切开后暴露在空气中容易变成褐色。这是因为果蔬

中含有单宁等化合物，由于氧化酶起氧化作用而变色。但是经过二氧化硫或亚硫酸处理的果蔬，限制了酶的活性及氧气的供给，就可以防止氧化而保持原有的鲜美色泽。

④二氧化硫具有漂白作用，对花青素中的紫色和红色特别明显，对类胡萝卜素的影响较小，对叶绿素不起作用。使用二氧化硫保存果蔬原料，使色泽变淡，但经过脱硫处理后色泽可以重新出现。

⑤新鲜的果蔬中含有营养价值很高的维生素 C，它容易被氧化而破坏。如果用二氧化硫处理由于抑制了氧化酶，就能起到保存维生素 C 的作用。由此可见用二氧化硫和亚硫酸处理果蔬，既可以作为保存原料的手段，在某些果蔬加工的过程中，也可以成为提高产品质量的重要措施之一。

二氧化硫或亚硫酸的防腐效果与以下因素有关：

（1）与同介质的 pH 值大小有关。如在中性溶液中，二氧化硫的浓度虽然达到 0.5% 也难以抑制微生物的生长。但 pH 值为 2.5 时，仅有 0.01% ~0.03% 的二氧化硫就能抑制一切微生物的生长和发育。所以在酸性溶液中可以提高二氧化硫的防腐效果。

（2）与亚硫酸的存在状态有关。未解离的亚硫酸分子，抑制微生物的作用有限。在 pH=3.5 以下时能保持亚硫酸的分子状态，所以在酸性环境中才能发挥抑菌作用。

（3）原料的种类不同需要二氧化硫的浓度也不一样。如：杏、李子、桃等果肉致密，需要二氧化硫浓度剂量大，苹果肉质较疏松，需要二氧化硫浓度剂量小。

二氧化硫的处理方法：

（1）干式法（熏硫法）：熏硫需要有熏硫室或者熏硫箱，门窗需要密封，熏硫时使二氧化硫不致散失，熏硫结束后门窗要打开，进行空气对流，以便在熏硫结束后二氧化硫很快挥发。

熏硫时将已经过分级、切分、去核后的原料装盘送入熏硫室。一般 1 吨原料用硫磺 1.25kg 或 $1m^3$ 的容积用硫磺 200g。也可以将一定量的二氧化硫通入果酱或果汁中进行密封保藏。

（2）湿式法（浸泡保藏法）：就是用一定浓度的亚硫酸溶液浸泡果蔬保存。

亚硫酸溶液保藏的方法：取制成的饱和亚硫酸（一般含 6% 二氧化硫），加水稀释配成含有 0.4% 二氧化硫的亚硫酸溶液，倒入装有果实的容器中，以淹没果实为度。大约 100kg 果蔬需要配好的亚硫酸溶液 80 ~100kg。

保藏果酱、果汁可以直接通入二氧化硫气体，使其中含有 0.2% ~0.3% 的二氧化硫。保藏时间随贮藏温度和容器密闭的情况而不同。

无论是干式法还是湿式法保藏，都应尽量贮藏在低温环境中。

缺点（不利因素）：硫对人体有毒并有不良的气味，影响制品的品质。所以经过亚硫酸保藏过的半成品，必须先进行脱硫处理后才能使用。脱硫后的制品二氧化硫含量不得超过 0.002%。

脱硫的方法：加热至 60℃ 以上，搅拌、打气、真空处理。

七、化学防腐剂的应用

化学防腐剂的种类很多，除食盐和二氧化硫外，还有一些化学药剂也用于食品的保藏。

1. 苯甲酸及其盐类：苯甲酸（安息香酸）C_6H_5COOH，苯甲酸钠（安息香酸钠）C_6H_5COONa。不解离的苯甲酸钠具有强大的防腐能力，含量为0.1%，可以阻止一切微生物的发育，它对酵母菌的杀菌能力强，对细胞的杀伤力较弱。

我国卫生部、轻工部对食品中的苯甲酸的含量规定不得超过0.1%。在果子露、汽酒、蜜饯、果汁、果酱中加入苯甲酸钠一般为0.01%~0.02%较为适宜；榨菜加入0.1%苯甲酸钠，可防止腐败。

2. 山梨酸及其盐类：山梨酸（花椒酸 C_5H_7COOH）对防止霉菌及酵母的发育效果好，对细菌的作用弱。我国规定在食品中添加山梨酸的用量不得超过0.1%。

抑制食物微生物腐败的方法（见图7-2）。

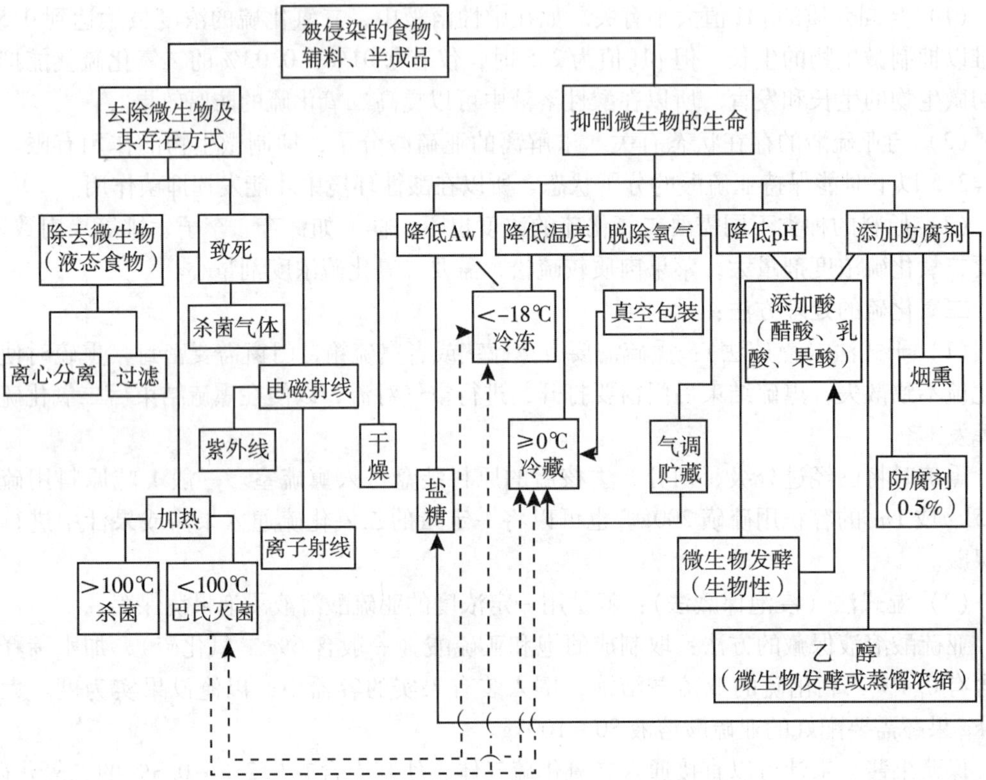

图7-2　抑制食物微生物腐败过程图

第八章　果蔬罐藏

当你走进食品商店，有各种各样的罐头，有蔬菜的，有铁罐的，有圆形的，又有方形的，有肉罐头，又有水果罐头……真是琳琅满目，美不胜收。而你在购买罐头时应考虑两点：一是考虑它的使用性，二是考虑它的可靠性。

所谓的使用性，就是指罐头的营养价值和使用范围。一般来说，水产、肉禽类罐头发热量大，易于吸收。如需宴请亲朋好友可购买一些五香鱼、红烧牛肉等水产、肉类罐头。如需探望病人等可以选购糖水桃子、糖水桔子等水果类罐头。

所谓的可靠性，就是指罐头的质量是否过硬。

衡量一瓶罐头的优劣，主要有三条：一是外观正常，无锈蚀，无胖听漏罐的现象。二是真空度要好，用小棍子敲两头罐盖或罐底，声音清脆或者用大拇指按压盖子表面的膨胀圈觉得有弹性。三是罐盖上的阿拉伯数字。由第二行推算生产的年月日，确认是否超过保质期。有人也许会问，全国有多少个罐头品种？老实说很难报出确切的数字，比如在我答复你的时候，也许某个加工厂生产出好几种新罐头。

第一节　罐藏分类

我国幅员辽阔，物产丰富，地上长的，水中游的，山上跑的，天上飞的，大多可以加工成罐头。假如你每天吃一种罐头，那么要把全国的所有罐头品种都吃完，至少也得一年。分类学家把地球上的生物按“门、纲、目、科、属”进行分类，同样的罐头品种也是按照不同的类型进行编排。

一、按原料品种分类

1. 肉禽类（如红烧猪肉、红烧牛肉等）。
2. 水产类（如五香鱼罐头等）。
3. 水果类（如糖水桃、杏等）。
4. 蔬菜类（如芦笋、蘑菇罐头等）。
5. 其他类（如八宝饭等）。

如：蔬菜中的芦笋罐头。芦笋又名“石刁柏”，石刁柏为古代兵器的一种，用来描绘芦笋茎的形状，柏则形容芦笋的枝像松柏的叶子。芦笋是一种品味兼优的名贵蔬菜，富含大量的氨基酸和多种维生素，嫩茎中有 1.62% ~2.58% 的蛋白质，能增强人们的食欲，帮助消化，是人们广泛喜爱的佳肴珍品。如在宴席上摆一盘新鲜芦笋或芦笋罐头，那么被认为是较高级的宴会。芦笋罐头清雅爽口，一开始有些人厌其苦味，感到不习惯，但经常吃又会陶醉于这种别有情趣的"苦味"中，也许比喝啤酒还胜一筹。芦笋罐头畅销于加拿大、美国、英国、法国、荷兰、瑞士、丹麦、日本等国。据专家分析，芦笋中含有的特殊成分对心脏病、高血压等有一定的疗效。

二、按加工方法分类（以果蔬罐头为例）

1. 清汁类（如竹笋等），它的特点是不加任何调味剂，能保持食品的原有风味，主要用来做配菜。

2. 醋汁类（如美味黄瓜等），它的最大特点是具有清口的酸辣味，肉吃腻了，开一瓶醋汁类罐头，就会觉得格外开胃。

3. 糖水类（如糖水桃、杏等），目前不少人对糖水类罐头有"甜味有余、香气不足"的评价。在加工的过程中水果里面的芳香物质遭到不同程度的破坏，致使罐头食品的风味受到影响。不过也不能一概而论，有些罐头如：糖水洋梨、糖水菠萝比水果店里买的洋梨、菠萝要好吃得多。

4. 糖浆类（如糖浆苹果），这类罐头糖度较高，不爱吃甜食的人对它不感兴趣。但是在寒冷的地方销售量比较大。

5. 果酱类（如杏子酱等），人们对有些杏子不感兴趣，一提到不少人就摇头。而一旦加工成杏子酱人人都赞不绝口，可见罐头加工的威力。

6. 果汁类（如葡萄汁、草莓汁等），目前市场上有三大饮料：茶、咖啡、可口可乐。在各种饮料盛行的今天，果汁罐头的地位逐年提高，已被推选为"四大饮料"之一。茶有绿茶、红茶、花茶之分；果汁也有清汁、混浊汁、浓缩汁之分。

三、按加工容器分类

论罐头容器，马口铁罐为数最多，其次是玻璃瓶。随着包装材料的不断更新，罐头的容器也在不断的更新。如铝罐、塑料罐、复合薄膜的软包装罐……可以说在罐头容器的小天地里，也是各式各样。

随着科学技术的不断进步，人们生活水平的日益改善，罐头的品种愈来愈多。近年来又出现了许多新花色、新品种。如：供应的膳食罐头、儿童食品罐头、宇航罐头、疗效罐头、套装罐头、饮料罐头、自动加热罐头等。

果蔬罐藏的原理：将果蔬密封在特制的容器中，经过加热处理以杀死附着在果蔬表面的微生物，破坏酶的活性。同时隔绝空气防止外界微生物的再污染，使果蔬得到较长时间的保存。

罐头食品的特点：大家都知道，食品的贮藏方法有罐藏、冷冻、干燥、盐腌、熏制、辐射等，而罐藏是比较理想的贮藏方法。罐藏与其他的贮藏方法相比，有其独特之处，归纳起来有四句话：一是经久耐藏；二是携带方便；三是营养丰富；四是食用卫生。

罐藏食品的作用：

1. 罐头工业是农副产品加工业，它取之于农助于农。不论是清汁类罐头还是糖水类罐头，它的原料大多来自农业（包括林、牧、副、渔），因此，大力发展罐头原料，可以增加农民收入，促进农村经济的发展，换句话说，可以促进农业的进一步发展。

2. 罐头加工可以利用自然资源，充分发挥当地的优势，安排多余劳动力，促进专业户的联合。

3. 罐头加工业也能促进工业、交通运输业的发展。罐头厂所需要的包装材料来源于冶金、化工、轻工业部门，罐头厂应用的设备需要几个部门的供应。大量的罐头食品在全国、全球范围内运输，需要海陆空各种交通工具来完成。

4. 罐头是对外贸易的重要食品之一，目前世界上有 30 多个国家和地区销售中国生产的罐头，在日本东京的超级市场，在威尼斯的海滨别墅，在尼罗河畔的豪华酒家等都销售中国的罐头。

5. 罐头食品又是旅游的好朋友。当你攀登景色秀丽的庐山，游览苏杭的名胜古迹……打开几瓶罐头，喝几瓶果汁，此时会感到格外的快乐和舒畅。尤其是野外工作者对罐头有着深厚的感情，主要食用罐头食品。

6. 罐头还能调节地区和季节的需求，使人类冲破了经纬和时间的约束。比如北方在下雪的寒冷季节，同样能喝到南方的菠萝汁。

7. 罐头携带方便，品种繁多，是一种生产工业化。包装材料轻型化的方便食品之一。

当然罐头不仅作用不小，而且历史悠久。有人说，我在文物商店，一看到那些不同式样的陶罐，就会联想起它与现在的罐头会有什么联系。

第二节　罐藏容器（不寻常的履历）

“罐”在古代就有，它在《新华字典》里的注释是：瓦器、大肚子小口，在文物商品中常常可以看到这种形状的罐。可是在“罐”的后面为什么还要加个“头”呢？当初主要是有人为了纪念罐头的诞生，发明罐头的时候，把食品装在瓶子里，再安上一个塞子，这种做法跟头戴帽子有点相似。

罐头食品是指把罐头原料（水果、蔬菜、水产、肉禽、乳品及野生的食用资源）加工调味后装入容器，经脱气、密封、杀菌处理，使罐内食品不再受外界微生物的污染而引起败坏，以达到长期保藏的目的，采用这种方法保藏的食品就称之为罐头食品。

衡量产品是不是罐头，取决于产品的加工过程，就是说罐头食品的生产必须符合以下两条：

1. 食物必须在不漏气的容器中密封，以防止产品杀菌后再受污染。

2. 食物必须在一定温度下加热一段时间，以达到杀菌的要求。

按照以上两条原则，商店里卖的瓶装豆瓣酱、辣酱及散装果酱等均不能称做罐头食品。

罐头容器对于罐头食品的长期保存起着重要的作用，而容器材料又是关键。对材料的要求是：无毒、耐腐蚀、能密封、耐高温、耐高压、与食品不起化学反应、质轻价廉、便于制作和使用等。

主要的罐头容器：马口铁罐、玻璃罐、铝罐。此外还有纸质罐、塑料罐以及用塑料薄膜、铝箔、纸等材料制成的复合罐。

一、马口铁罐（不姓“铁”、姓“钢”）

马口铁罐是我国的一个俗称，这好比太平洋里有一种鱼，学名叫马面鲀，而老百姓称它为橡皮鱼一样。实际上马口铁不是“铁”，而是“钢”，科学的叫法是两面镀锡的低碳薄钢板，简称为“镀锡薄板”。也许有人会问，为什么不叫“牛口铁”而叫“马口铁”呢？一种说法是由我国的澳门输入，澳门的英文名字 MACAO（译音马口）。另一种说法是从西藏一个叫“马利口”的地方输入。两种说法都带有一点纪念性质，但前一种说法比较可靠。马口铁罐由罐身、罐盖、罐底三部分焊接密封而成，称为“三片罐”。也有采用冲压而成的罐身与罐底相连的冲底罐，称为“二片罐”。电阻焊空罐生产流程图（见图 8-1）。

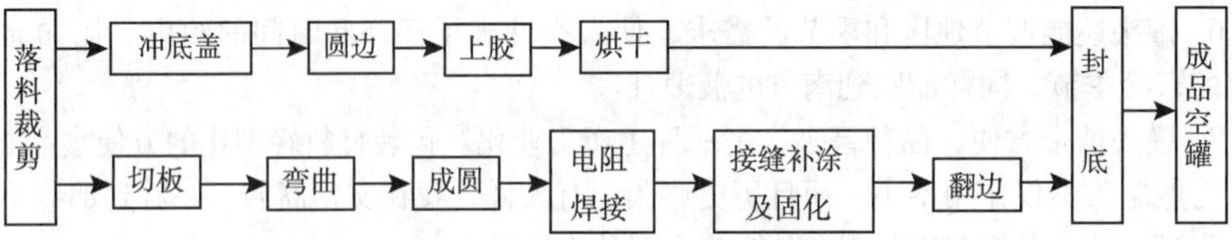

图 8-1　电阻焊空罐生产流程图

马口铁罐是后起之秀。最早的罐头容器起源于玻璃瓶，而马口铁罐之所以能胜过玻璃瓶，因为它有许多优点，归纳起来主要有四点：

1. 重量轻，不易破损，包装和运输方便。
2. 抗腐蚀，便于焊接。
3. 适宜于表面涂布和印刷。
4. 便于加工，可以制成大小、形状不同的空罐，并能连续化自动化生产。

缺点：只能使用一次，看不到内容物，不便于消费者挑选。

制造马口铁罐需要一套专门的空罐加工机械，分两条生产线进行，一条是罐身的形成（见图 8-2）；一条是底盖的冲压制作，然后是罐身与罐底会合卷封而成空罐（见图 8-3），这与做水桶十分相似。同时卷边外部和内部规格标准（见表 8-1）。

表 8-1　**卷边外部和内部规格标准（马口铁皮厚度 0. 25mm）**

卷边外部规格名称	头道卷边（mm）	二道卷边（mm）	卷边外部规格名称	头道卷边（mm）	二道卷边（mm）
卷边厚度	2. 16 ~ 2. 36	1. 25 ~ 1. 70	盖钩	1. 83 ~ 1. 78	1. 85 ~ 2. 10
卷边宽度	2. 54 ~ 2. 69	2. 80 ~ 3. 15	身钩	1. 83 ~ 1. 96	1. 85 ~ 2. 10
埋头度	3. 00 ~ 3. 18	3. 10 ~ 3. 25	盖钩空隙		<0. 40
			身钩空隙		<0. 25

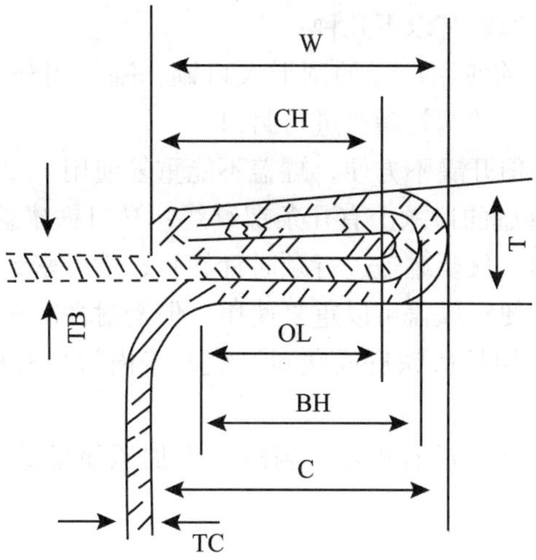

图 8-2　卷边剖面及名称

T：卷边厚度；TB：自板厚度；TC：盖板厚度

W：卷边宽度；BH：身钩长度；CH：盖钩长度

OL：叠接长度；C：埋头度

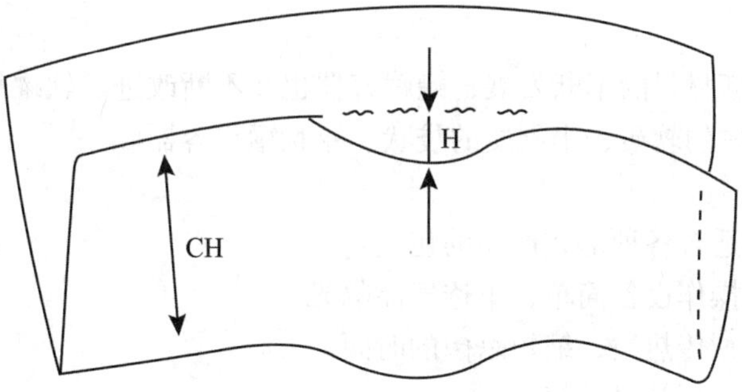

图 8-3　盖钩接缝处垂唇示意图

CH：盖钩长度；H：内垂唇延伸长度

二、玻璃罐

玻璃罐是我国目前内销罐头的主要容器之一，其优点是：

1. 化学性质稳定，不与内容物发生作用而腐蚀，能保持食品原有的风味。
2. 包装光亮透明，便于顾客挑选。
3. 罐料来源充足，空罐可以重复使用。

缺点是：

1. 易破碎，体重，不易搬运。
2. 导热系数小，传热慢，杀菌时不耐高温，升温的时间比铁罐长，杀菌后不能骤然冷却，内容物也易受太阳光线的不良影响。

我国市场上常用的玻璃罐有以下几种：

（1）卷封式：它是以前使用广泛的圆形大口罐，罐盖用马口铁冲压而成。盖边与罐口的接合处衬垫橡胶圈，用玻璃封罐机进行封口。

特点：密封性能好，但开罐不方便，罐盖不能重复使用。

（2）旋盖式：在玻璃罐的口颈上有几条螺纹线，马口铁罐盖内侧相应的有几个爪子，盖内衬垫有橡胶或塑料圈。只要罐盖进行顺时针旋转，就可密封。如四旋罐、六旋罐等。

特点：封罐、开罐方便，罐盖可以重复使用，但密封性能相对卷封式差。

（3）螺丝口式：罐盖用马口铁皮或塑料制成，盖内衬垫有橡胶圈或软木圆片，靠螺纹使罐盖密封。

（4）抓式：罐盖与罐颈上没有螺纹，封罐时靠加压使罐盖上的爪子向内与罐颈扣紧即可。

三、铝罐

特点：质地软、重量只有铁罐的三分之一，包装食品后不带金属味。不易变色，开启容易，废罐可回收使用。

缺点：质地较轻，不易做成大型罐，一般需要压成扁形无底缝罐。

四、软罐

随着新技术、新材料的不断发展，罐藏容器也在不断改进。软罐是用薄纸板、铝箔及无毒塑料等材料制成的软质、半硬质的袋状、瓶状罐头容器。

优点是：

1. 质量较轻，适合各种形式产品的包装。
2. 能密封而且操作设备简单，不透气能隔光。
3. 耐高温杀菌，传热快，缩短杀菌的时间。
4. 无化学变化，可常温贮存。
5. 适合于小包装、旅游、野外作业及部队的饮食供应。

类型：

1. 砖形纸质复合罐。
2. 铝箔复合蒸煮袋。
3. 半硬质塑料罐。

第三节　加工原料的选择及准备

有人说：“罐头厂是个大食堂。”酸、甜、辣、咸口味多，条、粒、块、丝花样多。罐头的花色如此丰富多样无疑应归功于加工处理巧，烹调技术精。

罐头的加工处理因品种的繁杂而各有千秋，但是原料的选择、分级、洗涤、去皮等工序必不可少。

一、原料选择

对任何事物来说，选择是鉴别好坏的一个重要手段。当然好坏都有一个标准，作为罐头原料来说，主要有以下三点：

1. 品种：柑桔类中的甜橙，酸甜适度，风味芳香，适合于做果汁。假若加工成糖水类罐头则苦味重，白色沉淀多。所以说，甜橙是做桔子汁的好品种，做糖水桔子罐头则是坏品种。

2. 成熟度：对于成熟度园艺界很有讲究，把成熟度划分为可采成熟度、食用成熟度、生理成熟度。但要准确地描绘出这个“度”字却很难，有的看色泽、有的讲硬度，还有的要测糖酸比。作为罐头加工的原料，注重“加工成熟度”，既要色香味俱全，又要便于加工。如果成熟度太高，加热处理，果肉溶解，容易浑浊，甚至成为一罐“粥”。成熟度太低也不行，吃糖水桃子罐头就像啃萝卜一样，那也不行。

3. 新鲜度：在罐头厂，从厂长到工人，从车间到科室都有一个共同的信念，没有新鲜的原料，也就没有优质的罐头。

各种原料在装罐前，要进行选剔、分级、洗涤、去皮、切分、去心、去核、热烫等的处理，前面已有介绍。

二、加工准备

1. 空罐的准备

原料装罐前要认真做好空罐的准备。马口铁罐要求罐形整齐，缝线标准，焊缝完整均匀，罐身或罐盖边缘无缺口或变形，马口铁上无锈纹和脱锡现象。

玻璃罐应选用形状整齐，罐口平整光滑，无缺口，厚度均匀，玻璃内无气泡裂纹的好罐。将空罐浸泡于40～50℃稀漂白粉溶液中，浸泡时间根据污染的程度而定，然后用清水洗净备用。

2. 填充液的准备

我国烹调技术历史悠久，源远流长，是中华民族灿烂文化的一个重要组成部分。中国在世界上被称为“烹饪王国”，中国的饭菜越来越受到世界各地的欢迎。如美国百万华人中有13%的从事餐饮业。因此，美国哥伦比亚广播公司的一位职员说：“在饭菜的烹调技术方面，中国的成就任何一个国家都是比不上的。”我国卓越的烹饪技术是中华民族的智慧结晶，也是罐头品种多样化的重要源泉。目前，梅菜烧鸭、红烧鸡肉、纸包鸡等中式口味的罐头，深受华侨和国外消费者的好评。罐头的调味可以各取所需，主要分为以下两种方法：

（1）先装罐，后调味。就是装罐后加入调味料，依靠杀菌过程中的加热进行调味。如清蒸、茄汁、糖水类罐头等。如糖水类罐头的调味特征可以用一个“甜”字来概括。做罐头要达到甜的要求很容易，但要是糖水类罐头色香味俱全，却要费一番脑筋。比如说，糖水类罐头要求有一定的酸度（即pH值），有的要在糖水中加入一定量的柠檬酸。柠檬酸在罐头生产中广泛应用，它不仅可以调节风味，还可以促进细菌的死亡。但加入量一定要适中，加多易引发罐壁的腐蚀；加早了，促进蔗糖的转化，产生羟甲基糠醛，进而与罐头的含氮物质作用，缩合成其他颜色的物质，使罐内内容物变色。

(2) 先调味，后装罐。就是原料与调味料先进行调味，再装罐。如腌肉类、糖浆类、果酱类、果汁类及五香类罐头。

调味是加工罐头的重要工序。做一名高级厨师不容易，当一个八级调味工也不简单，不仅要知道理论知识，而且操作还要熟练。

一般水果罐头突出“甜”字，所以用糖液作填充液，蔬菜罐头用低浓度盐水。

填充液的作用是：

(1) 保持和增进果蔬的风味。

(2) 填充原料之间的空隙，排出罐内大部分的空气，以减少加热杀菌时的膨胀压力，防止封罐后容器变形，减少氧化给内容物带来的不良影响。

(3) 由于填充液一般都要经过加热后才注入罐内，因此，它还能增加杀菌时的热效应，缩短杀菌的时间。

3. 糖液的配置

(1) 糖的选择：罐头用糖对糖的选择比较严格。要求纯净，不含有色物质和其他杂质，无异味，无污染。

蔗糖是配制填充液的主要原料，其他的如葡萄糖、转化糖、玉米糖浆等都可使用。用葡萄糖和蔗糖配制的填充液，具有甜度较低而浓度较高的特点，是幼儿和病人的营养品。

(2) 糖的配制：糖液的浓度依据果蔬的种类、品种、成熟度、果肉装量、产品的质量标准以及消费者的习惯而定。我国目前生产的糖水果品罐头，一般要求开罐糖浓度为14%～18%，装罐时罐液的浓度计算方法如下：

$$Y=(W_3Z-W_1X)/W_2\times100\%$$

式中：Y：需要配制的糖液浓度%；

W_1：每罐装入的果肉重（g）；

W_2：每罐注入糖液重（g）；

W_3：每罐的净重（g）；

X：装罐时果肉可溶性固形物的含量（%）；

Z：要求开罐时的糖液浓度（%）。

4. 盐液的配制

配制时，将食盐加水煮沸，除去上层泡沫，经过滤，然后取澄清液按比例配制成所需要的浓度，一般蔬菜罐头所用的盐水浓度为1%～4%。测定盐液的浓度，一般采用波美比重计，它在17.5℃盐水中所指的刻度，就是盐液的百分比浓度。

第四节 罐藏工艺

一、装罐

装罐应注意的问题：

1. 保证罐内容物的一致性。装罐前，对半成品首先要进行筛选，把已经变色、残缺、杂质、形歪等有缺陷的果蔬统统挑选出去。同时还要按照成熟度、大小、形状、色泽的不同情况进行分级。因为在同一罐内，“胖子”与“瘦子”不许在一起，大中小三个号不许在一起。同时有的罐头里面装多少块也有规定。如果你家4口人吃一瓶糖水桃罐头，不妨选购4块或8块装的。如果买6块装有两个人要少吃一块，如果买3块装，有一个人就吃不到。装罐规定块数，方便了消费者。

2. 按照一定的规格尽快装罐。经过预处理后的果蔬要按照一定的规格尽快装罐。装罐量按照国家颁布的标准，必须准确，质量均匀一致。

3. 控制装罐温度。装罐时，还要强调流水作业，控制温度。罐头生产最忌讳的是积压，慢慢吞吞的人不算是一名合格的装罐工人。积压意味着操作时间的延长，操作时间的延长又意味着变色、变味和微生物的再污染，换句话说，就意味着产品质量的下降。

控制温度的目的是：为了提高罐内的真空度，提高杀菌的效果。装罐固形物和注入液的温度愈高，罐内食品的温度也愈高，那么杀菌冷却后罐内真空度也就愈高。就是说在同样的杀菌时间内，内容物升到细菌致死温度的速度加快，花费在杀灭细菌的有效时间也相应地增加。因此，在罐头界有句行话叫做“趁热装罐”。

4. 罐内应保留一定的顶隙。不管是机械装罐还是手工装罐都要控制罐头的顶隙度。一般以3~5mm或6~8mm为宜。

顶隙：是指罐内食品表面层或液面与罐盖间的空隙。

装得太少，装罐量不足，顶隙过大，不合规格，称为假装。同时滞留在顶隙的空气也很难排出，容易引起氧化变色和促进罐壁的腐蚀。同样顶隙过小一直装到顶，运到高温或低压地区，罐内物就会膨胀，引起罐头的底和盖往外鼓，不知内情的人以为罐头坏了，不敢卖也不敢吃。罐头的顶隙度是工厂自行控制的质量指标之一。

二、排气

原料装罐注入填充液后，在封罐之前要进行排气。

排气的目的：

1. 在于减少顶隙的空气，使罐头在加热杀菌时不致因空气的受热膨胀而造成罐内压力过大，使罐身变形或罐缝松裂。

2. 排出罐内的空气，可以减少罐壁的氧化锈蚀和营养物质的氧化损失。

3. 为了保证罐藏质量，使罐内形成无氧环境，致使残存的好氧性微生物无法活动。

排气的方法：主要有热力排气法、蒸汽排气法和真空排气法三种。

1. 热力排气法：利用空气、水蒸汽和食品受热膨胀冷却收缩的原理将罐内空气排除，常用的方法有两种：

第一种：热装排气法。先将果蔬加热到一定的温度（75℃以上）后立即装罐密封。采用这种方法，一定要趁热装罐，迅速密封，否则罐内的真空度会相应下降。此法适用于果汁、番茄汁、番茄酱和糖渍水果罐头等。

第二种：加热排气法。将果蔬装罐后覆上罐盖，在蒸汽或热水加热的排气箱内，经过一定时间的热处理，使中心温度达到75~95℃，然后封罐。温度、时间要以原料的性质、装罐方式和罐型的大小而定，一般以罐中心温度达到规定的要求为原则。

2. 蒸汽排气法：在罐头密封前的瞬间，向罐内顶隙部位喷射蒸汽，由蒸汽将顶隙的空气排除，并立即密封，顶隙内蒸汽冷却后就产生部分真空。但保证有一定的顶隙，一般需要在密封前调整顶隙高度。

3. 真空排气法：就是利用真空泵抽去顶隙的空气。要求抽气与封罐密切配合，一般将这种抽气设备装在封罐机上，叫真空封罐机。

优点：生产效率高，罐头的真空度好控制，减少一道加热工序，制品的质量好。

三、密封（严禁入内）

密封是加工罐头食品中不可缺少的工序，是罐藏工艺中一项关键性的操作，它直接关系着产品的质量。

封口的作用：是将盖子与罐身互相钩合，并通过滚轮辊压，使罐内外“老死不相往来”，罐外空气中的细菌不能进入，罐内的有害微生物予以消灭，从而使罐头食品能够长期保存。

罐头排气后应立即进行封罐，以避免罐温下降，蒸汽凝结，空气进入失去排气的作用。

罐头封罐，除四旋、六旋和螺旋式等玻璃罐可用手工封罐外，其余的都必须用封罐机封罐。封罐机的类型很多：有手摇的，半自动及全自动的封罐机。

四、杀菌

罐头经过排气密封后，并未杀死罐内的微生物，仅仅是排除了罐内部分空气和防止微生物的感染，只有通过杀菌才能杀死食品中的酶类和罐内能使食品败坏的微生物，从而达到商业无菌状态，而罐头食品得以长期的保存。因此，它是罐头加工中的一道重要工序。它关系到罐头生产的成败和罐头品质的好坏，必须认真对待，严格操作。密封、杀菌好比关起门来打狗。

依据果蔬原料的性质不同，果蔬罐头的杀菌方式分为常压杀菌和加压杀菌两种。其过程包括升温、保温和降温三个阶段，可用以下方式表示为：$t_1-t_2-t_3/T$

式中：T：要求达到杀菌温度（℃）

t_1：罐头升温达到杀菌温度所需要的时间（min），升温所需时间。

t_2：保持恒定的杀菌温度所需要的时间（min），杀菌所需时间。

t_3：罐头降温冷却所需要的时间（min），降温所需时间。

1. 常压杀菌：凡是 pH 值在 4.5 以下的酸性食品，如水果类、果汁类、酸渍类等。内含物含酸量高，又不耐高温。一般采用 100℃或以下的温度进行杀菌。

2. 加压（高压）杀菌：凡是 pH 值在 4.5 以上的低酸性食品，如肉禽类、蔬菜类、水产类等，杀菌的温度在 100℃以上（一般是 115℃～121℃），其原理与家用高压锅基本相同。

一般来说，杀菌的温度越高，时间越长，杀菌的效果越好。但过分的热处理，会影响罐头内容物的风味和品质，甚至会失去食用价值。因此，只要能杀死大部分的微生物，达到充分保证产品在正常的情况下得以安全保存的目的，应适量降低杀菌的温度和处理的时间。一般来说高温短时间比低温长时间杀菌效果好。

高压杀菌是在完全密封的加压杀菌器中进行，靠加压升温来进行杀菌。它有蒸汽管、进水管、压缩空气管、安全阀、喷气阀、压力表、温度记录仪等装置，构造和操作都比常压杀菌复杂。肉禽、水产和蔬菜类罐头，特别是用瓶装的，在杀菌冷却的过程中还要用泵打入压缩空气，用来增加锅内压力。这样做的原因是：罐头在加热杀菌时，罐内的温度逐渐升高，食品的体积随着膨胀，罐内压力增大，当罐内压力超过一定程度，铁罐就会变形，甚至会爆裂；瓶装罐头会破碎，甚至盖子“上天”。要避免以上现象，就必须打入压缩空气，用罐头加工的术语称呼，就是给予相应的反压力，它好比用一只只手按住了瓶盖，扎住罐盖，不让它们暴跳如雷。

影响罐头杀菌的主要因素有哪些？可以归纳为以下四点：

1. 罐头杀菌前的污染程度

罐头从原料加工到制成成品的整个过程中，都会受到不同程度的微生物污染。其污染的程度越高，那么杀菌的时间和温度都要适当提高和延长。在罐头的生产过程中还须讲究卫生，减少污染。

2. 罐头的成分及酸度

罐头食品含有各种营养成分，其中油脂、蛋白质、糖类能增加细菌的抗热性。有机酸、植物杀菌素（如洋葱、辣椒、蒜）等能降低其抗热性。

3. 罐头的传热速度

传热快的食品，罐头的中心温度也升得快，预热时间就缩短。因此，整个杀菌时间也相应缩短。

4. 罐头的初温

罐头的初温愈高，杀菌的效率也愈高，所以罐头的生产要做到几个及时：一是装罐后及时封口，二是封口后及时杀菌，三是杀菌后及时冷却。

杀菌时应注意的几个问题：

1. 果蔬原料的品种和老嫩程度。
2. 内容物（包括原料和罐液的 pH 值）。
3. 原料的新鲜度和微生物的污染程度。
4. 工艺流程的快慢和罐头初温。
5. 罐头内的传热方式与快慢。
6. 杀菌设备的性能与效果。

五、冷却

杀菌结束后，应迅速冷却，罐头冷却是生产过程中决定产品质量的最后一个环节，处理不当会造成果蔬的色泽和风味的变质，组织软烂，甚至失去食用价值。因此，罐头杀菌后冷却的速度越快越好，但对玻璃罐的冷却速度不宜过快，常采用分段冷却的方法。如：80℃、60℃、40℃三段，以免爆裂受损。

罐头冷却的最终温度一般控制在 40℃左右，过高会影响罐内食品的质量，过低则不能利用罐头余热将罐外的水分蒸发，造成罐外生锈。冷却后应放在冷凉通风处，未经冷晾不宜装箱入库。

六、罐头成品的检验、包装和贮藏

罐头食品的检验是保证罐头质量的最后一道工序，主要有包装物的检查和容器外观的检查。

1. 罐头成品的检验

罐头加工厂设有专门的成品检验室，负责对原料、半成品、成品进行检验，并且对厂内的生产卫生条件进行监督。下面重点介绍罐头成品的检验。

（1）取样：可按生产批次取样，取样数为1/3000，尾数超过1000则增取一罐。也可按杀菌锅取样，每锅取1罐。但是每批每品种不得少于3罐。

（2）感官检验：主要靠检验人员的感觉器官（眼、耳、鼻、口、牙）进行检验，包括下列几项：

①容器的外观：观察罐身和罐盖有无生锈或腐蚀；罐体有无棱角或凹瘪变形，接缝、卷边是否完好；底盖有无外凹现象，稍凹进者为正常，如果有膨胀，用手指下压能否恢复，玻璃罐中的内容物状态以及玻璃上的气泡是否符合要求等。

②敲音打检：用一端呈直径为1cm左右的球形，长20～25cm的小木棒敲击罐盖中部，根据发出的声音来判断罐头的好坏。一般发出清脆声音者为好罐，发混浊扑扑声为次品，已变质败坏的罐头则发出沙哑的鼓音。最好是全部的产品都要经过敲音打检。

③开罐检验：用开罐刀将罐头打开后，把汁液集中于500ml的烧杯中，静置3min后观察其清晰度，有无杂质、沉淀物。将固体物轻轻倒入白瓷盘中，用玻璃棒轻轻拨动，检查其组织形态是否完整，块形大小、数目、色泽是否正常，有无杂质等。再用汤匙分别盛取汁液和固形物，用鼻嗅一嗅有无异味；然后口尝是否具有产品应有的风味以及质地老嫩程度。检验人员应具有正常的味觉、嗅觉和视觉，4h前禁食烟酒等刺激性的食物。

④容器内壁：观察罐身底盖内部的镀锡层是否脱落或者有无露铁，涂料层是否完整，有无铁锈或硫化斑等。

（3）理化检验：对产品的色、香、味、形、透明度、水分、干物质、含糖量、含酸量、维生素含量、重金属含量、pH值等进行鉴定。

（4）微生物检验：取样后放至适宜的温度下培养，用显微镜检查有无引起罐头败坏的微生物。

（5）保温法：将冷却后的产品放入32～37℃的室内保温7～10天。封口不严，杀菌不彻底的罐头就会由于罐内产生气体而出现“胀罐”，应加以剔除。

（6）冷却法：将杀菌结束后的罐头投入到冷水中，如出现“嘶嘶”的声音或有气泡证明漏气，应立即剔除。

2. 罐头成品的包装和贮藏

罐头的包装主要是贴商标、装箱，涂防锈油等。涂防锈油的目的为可隔离水与氧气，使其不扩散至铁皮。主要的种类有羊毛脂防锈油、磺酸钙防锈油，硝基防锈油。防止罐头生锈除了与防锈油外还应注意控制仓库温度与湿度变化，避免罐头“出汗”。装罐的纸箱要干燥，瓦楞纸的适宜pH值为8～9.5。商标纸的黏合剂要无吸湿性和腐蚀性。

贮藏一般有两种形式，散装堆放和包装堆放。无论采用何种方法都必须符合防晒、防潮、防冻，环境整洁，通风良好的库房，要求贮藏温度为0～20℃，温度过高微生物易繁殖，色香味被破坏，罐壁腐蚀加速，温度低组织易冻伤，相对湿度控制在75%以内。具体要求见ZB X70005-89罐头食品包装、标志、运输和贮存。

七、果蔬罐藏加工实例

1. 苹果

（1）原料选择

选脆嫩多汁，甜酸适度，适合罐藏的八成熟苹果，按品色大小分级，选果要求无腐烂，干疤，无机械损伤，对轻微损伤者挖出病伤部分仍可作加工原料（不可影响外形）

（2）工艺要点

将原料洗净，去皮、挖蕊后按下列工序进行操作：

切块：用不锈钢刀切块，小果切为两块，大果为3～4块挖掉籽巢，果蒂及花萼。

护色：放入到1%～1.5%食盐水中浸泡护色，接着用清水冲洗干净。

预煮：入锅烫漂，水温80～100℃，时间2～8min，取出后用流动水冷却后，控去水分。

装罐：应在漂烫控干后趁热进行。一般500g罐头装果肉300g，糖水200g、糖水浓度为40%（加0.1%～0.3%柠檬酸或1～3g/kg柠檬酸）温度为85～90℃。

排气：80～90℃，8～10分钟。

密封：用手摇的，半自动及全自动的封罐机进行封口。

杀菌：10′-20′-5′/100℃

冷却：杀菌后冷却至40℃。

2. 桃

（1）原料选择

色泽金黄色至橙黄色，白桃应白色至青色，果尖、合缝线及核洼处无花色苷，不含无色花色苷。黄桃因含有大量的类胡萝卜素，若稍有变色也不如白桃明显，且具有波斯系及其杂种所特有的香气和风味，故品质远胜于白桃。肉质要求不溶质（Non-melting flesh），不溶质桃耐贮运及加工处理，劈桃损失少，生产效率高，原料吨耗低。种核应为黏核，黏核种肉质组织致密，树胶质少，去核后核洼光洁，离核种则相反。所谓的“罐桃品种”常指黄肉、不溶质、黏核这一类品种。

（2）工艺要点

原料选剔：剔除病虫害和严重机械伤的果实，果实横径要求51～75mm，分为两级或三级。

清洗、去核：洗净，沿缝合线纵切成两片，去核，修整。

去皮：碱液去皮，流水漂洗，于95℃以上的热水中预煮8～10min，修整后装罐。桃的去皮有浸碱和淋碱两种，浸碱法适合于不溶质果实，淋碱法适合于溶质果实。前者一般用2%的碱液90℃以上约1min，后者以90℃以上热碱喷淋，然后滚动喷洗去皮。

去皮后的桃子洗净碱液后装罐，常压杀菌、冷却。

桃罐头视品种不同常有表面泛红现象，系无色花色苷和花色苷在酸性下的变色所致，通过选择合适的品种和添加适量的异抗坏血酸钠可有效地抑制这种变色。

3. 番茄

番茄是世界性蔬菜，加工品种种类较多，制品有整番茄（canned whole tomato）、番茄酱（tomato paste）、番茄汁（tomato juice）、番茄浆（tomato pulp or puree）和番茄沙司（tomato catsup）（调味番茄酱）等。

（1）原料选择

供罐藏的品种，要求果实中等大小，果面平滑无凹痕，颜色鲜红而全果着色均匀，果肉丰厚，果心小，种子少，番茄红素、可溶性固行物及果胶含量高，酸度适当，香味浓而抗裂果。番茄红素的含量应在6mg%以上，可溶性固形物4～5°Brix以上。用做整番茄的果实，横径在30～50mm之间，加工番茄汁应选大果型为好，而加工番茄酱等制品应采用大果型番茄与小果型番茄混合搭配较好。

（2）工艺要点

番茄酱的甜度（以折光计）有稀（24%～27.9%）、中（28%～31.9%）、浓（32%～39.3%）和超浓（39.3%以上）几种。番茄酱的产品有稀（8.0%～10.1%）、中等（10.2%～11.2%）、浓（11.3%～14.9%）和超浓（15.0%～24.0%）几种。其中加工工艺基本相同，需破碎、脱籽、预热、打浆、浓缩、装罐、杀菌、冷却等。

整番茄罐头采用小果型番茄为原料，有加淡盐水和番茄汁两种，以后者为多，是西餐汤料的重要原料。加工工艺包括去皮（机械或手工）、分选装罐、加汤汁、排气、密封、杀菌、冷却等。番茄制品的pH值在4.5以下，可用常压杀菌。

4. 青豆（青豌豆）

（1）原料选择

要求丰产，植株生长一致，豆粒光滑饱满，质地鲜嫩，含糖量高，粒小有香气，色泽碧绿，种脐无色，植株上豆荚成熟一致。罐藏豌豆品种有两种类型，一种是光粒种；另一种是皱粒种。所谓皱粒种是指豌豆老熟干燥后的表现，在幼嫩时种皮仍保持光滑，这类品种成熟早，色泽保持好，风味香甜，但不及光粒种丰实。红花豌豆因种脐黑色，不宜用做罐藏。

最有名的罐藏品种是阿拉斯加（Alaska），此外还有派尔范新（Perfection）、大绿537（Green Giants）。日本用冈山绵荚、白姬豌豆和滋贺改良白花等。我国生产上常用小青荚、大青荚、宁科百号等，目前有中豌4号、中豌6号等。

（2）工艺要点

青豆罐头的加工工艺包括原料、去荚、分级、预煮、冷却、装罐、密封、杀菌和冷却等。

原料选择：进厂的原料要求新鲜。分级：用去荚机脱粒，之后进行大小分级，在5～10mm范围内分成5级，亦视不同的成熟度采用盐水分级。烫漂后装入涂料罐中，小号青豆的杀菌失重比大号豆要多，所以应多装一些。青豆罐头需高压杀菌，反压冷却。

青豆及其他的绿色蔬菜常进行染色处理，以保持较好的外观，常用的方法如下：（1）硫酸铜法，在0.03%的硫酸铜溶液中预煮3～7min，此法常会造成Cu^{2+}超标；（2）醋酸镁，方法为用沸水烫漂3min后在0.7%醋酸钠和0.12%的醋酸镁混合液中浸30min，保持温度70℃，浸泡后清洗装罐；（3）叶绿素铜钠盐，在1%的石灰液中浸20～30min，洗净后在5%的盐水中浸15～20min，青豆1.5份和0.08%～0.1%叶绿素铜钠染色液1份经25～30min 90℃以上的处理，清水漂洗。此法安全，但色泽不及硫酸铜。

5. 甜玉米

玉米有粉质和糖质两种类型，粉质类型只作粮食和饲料，糖质类型主要用于罐藏和冷冻加工，因其含糖量高，口味甜糯，所以称为甜玉米。罐藏要求甜玉米含糖量高，质地柔糯，风味甜香，成熟期整齐一致。甜玉米罐头有玉米笋、玉米粒和玉米糊粒等几种，对成熟度要求差异甚大。加工玉米笋的原料，其玉米穗长到6～9cm，尚未吐出花丝时采收，加工玉米粒的原料是待玉米长到乳熟期时采收。不论加工何种制品，甜玉米采收后均应及时加工，否则糖分很快转化，甜度下降，品质变劣。为延长加工时期，可采用分期播种或不同成熟期品种相搭配的办法来解决。

（1）原料选择

罐藏甜玉米的品种变化很快，杂种一代大量应用，我国各地曾选育出的罐藏品种有甜单1号、华甜5号、农梅1号和甜玉26号等，目前较好的有日本的卡拉贝86、卡拉贝90、露茜90、鸡尾酒600。我国的甜单8号、特甜1号、超甜3号、华珍、准甜6号。除了露茜90为白粒，鸡尾酒600为黄白相间之外，其余均为黄粒种。

（2）工艺要点

整粒甜玉米罐头的工艺包括去壳、去须、检验、切分、装罐加盐液、密封、杀菌、冷却。糊状罐头的工艺除了切分之外还需将一部分细粒刮下以形成糊，将其与玉米粒混合成一定稠度的糊，同时加糖盐和改性淀粉调节稠度。甜玉米罐头采用涂料铁装，高压杀菌，视不同的罐型，温度在121℃以下25～80min，要求冷却迅速。加糖多的产品受热时间长后产品易褐变。

第九章 果蔬干制

果蔬干制是指在一定的条件下，果蔬脱去一定水分，从而抑制微生物和酶的活性，使制品得以长期保存的加工方法。

果蔬干制在我国有其悠久的历史和丰富的经验，干制的品种多样，质量优良。如红枣、柿饼、葡萄干、黄花菜、辣椒干等，均闻名于世，畅销于国内外。

果蔬干制在果蔬加工业中占有重要地位。它是一种既经济又大众化的加工方法。其特点：

1. 干制技术和设备可繁可简，方法便于掌握和应用，既可用现代化的设备人工干制，也可就地取材自然干制。

2. 干制品水分减少，干物质含量增多，质量减轻，体积缩小，携带方便，较易贮运。

3. 含水量低，可以减少腐烂损失，提高经济效益。

作用：果蔬干制品对于勘测、航海、军需、对外贸易等方面都具有重要的作用。特别是促进农业种植结构的调整，农业增产、增效，农民增收都具有一定的现实作用。

第一节 果蔬干制原理

果蔬干制原理是借助热力作用将果蔬中的水分减少到一定的限度，使制品中可溶性物质的含量提高到微生物不能利用的程度。同时由于水分的下降，酶活性也受到抑制，因而使产品得到较长时间的保藏。

一、果蔬中水分存在的状态

新鲜的果蔬组织中含有大量的水分，果蔬中的水分以游离水（自由水）、胶体结合水和结合水三种不同的状态存在。

1. 游离水：游离水是果蔬中重要的水分存在状态，约占70%左右。既是可溶性物质的溶剂（其中溶有糖、酸等物质），也是微生物赖以生存、生长、发育和繁殖所利用的水分，这部分水流动性大，容易蒸发，并可借毛细管作用向内或向外移动，在干燥的过程中容易排除。

2. 胶体结合水：它吸附在细胞内亲水胶体的表面，与胶体有一定的结合力，不具有溶剂的性质，也不容易被微生物利用。在一般情况下不易蒸发，干燥时当游离水完全被蒸发之后，这部分水才被排除掉一部分。

3. 结合水：它与果蔬中的化学物质分子相结合，结合最稳定，一般不因干燥作用而排除。

二、干制对微生物的影响

果蔬在干制时水分蒸发的同时，也要蒸发掉微生物体内的水分，干制后，微生物就长期处于休眠状态，环境条件一旦适宜，微生物又会重新吸湿恢复活动。由于干制并不能将微生物全部杀死，只能抑制它们的活动。因此，干制品并非无菌，遇到温暖潮湿的气候，就会引起果蔬干制品的腐败变质。微生物发育与水分活度的关系（见表9-1）。

表9-1　**微生物发育时必需的水分活度**

微生物	发育时必需的最低 A_W	微生物	发育时必需的最低 A_W
普通细菌	0.90	嗜盐细菌	≤0.75
普通酵母	0.87	耐干燥细菌	0.65
普通霉菌	0.80	耐渗透压酵母	0.61

三、干制对酶的影响

酶活性与水分有密切的关系。当水分活度低于0.8时，大多数酶的活性就受到抑制，当水分活度降低到0.25～0.30时，产品中的淀粉酶、氧化酶和过氧化酶就会完全受到抑制而丧失其活性。在水分减少的时候，酶和反应基质的浓度在逐渐升高，使得它们之间的反应率加速。因此，在低水分干制品中，特别在它吸湿后，酶仍能够缓慢地活动，从而有可能引起制品品质恶化或变质。

酶对湿热环境很敏感，在湿热温度接近水的沸点时，各种酶几乎同时灭亡。当酶暴露在相同温度的干热环境中，酶对于热量的影响并不敏感，如在干燥的状态下，即使用204℃热处理，对酶也几乎没有什么影响。因此，可将果蔬原料放置在湿热的环境下或用化学方法使酶失去活性来抑制酶的活动。

四、干制的基本要求

为了防止干制果蔬的变质和腐败，其水分的含量越低越好。由于果蔬种类不同，水溶性物质的含量不一样，所以干制时对水分含量的最终要求也是有差异的。如：目前干制后的果蔬含水量在3%～25%之间，果干的含水量在15%～25%，蔬菜含水量为3%～13%，其中叶菜类含水量为4%～8%，根菜类因富含淀粉含水量为10%～12%。一般果蔬中水分的含量（见表9-2）。

表9-2　**果蔬的水分含量（%）**

果蔬种类	含水量	果蔬种类	含水量
苹　果	83.4～90.8	马铃薯	79.8
梨	83.6～91.0	胡萝卜	87.4～89.2

续表

果蔬种类	含水量	果蔬种类	含水量
桃	85.2～92.2	白萝卜	88.0～93.9
杏	89.4～89.9	大蒜头	66.6
猕猴桃	83.4	洋 葱	89.2

果蔬干制品需要良好的包装和贮藏才能达到安全保藏。水分含量高的干制品容易发霉，水分较低的干制品容易碎裂和吸湿。所以，干制品可采用真空或充氮密封包装，同时进行低温保藏，使干制品得以长期安全贮藏。

五、果蔬干制的过程

要把水分从果蔬中排除出来是一个复杂过程，排除的快慢和程度受许多因素的影响和制约。要使脱水顺利地继续进行，就要不断地提供蒸发所需要的热量，另一方面还要将蒸发的水汽排送出去，实质就是热和质的传递过程。

干燥过程可用干燥曲线、干燥速度曲线和干燥温度曲线组合在一起完整地表达出来（见图9-1）。

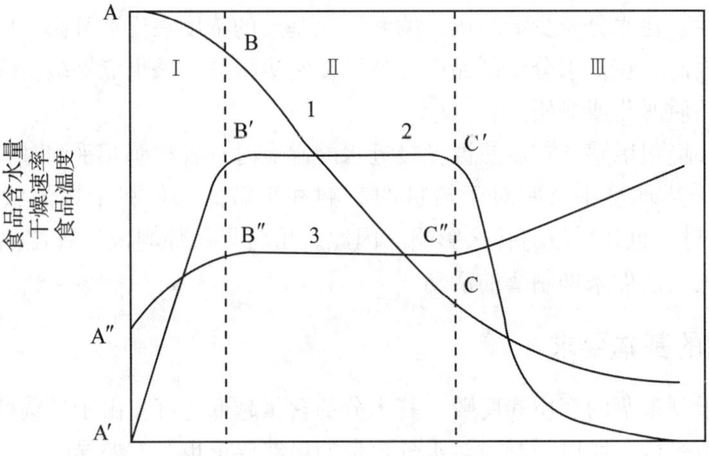

图9-1 食品干燥过程曲线（郑继舜，1989）

干燥曲线就是干制过程中果蔬绝对水分（$W_{绝}$）和干制时间（t）间的关系曲线，即 $W_{绝}=f(t)$（图9-1中的曲线1）。

干燥速率曲线是干制过程中单位时间内物料绝对水分变化 $d_{w绝}/dt$，即干燥速度与干燥时间的关系曲线，$W_{绝}/dt=f(t)$（图9-1中的曲线2）。

干燥温度曲线就是干燥过程中果蔬的温度T和干燥时间t之间的关系曲线，即 $T=f(t)$（图9-1中的曲线3）。

果蔬干燥时，水分蒸发依靠水分外扩散作用与水分内扩散作用。

1. 水分的外扩散：目前常规的加热干燥都是以空气为干燥介质。当原料接触干热介质时，果蔬表面的水分首先受热，由液态转化为汽态而蒸发，这种现象就称之为水分的外扩散。

2. 水分的内扩散：水分子从表面蒸发后，表层组织的含水量比内层组织的低，水分就由内部向外层移动，这种现象就称之为水分的内扩散。直到原料温度与干燥介质的温度相同，果蔬的含水量达到平衡水分状态时，水分的蒸发停止，干燥过程结束。

干制速度过快造成的不利因素为：在干制过程中，如果外扩散的速度过快，原料内部的水分来不及向外部转移，就会造成表面干结形成硬壳，称为结壳。结壳后不仅内扩散受阻，同时由于内部水分含量较高，蒸汽压大，还会造成干制品表面胀裂，影响外观，降低质量。因此，在干制时干燥环境的温度要适宜，使水分内外扩散的速度配合适当，是干制技术的重要环节。

3. 水分内外扩散的关系：在干燥的过程中水分的内外扩散是同时进行的，只是扩散的快慢程度有所差异。两者是相互促进，相互制约的关系。

六、影响干制的因素

干燥速度的快慢对于干制品的质量起着决定性作用，而干燥的速度在很大程度上取决于干燥环境的温度、湿度和空气循环的速度以及果蔬的种类、形态等。

1. 温度、湿度及空气流动的速度

干燥需要有适宜的温度。在干燥时如果温度过高，会引起果蔬汁液的迅速膨胀，使细胞壁破裂，内溶物流失，出现糖焦化、结壳等不良现象。如果温度过低，干制时间延长，产品容易氧化褐变或生霉变质，所以干燥时要合理控制干燥介质的温度。适宜的干燥温度因果蔬的种类、品种不同而有差异。大约在 40 ~ 90℃之间。凡富含糖分和挥发性物质的果蔬，适宜在较低的温度条件下干燥。

果蔬干燥时水分蒸发的快慢主要决定于在一定的温度条件下空气湿度饱和差。湿度饱和差的大小，又决定于空气的温度和实际存在的水蒸汽量。如果干燥环境中的绝对湿度不变，温度升高，空气的饱和差随之增加，干燥速度也加快，反之饱和差减少，干燥的速度降低。当空气的温度不变时，相对湿度越低，空气的饱和差越大，干燥的速度就越快。

在升高温度和降低湿度的双重作用下，不但干燥迅速，而且制品的含水量也能降到更低的要求。

为了降低湿度，常常要增加空气的流速，流动的空气能及时将聚集在果蔬原料表面附近的饱和水蒸汽空气层带走，以避免它会阻止物料内部的水分向外层移动。如果空气不流动，吸湿的空气逐渐饱和，滞留在果蔬原料表面的周围，不能再吸收来自果蔬蒸发的水分而停止蒸发。因此，空气的流速越快，果蔬干燥的速度就越快。为此，在人工干制设备中，常用鼓风的办法增大空气的流速，以缩短干燥的时间。

2. 原料的性质和状态

果蔬原料的种类不同，所含的化学成分和组织结构也不同。因此，在干燥条件相同的情况下，干燥速度也不同。一般来说含可溶性固形物较高，含水量大的果蔬干燥的速度较慢。

另外，原料切分的大小以及去皮脱蜡等预处理，对干燥的速度影响也很大。原料切分的越小，表面积越大，蒸发就越快。表皮以及表皮上的蜡质也阻碍水分的蒸发，因此原料经过去皮、脱蜡后干燥的速度会加快。

3. 原料的装载量

干制时单位面积内的装载量越多、厚度越大，越不利于空气的流通，而影响水分的蒸发；装载量太少、太薄，干燥的速度虽然加快，但不经济，所以装载量的厚度应不以妨碍空气的流通为原则。

4. 干燥的时间

干燥什么时间结束，取决于原料的干燥程度，一般烘至产品达到它所要求的标准含水量或略低于标准含水量。几种菜干的含水量标准见表9-3。

表9-3　几种菜干的水分含量（%）

菜干名称	含水量	菜干名称	含水量
辣椒干	14～15	大蒜片	6～7
黄花菜	15	木　耳	10～11
蘑　菇	11.5	胡萝卜片	7～8

第二节　干制原料的选择和处理

果蔬原料在进行干制前，无论是自然晒干还是人工干制，都需进行一些处理以利于原料的干制和产品质量的提高。原料的处理包括原料选择和处理两方面。

一、原料选择

果蔬干制时需考虑原料本身对干制品的影响。水果类：要求原料含水量低，干物质含量多，可食部分大，风味良好，核小、皮薄、致密、肉厚、纤维素含量低。蔬菜类：要求干物质含量高，风味好，菜心粗叶等废弃部分少，粗纤维素少，新鲜丰满，色泽良好。大部分的果蔬都可以进行干制，只有少数的蔬菜，由于其化学成分或组织结构的关系不适合干制。如黄瓜干制后失去脆嫩质地，芦笋干制后组织坚韧，不堪食用。

二、原料处理

1. 分级清洗

为使成品质量一致，便于加工操作，将原料按成熟度、大小、品质优劣以及新鲜度进行选择分级，剔除病虫害、腐烂以及不适宜于干制的部分。而后用手工或机械进行洗涤，以除去果蔬表面附着的污物等，确保产品清洁卫生。

2. 去皮

果蔬干制时去皮要有针对性。主要是对于有些果蔬的外皮粗糙坚硬，含有较多的单宁或具有不良的风味，因此，在干制前需要去皮。去皮不但便于水分的蒸发，促进干燥，而且也有利于提高制品的品质。去皮的方法主要有：手工、机械、热力和化学等六种。可根据原料的特性、形态进行选择使用。

3. 切分、去核、去心

切分应根据原料的性质、大小和加工的需求，采用手工或机械切分成一定形状的规格。如核果类的桃、杏等对半切分，仁果类的苹果、梨等一般切分成圆片或瓣片状，萝卜切成圆片、细条或方块，甘薯或白菜可切成细条状。

4. 烫漂

烫漂是果蔬干制的一种重要预处理。方法是将切分或未切分的原料投入沸水中或常压蒸汽中热处理数分钟。果品为 2 ~ 5min，蔬菜为 2 ~ 5min。

其作用如下：

（1）破坏酶的活性，防止氧化，避免变色，减少营养物质的损失，改变细胞的可透性；有利于水分的蒸发，缩短干燥的时间。

（2）排除原料组织中的空气，固定颜色，提高制品的透明度。

（3）除去某些果蔬的异味，增进制品的品质等。

5. 硫处理

硫处理通常采用两种方法：一是按每立方米用硫磺 200g 或每吨原料用硫磺 2kg 在熏硫室中燃烧硫磺进行熏蒸。二是将原料在 0.2% ~0.5%（以有效二氧化硫计）的亚硫酸盐溶液中浸渍。熏硫的效果比浸硫要好。

作用：(1）对于改进制品的色泽，保存维生素等都具有良好的作用。(2）能增强果蔬细胞膜的透性，促进水分蒸发，缩短干燥的时间。

第三节　干制方式

果蔬的脱水干制可以分为两大类：自然干制和人工干制。

一、自然干制

自然干制是我国古老的一种果蔬干制方法，直到现在仍在生产中继续沿用。其特点为：

1. 优点：设备简单，管理方便，生产费用低，而且还能使未完全成熟的产品进一步后熟。

2. 缺点：干燥缓慢，难以制成优良的产品。同时受气候和地区条件的影响大，如果在干制时遇到阴雨连绵的天气，那么原料脱水困难，干制过程延长，制品的质量下降，易被污染甚至霉烂变质。

自然干制的设备：晒场，晒盘，席箔等。

对晒场的要求：空旷，气流通畅，要有充分的阳光照射。尽量获得最长的照射时间，还可将晒场地向南面倾斜与地面保持 15 ~ 30°的角度，提高干制品表面受到太阳辐射的强度。同时晒场地选择尽量靠原料产地，注意避开污染源，保持制品的清洁卫生。

自然干制的方法：将原料直接置于晒场或晒盘上晒干，或悬挂架晒。

干制时应注意的问题：防雨，防鸟兽危害，并注意常翻动，以缩短干燥的时间，当原料水分大部分排除后，应短期堆积，使之均湿后再晒，有利于彻底干燥。

二、人工干制

人工干制是人工控制脱水条件的干燥方法。特点：不受气候条件的限制，干燥迅速，效率高，质量好，可以降低腐烂率。缺点：成本较高，技术比较复杂。

要求：具有良好的加热装置、保温设施、通风设备和卫生劳动条件，有利于排除原料蒸发的水分，避免产品污染，并便于操作管理。

现在采用的人工干制的方法很多，有烘制、隧道干制、滚筒干制、喷雾干制、溶剂干制、薄膜干制及冷冻干制等。每一种方法不一定适合于各种原料的干制，需要根据原料的不同，产品的要求不同，采取适当的干制方法。

目前国内外人工干燥设备，其形状大小，热作用的方式，载热体的种类等各不相同，其中决定干燥设备的结构特征和操作原理的最主要的因素是烘干时的热作用方式。根据烘干时的热作用方式，将干燥设备归纳为：

- 干燥设备
  - 借热空气加热对流式干燥设备
    - 热水或蒸汽加热
    - 电加热
    - 烟道气加热
  - 借红外线加热的红外线干燥设备
    - 灯泡
      - 碘钨灯
      - 普通红外线灯泡
    - 暗辐射
      - 管状加热器（氧化铁管等）
      - 板状加热器（碳化硅板等）
      - 煤气红外线
  - 借电磁感应加热的感应式干燥设备
    - 磁控管微波加热器
    - 高频电流加热器
  - 其他：冷冻升华干燥、太阳能升温干燥、超声波干燥

1. 烘房

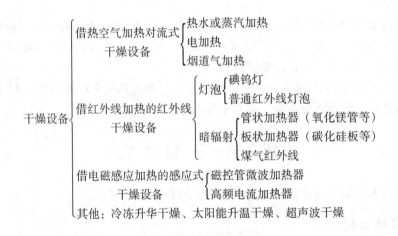

烘房是目前干制果蔬比较切实可行的一种干燥设备。它简便易行，效果较好，适合于广大农村果蔬集中产区大量推广使用。

基本结构：烘房主体、加热升温设施、通风排温装置、原料装载设备。现介绍的是两炉一（二）囱回火升温式烘房。

（1）房屋建造：烘房的房屋应选择在土质坚实、空旷通风、交通方便、干净卫生处建造。

①所用材料及烘房大小：大都用土木，烘房的墙壁建造时做到不透风、不漏气、保温性能好。一般前后山墙用砖砌成。两边的侧墙用土坯砌成土墙，间隔以砖柱支托屋架。墙壁厚度为0.4～0.5m。烘房（均指内径）长为6～10m；宽为3～3.4m；高为2～2.2m。

②烘房方向：应根据当地果蔬采收期的主风向来定。其长度与主风向垂直。（北方：

东西长）

目的：有利于外界空气较快地通过气窗进入烘房，以排除烘房内的湿气；使门的开闭和火炉的升温不受风的干扰，便于掌握烘房温度。

③房顶结构：要求保温，防雨，耐用，房顶多做平顶，中部稍高。

（2）加热升温设施：要求是升温快，保温好，燃料燃烧充分，耗能低。

主要包括：炉灶、火道、烟囱三部分。

①炉灶：是加热升温的重要设施，在后山墙的两侧地平面之间，分设炉灶各一个。包括：烧火炕，出灰炕（灰门），设在炉膛下面。炉门、炉条、炉膛（枣核形），长 80cm，宽 50cm，高 45cm，是炉灶的关键部分。

②火道：主火道与墙火道之分。

主火道：高 30cm，宽 110cm，长从炉膛入火口上延伸到对端与山墙火道连接（长与烘房内径一致）。主火道内的分火口处用土坯斜立成八字形，使炉道内的烟火进入到入火口时分为两道，靠炉膛的一端排列较稀间距为 18cm，中间排列较密为 15cm，靠后墙一端排列为 12cm。

墙火道：在烘房两侧的墙上设置有夹墙。主火道的烟火通入墙火道。其作用：使炉房内的温度比较均匀，避免余热的浪费，充分利用热能。

③烟囱：设在山墙的中部，两炉膛之间，两个烟囱并列在一起中间以 12cm 厚的墙隔开，高 7m，自底部向上分为三段，底端高 3m，内径 37cm；中段高 2m，内径 24cm；上段高 2m，内径 18cm。

（3）通风排湿系统：烘房的通风排湿设备包括进气口和排气窗。排气窗和进气口面积的大小是通风排湿设备的核心。进气口和排气窗的面积应成一定的比例较好，它们的截面积之比等于 1 或接近 1 为合适。一般每 1 立方米容积应具有通风面积 0.015 ~ 0.02 ㎡，烘房要有足够的通风面积，以求在短时间内排除室内的湿气，加速干燥过程。

（4）原料装载设备：要求坚固、耐用、轻便。主要设备有：烤架和烤盘。

烤架分为：固定烤架和活动烤架两种。比如活动烤架做成载车，在烤架的基部安装木制或铁制滚轮，借助轻便轨道，可以往返活动。

烤盘：根据实际工作情况，烤盘的长和宽在 0.4 ~ 0.7m 的范围内为宜。

烘房在干燥的过程中，温度和湿度的控制是靠炉灶加温和通气孔的通风排湿来进行调节，由于原料的种类品种不同，各阶段要求的温度也不一样。

2. 干制机

人工干制机：它是一种功效较高的热空气对流式干燥设备。在常压下，原料可分批或连续进行干制，热空气则自然地或强制地进行对流循环。

特点：人工控制干燥空气的温度、湿度和流速，因此干燥时间短，效果好。

人工干制机的种类很多，用于果蔬干制的主要是：隧道式干燥机，滚筒式干制机，带式干制机等。

（1）隧道式干燥机

隧道分为：单隧道式、双隧道式和多层隧道式等几种。

隧道组成：由干燥间和加热间两部分组成，干燥间一般长为 12 ~ 18m，宽约 1.8m，高为1.8～2m，加热间设于单隧道式干燥间的侧面或双隧道式干燥间的中央，在加热间的一段或两端，装设加热器和吹风机，推动热空气进入干燥间，经过原料，使其水分蒸发而干燥。一部分废气从排气筒排出，一部分回到加热间，经升温后重新利用。

隧道式干燥机依据原料和干燥介质运行的方向，分为顺流式、逆流式和混合式三种。

①顺流式：热空气流动的方向与原料运输的方向一致。所以原料从高温的热空气一端进入，向低温高湿的方向前进，开始水分蒸发很快，随着原料的继续前进，热空气因蒸发失热，温度逐渐下降，湿度逐渐升高，水分蒸发的能力减弱。如果操作管理不当，难以达到干燥所需要的标准含水量，必要时要进行补充干燥。这种干燥机开始温度80～85℃，终了温度55～60℃。

适宜加工的原料：含水量高，固形物含量低的果蔬。仅适用于苹果，萝卜切块（片）后的干燥。

②逆流式：在隧道内，原料前进的方向与热空气流动的方向相对，就是原料从低温高湿的一端进入，从高温低湿的一端出来。其特点是：初期温度较低（40～50℃），原料温度上升较慢。如果原料含水量大，内部水分流动容易，蒸发能顺利进行，不易出现结壳的现象。同时随着原料的前进，温度不断上升（终了温度65～85℃），湿度逐渐下降，以利于提高原料的脱水效果，使产品达到最终的干燥要求。如桃、杏、李干制时，最高温度不宜超过72℃，葡萄温度不宜超过65℃。

③混合式：又称为对流干燥机，是由逆流式和顺流式两种隧道组合而成。它综合了上述两式的优点，并克服其缺点，提高了干燥效率。

混合式干燥机有两个鼓风机和两个加热器，分别设于隧道的两端，热空气由两端吹向中间，热空气通过原料后将湿热空气从隧道中部集中排出一部分，另一部分回流利用。干燥时，原料首先进入顺流式隧道，开始接触较高的温度，风速较大的干燥介质使原料迅速升温，快速蒸发。

随着原料的逐渐前进，温度逐渐下降，湿度逐渐增大，蒸发速度逐渐减缓，有利于水分的内扩散，不致于造成结壳现象。等原料水分大部分蒸发后，原料进入逆流式隧道，随着原料的不断前进，温度逐渐升高，湿度不断下降，使原料干燥彻底。干制机示意图见图9-2。

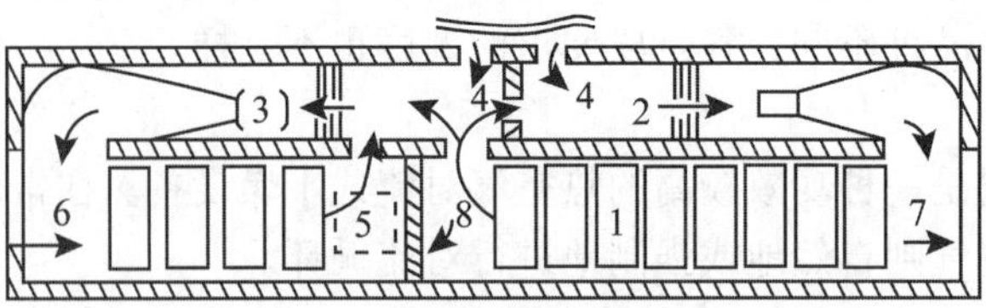

图9-2　联合通道干制机

1. 运输车；2. 加热器；3. 电扇；4. 空气入口；5. 空气出口；
6. 新鲜品入口；7. 干制品出口；8. 活动隔门

（2）滚筒式干制机

这种干制机的干燥机面积是表面平滑的钢制滚筒，滚筒直径为 20～200cm，中空，滚筒内通有热蒸汽或热循环水等热介质，滚筒表面温度可达 100℃以上，使用高压蒸汽时，表面温度可达 145℃左右。该法是在加热滚动的金属圆筒表面涂布浆状类食品类原料而干燥成膜状产品，滚筒转动 1 周，原料便可以干燥；然后由刮器刮下并收集于滚筒下方的盛器中。一般液体或稀浆状或泥状食品原料均可采用滚筒干燥，常用于马铃薯薯片、蔬菜浓汤和果汁等的干燥。

滚筒干制机有单滚筒、双滚筒两种形式，改进的设计是在滚筒干制机外部加上密封的外壳，使干燥在真空条件下进行（见图 9-3），并配以抽气设备，这种设备对在干制过程中排除氧的作用，提高产品的质量更为有效。

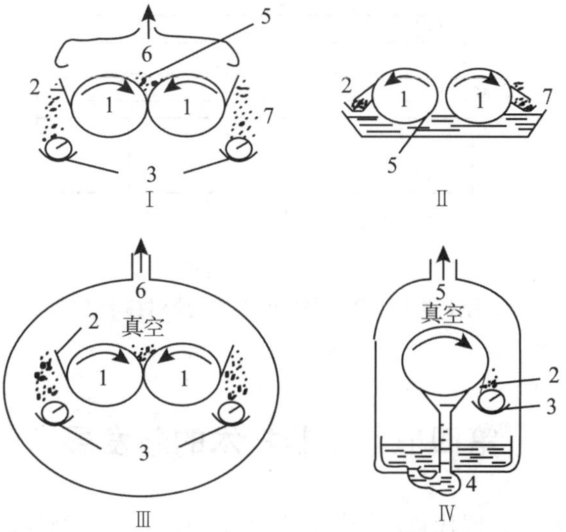

图 9-3　滚筒干制机类型

Ⅰ—双干燥滚筒（顶部供料）；Ⅱ—对装滚筒（浸液供料）；

Ⅲ—真空干燥滚筒（顶部供料）；Ⅳ—真空干燥单滚筒（盘式供料）

1. 滚筒；2. 刮刀；3. 输送装置；4. 泵；5. 液态食品；6. 蒸汽；7. 干制品

由于滚筒干燥使用的温度很高（121℃左右），对产品有产生糊味的可能，因而对热敏性的果汁的应用有限。

（3）带式干制机

它是在通风干制机的基础上改进的，其主要差别是用循环运行金属履带取代烘盘和车架，如厢式连续干制机。它是在箱室内装置多层循环运行的金属履带，原料由进料斗均匀地卸落在最上层的履带上，由于履带的移动速度控制原料铺放的厚度，原料由履带送至末端时，就将原料卸落在第二层履带上，而第二层履带的移动以与上层相反的方向进行。如此反复装卸向下逐层移动，至最低一层的履带末端卸出干制品（见图 9-4）。这种干制机用蒸汽加热，暖管装在每层金属网的中间。这种干制机单位干燥面积的生产能力较高，可以连续操作，自动装卸原料，节省人工，提高生产效率。蒸汽耗量较少，所需干燥时间短，产品质量好。

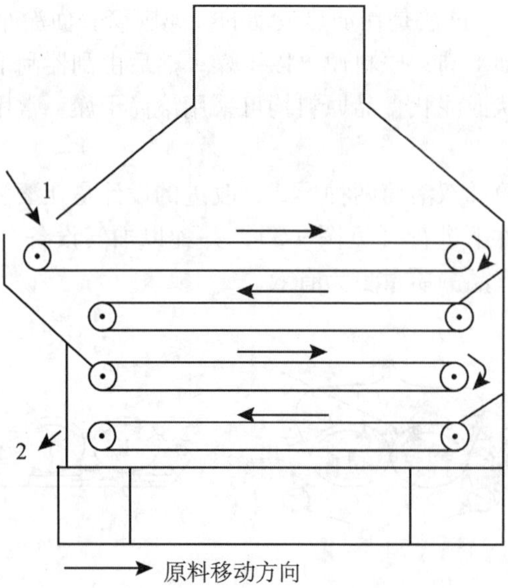

图 9-4　带式干制机类型

1. 原料进口；2. 原料出口；→原料移动方向

第四节　干制技术的新发展

随着科学技术的发展，现代化的干燥设备和干燥技术也不断地用于生产。

一、微波干燥

它是指频率为 300MHz 到 300GHz，波长为 0.01～1.0m 的电磁波。所用的微波管是磁控管。常用的加热频率为 9.5MHz 和 2450MHz（见图 9-5）。

特点：

1. 微波的穿透能力比远红外线更强，水又能强烈地吸收微波，所以用微波干燥加热时间短。比如将含水量从 80% 烘干到 20%，用热空气干燥需要 20h，而用微波干燥仅需 2h。

2. 热效率高，温度均匀，不会引起外焦内湿的现象。

3. 具有选择性的加热能力，能保持果蔬原有的色、香、味，是一项有发展前途的干燥技术。

4. 具有调节灵敏、控制方便、热效率高、设备占地面积小等优点。

二、真空冷冻升华干燥

它是依据水的物态变化过程，先将原料中的水冷冻成冰晶，然后在较高的真空度下，

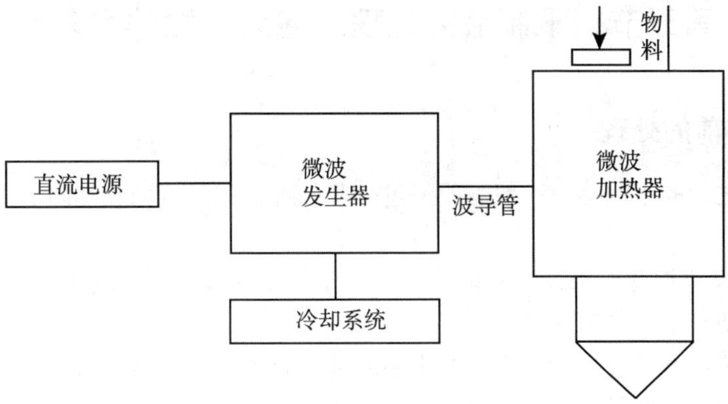

图 9-5　微波装置系统示意图

将冰直接升华为蒸汽，不经过液态，而将水蒸气排出，物料就被干燥。

冷冻升华干燥的物料，首先需要在低温条件下冻结，一般预冻到-30℃左右，然后在较高真空度下使冻结的冰晶由外到内逐步升华，还要施加热量使冻结的物料加速升华，但温度不能高到使冰融化。见图 9-6 水的相平衡图。

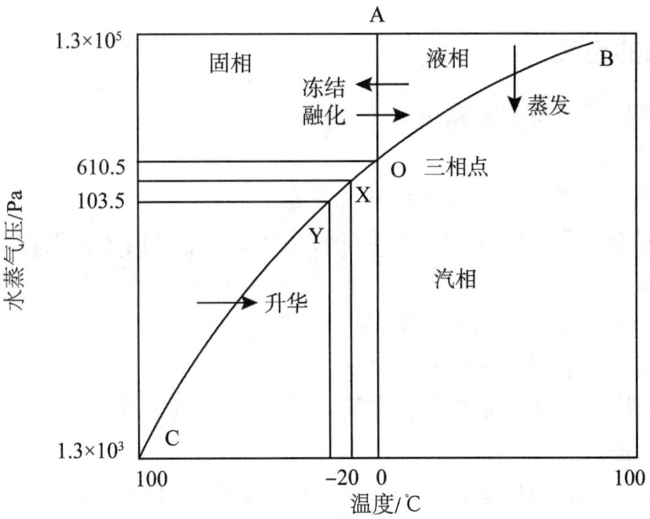

图 9-6　水的相平衡图

特点：冷冻干燥的过程是在低温条件下进行的，能很好地保持果蔬原有的色、香、味及营养成分。但生产成本高，所以要从提高产品质量、降低成本两个方面努力。

其余的干制设备：喷雾干制机，远红外干燥器等。

第五节 干制品的处理、包装、贮藏和复水

一、包装前的处理

经过干燥之后的干制品，一般需要经过一些处理，如进行回软和防虫处理后才能包装和保存。

1. 回软：又称均湿或水分的平衡。其目的是使干制品内外水分均匀一致，呈适宜的柔软状态，以便于整理包装和贮运。

回软的方法：将经过选剔、冷却的干制品堆积起来或放入容器密闭让其水分均衡。

回软的时间：一般果干需要2~5天，菜干需要1~3天即可。

2. 分级：为使干制品符合规定的标准，便于进行包装和运输，同时贯彻优质优价的政策，必须进行分级。分级应按各种不同的干制品所要求的标准进行。

3. 防虫：果蔬干制品容易遭受虫害，所以干制品也必须进行防虫处理，以保证贮藏安全。防虫的方法有：

（1）低温杀虫：有效的低温应在-15℃以下．

（2）高温杀虫：将果蔬干制品在75~80℃温度以下处理10~15min后立即冷冻。

（3）熏蒸杀虫：常用的熏蒸剂有二氧化硫，二硫化碳、氯化苦等。

二、干制品的包装

包装是一切食品在运输和贮藏中必不可少的工序，干制品的耐藏性受包装的影响很大，所以包装应达到以下要求：

1. 能防止干制品吸潮回软，以免结块和长霉。

2. 能使干制品在常温、90%相对湿度的环境中，6个月内水分增加量不超过1%。

3. 避光和隔氧。

4. 包装形态、大小及外观有利于商品的推销。

5. 包装材料应符合食品卫生要求。

目前常用的包装容器有：锡铁罐、木箱、纸箱和金属罐等，包装的方法：普通包装、气体包装和真空包装。

（1）普通包装：先在箱内垫衬1~2层防湿纸或给箱内壁涂抹防潮材料。如假漆、干酪乳剂和石蜡等。然后再将制品按照一定的要求装入，用衬纸覆盖包严扎实。

（2）真空包装：对于保存维生素的稳定性和降低贮藏期间损失有良好的作用。

（3）气体包装：要用无毒的聚乙烯袋将制品按重量要求装入后，充入氮气或二氧化碳气体，使容器内氧气含量降到2%以下，然后密封就可防止氧化生虫。

三、干制品的贮藏

干制品的贮藏温度以0~2℃为最好，一般不能超过10~14℃，高温度会加速干制品变质。据报道，贮藏温度高可加速脱水蔬菜的褐变，温度每增加10℃，干制品褐变的速

度可增加3～7倍。

贮藏环境中的相对湿度最好在65%以下，空气越干燥越好。

光线会促使干制品变色并失去香味，还能造成维生素C的破坏。因此，干制品应避光包装和避光贮藏。

四、干制品的复水

复水是一个过程，为使干制品复原而在水中浸泡的过程，就是干制品吸收水分恢复原状的一个过程。脱水蔬菜一般都需要在复水后才能食用。

干制品复水时，浸泡水的温度、时间对复水均有一定的影响。一般来说，浸泡的时间越长，复水越充分；浸泡的温度越高，吸水的速度就越快，复水时间就越短。

脱水蔬菜的复水性常用复水率（或复水倍数）来表示。复水率就是复水后沥干质量（$G_{复}$）与干制品试样质量（$G_{干}$）的比值。脱水菜的复水率见表9-4。

脱水果蔬复水程度的高低以及复水速度的快慢是衡量干制品质量的一个重要指标，不同的干燥工艺复水性存在着明显的差异（见表9-5）。

表9-4　**脱水菜的复水率**

脱水菜种类	复水率/%	脱水菜种类	复水率/%
胡萝卜	5.0～6.0	菜　豆	5.5～6.0
萝　卜	7.0	刀　豆	12.5
马铃薯	4.0～5.0	甘　蓝	8.5～10.5
洋　葱	6.0～7.0	甜　菜	6.5～7.0
番　茄	7.0	菠　菜	6.5～7.5

表9-5　**不同干制方法干制蔬菜的复水性（郑继舜等，1989）**

干菜种类	鲜菜水分/%	真空冷冻干燥			普通通风干燥		
		复水时间/min	复水前水分/%	复水后水分/%	复水时间/min	复水前水分/%	复水后水分/%
胡萝卜	93.7	1	2.24	93.4	21	2.89	85.0
芹　菜	96.3	3	2.37	95.0	15	4.65	86.6
韭　菜	92.9	3	1.53	92.0	8	2.37	89.0

干制品的基本工艺过程：原料→清洗→去皮切分→去核去心→热烫→硫处理→暴晒或烘烤→回软→成品。

五、果品干制加工实例

1. 葡萄

（1）原料选择：用于干制的葡萄应选皮薄、果肉丰满、粒大、含糖量高（20%以上），并达到充分成熟。

（2）预处理：凡进行人工干制的葡萄都要经过碱液处理，然后经过熏硫。具体操作如下。

浸碱：将选好的果穗或果粒浸入1%～3% NaOH溶液5～10s，使果皮外层蜡质破坏并呈皱纹。浸碱处理后的果穗用清水冲洗3～4次，置木盘上沥干。

熏硫：将木盘（放置果粒）放入密闭室，按每吨葡萄用硫磺1.5～2kg，熏3～4小时。

（3）干燥：自然干燥：将处理后的葡萄装入晒盘内，在阳光下曝晒10天左右，用一空晒盘罩在有葡萄的晒盘上，很快翻转倒盘，继续晒到果粒干缩，手捏挤不出汁时，再阴干1周，直到葡萄干含水量达15%～17%时为止，全部晒干时间为20～25天。若采用浸碱处理可缩短一半干燥时间。我国新疆吐鲁番等地夏秋气候炎热干燥，空气相对湿度为35%～47%，风速每秒3m左右，所以葡萄不需在阳光下曝晒，而在搭制的凉房内风干就行了。风干时间一般为30～35天，且制品的品质比晒干的优良。

人工干燥：将处理好的葡萄装入烘盘，使用逆流干制机干燥，初温为45～50℃，终温为70～75℃，终点相对湿度为25%，干燥时间为16～24小时。

2. 柿果

（1）原料选择：宜选果大形状端正，果顶平坦或稍有突起，肉质柔软，含糖量高，无核或少核的柿子品种。柿果应由黄变红时采收。

（2）去皮：去皮前需将柿果进行挑选、分级和清洗。可人工刮皮或借助旋床刮刀去皮。去皮要求蒂盘周围的皮留得越少越好。

（3）熏硫：去皮后的柿果按250kg鲜果用硫磺10～20g，置密闭室内熏蒸10～15min。

（4）干燥：自然干燥包括：①晾晒：用高粱杆编成帘子，选通风透光、日照长的地方，用木桩搭成1.5m高的晒架，将去皮柿果果顶向上摆在帘子上进行日晒，如遇雨天，可用聚乙烯塑料薄膜覆盖，切不可堆放，以防腐烂。

②捏饼：晒8～10天后，果实变软结皮，表面发皱，此时将柿果收回堆放起来，用席或麻袋覆盖，进行发汗处理，3天后进行第一次捏饼。方法是两手握饼，纵横重捏，随捏随转，直至将内部捏烂，软核捏散或柿核歪斜为止。捏后第二次铺开晾晒4～6天，再收回堆放发汗，2～3天后第三次捏饼。方法是用中指顶住柿蒂，两拇指从中向外捏，边捏边转，捏成中间薄、四周高起的蝶形。接着再晒3～4天，堆积发汗1天，整形1次，最后再晒3～4天。

③上霜：柿霜是柿饼中的糖随水分渗出果面，水分蒸发后，糖凝结成为白色的固体，主要成分是甘露糖醇、葡萄糖和果糖。出霜的过程是：在缸底铺一层干柿皮，上面排放一层柿饼，再在柿果上放上一层干柿皮，层层相间，封好缸口，置阴凉处约10天即可出现

柿霜。

人工干燥：初期温度保持40～50℃，每隔2h通风一次；每次通风15～20min。第一阶段需12～18小时，果面稍呈白色，进行第一次捏饼。然后使室温稳定在50℃左右，烘烤20小时，当果面出现纵向皱纹时，进行第二次捏饼。两次烘制时间共需27～33小时。再进一步干燥至总干燥时间为37～43小时，进行第三次捏饼，并定形。再需干燥10～15小时，含水量达36%～38%时便可结束，最后“堆捂”上霜。

3. 苹果

（1）材料：选择充分成熟、新鲜、无霉烂和病害的苹果为原料，个头的横径应在60mm以上，可溶性固形物的含量高，单宁和水分的含量低，肉质致密的品种。如红玉、国光等苹果均可作为加工果干的适宜品种。

（2）处理：将果实洗涤，去皮去心后，切成5～8㎜厚的圆片或切成4～6瓣，然后热烫或进行硫处理。

热烫的作用：护色并加快干燥的速度。

硫处理的作用：护色，提高营养物质的保存率，加快干燥的速度，使制品有良好的复水性，硫处理可用熏硫或浸硫法。

①熏硫：1000kg果实用硫磺2～3g，熏15～30min。熏硫前先将生铁或木炭烧红，放在铁制的容器内移到熏硫室。迅速将硫磺粉撒在已烧红的生铁或木炭上，使硫磺燃烧产生烟雾，熏硫时门窗要密闭。

②浸硫：用3%亚硫酸氢钠溶液加0.3%的盐酸，配成含1.5% SO_2的酸性溶液，浸泡原料15～20min。

（3）自然干制：果实经过硫处理后，可铺放在晒盘中，置于晒场阳光下曝晒。在曝晒的过程中应经常翻动，以加快干燥速度。晒到用手紧握松手互不粘连并有弹性就可，含水量约为20%，这时可堆集在一起，使之回软，1～2天之后含水量达到均衡，就可进行包装。

（4）人工干制：利用人工干制，烘盘单位面积装载量为4～5kg/m^2，初温80～85℃，终温50～55℃,，终点相对湿度10%，干燥时间5～6小时。

六、蔬菜干制加工实例

1. 洋葱

（1）原料选择：选用充分成熟，葱头大小横径在6.0cm以上，葱肉呈白色或淡黄白色，干物质不低于14%的洋葱品种。

（2）原料处理：切除葱梢、根蒂，剥去葱衣、老皮至露出鲜嫩葱肉。

（3）切片：用切片机按洋葱大小横切成宽度为4.0～4.5mm，切片过程中边切边加入水冲洗。

（4）漂洗：切片后必须进行漂洗，以除去葱片表面的胶质物。漂洗后沥干水分。

（5）干燥：采用单隧道式干制机干燥，入烘前，先将隧道内温度预热升温至60℃左右，连续先进入3架载料烘车，随即关闭进料门。接着每铺满一架烘车，进入一架，直至烘道装满为止，关闭进料门，继续升温，烘烤温度控制在 58～60℃，持续时间 6～7 小时。当葱片含水量降至 5.0% 以下时，即可从干燥机出口处卸出一架烘车，从进料口进入一架鲜葱烘车，如此连续不断地进行干燥作业。

一条全长为 14.5m，内宽、高各 2m 的单隧道热风干燥机，在 24 小时内，可生产脱水洋葱片 300～400kg。13～15 吨原料可生产 1 吨干品。

2. 黄花菜

（1）原料选择：选花蕾充分发育，外形饱满，颜色由青绿转黄或橙色的未开花蕾（裂嘴前 1～2 小时采收）。

（2）蒸制：采摘后的花蕾要及时进行蒸制，否则会自动开花，影响产品质量。方法是把花蕾放入蒸笼中，水烧开后用大火蒸 5min，然后用小火焖 3～4min。当花蕾向内凹陷，颜色变得淡黄时即可出笼。

（3）干燥：蒸制后的花蕾应待其自然凉透后装盘烘烤。干燥时先将烘房温度升至 85～90℃，放入黄花菜后，温度下降至 75℃，并在此温度下干燥不超过 10 小时。最后让温度自然降至 50℃，直至烘干。在此期间注意通风排湿，保持烘房内相对湿度在 65% 以下，并要倒换烘盘和翻动黄花菜 2～3 次。

（4）均湿回软：干燥后的黄花菜，由于含水量低，极易折断，应放到蒲包或竹木容器中均湿，当黄花菜手握不易折断，含水量在 15% 以下时，即可进行包装。

3. 南瓜

（1）原料选择：选择老熟南瓜，对切，除去外皮、瓜瓤和种子。切片或刨丝。

（2）热烫：沸水中热烫 5～8min。

（3）干燥：装载量 5～10kg/m^2，干制品含水量在 6% 以下。

（4）南瓜粉：处理后的南瓜肉切成直径为 1.5cm 大小的瓜丁。

（5）粗碎：用锤式粉碎机粉碎，打成浆状，粉碎机筛网以 60 目孔径为宜。

（6）过滤：通过浆渣分离机，去除粗渣，取出滤液。

（7）浓缩：将过滤液通过浓缩设备将其可溶性固形物提高至 30% 左右。

（8）干燥：采用喷雾干燥，料液温度维持在 55℃，得到色泽绿黄、粉状均匀的南瓜粉。

4. 大蒜

（1）原料选择：选用蒜瓣完整、成熟、无虫蛀，直径为 4～5cm 的蒜头为原料。

（2）剥蒜去鳞片：可人工剥蒜瓣，并要同时除去附着在蒜瓣上的薄蒜衣。

（3）切片：用切片机切成厚度为 0.25cm 的蒜片。太厚，烘干后产品颜色发黄，过薄，容易破碎，损耗大。

（4）漂洗：可将蒜片放入池或缸内，经过三四遍漂洗，蒜片基本干净。

（5）甩水：将漂洗过的蒜片置于离心机中甩水 1min。

（6）干燥：甩水后的蒜片进行短时摊凉，装入烘箱，每 m^2 烘箱摊放蒜片 1.5～2kg 为宜。烘烤温度控制在 65～70℃，一般烘 6.5～7 小时，烘干后蒜片含水量在 5%～6%。

冻干大蒜粉：冻干大蒜粉的工艺流程如下：

鲜大蒜→去蒂、分瓣→浸泡→剥皮、去膜衣→漂洗→滤干→低温破碎→冷冻干燥→粉碎→过筛→真空包装→成品。

大蒜冻干的最佳工艺参数因冻干机不同而不同。对于热量由冷冻层传导的冻干设备，最佳压力为6.7Pa，最佳料层厚度为1cm左右，加热介质温度约为53℃，冷冻温度最好为-60℃左右。

第十章　果蔬冷冻干燥

冷冻干燥是将新鲜食品原料经过预处理后，以急速冷冻法冷冻到-30℃以下，冻结成固体，然后在高真空下使冰结晶直接升华出来的一种干燥装置。冷冻干燥技术是近年来迅速发展起来的一项食品加工新技术，能干燥果蔬、肉类、海产品等多种食品，尤其适于干燥富含易挥发成分和遇热变质的食品。

冻干食品产品质量优于热风干燥、喷雾干燥、真空干燥等传统脱水干燥食品。在国际市场上，冻干食品价格比传统脱水食品的价格高千倍左右。1988 年冻干大蒜售价每吨高达 5000～5500 美元，日本 1982 年进口冻干蔬菜达 12400 吨，1988 年美国向日本出口冻干蔬菜达 2778 吨，我国台湾省出口冻干蔬菜达 3326 吨。随着我国种植、养殖业的发展，动植物产品的品种、数量不断地增加，我国的冻干食品资源十分丰富，冻干食品的种类繁多，如冻干蔬菜、冻干果品、冻干牛肉、冻干海鲜、冻干大蒜粉、冻干芦笋、冻干胡萝卜、冻干香菇、冻干木耳、冻干速溶茶等。随着人们生活水平的提高，人们对食品的需求也发生了质的变化，以往人们不敢问津的诸如冻干食品工业高新技术设备和工艺食品的高档食品已进入普通百姓家。

真空冷冻干燥法的设备费及操作费均比一般干燥法高出很多，所以在经济上只适用于果蔬、肉、咖啡等高价值或特殊食品的干燥。冷冻干燥食品与其他干燥食品相比，可以最大限度地保持新鲜食品的营养成分及色、香、味。冻干后食品中的蛋白质、脂溶性维生素基本不损失，维生素 C、β-胡萝卜素和其他水溶性维生素仅损失 5%；食品冻干后，体积形状基本不变，物质结构和组织状态不变，复水性好，复水性和速溶性大大提高，复水率达 90% 以上，复水时间大为缩短，食用简单方便；冻干产品脱水彻底，含水量低（2%～5%），重量轻贮运方便，无须冷藏；保存期长，常温下保质期可达 3～5 年，贮存要求低。

由于真空冷冻干燥一次性投资大，加之真空冷冻干燥的生产费用较高，干燥时间长，能耗也较高，限制了冷冻干燥在食品工业中的使用。丹麦等国家进口冻干设备每平方米冻干面积高达 2 万美元，国产冻干机质量与国外产品有很大的差距，每平方米冻干面积约为 8 万元人民币。目前我国食品工业冻干设备总面积约 5000 平方米。

第一节　冷冻干燥果蔬的基本原理及特点

一、冷冻干燥的基本原理

水有三种存在状态，即液态、固态和气态，三种相态之间既可以相互转换又可以共存。随着压力的不断降低，冰点的变化不大，而沸点则越来越低，越来越靠近冰点。当压力下降到某一值时，沸点即与冰点相结合，固态冰可以不经过液态而直接转化为气态。水的三相点压力为610.5Pa，三相点温度为0.0098℃。当蒸气压大于610.5Pa时，冰只能先融化为水，然后再由水转化为水蒸气；在压力低于三相点压力610.5Pa时，固态冰可以吸收热量直接转化为气态的水蒸气，这就是冷冻干燥的基本原理。

如图10-1所示为水的相平衡图。图中OA、OB、OC三条曲线分别表示冰和水、水和水蒸气、冰和水蒸气两相共存时水蒸气与温度之间的关系，分别称为融化曲线、汽化曲线和升华曲线。O点称为三相点，所对应的温度为0.0098℃，水蒸气压为610.5Pa（4.58mmHg），在这样的温度和水蒸气压下，水、冰、水蒸气三者可共存且相互平衡。

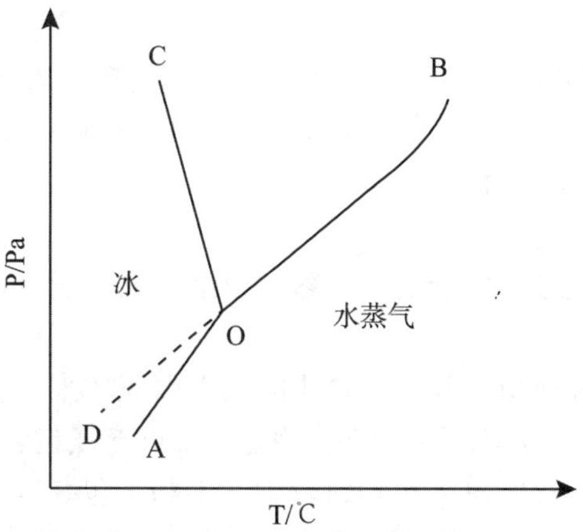

图10-1　水的相平衡

维持升华干燥进行的两个必要条件，一是不断向冰供热；二是不断去除冰表面的水蒸气，以使水蒸气永远达不到冰的饱和蒸气压。

实际真空冷冻干燥操作时，冻结好的产品放在真空室内，处在两加热板之间，加热板的温度是按干燥过程的加热曲线精确控制的。

二、冷冻干燥的特点

1. 冷冻干燥的优点

（1）冷冻干燥果蔬由于脱水较彻底，包装适当，不加任何防腐剂，所以对贮存时的环境温度没有特别的要求，在常温下可安全地贮存较长时间。冷冻干燥果蔬的贮存、销售等经常性费用远远低于冷冻果蔬。

（2）果蔬冻结后水变成冰形成了一个稳定的固体骨架，当冷冻干燥后冰晶升华，固体骨架基本维持不变。冷冻干燥果蔬的收缩率远远低于其他干制品，能够保持新鲜果蔬的形态。

（3）冷冻干燥果蔬冰晶升华后，溶于水中的无机盐等溶解物就地析出，避免了用一般干燥法时由于食品内部水分向表面迁移，无机盐等成分在表面析出的问题，因此冷冻干燥果蔬无表面硬化问题。

（4）由于果蔬冻结后进行冷冻干燥，果蔬内细小冰晶在升华后留下大量空穴，呈多孔海绵状，在复水时水分能迅速渗入并与物料充分接触，可使冷冻干燥果蔬在几分钟甚至数十秒钟内完成复水，因而最大限度地保留了新鲜果蔬的色、香、味。因具有良好的复水性能，冷冻干燥果蔬是高质量的速食方便食品。

（5）由于果蔬的冷冻干燥是在低温及高真空度下进行，避免了果蔬中热敏性成分的破坏和易氧化成分的氧化。所以，冷冻干燥果蔬的营养成分和生理活性成分损失率最低。这是某些功能性果蔬采用冷冻干燥果蔬为基料的主要原因。

（6）果蔬在冷冻干燥时，由于低温使各种化学反应速率降低，所以果蔬的各种色素分解造成褪色、褐变等现象几乎不发生，使得冷冻干燥果蔬不需添加任何色素，最大限度地保留了果蔬的原有色泽。

（7）果蔬在冷冻干燥时，由于在低温下操作，果蔬挥发成分损失少。加之真空操作，无氧化反应，所以无异味产生。冷冻干燥后产品中的芳香成分浓度相对增加，所以冷冻干燥果蔬风味不变，香气更加浓郁。

2. 冷冻干燥的缺点

（1）冷冻干燥果蔬一旦暴露于空气中容易吸湿返潮，所以包装材料的隔湿防潮效果要好。

（2）冷冻干燥果蔬表面积与其体积之比的比表面积较大。在贮存期间果蔬中的脂肪容易氧化造成脂肪酸败，所以冻干果蔬要真空包装最好充氮包装。

（3）冷冻干燥果蔬一般所占体积相对较大，不利于包装、运输和销售，所以冷冻干燥果蔬常被压缩之后再包装，或者添加气相二氧化硅等以增加其堆积密度和流动性。

（4）冷冻干燥果蔬因具有多孔海绵状疏松结构，在运输、销售中易破碎及粉末化，所以，对不便压缩包装的冻干果蔬，应采用有保护作用的包装材料。

（5）冷冻干燥果蔬操作一次性投资很大，干燥速率低、干燥时间长。冷冻干燥果蔬的生产需要低温快速冻结制冷设备和高真空设备等，所以，冻干果蔬投资费用较大，生产成本较高。

第二节　冷冻干燥机的组成与分类

果蔬的冷冻干燥需要在一定装置中进行，这个装置叫做真空冷冻干燥机，简称冻干机。按系统分，冻干机由制冷系统、真空系统、加热系统和控制系统四个主要部分组成。按结构分，冻干机由冻干箱（干燥箱、干燥仓）、冷凝器（捕水器、水汽凝集器）、冷冻机、真空泵、阀门和电气控制元件等组成。按类型分，食品工业常用的真空冷冻干燥装置，主要有冻干合一型和冻干分离型两种类型。

真空冷冻干燥装置中，冻结装置、干燥仓、水汽凝结器，可根据装置的形式、大小等条件分开或合成一体。冻干合一型的冻干机一般为中小型设备，冻结装置置于保温的干燥仓内，干燥过程在干燥仓内一次完成。这种形式减少了冻结食品的传送和运输，干燥仓内设计有干燥搁架、加热板、制冷装置，现代设备采用工业单片机或计算机对参数进行控制。冻干分离型多为大型设备，果蔬冻结与干燥过程分开进行，先将果蔬用冷冻装置冻结，然后将冻结好的果蔬放入干燥仓内进行升华干燥，干燥仓内不含制冷装置，干燥仓的结构简单。

在 13.3Pa 真空下，1g 冰升华可生成 $100m^3$ 的水蒸气，若水蒸气不加以处理而由真空泵抽出，则需要大容量的抽气机才能维持所需真空度，因此，冷凝器（捕水器、冷阱）是必要的。冷凝器安装在干燥室和真空泵之间，它是靠干燥箱与凝结器间的温差所形成的压力差来作为推动力，所以冷凝器的温度要比干燥室低，并保持足够低的温度，以保证升华出来的水蒸气有足够的扩散力，同时避免水蒸气进入真空泵。

对于多数食品的冷冻干燥，冷凝器表面温度在-40～50℃之间能满足干燥要求。另外，冷凝器应该有足够的捕水面积，捕水面积过小将增加冰霜层的厚度，使冷凝器捕水性能下降；冷凝器捕水面积过大，将造成材料浪费和结构庞大等问题，我国目前以冷凝器表面结霜厚度 4～6mm 为设计标准。冷凝器的结构形式有螺旋盘管式和平板式等。

一、冻干合一型冷冻干燥设备

冻干合一型冷冻干燥设备冻干箱是个密闭的容器，它是冻干机的主要部分，箱内有多层既能冷冻又能加温的搁板，产品在每层搁板上被冷冻到-40℃左右，然后将箱体抽成真空，通过搁板加温到 20～50℃，使产品内的水分升华而干燥。

冷凝器（捕水器）同样是一个真空密闭容器，在它的内部有一个较大表面积的金属吸附面，吸附面的温度能降到-40℃以下，并且能恒定地维持这个低温。冷凝器的功用是把冻干箱内果蔬升华出来的水蒸气冻结吸附在其金属表面上。

冻干箱、冷凝器、真空管道和阀门，再加上真空泵，构成冻干机的真空系统。真空系统要求没有漏气现象，真空泵是真空系统建立真空的重要部件。真空系统对于果蔬的迅速升华干燥是必不可少的。

制冷系统由冷冻机与冻干箱、冷凝器内部的管道等组成。冷冻机可以是互相独立的两套系统，也可以合用一套系统。冷冻机的功用是对冻干箱和冷凝器进行制冷，以产生和维持它们工作时所需要的低温，它有直接制冷和间接制冷两种方式。

加热系统对于不同的冻干机有不同的加热方式。有的是利用直接电加热法；有的则利用中间介质来进行加热，由一台泵使中间介质不断循环通过加热板。加热系统的作用是对冻干箱内的产品进行加热，以使产品内的水分不断升华，并达到规定的残余水分要求。热量首先被传递到果蔬表面，然后再通过果蔬层传递到升华界面上。传热的驱动力是加热板表面与升华界面之间的温差。

二甲基硅油为无色透明的液体，无毒，对金属不腐蚀，具有良好的绝缘性和生理惰性。其黏度系数小，并且基本不随温度的变化而变化。凝固点在-50℃以下，可在-50～200℃下长期使用。冻干设备上常用其作为加热和冷却循环系统的导热介质。

控制系统由各种控制开关，指示调节仪表及一些自动装置等组成，它可以较简单，也可以很复杂。一般自动化程度较高的冻干机控制系统较复杂。控制系统的功用是对冻干机进行手动控制或自动控制，使机器正常运转，以冻干出合乎要求的产品来。冻干合一型冻干机组成（见图 10-2）。

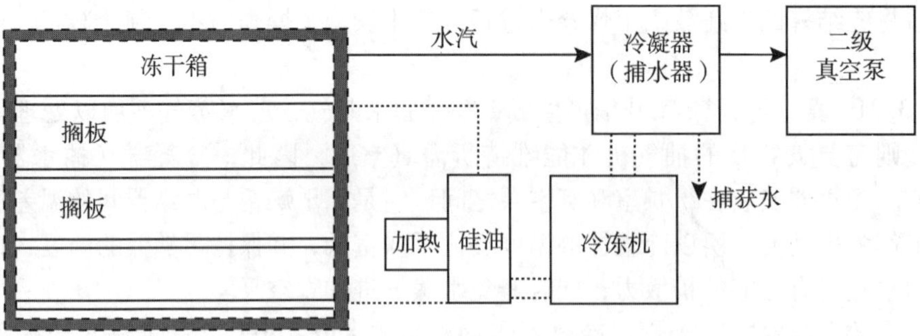

图 10-2　冻干合一型冻干机组成示意图

二、冻干分离型冷冻干燥设备

果蔬工厂由于生产量大，冷冻干燥设备一般采用冻干分离型的形式。冻干分离型冷冻干燥设备的冻结装置单独设置，利用速冻设备或冻结间对果蔬进行冻结。常见的有隧道式冻结装置，冷空气在隧道中循环，果蔬通过隧道时被冻结。液氮喷淋冻结装置由隔热隧道式箱体、喷淋装置、传送带、风机等组成。被冻果蔬由传送带送入，经过预冷区、冻结区、均温区，从另一端送出。风机将冻结区内温度较低的氮气输送到预冷区，并吹到传送带上的果蔬表面，经过充分换热使果蔬预先冷却。进入冻结区后，果蔬受到雾化管喷出的雾化液氮的冷却而冻结。由于液氮喷淋冷却速度快，冻结质量好，冻结果蔬的干耗少，占地面积小，生产效率高，设备投资省，所以液氮冻结在工业发达国家得到广泛的应用。由于液氮冻结的成本较高，应用受到了一定的限制。

冻干分离型冷冻干燥设备的干燥仓多设计成圆筒形（或方筒形），干燥仓内设有搁板、吊架、加热板，搁板吊架为活动式。加热板采用铝制或不锈钢板翅片式换热器，热水循环加热。果蔬呈薄层形式放置，热源一般都是水平加热板。

接触式干燥仓果蔬平铺在金属盘内，金属盘放在水平加热板上，金属盘的一面与加热板相接触，另一面与果蔬的部分表面相接触，热量由加热板向果蔬表面的传递主要是通过金属盘的热传导。果蔬、金属盘和加热板三者之间要求接触良好，这样热量就均匀分布，升华干燥就可以在充分可控的状态下进行。由于热量传递主要依靠果蔬层一面的热传导，干燥时间相对较长。

辐射式干燥仓采用翅片式换热器辐射加热，翅片式换热器由翅片板、隔板、面板钎焊而成，具有结构紧凑、体积小、重量轻、成本低、换热效率高等优点。果蔬的浅盘处于加热板之间，浅盘与加热板不接触。上面的加热板将热量辐射到果蔬的上表面，下面的加热板将热量辐射到料盘的底部。

冷凝器（捕水器）采用蛇形盘管或平板式结构，位于干燥仓一端或分开独立设置，物料的加热干燥区和冷凝器（捕水器）严格分开。

真空泵组由主泵和前级泵串联组成，主泵多采用罗茨真空泵，以油封式机械真空泵为前级泵。该机组抽气快，主泵能在短时间内达到水分升华分离所需要的真空度，前级泵能较好地维持干燥仓内真空。

制冷系统主要供应冻结装置和冷凝器（捕水器）所需冷量。由于这两部分所需温度较低，冷量较大，一般将两部分制冷设备分开设计，集中布置，也可互相共用。液氮喷淋冻结装置不需要制冷系统。

第三节　果蔬的冻结

一、果蔬的冻结点和共熔点

果蔬是由固体、液体和气体组成的多组分、多相、非均质的物质系统。果蔬中的水分以自由水和结合水两种形式存在。自由水为果蔬的汁液和细胞中所含的水，这部分水分子能够在液相区域运动，其冻结点在冰点温度以下。结合水即构成胶粒周围水膜的水，这部分水分子被蛋白质、碳水化合物等吸附着，其冻结点比自由水要低得多。果蔬中的水开始形成冰晶时的温度称为冻结点，由于果蔬中的水是含有可溶性固形物的水溶液，根据溶液冰点降低的原理，果蔬的冻结点温度大多在-2～-1℃之间。

纯液体如水在0℃时结冰，水的温度并不下降，直到全部水结冰之后温度才下降，这说明纯液体有一个固定的结冰点。而果蔬却不一样，果蔬降低到冻结点即出现冰晶，随着温度的继续降低，晶体的数量不断增加，由于剩余水溶液的浓度升高，导致残留溶液的冰点不断降低，果蔬中的溶液并不是在某一固定温度时凝结，而是在某一温度范围内凝结。

溶液全部凝结的温度叫做溶液的凝固点。因为凝固点就是融化的开始点（即熔点），对于溶液来说也就是溶质和溶剂共同熔化的点，所以又叫做共熔点。溶液的冰点与共熔点是不相同的，共熔点才是溶液真正全部凝成固体的温度。共熔点的概念对于冷冻干燥是重要的，冻干产品是一个复杂的液固混合体，它的冻结过程是一个复杂的过程，与溶液相似，也有一个真正全部凝结成固体的温度，即共熔点。

冷冻干燥过程是在真空状态下进行，只有在产品全部冻结后才能在真空下进行升华。如果有部分液体存在，在真空下液体会迅速蒸发，液体被浓缩，冻干产品的体积缩小，溶解在水中的气体在真空下也会迅速冒出来，使冻干产品沸腾鼓泡。冻干产品在升华开始时必须要冷却到共熔点以下的温度，使冻干产品真正全部冻结。

果蔬中的水分以自由水和结合水两种形式存在，为多组分、多相、非均质的物质系统，果蔬的共熔点的大致范围为-65～-55℃之间。就是说一般情况下，冻结果蔬中的水分实际上未完全冻结。实际冷冻干燥过程，对于大多数果蔬来说，-35℃左右的冻结温度比较经济和实用。

二、冷冻干燥生产操作过程及要点

冷冻干燥是指生产中对果蔬所进行的冻结及其升华干燥和其后的解析干燥。由于升华干燥是冷冻干燥中的主要操作过程，因此通常所说的冷冻干燥往往特指其中的升华干燥。果蔬冷冻干燥工艺或冻干果蔬生产工艺，包括预处理、冻结、升华干燥，解析干燥、后处理和包装等一系列操作。

1. 果蔬的预冻

果蔬在进行冷冻干燥时，需要装入适宜的容器，然后进行预先冻结，才能进行升华干燥。预冻过程不仅是为了保护物质的主要性能不变，而且要使冻结后的果蔬具有合理的结构以利于水分的升华。

果蔬的预冻方法有冻干箱内预冻法和箱外预冻法。箱内预冻法的操作要点是先将冻干机的搁板温度降低到-45～-35℃，然后将果蔬装盘后放入冷冻箱迅速冻结。箱外预冻法的操作是先将果蔬装盘后，用速冻设备将其迅速冻结，然后再放入冻干箱。

2. 果蔬的升华干燥

果蔬的干燥可分为两个阶段，在果蔬内的冻结冰消失之前称第一阶段干燥，也叫做升华干燥阶段。果蔬在升华时要吸收热量，1g 冰全部变成水蒸气大约需要吸收 2. 805kJ 的热量，因此升华阶段必须对产品进行加热。但是，对果蔬的加热量是有限度的，不能使果蔬的温度超过其自身共熔点温度。升华时果蔬如果低于共熔点温度过多，则升华的速率降低，升华阶段的时间会延长；如果高于共熔点温度，则果蔬会发生熔化，干燥后的果蔬将发生体积缩小，出现气泡，颜色加深，溶解困难等现象。因此，升华阶段果蔬的温度要求接近共熔点温度，但又不能超过共熔点温度。果蔬升华时，升华面不是固定的，而是在不断地变化，并且随着升华的进行，冻结果蔬越来越少。升华阶段利用温度计来测量果蔬温度会有一定的误差，操作时应当注意。

（1）果蔬冻干箱内的压强。冷冻干燥时冻干箱内的压强不是越低越好，而是要控制在一定的范围之内。压强低当然有利于果蔬内冰的升华，但是由于压强太低时对传热不利，果蔬不易获得热量，升华速率反而降低。在冻干箱的压强低于 10Pa 时，气体的对流传热小到可以忽略不计；而压强大于 10Pa 时，气体的对流传热就明显增加。在同样的板层温度下，压强高于 10Pa 时，果蔬容易获得热量，升华速率增加。但是，当压强太高时，果蔬内冰的升华速率减慢，果蔬吸热量减少，果蔬自身的温度会上升，当高于共熔点温度时，果蔬将发生熔化，造成冻干失败。

果蔬冻干时箱内的合适压强一般是在 50～100Pa 之间，在这个压强范围内，既有利于热量的传递又利于升华的进行。冻干箱内的压强是由空气的分压强和水蒸气的分压强组成的，升华时冻干箱内真空度的控制非常重要。

1g 冰在压强 10Pa 时大约能产生 10000L 体积的蒸汽，为了排出大量的水蒸气，光靠机械真空泵排出是不行的。冷凝器作为冷却使大量水蒸气凝结在其内部的制冷表面上，因此冷凝器实际上起着水蒸气泵的作用。大量水蒸气凝结时放出的热量能使冷凝器的温度发生回升，这是正常现象。但由于冷凝器冷冻机的制冷能力不够，冷凝器吸附水蒸气的表面太小，或对果蔬提供热量过多而产生过多的水蒸气等原因，会引起冷凝器温度的过度回升。当发生这种情况时，冻干箱和冷凝器之间的水蒸气压力差减小，从而导致升华速率的降低；与此同时冻干机系统内水蒸气的分压强增强，使真空度恶化，进而又引起升华速率的减慢，果蔬吸收热量减少，果蔬温度上升，致使果蔬发生熔化，冻干失败。因此，为了冷冻干燥出好的果蔬，需要保持系统内良好而稳定的真空度，需要冷凝器始终能低于-40℃以下的低温，-40℃时冰的蒸汽压为 10Pa 左右。

（2）搁板板层温度。在升华干燥阶段，冻干箱的板层是果蔬热量的来源。板层温度高，果蔬获得的热量就多；板层温度低，果蔬获得的热量就少；板层温度过高，果蔬获得过多的热量使果蔬发生熔化；板层温度过低，果蔬得不到足够的热量会延长升华干燥时间。因此，板层的温度应进行合理的控制。

板层温度的高低应根据果蔬温度、冻干箱的压强（即冻干箱的真空度）、冷凝器温度三个因素来确定。如果在升华干燥的时候，果蔬的温度低于该果蔬的共熔点温度较多，冻干箱内的压强小于真空报警设定的压强较多，冷凝器温度也低于-40℃较多，则板层的加热温度还可以继续提高。如果板层温度提高到某一数值之后果蔬的温度已接近共熔点温度，或者冻干箱的压强上升到接近真空报警的数值或者冷凝器温度回升到-40℃，则板层温度不可再继续提高，不然会出现危险的情况。升华时板层温度的高低还与冻干机的性能有关，性能较好的冻干机，板层的加热温度可以升得高一些。

常见果蔬冷冻干燥操作参数（见表10-1）。搁板加热方式中，干燥板的升华旺盛的干燥初期应控制在70～80℃，干燥中期在60℃，干燥后期在40～50℃。

表10-1 **常见果蔬冷冻干燥操作参数（搁板加热）**

食品名称	厚度（mm）	干燥板温度（℃）	真空度（Pa）	干燥时间（h）
白桃	10～20	45	66.6～1.3	14
罐头桃	10～15	45	66.6～1.3	12
番茄汁	5	50	66.6～1.3	4～5
圆辣椒（生）	4	50	133.3	5
圆辣椒（热烫）	4	50	133.3	4
卷心菜	1～2	50	133.3	2～3
洋葱（切成圆片）	3～4	50	133.3	5
胡萝卜（切成圆片）	4	50	133.3	5
马铃薯（热烫）	10	55	133.3	5
浆果（切成圆片）	2	50	133.3	3～4

（3）升华时间。

①果蔬的品种。有些果蔬容易干燥，有些果蔬不容易干燥。一般来说，共熔点温度较高的果蔬容易干燥，升华的时间短些。

②果蔬的分装厚度。正常的干燥速率大约是1mm/h。因此分装厚度大，升华时间也长。

③升华时提供的热量。升华时若提供的热量不足，则会减慢升华速率，延长升华阶段的时间。

④冻干机本身的性能。这包括冻干机的真空性能，冷凝器的温度和效能，甚至机器构造的几何形状等，性能良好的冻干机升华阶段的时间较短。

（4）崩解温度。在果蔬冻干的第一阶段时，除了要保持冻结果蔬的温度不能超过共熔点以外，还要保持已干燥的果蔬温度不能超过崩解温度。已干燥的果蔬应该是疏松多孔，并保持一个稳定的状态，以便下层冻结果蔬中升华的水蒸气顺利通过，使全部的果蔬都得到良好的干燥。一些已干燥的果蔬当温度达到某一数值时会失去刚性，发生类似崩溃的现象，失去了疏松多孔的性质，使干燥果蔬发黏、密度增加、颜色加深，发生这种变化的温度就叫做崩解温度。

干燥果蔬发生崩解之后，会阻碍或影响下层冻结果蔬升华的水蒸气的通过，于是升华速度减慢，冻结果蔬吸收热量减少，由板层继续供给的热量就有多余，这将会造成冻结果蔬温度上升，果蔬发生熔化发泡现象。崩解温度与果蔬的种类和性质有关，可以合理选择果蔬的保护剂，使崩解温度尽可能高一些，尽可能保证果蔬的崩解温度高于该果蔬的共熔点温度。崩解温度一般由试验来确定，通过显微冷冻干燥试验可以观察到崩解现象，从而确定崩解温度。

3. 果蔬的解吸干燥阶段

一旦果蔬内冰升华完毕，果蔬的干燥便进入了第二解吸干燥阶段。在该阶段虽然果蔬内不存在冻结冰，但果蔬内还存在10%左右的水分，为使果蔬产品达到合格的残余水分含量，必须对果蔬进一步干燥。

（1）果蔬的允许温度。在解吸阶段，可以使果蔬的温度迅速上升到该果蔬的最高允许温度，并在该温度一直维持到冻干结束为止。迅速提高果蔬温度有利于降低果蔬残余水分含量和缩短解吸干燥的时间。果蔬的允许温度视果蔬产品的品种而定，一般为25～40℃左右。

（2）压强的控制范围。在解吸干燥阶段，由于果蔬逸出水分的减少、冷凝器温度的下降、系统内水蒸气压力的下降，有时冻干箱的总压力会下降到低于10Pa，这就使冻干箱内对流的热传递几乎消失。因此，即使板层的温度已加热到果蔬的最高允许温度，但由于传热不良，果蔬温度上升也很缓慢。

为了改进冻干箱传热，使果蔬温度较快地达到最高允许温度，以缩短解吸干燥阶段时间，此时要对冻干箱内的压强进行控制，控制的压强范围在10～100Pa。一般可以使用校正漏孔法对冻干箱内的压强进行控制。在冻干机的真空系统上（大都在冻干箱上）有一个漏孔，由真空仪表进行控制；当冻干箱压强下降到低于真空仪表的下限设定值时，漏孔电磁阀打开，向冻干箱放入干燥灭菌的氮气，于是冻干箱内的压强上升，当压强上升到真空仪表的上限设定值时漏孔电磁阀关闭，停止进气，冻干箱内压强又下降，如此使冻干箱内的压强控制在设定范围内。

另外，压强的控制也可采用间歇开关冻干箱和冷凝器之间阀门的方法，真空泵间歇运转的方法，以及冷凝器冷冻机间歇运转的方法等。一旦果蔬温度达到许可温度之后，为了进一步降低果蔬内的残余水分含量，高真空的恢复十分必要。这时上述控制压强的方法应停止使用。在冻干箱恢复高真空的同时，冷凝器由于负荷减少，温度下降也达到了最低的极限温度。这样使冻干箱和冷凝器之间水蒸气压力差达到了最大值。这样的状况非常有利于果蔬内残余水分的逸出，一般这种状况应不小于2小时的时间，时间越长果蔬内残余水分的含量越低。

（3）解吸阶段的时间。不同的果蔬干燥的难易程度也不同，最高许可温度也不同。

最高许可温度较高的果蔬，解吸阶段的时间可相应短些。残余水分含量要求低的果蔬，干燥时间较长。果蔬的残余水分应有利于该果蔬的长期存放，太高太低都不好。应根据试验来确定。在解吸阶段后期能达到的真空度高、冷凝器的温度低的冻干机，其解吸干燥的时间可短些。如果采用压强控制法，则改进了传热，使果蔬达到最高许可温度的时间缩短，解吸干燥的时间也会相应缩短。

（4）冻干终点的判定。冻干是否可以结束是这样来确定的：果蔬温度已达到最高许可温度，并在这个温度保持2小时以上。关闭冻干箱和冷凝器之间的阀门，注意观察冻干箱的压力升高情况（这时关闭的时间应长些，约30～60s）。如果冻干箱内的压力没有明显的升高，则说明干燥已基本完成，可以结束冻干。如果压力有明显升高，则说明还有水分逸出，要延长时间继续进行干燥，直到关闭冻干箱冷凝器之间的阀门之后压力无明显上升为止。理论上，当残余水分含量达到单分子层吸附水量时，最有利于果蔬的保存。在实际干燥作业中，常将2%的残余水分含量作为干燥终结的指标。

三、影响干燥过程的因素

冷冻干燥过程实际上是水的物理变化及其转移过程。含有大量水分的果蔬制品首先被冻结成固体，然后在真空状态下固态冰直接升华成水蒸气，水蒸气又在冷凝器内凝华成冰霜，干燥结束后冰霜融化排出，在冻干箱内得到了需要的冷冻干燥果蔬产品。

冻干过程有两个放热过程和两个吸热过程：液体果蔬放出热量凝固成固体果蔬；固体果蔬在真空下吸收热量升华成水蒸气；水蒸气在冷凝器中放出热量凝华成冰霜；冻干结束后冰霜在冷凝器中吸收热量融化成水。

整个冻干过程中进行着热量、质量的传递现象。热量的传递贯穿于冷冻干燥的全过程中。预冻阶段：干燥的第一阶段和第二阶段以及化霜阶段均进行着热量的传递；质量的传递仅在干燥阶段进行，冻干箱制品中产生的水蒸气到冷凝器内凝华成冰霜的过程，实际上也是质量传递的过程，只有发生了质量的传递果蔬才能获得干燥。在干燥阶段，热的传递是为了促进质的传递，改善热的传递也能改善质的传递。

如果在果蔬的升华过程中不提供热量，那么果蔬由于升华吸收自身的热量使温度下降，升华速率也逐渐下降，直到果蔬温度相等于冷凝器的表面温度，干燥便停止进行，这时从冻结果蔬到冷凝器表面的水蒸气分子数与从冷凝器表面返回到冻结果蔬的水蒸气分子数相等，冻干箱与冷凝器之间的水蒸气压力等于零，达到平衡状态。

如果一个外界热量加到冻结果蔬上，这个平衡状态被破坏，冻结果蔬的温度就高于冷凝器表面的温度，冻干箱和冷凝器之间便产生了水蒸气压力差。形成了从冻干箱流向冷凝器的水蒸气流。由于冷凝器制冷的表面凝华水蒸气为冰霜，使冷凝器内的水蒸气不断地被吸附掉，冷凝器内便保持较低的蒸气压力；而冻干箱内流走的水蒸气又不断被果蔬中产生的水蒸气得到补充，维持冻干箱内较高的水蒸气压力。这一过程的不断进行，使果蔬不断得到干燥。升华首先从产品的表面开始，在干燥进行了一段时间之后，在冻结果蔬上面形成了一层已干燥的果蔬，产生了干燥果蔬与冻结果蔬之间的交界面。交界面随着干燥的进行不断下降，直到升华完毕交界面消失。当产生了交界面之后，水分子要穿越这层已干燥的果蔬才能进入空间；水分子跑出交界面之后，进入已经干燥的某一间隔内。以后可能还要穿过许多这样的间隔后，才能从果蔬的缝隙进入空间，也可以经过一些转折又回到冻结果蔬之中，干燥果蔬内的间隔有时像迷宫一样。

当水分子跑出果蔬表面以后，它的运动路径还很曲折，可能与玻璃瓶壁碰撞，可能与冻干机的金属板壁碰撞，也经常发生水分子之间的相互碰撞，然后进入冷凝器内。当水分子与冷凝器的制冷表面发生碰撞时，由于该表面的温度很低，低温表面吸收了水分子的能量，这样水分子便失去了动能，使其没有能量再离开冷凝器的制冷表面，于是水分子被“捕获”了。大量水分子捕获后在冷凝器表面形成一层冰霜，这样就降低了系统内的水蒸气压力，使冻干箱的水蒸气不断地流向冷凝器。随着时间的延长，冻干箱内不断对果蔬进行加热以及冷凝器的持久工作，果蔬逐渐得到了干燥。

干燥速率与冻干箱和冷凝器之间的水蒸气压力差成正比，与水蒸气流动的阻力成反比。水蒸气压力差越大，流动的阻力越小，则干燥的速率越快。水蒸气的压力差取决于冷凝器的有效温度和产品温度的温度差。因此要尽可能地降低冷凝器的有效温度和最大限度地提高果蔬的温度。水蒸气的流动阻力来自以下几个方面：

1. 果蔬内部的阻力。水分子通过已经干燥的果蔬层的阻力，这个阻力的大小与干燥层的结构和果蔬的种类、成分、浓度、保护剂等有关。

2. 机器本身的阻力。主要是冻干箱与冷凝器之间管道的阻力，管道粗、短、直则阻力小。另外阻力还与冻干箱的结构和几何形状有关。

3. 提高冻干箱内果蔬的温度，能增加冻干箱内的水蒸气压力，加速水蒸气流向冷凝器，加快质的传递，增加干燥速率。但是提高果蔬的温度是有一定限度的，不能使果蔬温度超过共熔点的温度。

4. 降低冷凝器的温度，也就降低了冷凝器内水蒸气的压力，也能加速水蒸气从冻干箱流向冷凝器，同样能加快质的传递，提高干燥速率。但是更多的降低冷凝器的温度需增加投资和运行费用。

5. 减少水蒸气的流动阻力也能加快质的传递，提高干燥速率。减小产品的分装厚度；合理地设计冻干机，减少机器的管道阻力；选择合适的浓度和保护剂，使干燥果蔬的结构疏松多孔，减少干燥层的阻力；试验最优的预冻方法，造成有利于升华的冰晶结构等。这些方法均能促进质的传递，提高干燥速率。

四、冻干操作过程（曲线时序的制定）

要得到优质的冷冻干燥果蔬，重要的是对冷冻干燥过程的每一阶段的各参数进行全面的控制。冻干曲线和时序就是进行冷冻干燥过程控制的基本依据。

冻干曲线和时序不仅是手工操作冻干机的依据，而且也是自动控制冻干机操作的依据。冻干曲线是冻干箱板层温度与时间之间的关系曲线，一般以温度为纵坐标，时间为横坐标。它反映了在冻干过程中，不同时间板层温度的变化情况。冻干时序是在冻干过程中不同时间，各种设备的启闭运行情况。

制定冻干曲线以板层为依据是因为产品温度是受板层温度支配的，控制了板层温度也就控制了产品温度。制定冻干曲线要考虑以下因素。

不同果蔬的共熔点不同，共熔点低的果蔬要求预冻的温度低；加热时板层的温度亦相应要低些。有些果蔬受冷冻的影响较大，有些果蔬则较小。要根据试验找出一个果蔬的最优冷冻速率，以获得高质量的果蔬和较短的冷冻干燥时间。果蔬不同，对残余水分的要求也不同。为了长期保存果蔬，有些果蔬产品要求残余水分含量低些，有些则要求高些。残余水分含量要求低的果蔬产品，冻干时间需长些。残余水分含量要求高的果蔬，冻干时间可缩短。

装载量的多少也影响着冻干曲线的制定。一个是总装载量的多少，一个是每一容器内果蔬装载量的多少。装载量多的冻干时间也长。

容器也是需要考虑的因素。底部平整和较清洁的容器传热较好；底部不平则传热较差，冻干时间较长。

冻干机的性能直接关系到冻干曲线的制定，冻干机有各种不同的型号，因此它们的性能也各不相同。有些机器性能好，例如板层之间，每板层的各部分之间温差小；冷凝器的温度低，冰负荷能力大；冻干箱与冷凝器之间的水蒸气流动阻力小；真空泵抽速快，真空度好而稳定。有些机器则差一些。因此尽管是同一果蔬，当用不同型号的冻干机进行冻干时，曲线也是不一样的。

制定冻干曲线和时序时要确定下列数据：

（1）预冻速度。预冻速度大部分机器不能进行控制，因此只能以预冻温度和装箱时间来决定预冻的速率，要求预冻的速率快，则冻干箱先降到较低的温度，然后才让果蔬进箱；要求预冻的速率慢，则果蔬进箱之后再让冻干箱降温。

（2）预冻最低温度。这个温度取决于果蔬的共熔点温度，预冻最低温度应低于该果蔬的共熔点温度。果蔬的共熔点大致范围为-65～-55℃。就是说一般情况下，冻结果蔬中的水分实际上未完全冻结。实际干燥的情况，对于大多数果蔬来说，果蔬的推荐温度为-40～-35℃。

（3）预冻时间。果蔬装载量多，使用的容器底厚而不平整，不是把果蔬直接放在冻干箱板层上冻干，冻干箱冷冻机能力差，每一板层之间以及每一板层的各部分之间温差大的机器，则要求预冻时间长。为了使箱内果蔬全部冻实，一般要求在样品的温度达到预定的最低温度之后再保持1～2h的时间。

（4）冷凝器降温时间。冷凝器要求在预冻末期，预冻尚未结束，抽真空之前开始降温。之前需要多少时间要由冷凝器机器的降温性能来决定。要求在预冻结束抽真空的时候，冷凝器的温度要达到-40℃。好的机器一般提前半小时开始降温。冷凝器的降温通常从开始之后一直持续到冻干结束为止，温度始终应保持在-40℃以下。

（5）抽真空时间。预冻结束就是开始抽真空的时间，要求在半小时左右的时间真空度能达到10Pa。抽真空的同时，也是冻干箱冷凝器之间的真空阀打开的时候，真空泵和真空阀门打开同样要一直持续到冻干结束为止。

（6）预冻结束时间。预冻结束就是停止冻干箱冷冻机的运转，通常在抽真空的同时或真空抽到规定要求时停止冷冻机的运转。

（7）开始加热时间。一般认为开始加热的时间（实际上抽真空开始升华即已开始）是在真空度达到5Pa的时候。有些冻干机利用真空继电器自动接通加热，即真空度达到5Pa时，加热便自动开始；有些冻干机是在抽真空之后半小时开始加热，这时真空度已达到5Pa甚至更高。

（8）真空报警工作时间。由于真空度对于升华是极其重要的，因此先进的冻干机均设有真空报警装置。真空报警装置的工作时间在加热开始之时到漏孔使用之前，或从一开始一直使用到冻干结束。

一旦在升华过程中真空度下降而发生真空报警时，先进的冻干机会一方面发出报警信号，另一方面自动切断冻干箱的加热，同时还启动冻干箱的冷冻机对果蔬进行降温，以保护果蔬不致发生熔化。

（9）漏孔的工作时间。漏孔的目的是为了改进冻干箱内的热量传递，通常在第二阶段工作时使用。使用时间的长短由果蔬的品种、装载量和调定的真空度的数值所决定。

（10）果蔬加热的最高许可温度。板层加热的最高许可温度根据果蔬产品的性质来决定，在升华时板层的加热温度可以超过果蔬的最高许可温度，因为这时果蔬仍停留在低温阶段，提高板层温度可促进升华；但冻干后期板层温度需下降到与果蔬的最高许可温度相一致。由于传热的温差，板层的温度可比果蔬的最高许可温度略高。

（11）冻干总时间。冻干的总时间是预冻时间，加上升华时间和第二阶段工作的时间。总时间确定，冻干结束时间也确定。冻干的总时间根据果蔬的品种、装箱方式、装载量、机器性能等来决定，一般冷冻工作的时间较长，在18～24小时左右，有些特殊的果蔬需要几天时间。常见果蔬冷冻干燥的装载量与干燥时间表（见表10-2）。

表10-2　**常见果蔬冷冻干燥的装载量与干燥时间表（搁板加热）**

果蔬名称	干燥比	装载量（$kg \cdot m^{-2}$）	干燥时间（h）
蚕豆	4.5：1	7.33	8.5
菜豆	10.0：1	9.77	8.5
结球甘蓝	8.6：1	9.77	9.0
卷心菜	13.2：1	9.77	9.5
胡萝卜块	10.0：1	9.77	9.0
菜花	11.0：1	7.33	8.5

五、冻干的后处理

果蔬在冻干箱内工作结束之后，需要开箱取出果蔬，并对干燥的果蔬产品进行密封保存。由于冻干箱内在干燥结束时仍处于真空状态，因此产品出箱必须放入空气，才能打开箱门取出果蔬，放入的空气应是无菌的干燥空气或氮气。

由于果蔬的保存要求各不相同，因此出箱时的处理也各不相同。有些果蔬仅需放入无菌干燥空气中，然后出箱密封保存即可；有些果蔬需充氮保存，在出箱时放入氮气，出箱后再充氮密封保存；有些果蔬需真空保存，在出箱后要重新抽真空密封保存。

干燥的果蔬一旦暴露在空气中，很快会吸收空气中的水分而潮解，特别是在潮湿的天气，使本来已干燥的果蔬又增加含水量。因此，果蔬一出箱就应迅速封口，如果因数量多而封口时间太长的话，应采取适当的措施分批出箱或转移到另一个干燥柜中。冷冻干燥的果蔬由于是真空下干燥的，因此不受氧气的影响。在出箱时由于放入空气，空气中的氧气会立即侵入干燥产品的缝隙中，一些活性的基因会很快与氧结合，将会对果蔬产品产生不可挽回的影响。即使再抽真空也无济于事，因为这是不可逆的氧化作用。如果出箱时放入惰性气体（例如氮气），出箱后氧气就不易侵入产品的缝隙。

在辐射加热方式中，干燥板不与加热板接触，被干燥果蔬的已干燥部分经常会因升华潜热而被冷却，因此，加热板的温度在干燥初期调节在200℃，干燥中期为90℃，干燥后期为70℃左右。参见个别蔬菜冷冻干燥的装载量与干燥时间表（辐射加热）（见表10-3）。

表10-3　**个别蔬菜冷冻干燥的装载量与干燥时间表（辐射加热）**

蔬菜名称	蔬菜表面温度（℃）	热源温度（℃）	干燥室真空度（Pa）	装载量（$kg \cdot m^{-2}$）	干燥时间（h）
葱切片	50～60	40～110	106.8～133.3	10	13
胡萝卜切片				10	15
山芋切片				10	20

无论是单一加热、辐射加热还是接触加热，在干燥初期即干燥开始后的1～2h内，升华都处于旺盛阶段，这时虽然充分地供给果蔬热量，但由于升华潜热往往将被干燥果蔬作为升华所需的湿热来吸收，因此被干燥果蔬的表层很少发生热变性。

在干燥中期，也就是升华界面到达果蔬的中层附近时，升华量降低，因此利用升华潜热冷却表层的作用较小。为防止表层的热变性，应加热温度降低。

在干燥后期，升华量与升华速度更低，加热温度应降低到被干燥果蔬的加热允许温度。

第四节　冻干果蔬生产设备

一、ZG系列真空冷冻干燥机

ZG系列真空冷冻干燥机是国内果蔬冻干常用的设备，主要由干燥箱、冷凝器（捕水器）、加热系统、真空系统、制冷系统和电气控制系统六大部分组成。设备与食品接触部分的材质为不锈钢材料。按干品含水率5%、原料含水率65%来说，以每昼夜生产2个班次，每年生产300天计，1台$100m^2$冻干机年产干品约150吨。冻干机制冷工质为R22，若不使用R22制冷，可采用氨制冷系统。制冷机采用单级或双级制冷，维修和操作比较方便。真空系统采用罗茨泵、旋片泵或水环真空机组。

（1）干燥箱：ZG 系列真空冷冻干燥机的干燥箱为一能抽真空和加热的密闭器，物料的升华干燥过程是在干燥室内完成的，物料是放在干燥室内搁板上的不锈钢托盘内的，按每平方托盘面积 8～12kg 的比例装料，每一层搁板上都有一个可供测量物料温度的探头，用以监测整个冻干过程中的物料温度。门采用橡胶密封条，关门时要把门上的手柄拧紧，确保箱内密封。

（2）冷凝器（捕水器）：ZG 系列真空冷冻干燥机的冷凝器内部有一个较大面积的金属吸附面，从干燥箱物料中升华出来的水蒸气可凝结吸附在其金属表面上，吸附面的工作温度可达-55～-45℃。冷凝器外形是不锈钢或铁制成的圆筒，内部盘有冷凝管分别与制冷机组相连组成制冷循环系统。冷凝器与干燥箱连接采用真空蝶阀；采用不锈钢管与真空泵组连接组成真空系统，筒内冷凝管上部装有化霜喷水管，它通过真空隔膜阀与水管连接，这是为了保证化霜水等不进入干燥箱和真空管道。在冷凝器外部采用泡沫塑料板保温绝热，最外层包以不锈钢板。

（3）加热系统：ZG 系列真空冷冻干燥机的加热系统有两种加热方法。在接触式加热中，采用的是循环介质加热法。循环加热系统由管道泵、循环介质箱、加热器、进出管路、液温控制器等组成。循环液由水 4 份、乙醇 2 份、乙二醇 4 份配置成循环不冻液，其凝固点为-120℃，在使用时液温最高不超过 60℃，当加热系统工作时，先对循环液进行加热，液温通过液箱控制调节仪选定的温度自动控制加热，管道泵开启后，可将循环液送入干燥箱内搁板中，对搁板加热，然后返回液箱进行加热循环。在辐射加热方式中采用蒸气加热，最高温度为 120℃，由蒸气电磁阀自动控制温度。

（4）真空系统：ZG 系列真空冷冻干燥机的真空系统由罗茨泵、旋片真空泵或水环泵组成，罗茨泵为增压泵不能单独使用，必须首先启动旋片泵或水环泵使其工作一段时间，当系统中的真空度达到 1kPa 以下时，再自动启动罗茨泵。真空系统的真空表可使用电接点真空表，可根据预先选定的真空度值，自动控制罗茨泵的启动。干燥箱与冷凝器之间真空管道中，装有真空蝶阀，可根据使用要求随时开、关。真空泵管路上，装有电磁放气截止阀，当真空泵停止工作时可自动关闭真空管路，同时将空气放入泵内，避免真空泵油因负压作用回放至真空管路中，真空泵的连接管路之间装有波纹软管，防止运转时的振动。

（5）制冷系统：ZG 系列真空冷冻干燥机的制冷系统由制冷压缩机组（包括水冷冷凝器、油分离器、高压管路、干燥过滤器、膨胀阀、蒸发器、低压管路组成），采用 R22 氟利昂机组或氨制冷机组，制冷机组组成冻干制冷系统和捕水器制冷系统。当系统工作时，接触加热方式中搁板温度可降至-35℃。当制冷系统工作时，冷凝盘管的表面温度可达-55～35℃，可根据情况选用单级或双级制冷压缩机组。

（6）电气控制系统：ZG 系列真空冷冻干燥机的电气控制系统由电脑显示记录仪、控制台、控制仪表、调节仪表等自动装置和电路组成。可以对冻干机进行手动控制或自动控制。

控制台的仪表板装有温度计、真空度巡检仪、干燥箱和真空泵的真空计、温度指示调节仪、液温控制调节仪、计时钟等。按钮板上装有各机组的开关等。冻干机设有连锁保护装置。如表 10-4 所示为 ZG 系列真空冷冻干燥机主要参数（辐射式加热）。

表 10-4 ZG 系列真空冷冻干燥机主要参数（辐射式加热）

型 号	ZG-0.5	ZG-2	ZG-10	ZG-12	ZG-30
干燥箱尺寸（m）	Φ0.6×0.6	Φ0.8×1.2	Φ1.0×2.1	Φ1.2×2.1	Φ1.8×3
有效搁板面积（m^2）	0.5	2	10	12	30
搁板工作温度（℃）	-35～+60				
搁板温差（℃）	±1				
冷凝器温度（℃）	-35～-55				
冷凝器捕水量（kg）	5	20	120	150	320
箱内最高真空（Pa）	6	6	6	6	13
冷却水量（$t \cdot h^{-1}$）	1	2	10	10	20
化箱方法	喷淋加水淹				
使用环境	温度 5～30℃，相对湿度<75%				
总功率	3	10	50	50	90
设备安装面积与高度（m^2×m）	1.5×1.7	3×1.8	25×2	30×2.5	60×2.5

如表 10-5 所示为 ZG 系列真空冷冻干燥机主要参数（接触式加热）。如图 10-3 所示为 ZG 系列真空冷冻干燥机。

表 10-5 ZG 系列真空冷冻干燥机主要参数（接触式加热）

型 号	ZG-60	ZG-100	ZG-200
干燥箱尺寸（m）	Φ2.4×4	Φ2.4×6	Φ2.4×10
有效搁板面积（m^2）	60	100	200
搁板工作温度（℃）	120		
搁板温差（℃）	±1		
冷凝器温度（℃）	-45		
冷凝器捕水量（kg）	700	1400	2800
箱内最高真空（Pa）	20	50	60
冷却水量（$t \cdot h^{-1}$）	45	90	180
化箱方法	喷淋加水淹		
使用环境	温度 5～30℃，相对湿度<75%		
总功率	180	320	400
设备安装面积与高度（m^2×m）	120×4.5	200×4.5	400×4.5

图 10-3　ZG 系列真空冷冻干燥机

二、ZLG 型冷冻干燥机

ZLG 型冷冻干燥机是国内生产的较先进的冷冻干燥设备。冻干箱及水汽捕捉器均采用优质不锈钢结构。水器捕捉器面积大，捕水效率高；冷热交换器面积大，热惯性小，反应速度快；控制系统采用微机控制。搁板和冻干箱的制造采用了航空工艺技术，设备的设计水平高，设备的配置好。ZLG 系列真空冷冻干燥机主要用于生物制品和果蔬的冷冻干燥，设备的卫生水平较高。

（1）捕水器：ZLG 型冷冻干燥机的捕水器内部结构及壳体全部采用优质不锈钢材料，容积经过加大设计，捕水面积与搁板面积之比高达 1.8 以上，捕水量大。

（2）冷热交换系统：ZLG 型冷冻干燥机的冷热交换系统中采用一台大流量的循环泵和几组高效热交换器，系统采用电阻加热器加热，并与制冷压缩机组相连，搁板温度可在调节范围内（-50～70℃）任意调节，热交换效率高和搁板温度均匀。

（3）制冷压缩机组：ZLG 型冷冻干燥机整机的工作性能稳定可靠，制冷压缩机选用了德国比策（BITZER）公司或美国科普兰（COPELAND）公司的压缩机组。

（4）真空机组：ZLG 型冷冻干燥机的真空机组由机械增压泵（罗茨泵）和旋片泵组成，为使系统平稳可靠，可以选用爱德华（EDWARDS）公司或德国莱宝（LEYBOLD）公司的产品。ZLG 型冻干设备主要参数（见表 10-6）。

表 10-6　**ZLG 型冻干设备主要参数**

型　号	ZLG-8	ZLG-20
有效搁板总面积（m^2）	8	20
搁板尺寸（mm×mm）	1200×900	1670×1200
搁板数量	8+1	10+1
搁板间距（mm）	110	100
搁板温度范围（℃）	-50～70	-50～70
捕霜板最低温度（℃）	-70	-70
最大捕水量（kg）	140	400

三、进口冷冻干燥设备

进口的冷冻干燥冻干箱、水汽捕捉器等主要部件均采用优质不锈钢结构，设备质量稳定，卫生易清洁。产品捕捉器面积大，捕水效率高；冷热交换器面积大，热惯性小，反应速度快；控制系统多采用微机，全自动数字控制。制冷压缩机组和真空系统设备稳定、可靠，能耗低，基本无需维修，设备的制造质量高，配置好。缺点是价格昂贵。德国一家公司冻干机设备主要参数（见表10-7）如下：

表10-7　**德国一家公司冻干机设备主要参数**

名　称	型　号	主要参数
小型实验室冻干机	ALPHA1-2	冷凝室最大制冰量2.5kg，温度-54℃。3层直径200mm搁板（面积920cm^2），或2层直径200mm压盖装置（面积557cm^2），8个独立控制的外接口。控制器数字显示：系统真空度、冷凝室温度、转化键显示样品温度。含真空泵，可选配一105℃冷阱、RS232接口
	ALPHA1-4	冷凝室最大制冰量4kg，温度-54℃。最多10层直径200mm加热搁板（面积0.314m^2），5层直径360mm不加热搁板（面积0.5m^2），4层直径250mm压盖装置（面积0.18m^2），最多24个独立控制的外接口。数字显示：样品温度、搁板温度、冷凝室温度、真空度。系统真空度可控制，便于优化干燥过程，缩短干燥时间。可选配干燥终点检测装置、共晶点检测装置及冻干曲线记录仪
	ALPHA2-4	冷凝室最大制冰量4kg，温度-85℃。其余同ALPHA1-4
大型实验室冻干机	BETA1-8	冷凝室最大制冰量8kg，温度-54℃。最多8层直径375mm加热搁板（面积0.88m^2），4层直径250mm压盖装置（面积0.18m^2）。其余同ALPHA1
	BETA2-8	冷凝室最大制冰量8kg，温度-85℃。最多5层直径360mm加热搁板（面积0.5m^2），4层直径250mm压盖装置（面积0.18m^2）。24个独立控制的外接口
	BETA1-16	冷凝室最大制冰量16kg，温度-54℃。其余同BETA1-8
	BETA2-16	冷凝室最大制冰量16kg，温度-85℃。其余同BETA1-8
	GAMMA1-20	冷凝室最大制冰量20kg，温度-54℃。其余同BETA1-8
	GAMMA2-20	冷凝室最大制冰量20kg，温度-85℃。其余同BETA1-8

续表

名　称	型　号	主 要 参 数
中试型冻干机	BETA1-8K	冷凝室最大制冰量 8kg，温度-54℃，内置 8L、-40℃冷浴；最多7层直径 360mm 液态介质控温搁板（面积 0.7m²），搁板温度：-35～40℃，可选配压盖装置，18 个独立控制的外接口
	EPSILON1-6D/2-6D	冷凝室最大制冰量 6kg，温度-54～85℃。矩形不锈钢干燥室，液态热媒控温搁板，搁板温度范围：-40/-60～80℃。搁板有效面积 0.21m²，搁板间距 75mm
	EPSILON1-8D	冷凝室最大制冰量 8kg，温度-55℃。矩形不锈钢干燥室，液态热媒控温搁板，搁板温度范围：-40～80℃。搁板有效面积 0.27m²，搁板间距 55mm。最大有效面积 0.405m²，搁板间距 31mm
工业生产型冻干机	EPSILON2-12D	双腔系统，冷凝室最大制冰量 12～500kg，温度-75℃。矩形不锈钢干燥室，液态热媒控温搁板，搁板温度范围：-60～80℃。搁板有效面积 0.63～35.4m²
	EPSILON2-20～90	单腔系统，冷凝室最大制冰量 20～90kg，温度-75℃。液态热媒控温搁板，搁板温度范围：-60～80℃。搁板有效面积 1.76～16.2m²

第五节　果蔬真空冷冻干燥加工实例

一、胡萝卜

胡萝卜含有丰富的胡萝卜素，营养属常见水果蔬菜之首，长期食用具有不易感冒、健美、抗癌作用，而且对眼睛特别好。近年来根据国际市场对冻干胡萝卜的要求呈现逐年上升的趋势，为了提供优质的冻干原料，河西地区利用得天独厚种植环境（光照充足，昼夜温差大），积极调整农业种植结构，大量引进、试种和推广胡萝卜的优良品种。如甘肃省永昌县城郊农民种植无公害胡萝卜，肉质肥厚（含有蔗糖、葡萄糖、淀粉、胡萝卜素及矿物质 Fe、Ca、P、K 等），直根外部光滑，色泽鲜红（表皮、肉质、髓部均为红色）。甘肃省张掖市民乐县民联乡龙山村引进种植日本无心“七寸参”胡萝卜等品种都适合于冷冻干制。因此张掖市金海食品有限责任公司采用 ZLG 冻干设备，成功研发出真空冷冻干燥胡萝卜片（丁）的加工方法，并进行规模生产，供应市场。

1. 工艺流程

原料分选→清洗→去皮→切片→漂烫（杀青）→装盘→冻结→升华干燥→解吸干燥→挑选计量→包装→成品。

2. 操作要点

胡萝卜冻干可以分为前处理、冻结、升华干燥、后处理四道工序。

原料分选：应选择整个原料为橙红色、表面光滑短粗、纹理细致、大小一致且勿过老者为宜。

清洗：将合格的原料进行清洗，洗净表面泥沙及污物，再将头部约5mm、尾部约2～3cm切去，以免影响产品的质量。

去皮：去皮可除去胡萝卜茎皮含有的苦味物质。去皮有多种方法，如手工法、蒸汽法、化学法等。蒸汽法是在0.48Mpa压力蒸汽中经过40～100s或者在0.69Mpa压力蒸汽中经过25～30s进行加热去皮；化学法中的碱液去皮，其氢氧化钠浓度4%～6%，温度92～98℃，时间2～3min。经碱液去皮，立即用流动清水漂洗，用pH试纸测试呈中性为止。在工业化生产中，主要采用蒸汽法和碱液法进行去皮。

切片：对去皮后的胡萝卜切成3～6mm厚的片。

漂烫（杀青）与冷却：漂烫（杀青）就是对酶进行钝化和失活处理，同时通过漂烫可以杀灭原料表面的微生物，除去原料组织内的空气，有利于减少成品中维生素C和胡萝卜素因氧化造成的损失，在较长时间内保持冻干胡萝卜片色泽鲜艳。因此，将切片后的胡萝卜置于沸水中浸烫3～4min后，立即进入0～5℃的冷水中进行降温冷却，冷却的时间越短越好。

沥干：经冷却后的胡萝卜片表面会滞留一些水滴，这对冻结是不利的，容易使冻结后的胡萝卜片结成块，不利于下一步的真空干燥，在振动沥水机上进行振动沥水，除去表面水滴。

装盘：胡萝卜片装盘量为10～12kg/m^2，装料厚度为2.5～3cm。冷冻干燥的升华速率一般在2.5mm/h。在冷冻干燥时，热量通过干燥层由外向内传导，蒸汽通过干燥层由内向外逸出，装料越薄，干燥的时间越短，相应的生产产量越低。因此选择合适的装盘厚度（数量）和均匀的布料方法对冻干生产非常重要。

冻结：冻结过程中应把握好冻结温度和时间（速率）。为确定胡萝卜的真空冷冻干燥工艺，首先应知道其结晶点温度和共晶点温度。胡萝卜品种、产地、含水量不同共晶点温度也略有差异。胡萝卜含水量为83%，经过大量的实验及生产得出，其结晶点温度为-1.8℃。根据阿伦尼乌斯原理液体导电靠离子，胡萝卜结冰时电阻无穷大。用电阻法测定胡萝卜的共晶点温度。随着温度的降低，电流在不断减小，当胡萝卜温度降低到-15～-10℃，电流趋近于0，说明此时的胡萝卜已全部冻结。因此可以确认胡萝卜共晶点温度为-15～-10℃。在实际生产中，冻结的温度一般都比共晶点温度低10℃左右，胡萝卜冻结温度在-25℃左右。胡萝卜的冻结过程是个放热过程，需要一定时间。在库温保持-35℃左右时，冻结3h左右较为适宜，冻结速率一般为0.1～1.5℃/min。

升华干燥：胡萝卜的升华干燥即第一阶段干燥，将装盘冻结好的胡萝卜片在真空冻干舱内，利用加热板辐射的热量进行加热，其冰晶就会吸热升华变成水蒸气逸出而使胡萝卜脱水干燥。胡萝卜在升华的任何时刻，总存在一个升华表面（也叫升华前沿），把固相部分分成两个区域（见图10-4）。在升华表面的外侧，绝大部分水分经过升华，胡萝卜已被干燥，称为已干层。升华表面内部仍为冻结层，升华尚未进行，在两层之间存在明显界面是理想情况，实际上在两层之间有一个过渡区，过渡区内没有冰晶存在，但水分明显高于已干层的最终水分。胡萝卜的升华过程是一个吸热过程，实验证明，1g冰变成1g蒸汽大

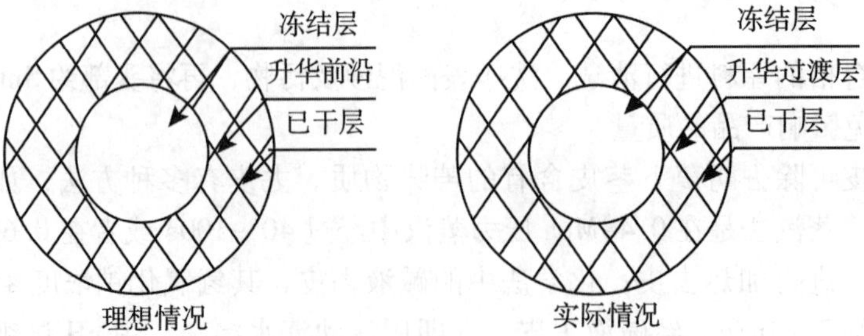

图 10-4　升华干燥过程的升华表面示意图

约需要吸收 2803J 左右的热量。因此，胡萝卜在升华干燥的过程中，需要不断地补充升华潜热，但温度要受一定的限制，胡萝卜冻结部分的温度应低于共晶点温度，否则冻结部分将融化；已干部分的温度应低于其崩解温度。所谓崩解温度就是当温度上升到一定值时，已干部分构成的骨架刚度下降，变得有粘性而塌陷，封闭了已干部分的海绵状微孔，阻止了升华的继续进行，这时如果供热过量，产品将会融化报废。此外升华干燥的过程又是一个传热传质的过程。胡萝卜升华干燥过程中，传热和传质沿同一路径进行，但方向相反（见图 10-5）。被干燥胡萝卜的加热是通过向已干层的辐射来进行，而内部冻结层的温度则取决于传热和传质的平衡条件。干燥过程中的传热、传质过程是互相影响的，随着升华的不断进行，多孔干燥层的增厚，热阻增加，供给的热量相应有所增加。一般升温速率控制在 0.1～0.2℃/min 的范围，直到完成中心部分的升华，这一过程大约需要 10～11 小时，真空度在 80～100Pa 之间，此时胡萝卜片的含水量为 8%～10%。

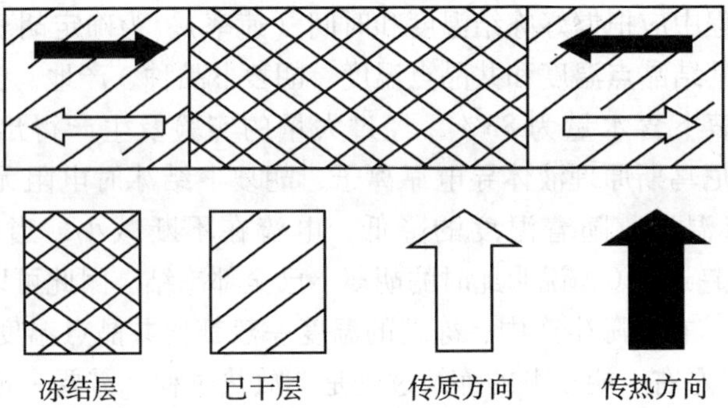

图 10-5　升华干燥过程中传热传质示意图

解吸干燥：第二阶段干燥。在升华干燥结束后，为了进一步除去胡萝卜细胞中没有冻结的结合水，这时水分的吸附能量高，如果不给予足够的能量，它们不能解吸出来，因此这个阶段的物料温度应足够高，胡萝卜的最高温度是 55℃。为使水蒸气有足够的推动力逸出，应在胡萝卜内外形成较大的压差，因此，这阶段应有较高的真空度（在 80Pa 以下），这一过程大约需要 2～3 小时，含水量可达到 3%，符合加工产品要求。

后处理：干燥结束后，应立即进行充氮或真空称量包装。根据产品要求，对冻干胡萝卜进行拣选。干燥后的胡萝卜吸水性强，为防止产品吸潮而变质，尽量缩短拣选时间，降低空气湿度（<45%）和环境温度（<20℃）。根据以上的分析、实验和生产，得出一条比较合理的胡萝卜片真空冷冻干燥工艺曲线（见图10-6）。

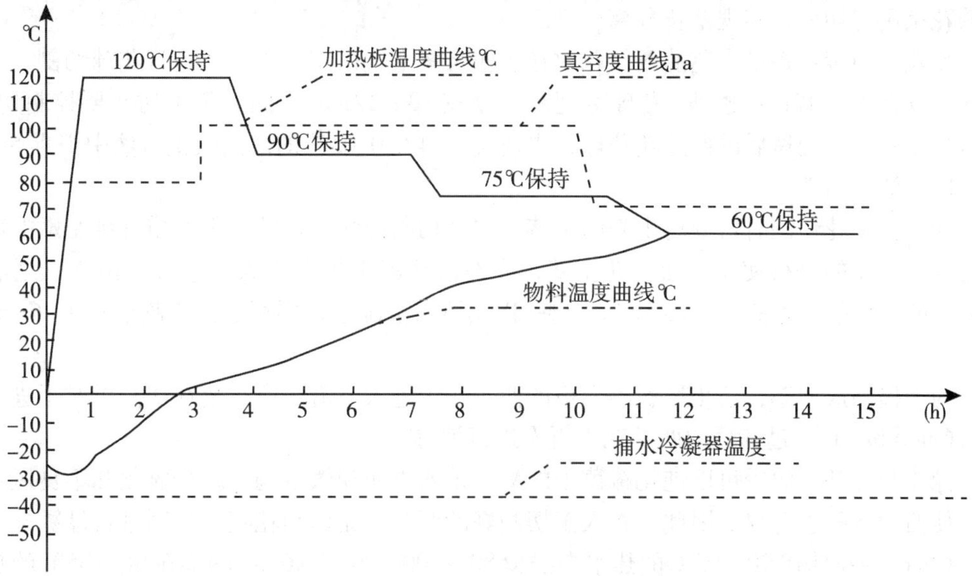

图10-6 胡萝卜片冻干曲线图

二、西兰花

西兰花（Brassica oleracea L. Var. votrytis）又称嫩茎花椰菜、青花菜，属十字花科芸苔属甘蓝变种，原产于意大利。它不仅食用方便，而且营养丰富。据报道西兰花每100g可食部分含蛋白质1.9g，脂肪0.2g，膳食纤维1.2g，糖类3.6g，维生素C 66mg，维生素B_1 0.01mg，维生素B_2 0.05mg，胡萝卜素10μg和多种矿物质。由于其特殊的营养价值，具有很高的市场价值，是我国出口创汇的主要蔬菜之一。其食用部分是幼嫩的花梗与花蕾，采收后在常温下绿色易变黄、失水变软，从而严重影响其商品价值。因此，对西兰花进行真空冷冻干燥加工，提高产品质量，扩大产品出口，提高农业生产效益，满足市场需求具有现实意义。

1. 工艺流程

新鲜原料分选→盐水浸泡→茎花分离→手工切花（机械切茎）→漂烫→沥水→装盘→冻结→升华干燥→解吸干燥→挑选计量→包装→成品。

2. 操作要点

西兰花的冻干可以分为预处理、冻结、升华干燥、解吸干燥和后处理五个阶段。

原料分选：应选择菜株颜色浓绿鲜亮，花球表面无凹凸，花蕾紧密结实，手感较沉重，无病虫伤残，成熟度、大小基本一致且勿过老者为宜；新鲜的西兰花原料在采摘后

24 小时内（最长不超过 30 小时）进行加工，否则会开花发黄变质，影响产品质量。对不能及时加工的要贮存在 0～3℃恒温库内。

原料盐水浸泡：原料在分切前进行盐水浸泡，盐水浓度为 3%，浸泡时间为 5～10min，浸泡的目的是驱除在原料中的虫子，同时具有清洗作用。

茎花分离：经过浸泡的西兰花，采取人工方式，在西兰花主茎分叉处，将主茎和带小茎的花朵用刀切分，实现茎花分离。

切花、消毒：将带小茎的西兰花放在工作台案上，采用手工方式进行花球切割，要求花球高度在 10～12mm 之间，花球宽度和厚度在 10～12mm 之间。手工切花要控制切口，切口越小越好。处理后的西兰花花球，先清洗，再在 0.03% 的次氯酸钠溶液中消毒 5min，再一次用清水清洗。

切茎：茎花切割时对分离出来的主茎，选择切断面淡绿色的、无木质纤维肥嫩的部分作为冻干产品的原料使用。西兰花主茎，先在滚筒清洗机内用高压水进行清洗，之后在 0.03% 的次氯酸钠溶液中消毒 5min，再一次用清水清洗后，用切丁机切割成 6×6×6mm 的丁。

为了提高成型率，防止形状不合格的西兰花丁进入下道工序，要在切割后对丁进行过筛（6mm×6mm），过筛后的西兰花丁再次进行消毒。

漂烫与冷却：漂烫可以钝化蔬菜中的酶，杀死虫卵和微生物，减少氧化和不良风味产生，使西兰花颜色鲜绿。因此，将人工切割好的西兰花花球和花茎，分别进行漂烫，一般 10～12mm 的花球在 90～95℃的热水中浸烫 80～100s，6mm×6mm 的茎在 90～95℃的热水中浸烫 60～80s。漂烫后的花球和茎立即分别进入冷却槽（强制制冷降温，冷却水温度保持在 5℃以下）进行快速冷却，物料中心温度冷却至 10℃以下，冷却时间越短越好。

沥水与装盘：经冷却后西兰花花球、茎的表面会滞留一些水滴，这对冻结和生产效率都会产生影响。容易使冻结后的西兰花球相互黏结在一起，不利于下一步的真空干燥。在振动沥水机上进行振动沥水，除去表面水滴后将西兰花球均匀摊放在不锈钢料盘上，花球最合适的装盘量为 $10kg/m^2$，厚度 30～35mm，花茎最合适的装盘量为 $11kg/m^2$，厚度 25～30mm。

冻结：冻结过程中应把握好冻结温度和冻结速率。为确定西兰花的真空冷冻干燥工艺，首先应知道其共晶点温度。西兰花因品种、产地、含水量不同共晶点温度也略有差异，共晶点温度根据阿仑尼罗斯原理可以确认西兰花的共晶点温度为-15～-10℃。在实际生产中，冻结的温度一般比共晶点温度低 15℃，西兰花冻结温度在-35～-30℃之间。

西兰花冻结的过程是个放热过程，需要一定时间。在库温保持-35℃时，冻结 3h 左右较为适宜。

升华干燥：西兰花在升华干燥过程中，由于需要不断地补充升华潜热，在保持升华界面温度低于共晶点温度的条件下，不断地供给热量。西兰花在升华干燥过程中传热和传质沿同一条路径进行，但方向相反（见图 10-7）。被干燥西兰花的加热是通过已干层的辐射来进行，而内部冻结层的温度则取决于传热和传质的平衡条件。干燥过程中的传热传质过程是互相影响的，随着升华的不断进行，多孔干燥层的增厚，供给的热量相应有所增加。一般将升温的速率控制在 0.1～1.2℃/min 范围，直到完成中心部分的升华，这一过程大约需要 9 ~ 10 小时，真空度在 60 ~ 80Pa 之间，此时西兰花的含水量为 11% 左右。

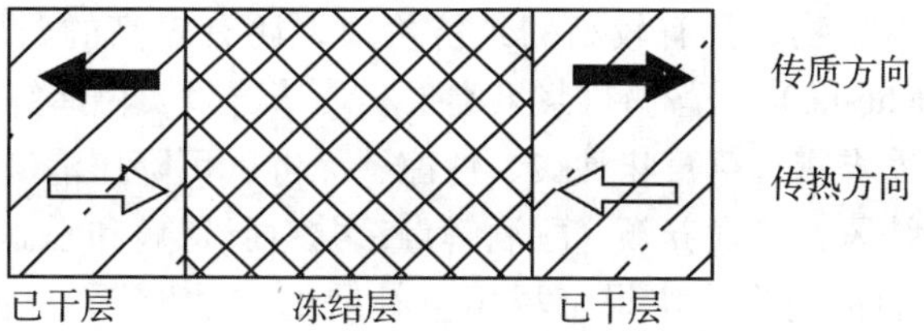

图 10-7　升华干燥过程中传热传质示意图

解吸干燥：在升华干燥结束后，为了进一步除去西兰花细胞中没有冻结的结合水，这些水分的吸附能量高，如果不给予足够的热量，它们不能被解吸出来，因此这个阶段的物料温度应足够高，西兰花的最高温度是 60℃，为使水蒸气有足够的推动力逸出，应在西兰花的内外形成较大的压差，因此，这个阶段应有较高的真空度 50 ~ 70Pa。这一过程大约需要 2 小时，含水量可达到 3% 左右，符合加工产品的质量要求。

根据以上的分析、实验和生产，得出一条比较合理的西兰花球真空冷冻干燥工艺曲线图（见图 10-8）。

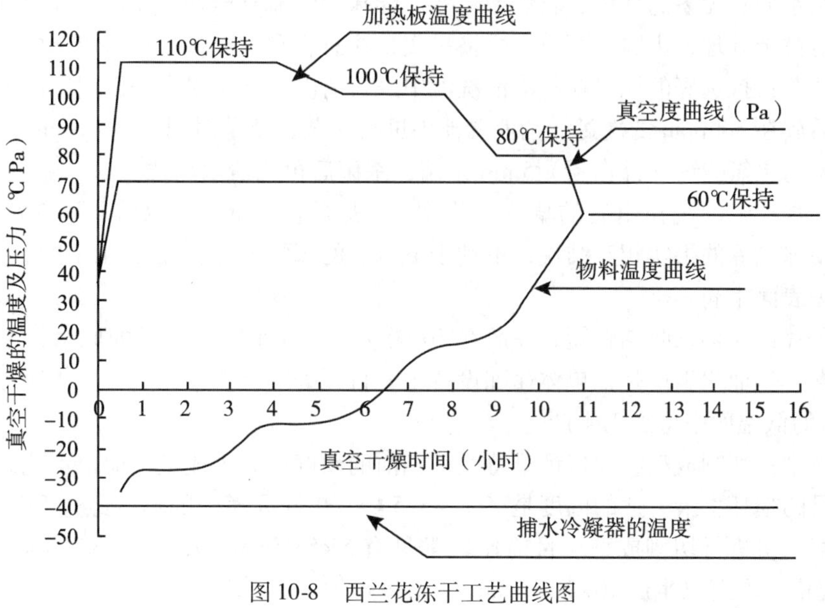

图 10-8　西兰花冻干工艺曲线图

后处理：干燥结束后，应立即根据产品的等级、保存期限、客户要求等进行分级、计量、检查等后处理及充氮或真空包装。干燥后的西兰花吸水性强，为防止产品吸潮而变质，尽量缩短拣选的时间，降低空气湿度（<45%）和环境温度（<20℃）。

三、草莓

草莓是多年生草本植物，具有较高的经济价值，还有较高的药用和医疗价值。草莓（Fragaria ananassa Duchesne）属蔷薇科浆果类果实。草莓果实色泽鲜艳，柔软多汁，香味浓郁，酸甜适口，营养丰富。草莓味甘酸、性凉、无毒，可降压消渴，滋肝补肾，生津润燥，消脂润肺，养血祛风，乌发养颜，醒酒解毒，并对肠胃病和心血管病都有一定的防治作用。因此近年来人们把它当作水果市场填空补缺的"法宝"，以满足市场的淡旺季供应。由于草莓有采收期短，上市集中，不耐贮藏和运输，草莓加工制品可以弥补这一不足，所以张掖市金海食品有限公司采用沈阳新阳速冻设备制造公司生产的ZLG冻干设备，成功研发出真空冷冻干燥草莓的加工方法，并进行规模生产，供应市场。根据市场需求，真空冻干草莓可加工为整粒草莓、草莓片、草莓丁等形状。

1. 工艺流程

新鲜原料挑选、分级→漂洗杀菌→振动沥水（速冻贮藏）→切割成型→装盘→预冻→升华干燥→解吸干燥→挑选计量→包装→成品。

2. 操作要点

草莓冻干可以分为前处理、预冻、升华干燥、解吸干燥和后处理五个阶段。

原料挑选：挑选品种相同，成熟度适宜（一般为八成熟），果实新鲜洁净，无病虫裂果，无外来水分；无萎蔫变色、腐烂、霉变、异味、明显碰压伤；无汁液浸出的新鲜草莓为原料进行挑选处理，去除果蒂及不合格果实，注意轻拿轻放，以免造成新的损伤。

漂洗杀菌：挑选好的原料在气泡清洗池中进行清洗，洗去果实表面附着的泥土及其他杂质，然后放在300ppm的次氯酸钠消毒池中进行杀菌，杀菌时间在8～10min，或者采用0.5%～1%的次氯酸钙（漂白粉）5min杀菌，杀菌后再用清水漂洗。

振动沥水：经漂洗捞出后的草莓（果实），表面会滞留一些水滴，这对冻结是不利的，容易使冻结后的果实相互结块，不利于下一步的真空干燥，在振动沥水机上进行振动沥水，除去表面水滴。

速冻贮存：草莓采收期较短，一般在30天左右，为了贮备大量的原料，原料必须进行速冻库存。工业化生产是在单体速冻设备中先将预处理好的草莓进行单体速冻，然后存放在-18℃的低温库中待加工生产。

切割成型：切割成型必须保证草莓在切割前的硬度以利于成型，但也不能温度过低造成切割刀具的损坏，最合适的温度是-7～-5.5℃，在低温库中的草莓经过升温至-6℃左右时放进切割机进行切割成型。目前比较常见有5×5×5mm、7.5×7.5×7.5mm、10×10×10mm等规格，本篇以生产10×10×10mm规格进行加工。

装盘：整颗草莓装盘是将果实单个平摊于盘中，果实直径的大小、铺设的层数都与干燥周期有关，这在整颗草莓冻干时要特别注意。草莓丁的装盘一般在13kg/m^2左右，装料厚度在2.5～3cm。因为冷冻干燥的升华速率一般在1mm/h，冷冻干燥时，热量通过干燥层由外向内传导，蒸汽通过干燥层向外逸出，因而装料越薄，干燥的时间就越短，相应的生产产量也越低。因此选择合适的装盘厚度（数量）和均匀的布料方法对冻干生产非常重要。

预冻：预冻是定型的过程，将草莓中的自由水固化，赋予干燥产品与干燥前有相同的形态，防止抽空干燥时起泡、收缩，发生溶质转移等不可逆现象。预冻过程中应把握好预冻温度和时间（速率）。

为确定草莓的真空冷冻干燥工艺，首先要知道草莓的结晶点温度和共晶点温度。草莓品种、产地、含水量不同结晶点温度和共晶点温度也略有差异，甘肃张掖种植的“卡门罗萨”品种，果实含水量 90.5%，经过大量的实验，其结晶点温度为-1.7℃；共晶点温度根据阿仑尼罗斯原理液体导电靠离子，当草莓结冰时电阻无穷大。用电阻法测定草莓的共晶点温度，随着温度的降低，电流在不断减小，当草莓温度降低到-18℃时，电流趋近于 0，说明此时的草莓已全部冻结。同时把草莓拿出来切开可以看到，草莓从外到里全部冻透。因此可以确认草莓结晶点温度为-18℃左右。在实际生产中，预冻温度一般都比共晶点温度低，草莓冻结温度在-30 ~ -25℃。

草莓冻结的时间（速率）：物料冻结时，生物组织不同程度的要受到破坏，这个破坏程度与冻结速度有关。其一是机械效应。这是细胞内部冰晶成长的结果。当细胞悬浮液缓慢冷却时，冰晶开始出现于细胞外部的介质，细胞逐渐脱水；而快速冻结时，情况与此相反，细胞内发生结晶；如果冻结非常迅速，则形成的冰晶可能极小，超速冻结，则出现细胞内水分的玻璃化现象。其二是溶质效应。在冻结初期，细胞外的冻结产生细胞间液体的收缩，随之产生强电解质和其他溶质的增浓，结果是细胞外离子进入细胞，进而改变细胞内外的 pH 值。因此，对冻结起作用的主要有两个方面：一方面是冰晶的生长，另一方面是细胞间液体的浓缩。在这两个方面，凡是能促进生物组织中无定型相态产生并使之稳定的条件，都对细胞免受破坏有利，但无定型相态的产生对生物组织的干燥又是不利的。实验及生产结果表明，将切割好的草莓丁从-5℃降到-30℃，预冻的时间在 2h 左右最为适宜，冻结速率大约每分钟降温 0.24 ~ 0.3℃。

升华干燥：草莓的升华干燥也叫第一阶段干燥，将装盘预冻好的草莓丁架车推进真空冻干舱内，利用加热板辐射的热量进行加热，其冰晶就会吸热升华变成水蒸气逸出而使草莓脱水干燥。草莓在升华的任何时刻，总存在一个升华表面（也叫升华前沿），把固相部分分成两个区域（见图 10-9）。在升华表面的外侧，绝大部分水分经过升华，草莓已被干燥，称为已干层。升华表面内侧仍为冻结层，升华尚未进行，在两层之间存在明显界面是理想情况，实际上在两层之间是一个过渡区，过渡区内没有冰晶存在，但水分明显高于已干层的最终水分。

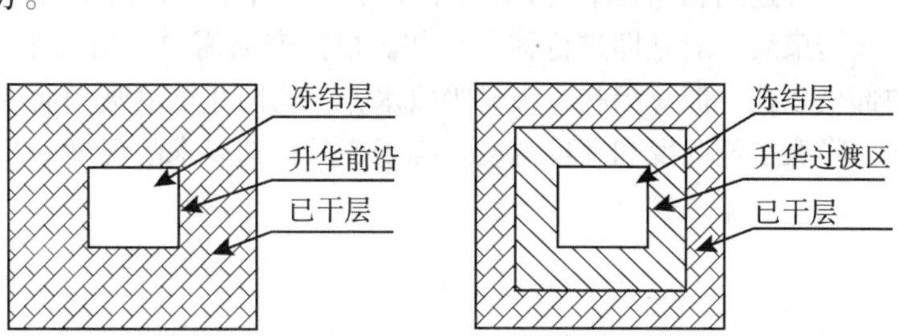

图 10-9 升华干燥过程的升华表面示意图

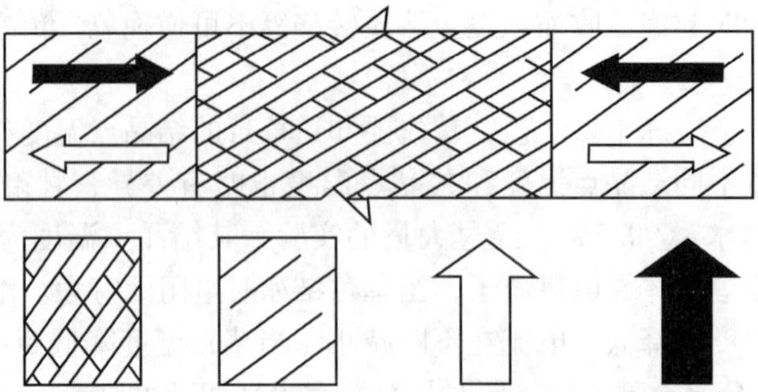

图 10-10　升华干燥过程的传热传质示意图

在草莓的冷冻干燥过程中，升华界面以 0.8mm/h 的速率向内移动，当全部冰晶升华完后，第一阶段的干燥就完成了，此时已除去全部水分的 90% 左右。草莓的升华过程是一个吸热过程，因此草莓在升华干燥的过程中，需要不断地补充升华潜热，但对草莓温度有所限制，即草莓丁冻结部分的温度应低于共晶点温度；已干部分的温度应低于其崩解温度。此外，升华干燥过程还要将水分传出物料，因此，升华干燥过程是一个传热传质过程。草莓丁升华干燥过程中，传热和传质沿同一路径进行，但方向相反（见图 10-10）。被干燥草莓丁的加热是通过向已干层辐射来进行，而内部冻结层的温度则取决于传热和传质的平衡条件。随着升华的不断进行，已干层随之增厚，热阻增加，供给的热量也应有所增加。一般升温速率控制在 0.1～1.2℃/min，这就需要控制好加热温度和真空度。为了保证草莓的正常升华，在两层物料之间的加热板通过辐射热量补充足够升华潜热，随着升华不断进行，升华界面向草莓内部均匀移动，直到完成中心部分的升华，这段时间大约需要 10～11 小时，真空在 70～100Pa 之间，这时草莓丁的水分达到 8%。

解吸干燥：在高真空下，以较高的温度升华干燥后留下的吸附水蒸发，即第二阶段干燥。在升华干燥结束后，为了进一步除去草莓细胞中的结合水，由于这些水分是没有冻结的，并且这些水分的吸附能量高，因此需要提高加热温度和真空度，“挤”出残留水分使其蒸发，同时使草莓丁达到均匀干燥。这段时间大约需要 2～3 小时，真空度在 60～70Pa，草莓丁的水分可达到制品要求的 3% 左右。草莓丁升华干燥曲线图（见图 10-11）。

后处理：干燥结束后，应立即进行称量包装。根据产品需要，对冻干草莓进行拣选。干燥后的草莓内部呈多孔，似海绵状，极易吸收水分，为防止产品吸潮而变质，拣选时尽量缩短拣选时间，降低空气湿度和环境温度，冻干产品拣选要求的温度≤22℃，空气相对湿度≤45%。

四、葱

葱又名大葱，是百合科葱属中以叶鞘组成的肥大假茎和嫩叶为产品的二、三年生草本植物，是重要的调味蔬菜。葱营养丰富，葱白中，每 100g 含蛋白质 1～2.4g、糖 6～8.6g、脂肪 0.3g、维生素 A 1.2mg、维生素 B 10.08mg、维生素 C 14mg、铁 0.6mg，还有

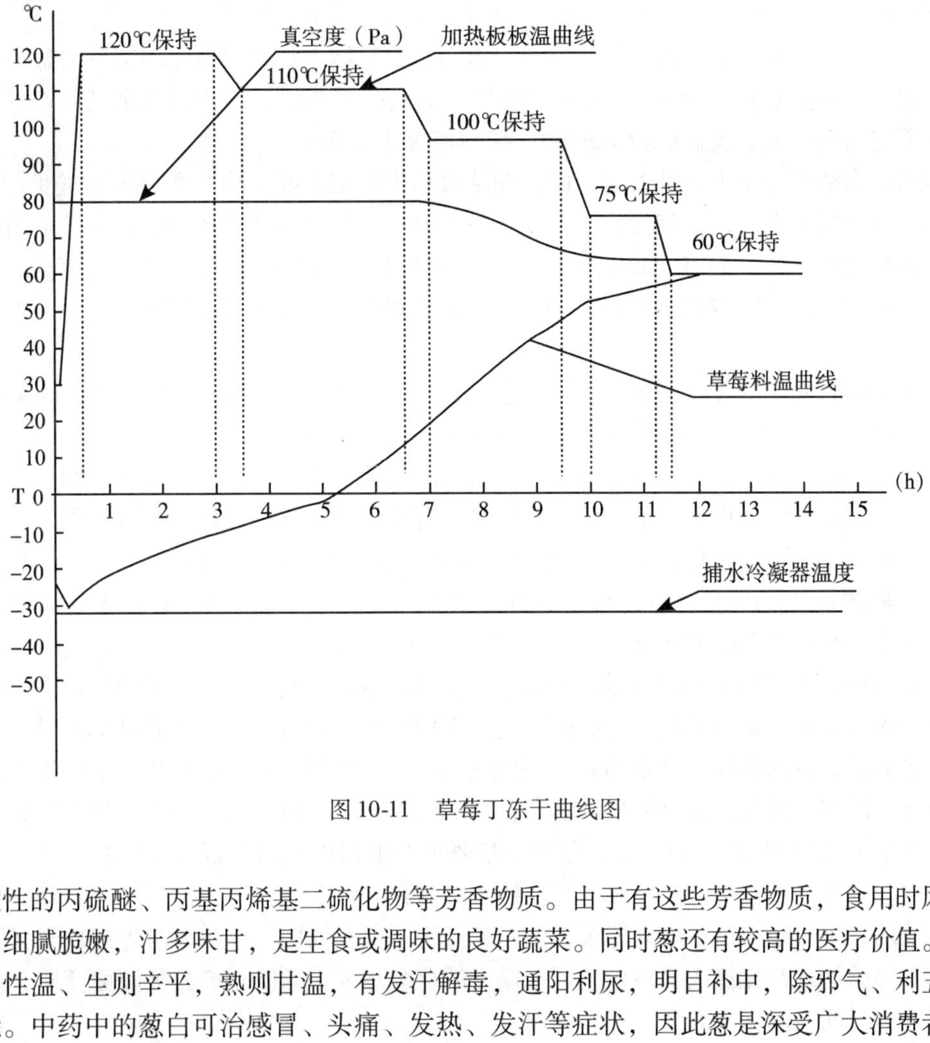

图 10-11 草莓丁冻干曲线图

挥发性的丙硫醚、丙基丙烯基二硫化物等芳香物质。由于有这些芳香物质，食用时风味辛香，细腻脆嫩，汁多味甘，是生食或调味的良好蔬菜。同时葱还有较高的医疗价值。葱味辛、性温、生则辛平，熟则甘温，有发汗解毒，通阳利尿，明目补中，除邪气、利五脏等功能。中药中的葱白可治感冒、头痛、发热、发汗等症状，因此葱是深受广大消费者喜爱的蔬菜，在国内外都具有广阔的市场。如果利用冻干技术进行深加工，可大大增值，是出口创汇的重要蔬菜之一。

1. 工艺流程

新鲜原料挑选→清洗→切段→杀菌与漂洗→沥水→装盘→冻结→升华干燥→挑选计量→包装→成品。

2. 操作要点

葱的冻干可以分为前处理、冻结、升华干燥、解吸干燥和后处理五个阶段。

原料挑选：应选择鲜嫩，大小长短粗细相同的无病虫伤残的大葱。

清洗：将合格的原料进行清洗，洗净表面泥沙及污物，切除须根等不合要求的部分，以确保产品的质量。

切段：经过处理的大葱，按照规格要求进行切段，其大小为 5mm 葱段（又叫葱圈）。

杀菌与漂洗：切割后的葱段不需要漂烫，因为经过漂烫后葱会变形、发软，葱味会急剧变淡。但需要进行杀菌，一般在250ppm次氯酸钠溶液中杀菌3min，然后在流动的清水中进行漂洗。

沥水与装盘：漂洗后葱表面会滞留一些水滴，对冻结不利，容易使冻结后的葱相互黏结，不利于下一步的真空干燥。在振动沥水机上进行振动沥水，除去表面水滴后将葱均匀摊放在不锈钢料盘上，装盘量为$9kg/m^2$，装料厚度为2.5cm。

冻结：冻结和升华干燥是关键工序。冻结过程中应把握好冻结温度和冻结速度。为确定葱的真空冷冻干燥工艺，首先应知道其共晶点温度。葱因品种、产地、含水量不同共晶点温度也略有差异，共晶点温度根据阿仑尼罗斯原理可以确认葱的共晶点温度为-15～-10℃。在实际生产中，冻结的温度一般比共晶点温度低，葱冻结温度在-25～-20℃之间。

葱冻结的时间（速率），物料的冻结过程是一个放热过程，需要一定时间。冻结的时间在2小时左右最为适宜，冻结速率一般为0.1～1.5℃/min。

升华干燥：葱在升华干燥过程中，由于需要不断地补充升华潜热，在保持升华界面温度低于共晶点温度的条件下，不断地供给热量。葱在干燥过程中的传热传质过程是互相影响的，随着升华的不断进行，多孔干燥层的增厚，供给的热量相应有所增加。一般将升温的速率控制在0.1～0.2℃/min范围，直到完成中心部分的升华，这一过程大约需要7小时，真空度在65～80Pa，此时葱片的含水量为11%左右。

解吸干燥：在升华干燥结束后，为了进一步除去葱片细胞中没有冻结的结合水，这些水分的吸附能量高，如果不给予足够的热量，它们不能被解吸出来，因此这个阶段的物料温度应足够高，葱的最高温度是50℃，为使水蒸气有足够的推动力逸出，应在葱的内外形成较大的压差，因此，这个阶段应有较高的真空度50～70Pa。这一过程大约需要2小时，含水量可达到3%，符合加工产品的质量要求。根据以上的分析、实验和生产，得出一条比较合理的葱片真空冷冻干燥工艺曲线图（见图10-12）。

后处理：干燥结束后，应立即根据产品的等级、保存期限、客户要求等进行分级、计量、检查等后处理及充氮或真空包装。干燥后的葱吸水强，为防止产品吸潮而变质，尽量缩短拣选的时间，降低空气湿度和环境温度。

五、螺旋藻

螺旋藻（Spirulina platensis）为蓝藻属的一个种，含有多种营养成分，具有营养及医疗保健功能，被世界粮农组织誉为21世纪人类最理想的食品。螺旋藻中蛋白质质量分数高达55%～70%，其中藻蓝蛋白（Phycocyanin）是重要的生物活性成分之一，质量分数达10%～20%，具有提高机体免疫力、抑制癌细胞和清除自由基等作用，而且易于被人体所吸收。

目前，螺旋藻产品的生产工艺多采用喷雾干燥制备干粉，由于经历高温，螺旋藻所含的生物活性物质，如藻蓝蛋白等极易损失，造成产品质量不高、市场竞争力不强等问题。与喷雾干燥相比，真空干燥过程中，维持干燥室内持续的低压环境，水分的蒸发温度相应降低，易于保持热敏物质生理活性。实验所用原料为河西学院甘肃凯源生物技术开发中心生产的螺旋藻鲜藻，含水量93.41%。冷冻干燥机为LGJ-30F，北京松源华兴科技发展有

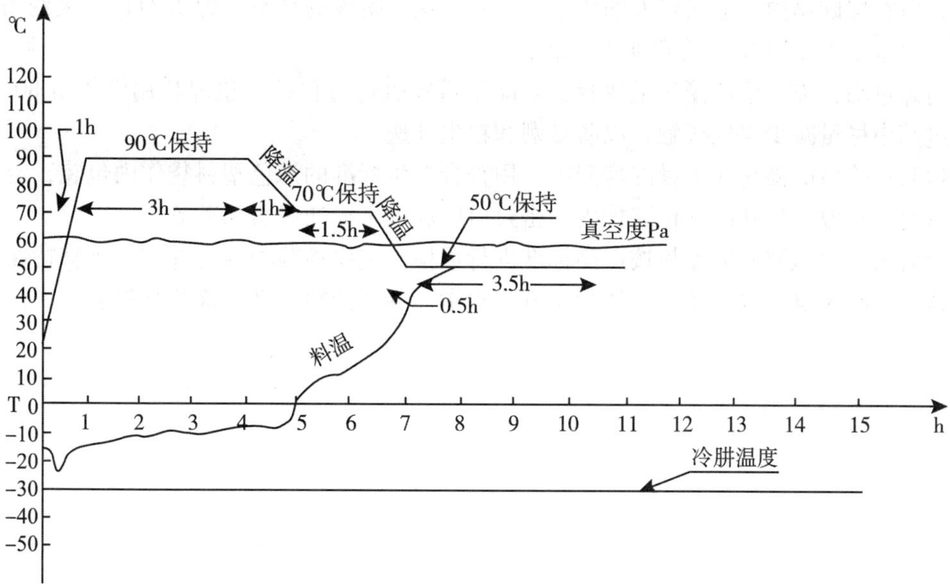

图 10-12　葱冻干工艺曲线

限公司生产。

1. 工艺流程

藻泥采收→清洗→装盘→预冻→升华干燥→解吸干燥→包装、计量→检验入库。

2. 操作要点

藻泥采收：当藻池浓度（OD 值）大于 1.0 时，即可进行采收。采收是通过管道将藻液自流到滤藻设备上进行的，过滤后的培养液用泵抽回原藻池。

藻泥清洗：当滤藻设备上有藻泥时开启清洗喷头进行清洗，随滤随清洗，判断是否洗净的经验方法是以藻泥不咸为好。也可用 pH 试纸对藻泥进行检测，pH 值达到 7 时为好。如洗涤不净会使藻粉灰分偏高。洗净后的藻泥进行冷冻干燥。

装盘：藻泥厚度为 0.2～0.4cm。物料的厚度直接影响干燥的时间，干燥速率与物料厚度基本上成反比关系，但厚度太薄会使物料水分迅速蒸发，生产产量低。

冻结：冻结过程中应把握好冻结温度和时间（速率）。在冻结过程中，冻结温度必须低于产品的共晶点温度。螺旋藻冻结过程是个放热过程，需要一定时间。隔板温度保持在-50℃左右时，冻结 6 小时左右较为适宜。

升华干燥：第一阶段干燥，将冻结好的螺旋藻继续在真空干燥室内，利用隔热板辐射的热量进行加热，其冰晶就会吸热升华变成水蒸气逸出而使螺旋藻脱水干燥。一般升温速率控制在 0.1～0.2℃/min 的范围。直到完成中心部分的升华，这一过程大约需要 20 小时，真空度在 4.2Pa 左右，隔板温度为 41℃，此时螺旋藻的含水量为 8%～10%。

解吸干燥：第二阶段干燥，在升华干燥结束后，为了进一步除去螺旋藻细胞中没有冻结的结合水，这时水分的吸附能量高，如果不给予足够的能量，它们不能解吸出来，因此这个阶段的物料温度应足够高，螺旋藻的最高温度是50℃。为使水蒸气有足够的推动力逸出，应在螺旋藻内外形成较大的压差。因此，这一阶段的真空度为2.31Pa，大约需要2小时，含水量为4.76%，符合加工产品要求。

粉碎过筛：冻干后的藻粉呈块状，立即用粉碎机进行粉碎。粉碎粉用筛粉机80目过筛，过筛中尽量减少空气接触，以防受潮和粉尘外逸。

包装：筛后的藻粉在干燥的房间内，用符合卫生标准的深色塑料袋作内包装，定量称重后密封，再放入较硬的外包装桶内。密封后应放入干燥通风房间贮藏。

检验入库：包装好的藻粉按产品标准进行抽检。主要检验项目有外观和感官特性、菌落总数、大肠菌群、致病菌。具体检验方法和指标参照藻粉标准。检验合格后入库。

第十一章　固体粉末蔬菜的加工

固体粉末蔬菜是指将蔬菜的全株或多种蔬菜组合、洗净后，采用真空冷冻干燥或低温喷雾干燥技术除去水分制成的极易消化吸收的固体蔬菜粉末，又称脱水蔬菜粉末。真空冷冻干燥或低温喷雾干燥可确保绝大部分或全部蔬菜原料的维生素和其他营养物质不受损失，保全了原有营养乃至原汁原味的特色。固体粉末蔬菜具有很高的代替进食蔬菜的价值，甚至具有烹饪菜肴所不具备的某些营养特色。

果蔬产品含水量高，容易腐烂，现阶段我国新鲜水果蔬菜的腐烂损耗率高，水果的腐烂损耗率达到30%，蔬菜的腐烂损耗率达到40%～50%，而发达国家损耗率则不到7%。通过干燥技术处理可以使蔬菜体积大大缩小，以鲜葱为例，每13吨鲜葱经加工后仅得到1吨脱水葱，能大大降低贮藏、运输、包装等方面的费用。将新鲜蔬菜加工成蔬菜粉，使其水分含量低于6%，不仅能最大限度地利用原料，减少因其腐烂造成的损失，而且干燥脱水后的产品容易贮藏。

低温喷雾干燥因瞬时高温、局部水分快速挥发降温，对营养素破坏不大，产品速溶性极佳，被大量用于番茄粉等固体粉末蔬菜的生产。由于低温喷雾干燥投资较大，并且不适合多品种的生产，所以固体粉末蔬菜一般采用低温冷冻干燥或低温减压真空脱水然后粉碎的办法生产。

固体粉末蔬菜经过调味，口感容易被接受，食用起来很方便，富含纤维素，而且经过粉碎的细小食用纤维素，能充分发挥相应的保健作用，对儿童、中老年人和所有需要纤维素的人来说是很理想的食品。常见的固体粉末蔬菜有番茄粉、大蒜粉、洋葱粉、胡萝卜粉、芹菜粉、南瓜粉、卷心菜粉、葱粉和姜粉等。固体粉末蔬菜能应用到食品加工的各个领域，用于提高产品的营养成分，改善产品的色泽和风味，以及丰富产品的品种等。固体粉末蔬菜主要用于面食、膨化食品、婴幼儿食品、调味品、糖果制品、焙烤制品和方便面等。不调味或经过调味的固体粉末蔬菜还可以用作各种主食、副食的天然添加剂，可以加入面条、饼干、糖果和饮料等，非常适合幼儿和老人食用。

高质量的粉末蔬菜的生产方法主要有真空冷冻干燥和低温喷雾干燥。低温减压真空脱水干燥一般用于生产较低品质的粉末蔬菜品种，由于制粉时物料的温度偏高，产品的营养成分、色泽和风味破坏较大。新鲜蔬菜在冷冻和真空状态下干燥，其营养成分、色泽和风味得到了最大限度地保持。

蔬菜干燥后再经过超微粉碎后，颗粒可以达到微米级，使用时更方便。真空冷冻干燥和低温喷雾干燥制得的粉末蔬菜的营养更容易消化、吸收，口感更好，果蔬中的膳食纤维能被利用，减少了废渣，符合当今食品行业的“高效、优质、环保”的发展方向。所以，目前粉末蔬菜的加工正朝着超微粉碎的方向发展。

我国当前的冻干制品多是蔬菜，主要用于出口，尚不能满足国内市场的需要。我国的方便面生产厂家约有3000多家，目前仅有两家生产厂的两种方便面调料使用冻干粉末蔬菜和调料，而大量的粉末蔬菜则是热风干燥制得。我国出口的冻干粉末蔬菜的参考价格为小白菜66.8元/kg、蒜粉62元/kg、蘑菇150元/kg、胡萝卜54元/kg、青葱71元/kg、辣椒粉68元/kg。英国市场上的脱水大蒜，采用热风干燥的制品是15.9英镑/kg，而冷冻干燥的制品则是83.3英镑/kg，二者的价格比是5：23；出口日本的蛋粉（含水量3.5%）喷雾干燥的是7万元/吨左右，而用冷冻真空干燥的制品最低价是16万元/吨。可见，冻干食品价格明显高于常规干燥食品。

第一节　番茄粉的加工

番茄又叫西红柿、番柿、番李子，为茄科类植物。番茄传入我国仅100余年，原产地是土耳其和印度，是佛教的传统水果和蔬菜。番茄除含有大量的水分外，还含有蛋白质、碳水化合物、粗纤维、钙、磷、铁、胡萝卜素、硫氨素、核黄素、尼克酸和抗坏血酸等营养成分。同时含有较高热量，其营养成分含量的配比与人体营养需求量的配比相符。

中国番茄酱加工业主要集中在新疆，其产量占全国产量的90%以上。甘肃和内蒙古有少量生产，但主要集中在河西地区张掖市（县、区）。2002年新疆的总生产能力日处理新鲜番茄5万多吨，年生产29%浓度的番茄酱35万吨。2003年，新疆番茄酱总生产能力日处理新鲜番茄6万多吨，在气候条件正常的情况下，年产番茄酱50万吨以上，出口额达到2亿多美元。中国的番茄酱加工能力在世界上除美国外，和意大利不相上下，成为第二大生产国，中国是世界番茄酱的出口大国。

中国番茄酱质量很高，特别是番茄红素的含量大大超过了世界其他国家的平均含量，深受国际市场的欢迎。而中国的番茄酱生产成本又远远低于世界其他国家的平均生产成本，以生产浓度36%～38%的番茄酱为例，中国每吨酱的成本低于世界平均成本150美元以上，这种优势是非常明显的，也是任何国家所不能比的。

一、番茄粉的生产工艺流程

番茄粉风味纯正，运输便利，保质期长、适用范围广，可完全替代番茄酱，还可用于小食品的调味粉、薯片、玉米片、速溶汤粉料、烹调用调味粉料和意大利面的着色剂等。番茄粉可以提供食品的风味和色泽等。优质番茄酱富含番茄红素、多种维生素、氨基酸、有机物及矿物质等成分，由于番茄酱的保质期较短，货源受季节和天气影响较大。低温喷雾干燥生产的番茄粉色泽鲜艳、口感纯正、番茄红素含量高，富含高蛋白纤维、果胶和维生素C等。番茄粉感观好，具有良好的溶解性，是国内外消费者理想的汤料及调味品，也是饮料的调配原料。

番茄粉多以30%的优质番茄酱为原料生产。由于番茄酱含果胶量高、含糖量高、易软化、结块、易焦化、氧化，80℃温度条件下2小时会出现焦化和变色。所以，番茄粉大多是采用低温喷雾干燥、冷冻干燥或低真空法干燥的方法生产。以番茄酱为原料，番茄粉的基本生产工艺如下。

1. 工艺流程

鲜番茄分选→清洗→1%氯化钙溶液浸洗→修整→破碎打浆→热破碎→均质→脱气→超滤浓缩/杀菌→真空浓缩→调配→低温干燥→包装成品。

2. 操作要点

（1）选用新鲜、成熟、色泽亮红、无病虫害的番茄作为原料。除去果实上附着的泥沙、残留农药以及微生物等。除去腐烂、有病虫斑或色泽不良的番茄。

（2）鲜番茄经过分选清洗后，再用1%的氯化钙溶液浸洗30min。

（3）修整后破碎打浆，番茄的破碎方法包括热破碎和冷破碎。热破碎是指将番茄破碎后立即加热到85℃进行处理。由于热破碎法可以使番茄浆中的果胶酯酶和聚半乳糖醛酸酶得到及时的钝化，果胶物质保留量多，最后所得番茄制品具有较高的稠度。

（4）打浆去除番茄的皮与籽。采用双道或三道打浆机进行打浆，第一道打浆机的筛网孔径为0.8～1.0cm，第二道打浆机的筛网孔径一般为0.4～0.6cm。打浆机的转速一般为800～1200r/min。打浆后所得皮渣量一般应控制在4%～5%。

（5）为提高产品的品质和口感，要对番茄汁进行微粉碎和均质。将原料在高剪切式均质机中超微粉碎均质。均质压力一般为15～20MPa。

（6）经脱气罐真空脱气，然后进超滤浓缩器中浓缩。采用截留相对分子质量为10万的超滤膜，滤除番茄汁中的部分清浆液，滤除清浆液量约占原汁重量的20%。

（7）超滤的同时，杂菌同时也被滤除。

（8）超滤后的浓缩液，再真空浓缩，50℃下浓缩到30%的浓度。常压浓缩由于浓缩的温度高，番茄浆料受热会导致色泽、风味下降，产品质量差；番茄汁的真空浓缩所采用的温度为50℃、真空度670mmHg（8.9×10^4Pa）以上。

（9）根据要求添加食用盐、柠檬酸、增稠剂进行调配。

（10）获得高品质的番茄粉，必须采用低温干燥的方法，番茄浓缩物的干燥主要有喷雾干燥法和冷冻干燥法。

由于番茄酱含果胶量高、含糖量高、易软化、结块、易焦化、氧化，80℃温度条件下2h会出现焦化、变色。所以必须采用特殊的喷雾干燥设备用来加工干燥番茄粉。

二、贝尔斯喷雾干燥番茄粉

传统用于番茄粉干燥的喷雾干燥设备是贝尔斯喷雾干燥塔，贝尔斯喷雾干燥塔技术是瑞士的A. G. 贝尔斯开发的，最初是为意大利I. D. I. T. 公司生产速溶番茄粉而制造的。这套装置的特点是不使用热风，把未加热的空气湿度降到3%以下，送到高度为97m的干燥塔里，对固体成分浓度为28%～30%的番茄液体进行喷雾干燥，从而得到含水率为4%的番茄粉末。贝尔斯喷雾干燥塔为超大型设备，投资大，管理和维护要求高。贝尔斯公司等提供的设备是利用脱水空气作为干燥气体，在较低的进风温度（25～30℃）下进行干燥。贝尔斯喷雾干燥设备的塔身都非常高，设备非常庞大，从而在建立工厂时所需的费用高。

干燥用的空气经过初、中、高效过滤除尘，使空气中含尘量小于53.0mg/m^3。同时，也把细菌除去。然后将空气用冷冻或吸附式除湿机脱去水分，再将温度为28～30℃、相对湿度为1%～3%的干空气从干燥塔的下部吹入。干燥塔内衬塑料，直径15m，高度97m。从塔的顶部通过压力式喷雾器将番茄汁喷入，从而使其成为逆流式的喷雾干燥。空气在干燥塔内以0.05～0.91m/s的速度上升，到塔顶时湿度为80%～90%。大多数空气从塔顶出塔，出塔的空气使用袋式过滤器把空气夹带的少量番茄粉分离，为了不使制品的香味有所损失，仍把空气除湿后，送回到干燥塔中去。大多数的番茄粉落到塔的底部，通过特殊的装置用少量的空气将番茄粉输送出塔，通过旋风分离器、袋式过滤器和把空气与番茄粉分离，直接进行包装。

贝尔斯喷雾干燥所得到的番茄粉制品含水率为4%。贝尔斯由于采用低温空气干燥，所以不会引起制品的品质变化，而且制品是多孔的，溶解性能很好。贝尔斯设备番茄汁干燥操作数据（见表11-1）如下：

表11-1　**贝尔斯设备番茄汁干燥操作数据**

项　目	数　据	项　目	数　据
干燥塔	直径15m，高度97m，聚乙烯内衬	空气速度（$m \cdot s^{-1}$）	0.5～0.9
干燥原液番茄酱浓度（%）	23～30	空气量（$m^3 \cdot h^{-1}$）	30000～60000
原液供给速度（$kg \cdot h^{-1}$）	13617	废气相对湿度（%）	80～90
喷雾泵的压力（Pa）	2.1×10^5）	番茄粉产量（$ks \cdot h^{-1}$）	380
液滴下落速度（$m \cdot s^{-1}$）	0.75	番茄粉含水量（%）	4
干燥空气温度（℃）	18～26	制品粒径（μm）	80～100
干燥空气湿度（%）	<3	制品温度（℃）	15.6～26.7

三、添加物改性喷雾干燥番茄粉

番茄酱的干燥也可以采用MD干燥塔，根据工艺情况，可适当改进设备结构和参数。如采用100～120℃的中等进风温度进行干燥等，可以提高生产速度，同时可以减少30%左右的投资。为降低投资，提高生产速度，一些工厂对森永乳业公司MD喷雾干燥塔流程根据工艺情况，适当改进，采用100～120℃的中等进风温度进行干燥。这类喷雾干燥设备的特点是，进风、出风操作温度低，物料从上部通过单一的压力式喷嘴进入塔体，热风从塔的上部同物料无旋转地并流进入，在热风从塔的顶部吹入的部分，导入了冷风，使热风换向。如果粉末附着在热风吹入部分的周围和干燥塔筒体部分，由于热风流的方向转换，可以使制品很少焦化。

改进的设备，在塔的下部圆锥部分也导入了冷风，从而避免了热风而引起的制品过热。冷风与干燥粒子称为逆流冷却。在干燥结束的同时，粉末在圆锥部分被冷却分离。尾风从塔的中下部通过旋风分离器引出，分离出的番茄粉用干燥的冷风重新送回塔锥的中部，冷却用的冷风从锥体的下部送入，番茄粉在塔底被少量的冷风带出塔体，通过旋风分离器、袋式过滤器把空气和番茄粉分离，直接进行包装。

对于番茄的干燥，设备的进风温度一般在120℃，出风温度在70℃。使用这种干燥方式，必须在番茄酱中加入一些添加物，才能使干燥进行下去，同时制品的质量得以提高。添加物的种类有果胶、淀粉、砂糖、明胶、脂肪、甲基纤维素和单甘酯等。在番茄酱中加入15%明胶（固体成分）的实验效果很好，进风温度150℃，出风温度85℃，可以获得无黏性的番茄粉。有些工厂采用添加0.5%的羧甲基纤维素，0.2%的麦芽糖浆，0.22%的单甘酯，进风温度130℃，出风温度70℃，可以得到良好的番茄粉制品。实际操作时，进风温度和干燥强度往往不能达到理想状态。经改进的MD喷雾干燥塔番茄汁干燥操作数据如下（见表11-2）。

表11-2 **经改进的MD喷雾干燥塔番茄汁干燥操作数据**

项　目	数　据	项　目	数　据
干燥塔圆柱体部分高度（m）	15	液滴直径（μm）	140～150
干燥塔圆柱体部分直径（m）	5.5	热风入口温度（℃）	120
干燥塔圆锥体部分高度（m）	6.5	冷风入口温度（℃）	20
压力喷嘴的数量（个）	1	冷风入口相对湿度（%）	40
喷嘴直径（mm）	8～10	排气部分的温度（℃）	70～75
喷雾供给压力（MPa）	19	空气速度（$m \cdot s^{-1}$）	0.7～1
喷雾量（$kg \cdot h^{-1}$）	3000		

喷雾法番茄粉的质量标准（见表11-3）。

表11-3 **喷雾法番茄粉的质量标准**

项　目	质 量 标 准
原材料	优质番茄酱（28%～30%）
制造方法	喷雾干燥
产品介绍	番茄粉富含番茄红素、多种维生素、氨基酸、有机物及矿物质等成分，番茄风味纯正，用途广泛
外观形状	均匀且具有一定流动性的红色或橙红色细颗粒粉，允许有少量结块
保管方法	相对湿度<60%，温度<25℃，条件下避光、干燥保存
包装	10kg复合铝箔袋包装，2袋/箱，净重20kg；PE袋包装，25kg/箱
应用范围	小食品的调味粉，如薯片、玉米片等；速溶汤粉料；烹调用调味粉料；意大利面的着色剂；其他用途，可以提供食品的风味和色泽

续表

项　目	理化指标	标准和检验方法
水分（%）	≤6	卤素水分测定法
总酸（%）	4~10（以无水柠檬酸计）	GB12293-90
番茄红素（$mg \cdot g^{-1}$）	≥1	GB/T14215-93
灰分（%）	≤12	GB/T14770-93
铅（$mg \cdot kg^{-1}$）	≤1.5	GB/T5009.12-96
砷（$mg \cdot kg^{-1}$）	≤0.8	GB/T5009.11-96
铜（$mg \cdot kg^{-1}$）	≤40	GB/T5009.13-96
菌落总数	≤20000	GB4789.2-94
大肠群菌（$MPN \cdot g^{-1}$）	<1	GB4789.3-94
酵母与霉菌（g）	500	GB4789.15-94
致病菌	不得检出	GB4798.10-94、GB4789.4-94

四、真空冷冻干燥番茄粉

冷冻干燥法加工番茄粉是先对番茄浓缩物进行冻结，然后在高真空状态下使水分升华。冷冻干燥法加工得到的番茄粉仍然保留干燥前番茄酱原有的色泽，番茄粉颗粒具有多孔结构，保留着原来由水分所占据的空间而没有塌陷，从而有利于产品迅速复水。冷冻干燥设备昂贵，能耗大，冷冻干燥法制得番茄粉品质好，但成本高于喷雾干燥法，一般仅用于小批量的番茄粉生产。

由于条件的限制，少数厂家采用真空干燥的方法生产番茄汁粉，由于番茄酱含果胶量高、含糖量高、易软化、焦化、变色，真空干燥生产的番茄粉品质远不如冻干法番茄粉和喷雾干燥法番茄粉的品质。

如表11-4所示为冷冻干燥番茄粉与真空干燥番茄粉的营养成分保留率的比较（将原料果汁的营养成分保留率作为100%）。

表11-4　　冷冻干燥番茄粉与真空干燥番茄粉营养成分保留率比较

营养成分	营养成分保留率（%）	
	冷冻干燥	真空干燥
全糖	96.0	90.9
氨态氮	96.1	64.3
汁液褐变度（滤液透过率）	89.0	64.0
酸	98.4	114.8

第二节　蘑菇、大蒜、胡萝卜粉末冷冻干燥加工

通常所说的脱水固体粉末蔬菜，是通过冷冻干燥法制得的蔬菜粉末。冷冻干燥一般是将新鲜蔬菜粉碎后均质处理，然后经过快速冷冻，再送入真空容器中升华脱水而制成的蔬菜粉末。用冷冻干燥工艺制成的蔬菜粉末，不仅保持了蔬菜的色、香、味，而且最大限度地保存了蔬菜中的维生素、蛋白质等营养物质。

冷冻干燥根据果蔬种类的不同将其冻结到-35～-30℃或更低温度后，在低温、低压下进行冷冻干燥，使果蔬中的冰升华为水蒸气，形成脱水果蔬而获得干制品。冷冻干燥食品质量好、重量轻，不需要冷藏设备，只要密封包装后就可在常温下长期贮存、运输和销售。

低温及超低温超微粉技术可用于固体粉末蔬菜超微粉碎加工，粒度可达100～300目。可以生产南瓜粉、枣粉、苹果粉、胡萝卜粉、芹菜粉、山楂粉等固体粉末果蔬全粉，也可以生产调味晶超细粉，如辣椒粉、姜粉、胡椒粉等。

冷冻干燥固体蔬菜的含水量小于5%，干燥成品呈微粉状，在水中呈半溶解或半悬浮状态，经低温处理，产品的颜色、风味和营养价值的损失很小。真空冷冻干燥蔬菜同用其他方式生产的脱水蔬菜相比，具有优良的品质，营养成分、颜色、味道与鲜品基本相同，而且复水性特别好。冷冻干燥技术是近年来迅速发展起来的一项食品加工新技术，能干燥果蔬、肉类等多种食品，尤其适于干燥富含易挥发成分和遇热变质的食品。生产1kg冻干蔬菜所需要的新鲜蔬菜量如下（见表11-5）：

表11-5　**生产1kg冻干蔬菜所需要的新鲜蔬菜量**

蔬菜名称	刚收获后的新鲜蔬菜质量（kg）	清洗去皮漂烫后蔬菜质量（kg）	产率（%）
芦笋	30.0	11.0	3.33
卷心菜	21.0	11.5	4.76
胡萝卜	12.0	7.0	8.33
芹菜（茎）	13.0	17.5	7.69
大蒜	8.0	5.0	12.5
甜青椒	22.0	16.0	4.55
青葱	14.0	10.5	7.14
韭菜	11.0	9.5	9.09
洋葱	12.5	10.0	8.0
土豆	7.0	4.5	14.3
红辣椒	19.0	12.0	5.26
菠菜	13.5	13.0	7.41
西红柿	20.0	14.0	5.0

一、冷冻干燥蘑菇粉

蘑菇是采用冷冻干燥方法生产的主要品种。

冻干蘑菇工艺流程：鲜蘑菇→清洗→漂白→切片→冻结→冷冻干燥→微粉碎→包装。

蘑菇在收获后应尽快加工，收获后至加工的时间最好不超过3h，否则就不能获得优质的产品。鲜蘑菇原料一般用0.9～1.4MPa压力喷淋水彻底浸泡清洗，清洗不允许使用焦亚硫酸钠。将洗净的蘑菇甩干后，切片，均匀装载到果蔬盘上，装料厚度3cm，每平方米干燥板上装载5～10kg蘑菇，然后送到冷冻室冻结。冻结速度愈快，最终产品愈好。当蘑菇温度达到-30～-28℃时，送到干燥室冷冻干燥。在单一加热方式中，干燥板的温度，升华速度快的干燥初期应控制在70～80℃，干燥中期控制在60℃，干燥后期控制在40～50℃，干燥室压力控制在13.3～266.6Pa。

12kg的鲜蘑菇可制得1kg的冻干蘑菇粉，水分含量3%左右，1kg的冷冻干燥蘑菇复水后可获得8kg的复水蘑菇粉。干燥好的蘑菇片用粉碎机粉碎到300目，然后采用铝箔复合袋、充氮气包装，在20℃温度下贮存。

冷冻干燥脱水蘑菇可以有效地保持蘑菇中氨基酸的含量。新鲜草菇和冻干草菇氨基酸保存情况如下（见表11-6）：

表11-6　**新鲜草菇和冻干草菇氨基酸保存情况表（以100g新鲜物料为基准）**

氨基酸名称	新鲜草菇	冻干草菇	贮藏三年的冻干草菇
赖氨酸（g）	0.273	0.263	0.185
组氨酸（g）	0.057	0.155	0.058
精氨酸（g）	0.369	0.317	0.200
天冬氨酸（g）	0.224	0.226	0.221
苏氨酸（g）	0.084	0.129	0.109
丝氨酸（g）	0.167	0.123	0.089
谷氨酸（g）	0.410	0.267	0.318
脯氨酸（g）	0.074	0.057	0.051
甘氨酸（g）	0.142	0.200	0.089
丙氨酸（g）	0.269	0.218	0.137
胱氨酸（g）	0.115	0.080	0.075
缬氨酸（g）	0.166	0.182	0.125
蛋氨酸（g）	0.031	0.041	0.042
异亮氨酸（g）	0.170	0.160	0.131
亮氨酸（g）	0.306	0.189	0.182

续表

氨基酸名称	新鲜草菇	冻干草菇	贮藏三年的冻干草菇
酪氨酸（g）	0.144	0.071	0.089
苯丙氨酸（g）	0.198	0.202	0.133

注：冻干条件为加热板温度低于70℃，干燥20h。

二、冷冻干燥大蒜粉

鲜大蒜的水分含量为71%，贮存两个月后降为68%。如此高的水分含量，不仅为大蒜休眠期后的发芽和霉变创造了有利条件，而且严重影响了大蒜的运输及销售。大蒜经脱水后不但贮存期延长，而且体积减小，质量减轻，从而大大降低运输及贮存费用。

从田间收获的大蒜是以蒜头的形式进入加工厂。蒜头表面不仅带有大量的霉菌、细菌，而且其表面还有不可食用的蒜蒂，紧紧包裹蒜肉的蒜皮和膜衣。因此，大蒜在干燥前要进行必要的预处理，要保证大蒜不在加工过程中受到微生物污染。预处理一般包括去蒂、分瓣、剥皮、去膜衣和漂洗。在剥皮前，如将蒜瓣用水浸泡数小时，剥皮较容易。彻底漂洗后，将水滤干，以减少干燥时不必要的负荷。

大蒜本身是一种很强的杀菌剂，它对造成食品腐烂的几十种细菌有较强的抑制和杀灭作用。大蒜对几十种污染食品的真菌的抑制和杀灭作用与苯甲酸、山梨酸相近。生产过程中无需对冻干大蒜粉中的大肠杆菌数严加控制，因为大蒜含有可杀灭大肠杆菌的成分。尽管如此，作为优质大蒜粉，在生产过程中还应尽量降低产品中的细菌总数，使得产品更卫生、更安全。

整瓣大蒜的干燥速率相当低，冷冻干燥法生产一般是将大蒜切破碎成泥后进行干燥。大蒜被粉碎后，有强烈的大蒜味，这是大蒜素等含硫化合物挥发的结果。但完整的大蒜没有任何的气味，将整粒大蒜煮熟后食用也没有大蒜味。大蒜中含有其风味物质的前体——蒜氨酸以及呈区域化分布的蒜氨酸酶。当大蒜被机械破坏时，蒜氨酸酶的区域化分布遭到破坏，于是蒜氨酸在蒜氨酸酶的作用下水解为大蒜素。大蒜素具有挥发性，是大蒜辛辣味的主要成分，也是大蒜中最重要的生理活性物质。大蒜的许多保健功能与大蒜素有关。大蒜素极不稳定，常温下易分解成许多具有挥发性的含硫化合物，从而构成大蒜特有的蒜臭味。因此，无论是从保存生理活性的成分，还是从避免蒜臭味的产生，都不希望在脱水加工中发生蒜氨酸的水解。

蒜泥的干燥速率比蒜片的干燥速率高。但大蒜的破碎程度越高，就有越多的蒜氨酸水解为大蒜素。实际工业生产是先采用低温冷冻粉碎机将大蒜冻结，在冻结的状态下将大蒜破碎。由于是在低于零度时破碎，因此蒜氨酸酶的活性很低，所以蒜氨酸基本上不被水解。当冻干后，由于水分含量很低，蒜氨酸仍然难以被蒜氨酸酶水解，只有当复水时，才有大量的大蒜素生成。

冻干大蒜粉工艺流程：鲜大蒜→去蒂、分瓣→浸泡→剥皮、去膜衣→漂洗→过滤→低温粉碎→冷冻干燥→粉碎→过筛→真空包装。

大蒜冻干的最佳工艺参数因冷冻干燥设备的不同而不同。对于热量由冷冻层传导的冷冻干燥设备，最佳压力为6.7Pa左右，最佳料层厚度为1cm左右，加热介质温度约为53℃，水汽捕获器（冷阱）的温度-60～-55℃左右。

三、冷冻干燥胡萝卜粉

胡萝卜生长期长，收获期短。胡萝卜在近0℃时可安全贮存，胡萝卜贮存环境的相对湿度不应低于95%，通风良好的地窖是贮存胡萝卜的好场所。

用于冻干的原料应为固形物含量高、无木质纤维的胡萝卜。与一般市售胡萝卜相比，用于冷冻干燥的胡萝卜应个头大、成熟度高、胡萝卜素含量高，另外，它还应无腐烂、无污物污染、无晒焦斑、无绿心和松软心，未受虫害、冻害，无机械损伤等。

冷冻干燥加工时，首先将胡萝卜在旋转筒筛内干筛，以除去尘土、残叶和毛细萝卜等，干筛后用高压水冲洗。胡萝卜去皮可采用水蒸气或碱液：水蒸气去皮是在0.68MPa压力下处理30s，如果压力低，处理时间就要长一些；碱液去皮是用99℃、5%的碱液处理4min。胡萝卜在用碱液或水蒸气处理后要用高压水彻底喷淋清洗，以去除其软化了的皮及携带的碱液，再通过自动切头机除去胡萝卜的青头。然后原料进入检查带，在检查带上将去了皮的胡萝卜修整，除去其坏掉的部分和色泽不良的部分。将胡萝卜放入粉碎机粉碎成浆状，加入2.5%的玉米淀粉和0.2%的亚硫酸盐（配成10%的溶液），80℃处理7～10min，然后迅速冷却至-35℃以下。

由于胡萝卜含糖量高，因此在进入干燥室前预冻，冻结温度要达到-33℃。干燥板的温度，如在升华速度快的干燥初期应控制在55～65℃，干燥中期控制在50℃，干燥后期控制在30～40℃，干燥室压力控制在20～30Pa。

第三节　固体粉末蔬菜的生产设备

一、冷冻干燥设备

目前蔬菜的冷冻干燥大多采用箱式间歇冷冻干燥设备。生产线主要包括前处理设备、均质机、速冻库、冷冻粉碎机、真空冷冻干燥箱、超微粉碎机和旋振筛等。冷冻干燥设备主要包括对物料进行冻结的速冻库，升华脱水的干燥仓以及制冷、真空、加热等辅助系统。干燥仓是冷冻干燥的核心设备，它的结构必须满足对已冻结的物料在其中升华脱水的要求。食品工业使用的冷冻干燥机干燥仓，大都是卧式圆筒结构，圆筒中部有多层能产生热辐射的加热板。多层料盘插入多层加热板之间，不与加热板接触，水汽捕捉器（冷阱）可以放在仓内两侧，也可以放在仓外。制冷系统为速冻库和水汽冷阱供给足够的冷量，真空系统为干燥仓内建立必要的低气压，加热系统向加热板供给必需的热量，水汽冷阱能捕获由物料升华出的水汽。

目前国外有一种真空皮带干燥机。真空皮带干燥是一种将液体原料涂布在传送皮带上，在真空条件下进行低温干燥的方法。真空皮带干燥机特别适合于液体泥浆状物料，糊膏状高浓度物料和高黏度物料的干燥。

二、喷雾干燥塔

喷雾干燥是干燥领域发展最快、应用范围最广的一种形式，适用于溶液、乳浊液和可泵送的悬浮液等液体原料的干燥，可得到粉状、颗粒状的固体产品。喷雾干燥是使液态物料经过喷嘴雾化成微细的雾状液滴，在干燥塔内与热介质接触，被干燥成为粉料的热力过程。进料可以是溶液、悬浮液或糊状物，物料的雾化可以通过旋转式雾化器、压力式雾化喷嘴和气流式雾化喷嘴实现。操作条件和干燥设备的设计可根据产品所需的干燥特性和粉粒的规格选择。

根据被干燥物料的干燥特性、热敏性、黏度、流动性、产品的颗粒大小、粒度分布、残留水分含量、堆积密度、颗粒形状等不同参数，要采用不同的雾化器、气流运动方式和干燥室的结构形式。

根据雾化器和气液的流动方式，喷雾干燥设备可以分为二流体式压力喷雾干燥设备、压力式并流喷雾干燥器、压力式并流喷雾干燥造粒装置、压力式并流喷雾干燥器和离心式喷雾干燥器。

用于固体粉末蔬菜的喷雾干燥设备主要有低温干燥空气并流贝尔斯喷雾干燥塔和上部热风并流、下部冷风逆流的 MD 喷雾干燥塔。

三、粉碎设备

喷雾干燥物料的粉碎，一般采用高压剪切均质的方法。冷冻干燥法固体粉末蔬菜除大蒜粉等产品需要使用低温冷冻粉碎设备外，一般都是将蔬菜丁、蔬菜片冷冻干燥后，进行超微粉碎。

第四节　蔬菜冷冻干燥的工艺条件

一、冷冻干燥机的装载量

干燥时，冷冻干燥机单位面积干燥板上被干燥蔬菜的质量，是决定干燥时间的重要因素，被干燥蔬菜的厚度也是影响干燥时间的重要因素。

冷冻干燥时，蔬菜的干燥是由外层向内层推进，因此，被干燥蔬菜较厚时，需要较长的干燥时间。单位面积干燥板所应装载的蔬菜量，应根据加热方式及干燥蔬菜的种类而定。液体蔬菜在干燥实际操作时，盘内的厚度一般为 5 ~ 10mm。固体蔬菜在干燥实际操作时，盘内的厚度一般为 25 ~ 30mm。在工业化大规模装置进行干燥时，若干燥周期为 6 ~ 8 小时，则每平方米干燥板可装载 5 ~ 10kg 的蔬菜。

二、干燥温度

冷冻干燥时，为能缩短干燥时间，必须有效地供给冰晶升华所需要的热量，干燥温度必须控制在以不引起被干燥蔬菜中冰晶融解，已干燥部分不会因过热而引起热变性的范围内。在单一加热方式中，冷冻干燥蔬菜其干燥板的操作温度，升华速度快的干燥初期控制在

70～80℃，干燥中期在60℃，干燥后期在40～50℃，干燥室压力控制在13.3～266.6Pa。

第五节　冷冻干燥固体粉末蔬菜的特点

一、冷冻干燥蔬菜的吸湿性

所有蔬菜在一定的温度和湿度下均具有一定的水分含量，也就是平衡水分含量。蔬菜的吸湿性可通过相对湿度下其平衡水分含量来估计。

将冷冻干燥的洋葱、菠菜、土豆、甘薯、黄瓜和白菜等在温度18℃、相对湿度为17%～100%的环境中保存17天，测量其吸湿性。具有相同水分含量的不同食品物料，其吸湿性不同。当不同的物料混合时，各成分之间发生水分转移，直至平衡。每一种产品因为其组分（糖、盐、纤维、蛋白质、脂肪等）的不同，从而具有特有的平衡水分含量。20℃时几种冷冻干燥蔬菜在不同相对湿度下的平衡水分含量如下（见表11-7）：

表11-7　几种冷冻干燥蔬菜在不同相对湿度下的平衡水分含量（20℃）

相对湿度（%）	平衡水分含量（%）				
	苹果	胡萝卜	豌豆	土豆	卷心菜
5	2.1	2.5	4.2	4.3	2.2
10	—	3.7	5.1	6.2	3.8
15	3.8	4.3	5.7	7.5	5.3
20	—	4.7	6.2	8.4	6.2
25	5.0	5.3	6.7	9.2	7.2
30	—	6.2	7.2	9.9	8.1
35	6.1	7.3	7.8	10.4	9.0
40	—	8.7	8.3	11.1	10.1
45	10.8	10.4	9.0	12.0	11.7
50	—	12.3	9.9	13.1	13.7
55	16.8	14.6	10.09	14.3	16.2
60	—	17.1	12.4	15.7	19.2
65	27.0	20.2	14.0	17.2	22.6
70	—	24.4	16.4	18.9	26.4
75	—	—	19.6	20.6	30.6
80	—	—	23.0	22.7	
85	—	—	19.0	25.4	

二、水分含量对冷冻干燥蔬菜品质的影响

固体粉状冷冻干燥蔬菜吸湿后，会互相黏结以致结块，有的还会潮解。像这种因吸湿而引起的各种现象，均将使冷冻干燥蔬菜失去原有的特性，若继续吸湿，则会引起进一步的变化，致使品质劣变。冷冻干燥蔬菜在吸水后便失去了其多孔性。在极端情况下，它们黏附在容器上，不能恢复原有的形状。粉状冻干蔬菜大多在干燥状态下可自由流动，但稍经吸湿，粉粒便黏附在一起形成聚集体，失去了其松散性，时间一长，就会结块，使产品的溶解性下降，如果产品继续吸收水分，甚至可能成为流体，从而失去其特有的特性。所以，冻干蔬菜的贮存环境的相对湿度必须保持在5% ~10%以内。

冷冻干燥蔬菜若因干燥不足而水分含量较高，或在干燥后处理失当而导致吸湿，水分含量增加，则在贮存中会有变色、褪色、发生异臭的可能，这些都与水溶性成分的变化有关。

草莓、杏、葡萄等的色素，都是水溶性花青素，该色素处于水溶液状态时，很不稳定，1 ~2 周后，其特有颜色就会消失。但在无水状态下的冷冻干燥蔬菜中，它们十分稳定，即使经10年贮藏，也只有轻微的分解，甚至在太阳的照射下，也几乎不分解。叶绿素在无水状态下也很稳定，当水分含量在6%以上时，它逐渐变成脱镁叶绿素，并进一步分解为无色物质。

具有芳香气味的蔬菜被冷冻干燥后，如水分含量较高，其芳香气味会较快消失。例如，水分含量为6%以上的冻干香菇贮藏一年后，其芳香气味完全消失。水分含量为2%的冻干香菇贮藏2 ~3 年，其特有的芳香气味未消失，因此芳香气味的变化与水分含量有关。

未经杀青及未经酶钝化处理的冷冻干燥蔬菜中，酶仍然保持活性。若冻干制品的水分含量高，在贮存中因酶的缓慢作用，蔬菜将发生褐变、褪色、变味、异臭以及黏弹性变化等现象。如卷心菜和土豆经冻干后，在3% ~10%的水分含量下贮存2 ~3 个月会褐变。与褐变有关的酶有过氧化物酶和多酚氧化酶。褐变的速率和程度取决于温度及脱水产品的水分含量。如果脱水产品的水分含量低于2%时，即使产品被保存于相当高的温度下，褐变也不会进行得很快。当水分含量高于3%时，褐变就发生得很快。

为了在贮存中防止水溶性成分的变化，应尽可能地降低冻干制品的水分含量，最好是在2%以下。当水分含量低时，即使贮藏温度较高，水溶性成分也较稳定。

三、冷冻干燥蔬菜的氧化

固体蔬菜采用冷冻干燥会形成粉粒体或多孔质的制品，与空气中氧的接触表面积增大。一般冷冻干燥制品的表面积比原料增大约100 ~150 倍。冷冻干燥蔬菜中的油脂和油溶性成分易氧化，会使制品变色、褪色及产生异臭，甚至使冻干蔬菜品质劣变不能食用，完全失去了冷冻干燥蔬菜的价值。

冷冻干燥蔬菜特别容易发生氧化，这种氧化通常是由不饱和脂肪酸的过氧化开始的，由此引起制品的风味、色泽及营养价值的劣变。冷冻干燥蔬菜中除了油脂会氧化外，一些油溶性成分也会发生氧化，如类胡萝卜素的氧化、叶绿素的氧化、抗坏血酸的氧化，这些

都会造成蔬菜产品色泽的变化及维生素的损失。胡萝卜、番茄和南瓜等都呈现出鲜艳的黄色或红色，这些颜色是由油溶性色素类胡萝卜素所形成的。该色素在蔬菜中分布很广，冻干蔬菜品质是否优良，与其稳定性有关。类胡萝卜素的氧化与油脂相似，其更容易受氧及光线作用而被氧化，导致蔬菜产品褪色至无色，同时生成醛和酮。如番茄红素在相对湿度≤70%的环境中，当温度低于4℃时，番茄红素的氧化速度慢，超过20℃时，番茄红素的氧化速度加快。为了减少产品发生氧化，冷冻干燥蔬菜以氮气和低温贮藏为宜。

四、微生物的数量

冷冻干燥蔬菜产品所含的微生物数量与干燥前基本相同。冷冻干燥时微生物的残存量约为：丝状菌80%～90%，酵母菌70%，乳酸菌50%。一般情况下，当蔬菜中水分含量低于8%时，微生物不能生长。水分含量为2%～4%的脱水蔬菜在贮藏时，没有形成孢子的微生物将缓慢失活。当水分含量高于18%时，某些微生物便会繁殖。

冻干或真空干燥的脱水蔬菜可以通过紫外线辐射来减少其细菌数。环氧乙烷可用于冻干可可粉、大豆粉和咖喱粉的杀菌。用14mg/L的环氧乙烷在20℃时对这些产品处理24小时后可杀灭99%的霉菌和细菌。

第六节　固体粉末蔬菜制品的包装与贮存

大多数冷冻干燥蔬菜包装时的水分含量在1%～2%之间，这样的冷冻干燥蔬菜的贮藏期比热风干燥食品（水分含量5%～6%）的贮存期长3～4倍。

一、干燥的后处理

由于冷冻干燥蔬菜的吸湿性和易氧化性，因此在冷冻干燥终了时最好使用干燥氮气或二氧化碳等惰性气体，使干燥室恢复常压。若不使用惰性气体，也可通过化学吸附、冷冻干燥等经过去湿处理的干空气来使干燥室恢复常压。

二、包装材料与贮存

冷冻干燥蔬菜应保存在密闭的容器内，包装材料应安全、无毒副作用、不吸湿、不透气、能遮光，并有一定的机械强度，能适应机械填充封口，方便贮运和使用。

金属罐的成本高，但如果产品要长期贮存2年或2年以上时，则应使用金属罐。冷冻干燥的蔬菜保存也可使用玻璃容器，并使其密闭，则效果不亚于金属罐。但玻璃瓶重，并且透光，所以实际生产中，除了速溶茶、冻干细香葱之类的调味品外，冻干蔬菜很少用玻璃容器包装。

复合薄膜袋生产量大，成本低，易热封，是冷冻干燥蔬菜包装常用的材料，广泛用于冻干蔬菜的包装。复合薄膜袋常见的有：铝箔/聚乙烯、聚乙烯/铝箔/聚乙烯、聚酯/金属喷涂/聚乙烯等多样多层结构。铝箔复合袋是最理想的包装材料。单层的塑料薄膜由于其高度的透气性和高透光率，不宜用作冻干蔬菜的包装材料。

冷冻干燥果蔬因含有脂及脂溶性成分而容易氧化，所以，无论采用何种包装材料，一定要用氮气置换容器中的氧，残留的氧的浓度应低于2%。为了能更长久、安全地贮藏果蔬，固体粉末蔬菜一般采用充氮包装或真空包装。在氮气或真空中包装的产品，当温度不超过4℃时，48个星期内仍保留良好的风味。很多厂家仍然使用在包装袋中放干燥剂（石灰、活性炭、硅胶等）保存的方法，但效果较差。

冷冻干燥蔬菜的包装多采用塑料复合袋和铝箔复合袋充氮包装。塑料复合袋简称为MSP，铝箔复合袋简称为AFC。由于MSP袋能透过水蒸气和氧，故其性能不如AFC袋。同样的贮存条件，铝箔复合袋比塑料复合袋贮存的效果要好得多，其风味得分也高。

三、包装室的要求

由于冷冻干燥蔬菜的吸湿性强，包装环境中的相对湿度就显得非常重要，一般控制在20%～40%。包装室内理想的相对湿度约为10%。如果包装操作迅速而顺利，那么20%的相对湿度也是可以的。包装室内相对湿度最高不能超过40%。因为相对湿度要求较低，可以使用氯化锂转轮吸附式除湿机去湿，以保持包装室内20%以下的相对湿度。因为氯化锂转轮吸附式除湿机去湿空调系统的运行费用较高，大多数厂家仅在包装室内安装了普通的除湿机，室内相对湿度仅能控制在30%左右。

包装室的温度应为20～25℃。包装室的灰尘颗粒数应维持在400个/cm^3以下。现代化的工厂采用中央净化空调系统，包装室的温度可以控制在18～25℃，相对湿度控制在20%以下，净化等级可以达到美国标准209D的10万级标准。

第十二章 果蔬糖制

果蔬糖制是利用高浓度糖液的渗透脱水作用，将果蔬加工成糖制品的加工技术。

果蔬糖制品是我国具有民族特色的传统食品，迄今已有两千多年的历史，大约在五世纪甘蔗糖发明之前，群众就用蜂蜜来制作，所以有蜜饯之称，沿用至今，生产蜜饯现在仍采用一些传统的加工方法。这种方法生产工艺比较简单，操作技术容易掌握。特别在我国广大农村，可就地取材，充分利用当地的自然资源，进行加工制作。这不仅能满足城乡人民的生活需要，而且还能取得比较好的经济效益。由于我国各个地区的地理、气候和生产的条件不一样，人们的生活习惯也各有差异，因此食品风味的地区嗜好性极强。果脯蜜饯在制作方法上、口味上、品种上就历史的形成了各种不同的传统特色，在长期的生产实践中，逐步形成了四大流派：

一、京式（北京）：京式果脯。京式果脯生产历史悠久，品种繁多，质量上乘，是北京的一大特产。不少来京的外地客人，都要选购一些果脯蜜饯作为赠友的礼物。其特点：鲜亮透明，甜中略带酸味。

二、广式（广州）：凉果（蜜饯）。起源于广州一带，它有千年以上的生产历史，是当地人民喜庆待客的加工品。其特点：质地莹洁，表面结有一层白色的糖衣，外观诱人，入口香甜，属于糖衣果脯。

三、苏式（苏州）：起源于江南古城苏州，江浙一带均有厂家生产。生产历史悠久，历代选为贡品。其特点：选料讲究，制作精细，形态别致，风味淡薄而长。如：青梅、青梅干、蜜饯无花果等。

四、福式（福州）：产于福建的福州一带。其特点：加工精细，配料匠心独具，风味独树一帜。如：大福果、橄榄。这些糖制品不但在南方沿海城市畅销，而且每年有一定数量的出口，在国内外都享有盛誉。

糖制品的特点：

1. 制品的营养丰富，味甜而不腻，具有独特的色、香、味，食用方便，是传统的小食品。

2. 生产要求的条件可高可低，加工设备可繁可简，既可用机械化工业生产，也可用半机械化手工家庭作坊生产。并且原料广泛，大多数果蔬均可制作，甚至残、次、落果和未成熟的果以及加工过程中削除的皮、心等废弃部分，只要符合卫生标准都可以加工利用，在原料的综合利用上也起到了一定的作用。

根据加工的方法和制品的状态：糖制品可分为蜜饯类、果酱类两大类。其制品的含糖量都在60%～65%以上，两者的区别主要是：蜜饯类经糖制后保持着果实和果块原来的形状，而果酱类则不保持原来的形状。

第一节 糖制原理

糖制是以食糖的保藏作用作为基础的加工保藏法。因此，食糖的种类、性质对保藏作用、加工过程和制品的质量都有很大的影响。

一、高浓度食糖的保藏作用

1. 糖制所用的食糖

这包括甘蔗糖、甜菜糖、饴糖、淀粉糖浆和蜂蜜几种。甘蔗糖、甜菜糖是蔗糖，饴糖是麦芽糖，淀粉糖浆是葡萄糖，蜂蜜是转化糖。甘蔗糖、甜菜糖的纯度高，风味好，色泽淡，取用方便，保藏作用强，在糖制加工上应用最广。

2. 食糖的保藏作用

（1）由于高浓度糖液具有强大的渗透压，使得微生物细胞原生质脱水收缩，发生生理性的干燥而无法活动，从而使制品得以保藏。食糖本身对微生物无毒，低浓度的糖液还是微生物的良好培养基。因此，食糖仅仅是一种食品保藏剂，而不是杀菌剂，它只有抑制微生物的作用，而不能消灭微生物，并且只有高浓度的食糖液，才能产生足够的渗透压。

（2）食糖具有抗氧化作用。氧在糖液中的溶解度小于在水中的溶解度，糖液的浓度越大，氧的溶解度就越小。60%的蔗糖溶液在20℃时氧的溶解度仅为纯水含量的六分之一。所以糖制有利于其色香味和维生素的保存，糖浓度的增加与氧溶解度的下降呈正相关系。

（3）食糖有降低水分活性的作用。

（4）能加速糖制原料脱水吸糖。高浓度糖液的强大渗透压，也加速了原料的脱水和糖分的渗入，缩短糖渍和糖煮时间，有利于改善制品的质量。

二、糖的性质

研究糖的性质，目的在于合理使用食糖，更好地控制糖制过程，提高制品的品质和产量。

1. 糖的溶解度与晶析

糖的溶解度和晶析对制品的品质和保藏性影响较大。糖制品中液态部分的糖分达到饱和时就可析出结晶，称为晶析。糖的溶解度和晶析对制品的品质和保藏性影响很大。

各种糖均能溶解于水，溶解度的大小因糖的种类和溶解度的高低而不同。

10℃时蔗糖的饱和溶解度为65.6%，约等于糖制品所要求的含糖量。糖煮时浓度过大，糖煮后贮藏温度又低于10℃时，则容易产生晶析而影响品质。食糖在不同温度下的溶解度如下（见表12-1）：

表12-1 不同温度下食糖的溶解度（℃）

种类	温度									
	0	10	20	30	40	50	60	70	80	90
蔗糖	64.2	65.6	67.1	68.7	70.4	72.2	74.2	76.2	78.4	80.6

续表

种类	温度									
	0	10	20	30	40	50	60	70	80	90
葡萄糖	35.0	41.6	47.7	54.6	61.8	70.9	74.7	78.0	81.3	84.7
果糖			78.9	81.5	84.3	86.9				
转化糖		56.6	62.6	69.7	74.8	81.9				

蔗糖在一定的温度下都有相应的饱和度，不同的温度饱和度是不一样的。小于40℃时蔗糖的溶解度大于葡萄糖，大于60℃时蔗糖溶解度小于葡萄糖。所以葡萄糖溶液的渗透压比同浓度的蔗糖溶液大，但在室温下的溶解度小，易结晶析出，所以葡萄糖不能单独使用。转化糖的溶解度在蔗糖和葡萄糖之间。

为了避免糖制品蔗糖的晶析，可采取以下措施：一是在糖制时加用部分饴糖或淀粉糖浆、蜂蜜等。这类食糖含有较多的转化糖或麦芽糖和糊精，能抑制蔗糖结晶时晶核的生成和长大，降低结晶的速度和提高糖液的饱和度。

二是在糖制时加用少量的果胶、动物胶、蛋清等，可以提高糖液的黏度，抑制蔗糖的结晶过程，提高糖液的饱和度。

2. 蔗糖的转化

蔗糖在稀酸与热或转化酶的作用下，可以水解为等量的葡萄糖和果糖称为转化糖。各种酸对蔗糖的转化能力如下（见表12-2）：

表12-2 **各种酸对蔗糖的转化能力（25℃以盐酸转化能力为100计）**

种类	转化能力	种类	转化能力
硫酸	53.60	柠檬酸	1.72
亚硫酸	30.40	苹果酸	1.27
磷酸	6.20	乳酸	1.07
酒石酸	3.08	醋酸	0.40

蔗糖转化的意义和作用：（1）适当的转化可以提高蔗糖溶液的饱和度，增加糖制品的含糖量。

（2）抑制蔗糖溶液的晶析，防止返砂。

（3）增大渗透压，减少水分活性，提高制品的保藏性。

（4）增加制品的甜度，改善风味。

同时由于转化糖的吸湿性很强，含量过多，会导致制品的吸湿回潮，败坏变质。一般糖液和糖制品中转化糖约占总糖量的三分之一时，就可以达到良好的效果。

蔗糖转化所需条件：

（1）温度（0~160℃）：主要是在蔗糖转化时酶所需要的适宜温度。温度过高酶会失活，糖焦化，过低酶不能激活。

（2）pH 值（酸分）：不同的酸对蔗糖的转化途径不同。无机酸比有机酸的转化力要高，转化与酸的浓度及处理时间呈正相关关系。在较低的 pH 值和较高的温度下转化较快，转化最适宜的 pH=2.5。

（3）时间：处理的时间过长，转化过度，就会产生流砂，具有吸潮的作用，导致制品败坏。

（4）蔗糖本身的纯度：纯度越高转化所需酸越要加强。

3. 糖的吸湿性

糖具有吸湿性。糖的吸湿性对果蔬糖制的影响，主要是糖制品吸湿以后降低了糖浓度和渗透压，因而削弱了糖的保藏作用，引起制品的败坏和变质。

各种糖的吸湿性不相同，与糖的种类及环境相对湿度密切相关（见表 12-3）。

表 12-3 **几种糖在 25℃ 中 7 天内的吸湿率（%）**

种类	空气相对湿度		
	62.7	81.8	98.8
果糖	2.61	18.58	30.74
葡萄糖	0.04	5.19	15.02
蔗糖	0.05	0.05	13.53
麦芽糖	9.77	9.80	11.11

4. 糖的甜度

糖制品的甜味主要来源于糖。影响甜味的因素有以下几点：

（1）糖的种类：果糖大于蔗糖，蔗糖大于葡萄糖。

（2）糖的浓度：不同种类的糖浓度改变甜味的变化也不一样，浓度越大其味越甜。

（3）酸分的影响：西瓜和苹果，西瓜糖含量比苹果低，但西瓜比苹果甜，因为西瓜酸分的含量低，糖酸高。

5. 糖的沸点

糖液的沸点随着糖液浓度的增大而升高，在 101.325KPa 的条件下不同浓度果汁-糖混合液的沸点如下（见表 12-4）：

表 12-4 **果汁-糖混合液的沸点**

可溶性固形物（%）	沸点（℃）	可溶性固形物（%）	沸点（℃）
50	102.22	56	103.0
52	102.5	58	103.3
54	102.78	60	103.7

续表

可溶性固形物（%）	沸点（℃）	可溶性固形物（%）	沸点（℃）
62	104.1	70	106.5
64	104.6	72	107.2
66	105.1	74	108.2
68	105.6	76	109.4

判断糖煮是否达到终点的简易方法有：

（1）温度计法：用温度计测量沸点，当浓缩温度达到104～105℃时，糖煮达到终点。

（2）测定法（手持糖量计法）：用手持糖量计测定其可溶性固形物的含量在62%～66%之间，含糖量达到60%。

（3）小液滴法：糖煮接近终点时取少许的浓缩汁液滴入冷水玻璃杯中，不散化成为小球状，就达到终点。

（4）刮片法：用木板刮起来成为条状。

第二节　果蔬糖制工艺

一、蜜饯类加工工艺

蜜饯类加工工艺流程如下：

原料选择→预处理→漂洗→预煮→{
蜜制→配料→烘干→凉果
糖制→装罐→封罐→杀菌→冷却→湿态蜜饯
糖制→烘干→上糖衣→干态蜜饯
}

1. 原料选择

糖制品的质量主要取决于外观、风味、质地及营养成分。选择优质的原料是制成优质产品的关键之一，原料质量的优劣主要在于品种、成熟度和新鲜度等几个方面。蜜饯类因需要保持果蔬及果块的形态，则要求原料肉质紧密，耐煮性强的品种。所以要求果蔬在坚熟期采收，但胡萝卜等果蔬在成熟时采收为宜。

2. 原料预处理

果蔬糖制的原料预处理包括分级、洗涤、去皮、去核、切分、刺孔等工序，还应根据原料特性差异，加工制品的不同进行腌制、硬化、硫处理和染色等处理。

（1）去皮、切分、切缝、刺孔和划线

对果皮较厚或含粗纤维较多的糖制原料应去皮，常用机械去皮或化学去皮等方法，大型果蔬原料宜适当切分成块、条、丝和片等，以缩短糖制时间。小型果蔬原料，如枣、李等一般不去皮和切分，常在果面上切缝、刺孔和划线，以利于果蔬的渗糖。切缝可用切缝设备。

（2）盐腌（果胚腌制）

果胚是蜜饯类生产的一种半成品，也是新鲜原料贮藏待用的一种方法。

果胚腌制通常是以食盐为原料，有时辅以明矾或石灰等使之硬化。腌制的方法有干盐法和盐水法两种，干盐法用于成熟度较高或汁液较多的果蔬种类，用盐量因种类和制品贮存时间长短而异，一般为原料重的14%～18%（见表12-5）。反之用盐水法。

表12-5　**果胚腌制实例**

果胚种类	100kg果实用料量（kg）			腌制时间（天）	备　注
	食　盐	明　矾	石　灰		
桃	18	0.13～0.25		15～20	
毛桃	15～16	0.13～0.25	0.25	15～20	
杏	16～18			20	
李	16			20	

果胚用盐水腌制的作用：

①腌制的过程中会发生轻微的乳酸和酒精发酵，有利于糖分和部分果胶物质的水解，使原料组织易于渗透。

②还可促进苦涩味和异味物质分解消除，增进制品的品质。

（3）保脆和硬化

对于质地疏松、容易破碎的果蔬，常用硬化办法来保脆。

通常用的硬化剂：氯化钙、钾明矾、石灰等。

作用：使硬化剂中所含的钙、铝等离子能与果蔬中的果胶物质发生反应，生成不溶性的盐类，使组织坚硬耐煮。

硬化剂的用量要适当，否则会影响渗糖、制品粗糙，质量低劣。一般经过硬化处理的原料，糖制前要进行充分的漂洗，以除去多余的硬化剂。

（4）硫处理

为了使糖制品色泽明亮，常在糖煮之前进行硫处理，既可防止制品氧化变色，又能促进原料对糖液的渗透，并兼起防腐作用。

常用方法：

一是熏硫法。取原料重量的0.1%～0.2%硫磺，在熏硫室进行熏硫处理。

二是浸硫法。将预先配好含有效二氧化硫为0.1%～0.15%浓度的亚硫酸盐溶液，将处理好的原料投入亚硫酸盐溶液中浸泡数分钟。

经硫处理的原料，在糖煮前应充分漂洗，以除去剩余的亚硫酸盐溶液。

（5）染色

果蔬所含的天然色素在加工过程中容易被破坏，失去原有的色泽。为了恢复某些果蔬的外观，可以用染色法补救。染色应取无毒而适合食用的天然色素和人工色素，如天然色素：柠檬黄、胭脂红、靛蓝等。

（6）预煮（热烫）

大多数果蔬在糖制前要进行短时间的热处理，以抑制微生物的活动，使酶钝化，排出原料组织中的空气，防止败坏和氧化变色，特别是在果脯蜜饯加工中预煮的目的为：

①适度软化组织，便于渗糖，这对真空煮制的果蔬尤为必要。

②对一些有异味、苦味的果蔬预煮可借以减轻或脱除。

③经过硬化、腌胚与亚硫酸保藏的果蔬，预煮有利于脱盐、脱硫和脱除残余的硬化剂。

预煮的方法、时间应根据果蔬的种类、形态、大小、工艺要求等条件而定，一般在不低于90℃的条件下预煮数分钟，烫到组织热透呈半透明为宜。

3. 糖制

糖制是蜜饯类加工的主要工序。糖制的过程是果蔬原料排水吸糖的过程，糖液中的糖分依赖扩散作用进入组织细胞间隙，再通过渗透作用进入细胞内，最终达到要求的含糖量。

糖制的方法有蜜制（冷制）和煮制（热制）两种，无论是蜜制还是煮制，其作用都是糖分能更快地渗入到原料组织中去，糖分渗入越快，成品的质量就越好，形态也越饱满。

（1）蜜制

它是一种传统的糖制方法，适宜于肉质柔轻不耐煮制的原料。它是指用糖液进行糖渍，使制品达到要求的糖度，如糖青梅、糖杨梅等。

特点：是分次加糖，不用加热，能很好地保存产品的色泽、风味、营养价值和应有的形态，产品除糖青梅外，每次加糖都伴有日晒，使糖分的浓度逐渐递增，加强渗糖的效应。但有时也在蜜制时取出糖液，经糖液浓缩后回加到果品中去，一方面是提高糖分的浓度，另一方面是原料与热糖液接触，可加强糖分的渗透作用。

另外也可以采用真空的办法。一般来说，真空和浸泡是在真空器中进行，每次抽空的真空度在740～760mmHg之间，保持40～60min，待果实不再产生气泡时为止，然后缓慢的解除真空，使内外压力平衡。浸泡时间不少于8h，抽空浸泡反复三次后，果蔬在60～70℃下干燥即可。

（2）煮制

煮制加工迅速，但果蔬的色泽、香味和营养成分较易损失，适宜于质地紧密的果蔬原料。

煮制分常压煮制和真空（减压）煮制两种。常压煮制又分一次煮制、多次煮制和快速煮制三种。

①一次煮制法

经过预处理好的原料在加糖后一次性煮制成功，如苹果脯、蜜枣等。

特点：一次煮制法快速而省时，但因持续较长时间的加热，果蔬易被煮烂，色、香、味和营养成分也容易损失。

通常在生产上采取的措施有：

A. 加快硬化、切分、刺孔、划线等预处理。

B. 采用较小的容器煮制。

C. 采用接近细胞汁沸点的温度煮制。

D. 糖煮前用部分食糖浸腌果实，糖煮时分次加糖，逐渐提高糖液的浓度。

E. 采用真空煮制法等。

②多次煮制法

它是将处理过的原料经过多次糖煮和浸渍，逐步提高糖浓度的煮制方法，一般煮制时间短，浸渍时间长。适宜于细胞壁较厚难以渗糖、易煮烂或含水量高的原料，如桃、杏、梨和西红柿等。

多次煮制法，一般糖煮分2~5次进行。第一次煮制时糖液的浓度为40%，煮到果肉转软为止。再带汁浸渍24h，以后几次煮制，每次增加浓度约10%，煮制的时间很短，仅煮沸2~3min，然后浸渍8~24h。对于不耐煮的果蔬，第1~3次可以单独煮沸糖液，再用煮沸的糖液浸渍原料。

特点：不仅能使原料很好地保持其原形和减少色、香、味及营养成分的损失，而且糖液浓度逐渐提高和放冷期间果蔬内部的水蒸气压逐渐地下降，使糖分能顺利地扩散和渗透。

③快速煮制法

即将原料在糖液中交替进行加热糖煮和放冷糖渍，使果蔬内部水汽压迅速清除，糖分快速渗入而达到平衡。

处理的方法：将原料装入网袋中，先在30%热糖液中煮4~8min，取出后立即浸入等浓度的15℃糖液中冷却，如此交替进行4~5次，每次提高糖浓度10%，最后完成煮制过程。

特点：可连续进行，煮制时间短，产品质量高，但糖液需求量大。

④真空（减压）煮制法

就是将原料置于真空锅中，减压煮制，原料组织内不存在大量空气，所以糖分能迅速扩散渗透。真空煮制所采用的真空度为508~630mmHg，煮制温度为35~70℃。

特点：真空煮制温度低，速度快，制品色、香、味、形都比常压煮制好。

⑤连续扩散煮制法

它是一种用稀、浓的几种糖液，对一组扩散内的果蔬原料连续进行多次浸渍，以逐渐提高糖浓度的糖制方法。由于此法采用真空处理，不但煮制效果好，而且操作能连续化。

二、果蔬糖制加工实例

1. 蜜饯类加工实例

（1）蜜枣

①工艺流程：原料选择→切缝→熏硫→糖煮→糖渍→烘烤→整形→包装→成品。

②操作要点

原料选择：选用果形大、果肉肥厚、疏松、果核小、皮薄而质韧的品种。如北京的糖枣、山西的泡枣、临泽的小枣、陕西的团枣等。果实由青转红时采收，过熟则制品色泽较深。

切缝：用排针或机械将每个枣果划缝 80～100 条，其深度以深入果肉 1/2 为宜。划缝太深，糖煮时易烂，太浅糖液不易渗透。

熏硫：枣切缝后枣果装筐，入熏硫室。硫磺用量为果实重的 0.3%，熏硫 30～40min，至果实汁液呈乳白色即可。

糖煮：先配制浓度为 30%～50% 的糖液 35～45kg，与枣果 50～60kg 同时下锅煮沸，加枣汤（上次浸枣剩余的糖液）2.5～3kg，煮沸，如此反复 3 次加枣汤后，开始分次加糖煮制。第 1～3 次，每次加糖 5kg 和枣汤 2kg 左右，第 4～5 次，每次加糖 7～8kg，第 6 次加糖约 10kg。每次加糖（枣汤）应在沸腾时进行。最后一次加糖后，继续煮约 20 min，而后连同糖液倒入缸中浸渍 48 小时。全部糖煮时间需 1.5～2.0 小时。

烘干：沥干枣果，送入烘房，烘干温度 60～65℃，烘至六七成干时，进行枣果整形，捏成扁平的长椭圆形，再放入烘盘上继续干燥（回烤），至表面不粘手，果肉具有韧性即为成品。

③产品质量要求

色泽呈棕黄色或琥珀色，均匀一致，呈半透明状态；形态为椭圆形，丝纹细密整齐，含糖饱满，质地柔韧；不返砂、不流汤、不粘手，不得有皱纹、露核及虫蛀；总糖含量为 68%～72%，水分含量为 17%～19%。

（2）苹果脯

①工艺流程：原料选择→去皮→切分→去心→硫处理和硬化→糖煮→糖渍→烘干→包装→成品。

②操作要点

原料选择：选用果形圆整、果心小、肉质疏松和成熟度适宜的原料。

去皮、切分、去心：用手工或机械去皮后，挖去损伤部分，将苹果对半纵切，再用挖核器挖掉果心。

硫处理和硬化：将果块放入 0.1% 的氯化钙和 0.2%～0.3% 的亚硫酸氢钠混合液中浸泡 4～8 小时，进行硬化和硫处理。肉质较硬的品种只需进行硫处理。每 100kg 混合液可浸泡 120～130kg 原料。浸泡时上压重物，防止上浮。浸后取出，用清水漂洗 2～3 次备用。

糖煮：在夹层锅内配成 40% 的糖液 25kg，加热煮沸，倒入果块 30kg，以旺火煮沸后，再添加上次浸渍后剩余的糖液 5kg，重新煮沸。如此反复进行 3 次，需要 30～40min。此时果肉软而不烂，并随糖液的沸腾而膨胀，表面出现细小裂纹。此后再分 6 次加糖煮制。第一次、第二次分别加糖 5kg，第三、四次分别加糖 5.5kg，第五次加糖 6kg，每次间隔 5min，第六次加糖 7kg，煮制 20min。全部糖煮时间需 1～1.5 小时，待果块呈现透明时，即可出锅。

糖渍：趁热起锅，将果块连同糖液倒入缸中浸渍 24～48 小时。

烘干：将果块捞出，沥干糖液，摆放在烘盘上，送入烘房，在 60～66℃ 的温度下干燥至不粘手为宜，大约需要 24 小时。

整形和包装：烘干后用手捏成扁圆形，剔除黑点、斑疤等，装入食品袋、纸盒，再行装箱。

③产品质量要求

色泽：浅黄色至金黄色，具有透明感。

组织与形态：呈碗状或块状，有弹性，不返砂，不流汤。

风味：甜酸适度，具有原果风味。

总糖含量：65% ~70%；水分含量：18% ~20%。

（3）冬瓜条

①工艺流程：原料选择→去皮→切分→硬化→预煮→糖液浸渍→糖煮→干燥→包糖衣→成品。

②操作要点

原料选择：一般选用新鲜、完整、肉质致密的冬瓜为原料，成熟度以坚熟为宜。

去皮、切分：将冬瓜表面泥沙洗净后，用旋皮机或刨刀削去瓜皮，然后切成宽5cm的瓜圈，除去瓜瓤和种子，再将瓜圈切成1.5 cm见方的小条。

硬化处理：将瓜条倒入0.5% ~1.5%的石灰水中，浸泡8 ~12小时，使瓜条质地硬化，能折断为度，取出，用清水将石灰水洗净。

预煮：将漂洗干净的瓜条倒入预先煮沸的清水中热烫5 ~10min，至瓜条透明为止，取出用清水漂洗3 ~4次。

糖液浸渍：将瓜条从清水中捞出，沥干水分，在20% ~25%的糖液中浸渍8 ~12小时，然后将糖液浓度提高到40%，再浸渍8 ~12小时。为防止浸渍时糖液发酵，可在第一次浸渍时加0.1%左右的亚硫酸钠。

糖煮：将处理好的瓜条称重，按15kg瓜条称取12 ~13kg砂糖，先将砂糖的一半配成50%的糖液，放入夹层锅内煮沸，倒入瓜条续煮，剩余的糖分3次加入，至糖液浓度达75% ~80%时即可出锅。

干燥及包糖衣：冬瓜条经糖煮捞出后即可烘干。若糖煮的糖液浓度较高，即锅内糖液渐干且有糖的结晶析出时，将瓜条迅速出锅，使其自然冷却，返砂后即为成品。这样可以省去烘干工序。干后的冬瓜条需要包一层糖衣，方法是先把砂糖少许放入锅中，加几滴水，微火溶化，不断搅拌，使糖中水分不断蒸发。当砂糖呈粉末状时，将干燥的瓜条倒入拌匀即可。

③产品质量要求

质地清脆，外表洁白，饱满致密，风味甘甜，表面有一层白色糖霜。

2. 果酱类加工实例

（1）草莓酱

①工艺流程：原料选择→洗涤→去梗去萼片→配料→加热浓缩→装罐与密封→杀菌及冷却→成品。

②操作要点

原料选择：应选含果胶及果酸多、芳香味浓的品种。果实八九成熟，果面呈红色或淡红色。

洗涤：将草莓倒入清水中浸泡3 ~5min，分装于竹筐中，再放入流动的水中或通入压缩空气的水槽中淘洗，洗净泥沙，除去污物等杂质。

去梗去萼片：逐个拧去果梗、果蒂，去净萼片，挑出杂物及霉烂果。

配料：草莓 300kg，75% 的糖液 412kg，柠檬酸 714g，山梨酸 240g，或采用草莓 40kg，砂糖 46kg，柠檬酸 120g，山梨酸 30g。

加热浓缩：温度对颜色的影响起决定性作用。温度增高“半衰期”（即颜色损失 50% 所需要的时间）迅速缩短（温度与半衰期的关系见表 12-6），因此，在保证杀菌强度的同时，应尽量降低温度和缩短时间。

表 12-6 **温度与半衰期的关系**

温度（℃）	半衰期（天）
0 5	2190
10 30	1090
70 100	556

浓缩可采用两种办法，其一，将草莓倒入夹层锅内，并加入一半的糖液，加热使其充分软化，搅拌后，再加余下的糖液和柠檬酸、山梨酸，继续加热浓缩至可溶性固形物达 66.5% ~67.0% 时出锅。其二，采用真空浓缩。将草莓与糖液置入真空浓缩锅内，控制真空度达 46.66 ~ 53.33kPa，加热软化 5 ~ 10min，然后将真空度提高到 79.89kPa，浓缩至可溶性固形物达 60% ~63%，加入已溶化好的山梨酸和柠檬酸，继续浓缩至浆液浓度达 67% ~68%，关闭真空泵，解除真空，并把蒸汽压力提高到 250kPa，继续加热，至酱温达 98 ~ 102℃，停止加热，而后出锅。

糖酸比：糖酸比也是影响草莓酱风味最主要的因素之一。在含酸量不变的溶液中，增加糖度可以提高 pH 值，使酸味减弱（见表 12-7），而增加含酸量又可降低甜味，两者互相影响要想使草莓酱酸甜适口，必须选择合理的配比。

表 12-7 **不同糖浓度及柠檬酸含量与 pH 值的关系**

柠檬酸含量	pH 值		
（%）	无糖分	糖度（16%）	糖度（65%）
0.10	3.51	3.80	4.15
0.20	3.30	3.40	3.75
0.30	3.10	3.25	3.50

续表

柠檬酸含量（%）	pH值		
	无糖分	糖度（16%）	糖度（65%）
0.40	3.05	3.15	3.35
0.50	3.00	3.08	3.25

装罐与密封：果酱趁热装入经过消毒的罐中，每锅酱需在20min内装完。密封时，酱体温度不低于85℃，放正罐盖旋紧，若装罐时酱体温度较低需再进行杀菌。

杀菌及冷却：封盖后立即投入沸水中杀菌5～10min，然后逐渐用水冷却至罐温达35～40℃为止。

③产品质量要求

色泽呈紫红色或红褐色，有光泽，均匀一致；味酸甜，无焦糊味及其他异味；酱体胶黏状，可保留部分果块；总糖量不低于57%；可溶性固形物达65%。

（2）胡萝卜酱

①工艺流程：原料选择→清洗→修整剥皮→切分去心→煮制→高压锅加热8min（用手捏碎原料组织，达到破碎的目的）→破碎（组织破碎机）→配料（分次）→加热浓缩→装罐→密封→杀菌冷却。

②操作要点

原料选择：选用胡萝卜素含量高的橙红色胡萝卜，黄色或红色的胡萝卜不宜选用，因为这些胡萝卜制成的成品色泽不佳。

洗涤：洗去表面污泥、微生物，削去斑疤，以免影响成品的色泽。

去皮：用水果刀削或刮去果皮，然后进行清洗。

切分、去心：胡萝卜对半切，去心。

预煮：按胡萝卜量加入10%～26%的水，用高压锅加热软化，用手适度捏碎，以利于打浆。

破碎：用组织捣碎机打成浆状。

配料：加糖浓缩，加糖总量与胡萝卜总量的比为1∶1，分次加糖，先少后多，浓缩至可溶性固形物含量达到65%以上，浓缩接近终点。按果肉重量加入0.15%～2%的柠檬酸，并加入少许香精。

装罐：将果酱装入消过毒的玻璃瓶，温度不低于85℃。

密封：用封口机封口。

杀菌：放入100℃的水中20min，高压蒸10min即可。

冷却：用不同的温度分段冷却：80℃→60℃→40℃至室温。然后擦净罐身上的水分，贮藏。

（3）胡萝卜泥

①工艺流程：原料选择→洗涤去皮→切碎→预煮→打浆→配料→浓缩→装罐→密封→杀菌→冷却→成品。

②操作要点

原料选择：成熟度适宜，未木质化，呈鲜红色或橙红色，皮薄肉厚，粗纤维少，无糠心的胡萝卜为原料。

洗涤：用流动的清水漂洗数次，洗净表面的泥沙及污物。

去皮：将洗净的原料投入浓度为3% ~8%、温度为95 ~100℃的碱液中处理1 ~2min，然后放入流动的清水中冲洗两三次，以洗掉被碱液腐蚀的表皮和残留的碱液。

切碎：去皮后再用手工除去个别残存的表皮、黑斑、须根等，并切成大小，厚薄一致的薄片。

预煮：将薄片放入夹层锅内，加入约为原料质量一倍的清水，加热煮沸，经 10 ~ 20min，至原料煮透为止。

打浆：用双道打浆机打成浆。打浆机的筛板孔直径为 0. 4 ~1. 5mm。

配料：胡萝卜泥 100kg，砂糖 50kg，柠檬酸 0. 3 ~0. 5kg，果胶粉 0. 6 ~0. 9kg。先将果胶粉按规定用量与四五倍重量的砂糖混合均匀（其砂糖量包括在砂糖总量之内)，然后加 15 ~20 倍的热水，充分搅拌并加热至沸腾。果胶溶解后将浓度为 50% 的柠檬酸倒入，搅拌均匀。

浓缩：将胡萝卜泥与 75% 的糖液倒入夹层锅内，搅拌均匀，加热浓缩，待可溶性固形物达 10% ~20% 时，将已配好的果胶粉、柠檬酸溶液倒入锅内，搅拌均匀，继续熬煮，当可溶性固形物达 40% ~42% 时即可出锅。

装罐及密封：装罐时酱体温度不低于 85℃，装罐后立即密封。

杀菌与冷却：在 110 ~120℃ 的温度下杀菌 20 ~30min，然后冷却至罐温 38 ~40℃ 为止。玻璃罐要分段冷却，以防炸裂。

③产品质量要求

色泽呈黄褐色，质地细腻，均匀一致；酸甜适口，无异味；可溶性固形物达 40% ~ 42%（以折光计）。

第十三章　果蔬制汁

果蔬汁是指用未添加任何外来物质，直接从新鲜水果或蔬菜中用压榨或其他方法取得的汁液。以果汁或蔬菜汁为基料，加水、糖、酸或香料等调配而成的汁液称为果蔬饮料。

特点：果蔬汁含有鲜果蔬中最有价值的成分，它不论在风味或营养上，都十分接近于鲜果蔬的一种制品。果蔬汁营养丰富，亦有医疗价值。除一般饮用外，也是一种良好的婴儿食品和保健食品，果汁除了直接饮用外，还是其他多种饮料和食品的原料。

意义：果汁工业在果蔬加工业中历史较短，小包装的发酵性纯果汁的商品生产约始于19世纪末，以瑞士的巴氏杀菌苹果汁为最早，直到1920年后才有大量的工业生产。其后由于果汁生产和保藏技术的进步，果汁生产发展很快，果汁产品也逐渐成为很多国家的主要饮料。在产量中，1971年，世界果汁罐头生产量已达350万吨，约占罐头食品总产量的10%，在1963—1971年的近十年中，世界果汁罐头生产量，由471万吨激增到800万吨，增长率为70%，超过蔬菜罐头和果品罐头的增长率，居于各类罐头之冠。主要生产国家有美国、加拿大和英国等。在生产技术上，冷冻浓缩，冷冻干燥，真空发泡干燥，泡沫层干燥和反渗透浓缩等新技术都有很大的发展。加工设备的改进和生产的连续化，也有较快发展。在产品种类上，原来的澄清果汁有向混浊果汁发展，果汁有向浓缩果汁发展，浓缩果汁有向高密度浓缩果汁发展的趋势。但是我国果汁生产过去很落后，直到20世纪50年代末期，才有多种果汁销售于国内外。显然目前产量还不多，但资源丰富，对发展果汁生产极为有利，随着食品工业的快速发展，果汁制造工业也将得到长足的发展。

第一节　果蔬汁的分类

果蔬汁一般针对天然果蔬汁而言，由人工加入其他成分的果汁称为饮料。饮用时需要稀释的加糖果汁称为果汁糖浆，直接饮用的适度加糖的果汁称为甜果汁。

天然果蔬汁与人工合成果蔬汁截然不同，前者为保健饮料，而后者纯属嗜好性饮料。

人工合成果汁：它是模仿天然果汁的风味、色泽，用糖液、有机酸、食用香精、色素等人工配制的果汁。

果蔬汁依其状态一般可分为以下四种：

一、原果蔬汁

原果蔬汁也称为天然果汁，它是由鲜果肉直接榨出的果汁，含原果汁100%，原果汁又可以分为澄清果汁和混浊果汁两大类。

1. 澄清果蔬汁：它是由鲜果肉压榨取汁后，经过过滤，静置或加澄清剂澄清后而得。

特点：果蔬汁中不含果肉微粒和果胶物质，所以稳定性较高，但风味、香味和营养物质损失较多。

2. 混浊果蔬汁：果汁中保留有果肉微粒和果胶物质，经过过滤，使果肉微粒均匀悬浮于果汁中。因此，果汁呈混浊状态。如：胡萝卜汁、西红柿汁。

特点：果蔬汁中有果肉微粒，其风味、色泽、营养价值均优于澄清果汁，所以又称为健康饮料。

二、浓缩果蔬汁

它是将榨取的果蔬原汁经过熬煮、冷冻及其他方法，除去果汁中部分水分而成。

特点：浓缩果蔬汁含有较多的酸分和糖分，是由果蔬原汁浓缩而成，一般不加糖，或用少量食糖调整，使产品符合一定的标准。一般浓缩倍数为1～6倍，可溶性固形物含量约为40%～60%。浓缩果汁常保藏于-17.8℃的低温下。饮用时加水稀释。浓缩果汁进一步脱水就制成果汁粉，含水量约为1%～3%。

三、加糖果蔬汁

原果蔬汁或部分浓缩果蔬汁加入砂糖及柠檬酸，调整总糖含量为60%以上（已转化糖为计），总酸含量0.9%～2.5%（以柠檬酸计），加热溶解，过滤制成。

特点：加入的糖及柠檬酸量，可根据品种和需求而定，但任何品种的成品含原汁量（重量计）不得少于30%。

四、带肉果蔬汁

它是果肉经过打浆、磨细，加入适当糖水、柠檬酸等原料调整，并经脱气、装罐和杀菌制成。

特点：带肉果汁常用桃、杏、西洋梨等制取，这些果品若按常法制汁，常无足够的风味，所以改用只去除果皮和种子的全果来制汁。世界上生产的果蔬汁有柑桔汁、葡萄汁、苹果汁、枣汁、梨汁和桃汁等为最多。我国果蔬汁产品的质量提高也很快，在国际市场已享有很高的声誉。此外，果汁还可以加工成果汁粉、果汁晶等固体果汁。

第二节　果蔬汁加工工艺

果蔬汁原料一般通过榨汁前的预处理，榨汁，成分调整，澄清过滤，去氧，装罐和杀菌等工序而制成果蔬汁。但制取混浊果蔬汁，不经过澄清过滤，只在榨汁后粗滤，而后再均质和去氧。此外，浓缩果蔬汁必须进行浓缩，果蔬汁粉必须进行脱水干制。

果蔬汁在加工过程中要尽量减少和空气的接触机会，减少受热的影响，防止微生物和金属污染，以免引起色香味的变化和维生素的损失。

一、原料的选择与处理

选择优质的制汁原料，采取合理的制汁工序，才能制得优质高产的果汁产品。果汁加工工序及其技术条件，是根据果汁原料的性质，产品的规格和设备的性能等条件而制定的。在一定的设备条件和产品规格的前提下，加强原料的选择和处理，无疑是保证品质提高产量的一个重要的技术措施，忽视这一点，往往会发生种种不良的后果。因此，只有优良的原料，才能制得优质的产品。

就果蔬汁加工对原料的需求来说，加工果蔬汁的原料应具备良好的风味和芳香，无异味，色泽稳定，酸度适当，并在加工和贮藏过程中仍能保持果蔬固有的优良品质，无明显的不良变化。其次，要求汁液丰富，取汁容易，出汁率较高。相对而言，果蔬汁加工原料的要求比其他果蔬制品高。以上这些要求在果蔬的种类和品种之间差异较大，表现出不同的加工适性。因此，并不是所有的果蔬种类和品种都可以用来加工果汁，所以对果蔬汁原料就有选择的必要。就果品种类来说，苹果、桃、葡萄、枣、浆果类（草莓）等，具有优良的风味、香味，并且汁液丰富，符合果汁加工的需求。

同时，为了保证制品的优良品质，果蔬汁原料要求完整无损的鲜果，轻度发酵或生霉的果蔬都将损害果蔬汁的品质，果蔬在生长发育中和采摘后的任何伤害，都有损于果蔬汁的品质和保藏性。因此，供加工果蔬汁原料，要求新鲜完好，采收后应及时加工。当受条件限制采用贮藏原料时，应以无贮藏异味的果蔬为好。

果汁加工对果蔬大小和形状无严格要求，但对原料成熟度的要求较严。除少数后熟作用明显的种类外，大多数宜在成熟时采摘和加工，以期获得最好的品质和最高的出汁率。

（1）葡萄：只有为数不多的葡萄品种用来加工果汁，其糖、酸、风味物质和涩味等能适度平衡，加工出优质的果汁。不具有涩味而风味浓厚的品种，只能加工成甜葡萄汁的饮料。如美洲品种葡萄中的康可，欧洲品种葡萄中的玫瑰香、托卡等都是品质上乘的原料。

（2）苹果：除了早熟的苹果外，大多数中熟和晚熟品种都可用来制汁。对加工果汁的苹果要求具有苹果风味，糖分较高，酸味和涩味适当，香味浓，果汁丰富，取汁容易，酶褐变不太明显。大多数品种单独制汁不能取得满意的结果，但与其他品种适当混用，相互取长补短，可以制出优良的果汁。适宜加工成果汁的品种有：红玉、元帅、金冠、青香蕉等。

加工果汁的苹果要求健全完好，加工时必须除去腐败果和变霉果。果实以成熟为宜，未成熟果有生果味、果汁酸涩味重而甜味少，浓度也低；过熟果缺少风味，果汁品质低劣，压榨，澄清和过滤比较困难，出汁率低，也不符合加工要求。

（3）桃：用以制取带肉果汁，一般认为，以肉厚粒小，汁液较多，粗纤维少，味浓、酸分适度和富于香气的品种为宜。肉质以致密而溶质为宜，果肉色泽以黄肉为好。

分级：应根据色泽和成熟度进行分级，并除去腐烂、病虫、损伤以及轻度发酵或生霉的果实。

洗涤：为了避免榨汁时果面杂质进入果汁中，要求充分洗净果实。一般采用滚筒式喷水洗涤机洗涤。草莓等柔软的果实宜在金属筛板上用清水喷洗。对于残余农药较多的果实，要用稀盐酸或洗涤剂处理，而后洗净。

二、原料的破碎与压榨

1. 破碎

榨汁前先行破碎可以提高出汁率。因此，破碎时应注意，破碎后的果块大小要适宜均匀。如果破碎太细，压榨时外层的果汁很快榨出，形成一层厚皮，使内层果汁流出困难，影响出汁率，同时汁液也容易损失。

破碎的程度应就果蔬的种类而定。如：苹果、梨用破碎机破碎到3~4mm为宜。草莓、葡萄等破碎到以2~3mm为宜。对于红色的葡萄品种，红色的樱桃和草莓等果实，破碎后预煮，有利于色素和风味物质的溶出，并能抑制酶的活性和降低物料黏度以提高出汁率，常用热处理的条件为：60~70℃，15~30min。

此外，在制取透明果汁时，为了除去过量的果胶物质，可采用果胶酶制剂处理破碎后的果肉。

2. 榨汁（取汁）

压榨取汁是制汁上主要操作之一，除柑桔类果汁和带肉果汁外，一般在榨汁生产上常包括破碎工序，组成破碎压榨。榨汁方法依果实的结构，果汁存在的部位及其组织性质以及成品的品质要求而异。多数的果品，如苹果和葡萄等，果汁包含在整个果实中，甚至容易通过破碎压榨取得果汁，但柑桔类果实有一层厚的外皮，存在着具有不良风味或色泽的可溶性物质，榨汁时必须设法避免这些物质进入果汁。对于加工带肉果汁的桃和杏等品种，也不适合于采用破碎压榨取汁法，而是代之以磨碎机将果实磨制成浆状的制汁法。当然，经破碎的原料可以直接进行榨汁，但对于果胶物质含量高的果蔬，为了提高出汁率，榨汁前采用以下方法处理：

（1）加热处理

目的：加热处理可以使细胞原生质中的蛋白质凝固，改变细胞的半透性，同时果肉软化。果胶物质水解，降低了汁液的黏度。因此有利于色素和风味物质的溶出，并能提高出汁率。一般热处理的温度为60~70℃，时间为15~30min即可。

（2）加果胶酶制剂处理

在破碎的果肉中加入果胶酶，可以分解果肉组织中的果胶物质，使汁液黏度降低，易于榨汁过滤，提高出汁率。

经破碎或预处理的原料，即可进行榨汁。榨汁的机械分为间歇式和连续式两大类，前者如杠杆式，板框螺旋式，水力压榨式等。压榨取汁，各类果蔬的出汁率依原料的种类、品种、成熟度、榨汁设备和方法而异，一般浆果类出汁率最高，其他种类相对低。

3. 粗滤

粗滤或称筛滤。对于混浊果汁，主要是在保存色粒以获得色泽、风味和香味特性的前提下，除去分散在果汁中的粗大颗粒或悬浮粒。对于透明果汁，粗滤后仍需精滤，或先进行澄清，然后过滤，做到除尽全部的悬浮颗粒。

新鲜的粗汁中含有的悬浮物，其类型和数量依榨汁的方法，果蔬的生物学特性以及植物组织结构而异。其中粗大的悬浮粒来自果汁细胞的周围组织，或来自果汁细胞本身的细胞壁。悬浮粒中，尤其是来自种子、果皮和其他非食用器官或组织的颗粒，不仅影响到果汁的外观状态和风味，也会使果汁很快变质。

生产上，粗滤可以安排在榨汁过程中进行，也可单独操作进行，前一种情况设有固定分离筛的榨汁机和离心分离式榨汁机等，榨汁和粗滤可在同一台机器上完成，后一种情况是各种类型的筛滤机，为粗滤所用的设备。

4. 各种果蔬汁制造上的特有工序

（1）澄清果蔬汁的澄清和过滤

在制取澄清果蔬汁时，通过澄清和过滤，除去榨出汁中全部的悬浮物质外，也需要除去容易导致沉淀的颗粒、悬浮物，包括发育不全的种子、果心、果皮和维管束等颗粒，以及色粒。这些物质除了色粒外，主要成分是纤维素，半纤维素，苦味物质和酶等，都将影响果蔬汁的质量和稳定性，所以必须清除。果蔬汁生产中常用的澄清方法有以下几种：

①自然澄清法。将粗滤后的果蔬汁装于容器内，静置一段时间，使悬浮物沉淀，就可制得澄清果蔬汁。

应注意：自然澄清时，应防止果蔬汁在静置时发酵变质。因此，应放在-2～-1℃的低温条件下，或在果蔬汁中加入防腐剂。

②明胶单宁法。这种办法是利用单宁与明胶结合成不溶性的有机酸盐而沉淀，来达到澄清果蔬汁的目的。所用明胶与单宁溶液的浓度各为0.5%或1%，使用前先进行澄清试验，而后确定使用剂量。溶液加入后，应在10～15℃下静置6～12小时，让其沉淀。

③热处理法。果蔬汁粗滤后，迅速加热到78℃左右1～3min，然后快速冷却静置，果汁中的胶体物质和悬浮物质，受热凝聚沉淀，使果蔬汁得以澄清。

④冷冻法。冷冻可以改变胶体的性质，使其在解冻时形成沉淀，尤其是混浊的苹果汁、葡萄汁经冷冻后容易澄清，这种胶体的变性作用是浓缩和脱水复合影响的结果。

⑤酶处理法。这种办法就是利用果胶酶制剂来澄清果蔬汁中的果胶物质，使果蔬汁中其他胶体失去果胶的保护作用而共同沉淀，达到澄清的目的，用来澄清果蔬汁的果胶酶制剂使用量约为果蔬汁的0.05%，经4小时后，果蔬汁因果胶物质大部分被分解而得以澄清。

（2）混浊果蔬汁的脱气和均质

①脱气：由于存在于果蔬细胞间隙中的氧、氮和呼吸作用产物二氧化碳等气体，在果蔬汁加工过程中是以溶解状态进入果蔬汁中，或被吸附在果肉微粒和胶体表面，同时由于果蔬汁和空气接触，更增加了气体含量。制得的果蔬汁中仍然存在大量的氧、氮和二氧化碳等气体。因此，作为脱气或去氧，在果蔬汁加工上除去果蔬汁中的氧，尤其是混浊果汁，可以减少或避免果蔬汁成分的氧化，减少果蔬汁色泽和风味的变化，防止马口铁罐腐蚀，避免悬浮粒吸附气体而漂浮于液面以及防止装罐和杀菌时产生泡沫等。但是脱气也会导致果蔬汁中挥发性芳香物质的损失，必要时可进行回收，再加回果蔬汁中去。

果蔬汁脱气的方法：有真空法，氮气交换法，抗氧化剂法。

②均质：是混浊果蔬汁制造上的特殊操作，但一般多用于玻璃罐包装的制品，马口铁罐包装较少采用。冷冻保藏的果蔬汁和浓缩果蔬汁没有均质的必要。均质时，果蔬汁在高压均质机中，在136～204个大气压下，使所含的粗大悬浮粒受压而破碎，均匀而稳定的分散于果蔬汁中。不进行均质的混浊果蔬汁，由于悬浮粒较大，在自身重力作用下会逐渐

沉淀而失去混浊状态。除高压均质机外，另一种胶体磨也用于均质，当果蔬汁流经胶体磨的狭腔时（间隙0.05～0.075mm），因受到强大的离心力作用，所含的颗粒相互冲击、摩擦、分散和混合，从而达到均质的目的。

（3）浓缩果蔬汁的浓缩和脱水

优点：浓缩果蔬汁具有容量减小，便于贮运；经浓缩和调整可以克服果蔬汁因果实采收期和品种所造成的成分上的差异，使产品质量达到一定的规格要求；浓缩后糖分酸分等的提高，不仅增进了制品的保藏性，而且还适应于冷冻保藏，制成冷冻果蔬汁等。因此，在果蔬汁生产上，浓缩果蔬汁增长较快。果蔬汁浓缩主要有以下几种方法：

①加热真空浓缩法。果蔬汁不耐加热煮制，在常压高温下长时间浓缩，易发生各种不良的变化，因此常采用真空浓缩。浓缩温度一般为25～35℃，不宜超过40℃，真空度约为710mmHg。但这样的温度，非常适合于微生物的活动和酶的作用。因此，浓缩前的果蔬汁应进行适当的瞬时杀菌。果蔬汁中的苹果汁比较耐煮，浓缩时可以采取较高的温度，但不宜超过55℃.

果蔬汁在真空浓缩过程中，也往往会造成芳香物质的损失，制品的风味趋于平淡，浓缩后添加部分原果蔬汁或果皮，浓缩时回收的香精油，再重新加入到浓缩果汁中，就可以克服上述缺点。

②喷雾干燥法。喷雾干燥是空气干燥法的一种，专用于干燥液体物料，在果蔬汁加工上用以制取果蔬汁粉。通过喷雾干燥虽然温度较高，进口热空气高达163℃或以上。但在理想的条件下，干燥时间极短，一般只有几秒钟，就能将产品干燥到相当低的水分，不至于过度受热而变质。总的来讲，喷雾干燥有干燥迅速、生产连续化、生产能力大、操作简单而省工等优点，因此在生产上常常被采用。但就产品质量来说，虽然比一般干燥法的产品要好，但还是不如真空干燥法和某些空气干燥法的产品。

喷雾干燥的基本原理：喷雾干燥的过程非常简单，被干燥物料喷到热空气或温暖低湿的空气中，水分被蒸发而进入气流中，雾滴化的粒子，因重力而下降，穿过空气，到接近器底时被充分干燥，收集干粉，并排除冷凉湿润的空气。

喷雾干燥机的组成：是由空气加热器，喷雾器，干燥室，收集系统和鼓风机等所组成。

被干燥物质的喷雾系统

新鲜空气→空气加热器→干燥室→收集系统→鼓风机→废气

干产品排出

③冷冻浓缩法。它是以溶液在共晶点前，部分水分呈冰晶析出的原理来提高溶液浓度为依据。如：冷却一种蔗糖的稀溶液时，当冷却到略低于0℃时，就有部分冰晶从溶液中析出，余下的溶液因浓度有所增加使冰点下降。若继续冷却到另一新的冻结点，会再次析出部分冰晶。如此反复，由于冰晶数量的增加，溶液的浓度就逐渐增大，达到某一温度，被浓缩的溶液以全部冻结而告终，这一温度就是共晶点。由此可知，冷冻浓缩的温度愈低，生成的冰晶愈多，溶液的浓度也愈高，以至到共晶点而达到最高。

5. 果蔬汁的调整和混合

为使果蔬汁符合一定规格要求和改进风味，常常需要适当进行调整。有的果汁含酸太高，有的香气不足，这些都可以通过增加糖或香料来加以调整。

调整的原则：应将果蔬汁的风味接近新鲜果蔬。

调整的范围：主要是糖酸比的调整和芳香剂的添加。一般认为未浓缩果蔬汁适宜的可溶性固形物和酸分的比例为13∶1。但绝大部分果蔬汁商品的比例都在13∶1~15∶1范围内。

混合：虽然不少品种能单独制得品质较高的果蔬汁，但与其他品种适当配合就更好。因此，不同种类的果蔬汁可以相互混合，取长补短，制成品质较好的混合果蔬汁。如甜橙汁可与苹果、杏、葡萄和桃等果蔬汁混合，菠萝汁可与苹果、杏、柑桔等果蔬汁混合。

6. 果蔬汁的包装和杀菌

包装材料应具备如下的要求：

果蔬汁大多可以罐藏，根据包装前后加热与否分为冷包装和热包装两种。所谓冷包装，就是包装前后不进行加热杀菌，例如各种冷冻浓缩果蔬汁，但大多数都进行热包装，采用加热杀菌。

杀菌。果蔬汁杀菌的目的：一是消灭微生物，防止发酵。二是破坏酶类，以免引起果蔬汁的不良变化。引起果蔬汁败坏的主要微生物有酵母菌和霉菌。酵母菌在66℃，加热一分钟即可杀死。而霉菌则在80℃加热20分钟才能杀死。一般的巴氏杀菌为80℃加热30分钟，之后放入冷水中冷却，可达到杀菌的目的。但由于加热时间较长，使果蔬汁的色泽和香味都有较多的损失。因此，可采用高温瞬时杀菌法，即将果蔬汁加热到90℃的高温条件下经过30~90s就能达到杀菌的目的，杀菌后立即冷却。这种方法，尤其适宜于热敏感的果蔬汁。

三、果蔬汁加工实例

1. 苹果汁

苹果既适合于制取澄清果汁，也用于制带肉果汁，极少量用于生产普通的混浊果汁，苹果浓缩汁是欧洲目前主要的浓缩果汁。

（1）工艺流程

原料→选剔→清洗→破碎→压榨→精滤→澄清与过滤→调整混合→杀菌→灌装→冷却→成品

若为浓缩果汁，则在调整混合后进行浓缩，至68%~70%可溶性固形物时，冷却贮藏，然后可散装或大包装形式贮运。

（2）操作要点

进厂的苹果应保证无腐烂，在水中浸洗和喷淋清水洗涤，也有用1%氢氧化钠和0.1%~0.2%的洗涤剂浸泡清洗的方法。用苹果磨碎机或锤击式破碎机破碎至3~8 mm大小的碎片，然后用压榨机压榨，苹果常用连续的液压传动压榨机，也有用板框式压榨机或连续螺旋压榨机。苹果汁采用明胶单宁法澄清，单宁0.1g/L、明胶0.2g/L，加入后在10~15℃下静置6~12小时，取上清液和下部沉淀分别过滤。现代苹果汁生产采用酶法和酶、明胶单宁联合澄清法。苹果汁可用硅藻土过滤机和超滤机进行精滤。直饮式苹果汁常控制可溶性固形物12%左右，酸0.4%左右，在93.3℃以上进行巴氏杀菌，苹果汁应采用特殊的涂料罐。

澄清苹果汁常加工成68% ~70%的浓缩汁，然后在-10℃左右冷藏，使用大容量车运输，用于加工果汁和饮料。

苹果汁也有生产混浊汁的，它是筛滤后不经澄清直接进行巴氏杀菌灌装的产品，其生产关键在于破碎时应加入抗坏血酸以防止氧化褐变。

2. 红枣汁

红枣为鼠李科枣属植物，呈椭圆形或球形，表面暗红色，略带光泽。皮薄肉厚，甘甜适中，营养丰富，含糖、维生素C、生物类黄酮物质、维生素P、蛋白质、钙、磷、核黄素、尼克酸等有效成分。民间流传着“日食仨枣，长生不老”，“五谷加小枣，胜过灵芝草”，“每天吃枣，郎中少找”等赞誉红枣的谚语。红枣有润心肺、止咳、补五脏、治虚损、强筋壮骨、补血行气之功效。现代医学研究表明，红枣对过敏性紫癜、贫血、高血压、急慢性肝炎、肝硬化、胃肠道肿瘤具有一定的疗效。同时红枣在防治心血管病和抗癌上有良好的作用，还能预防铅中毒。由于鲜枣不易保存，不易运输，因此红枣的加工尤为重要。传统加工往往只注重色泽、风味以及外观形状，而对有效营养成分的最大限度保存及相应加工方法与工艺改进的研究不够，制约了河西地区资源丰富的红枣生产的产业化和有效开发利用。此工艺以张掖市临泽县小红枣作为主要原料，以白糖、柠檬酸等作辅料，经烘烤、浸提、调配、杀菌等工序加工制成了一种新型果汁饮料。该饮料营养丰富、风味独特、甜度适口、老少皆益，常食用有明显的保健作用。

（1）工艺流程

原料选择→清洗→烘烤→浸提→过滤→调配混合→均质→脱气→灭菌→灌装→密封→冷却→成品。

（2）操作要点

原料选择：选外形完整、果肉丰满、色泽美观、无霉烂、无病虫害的干红枣。剔除病虫害果、霉烂、腐败果和其他杂质。

清洗：用流动水搅拌清洗，沥干水分后备用。必须将附着在果实上的泥土、残留农药及大部分的微生物等冲洗干净。

烘烤：经烘烤后的红枣，枣香突出，并有利于浸提，但烘烤时应注意掌握时间与温度。温度低、时间短就不能较好地增加枣香；如果温度高或时间过长，则红枣汁颜色较黑，并有焦糊味，影响红枣饮料的风味。将红枣在85℃左右烘烤45min，直到红枣发出特有的焦香味为止。

浸提过滤：将红枣倒入可倾式夹层锅中加水煮沸20min，用水量以红枣量的6倍为宜，使枣皮破裂，以利于其内容物的溶出。然后经200目的筛粗滤得红枣汁，滤渣再进行第二次浸提，过滤后将两次的浸提液混合。

调配混合：为使红枣汁符合一定的规格要求及为了改进风味，需要进行适当的调配。因此将制好的红枣汁按红枣汁35%、白砂糖16%、柠檬酸0.15%的配比充分混合均匀。

均质：粗红枣汁在高压均质机中，在20.0MPa的压力下均质处理，使悬浮粒子微细化。

脱气：脱气可减少红枣汁成分的氧化，减少红枣汁色泽和风味的变化以及防止装罐和杀菌时产生泡沫。在脱气机中，将枣汁预热到60 ~70℃，在90.64 ~93.31kPa下真空脱气。

灭菌：采取高温短时间杀菌，即95℃下杀菌30s。

灌装、密封：灭菌后立即装入无菌玻璃瓶中，灌装温度保持在90℃以上，分装后倒置3～5min。

二次杀菌：采用80℃、20min巴氏杀菌进行二次杀菌，然后冷却至38℃左右。

保温检验：将产品放入37℃保温培养箱中培养7天，然后进行微生物检验。

3. 葡萄汁

葡萄主要用于加工澄清汁，有原汁和浓缩汁两种。

（1）工艺流程

原料清洗→破碎→预热→加酶和木纤维压榨→澄清→灌装→巴氏杀菌→冷却→成品。

（2）操作要点

最佳的葡萄汁用原料品种为康可，也可用玫瑰香、佳利酿等。前处理与葡萄酒加工类同，破碎后升温至60～62.7℃，使果皮中色素和单宁溶出，但不宜超过65℃。葡萄压榨时加入0.2%果胶酶和0.5%的精制木质纤维可提高出汁率。葡萄汁含有大量的酒石酸类物质，容易以结晶形式析出，澄清方法有以下几种。

①冷藏法。在低温下冷藏，使酒石析出，但易遭微生物的败坏。

②冷冻法。装入容器内，在低温室内急剧冷冻，之后取出在通风房内尽快解冻，吸取上层澄清液，下层用助滤剂过滤。

③加盐法。加入苹果酸钙、乳酸盐或磷酸盐及酒石酸二钾可使果汁中酒石快速沉淀，从而除去。

④酶法。加入果胶酶和酪蛋白也可起到加速澄清的作用。

澄清的葡萄汁在79～85℃下巴氏杀菌，无菌灌装，或者预热至75℃以上装罐，装罐（瓶）后杀菌冷却。

4. 带肉果蔬汁

带肉果蔬汁含有丰富的营养，口味良好，在直饮式果蔬汁中占有相当重要的地位，苹果、桃、梨、李、杏、浆果类等均可用来加工带肉果蔬汁。

（1）工艺流程

原料清洗→挑选→去核、破碎→加热→打浆→混合调配→均质→脱气→杀菌→灌装（或灌装→杀菌）→成品。

（2）操作要点

各种果蔬须充分洗净，用专用破碎机破碎，核果类需去核，破碎颗粒在6mm左右。仁果类、核果类等破碎后立即加热至90℃以上，保持6min，梨、李等则需15～20min，草莓在70～75℃下约6min。加热后的果肉通过打浆机打浆，最后筛孔保持在0.4～0.5mm。许多果浆还需用胶体磨细。这种果浆可作为中间产品大罐贮藏或加入防腐剂保存，也可制成产品。

带肉果汁的果浆含量从30%～50%不等，除此之外，还要加入糖、柠檬酸、维生素C和果胶溶液。混合带肉果汁是目前果汁发展的方向，如李与苹果，李与杏、苹果，李与杏、草莓等混合。

配制混合后的产品在10～30MPa压力下均质，之后真空脱气，在（115±2）℃下40～60 s巴氏杀菌，冷却至95～98℃，灌装于消毒的瓶或罐及其他容器中，灌装温度不得低于90℃，然后迅速冷却至45℃以下。带肉果汁也有采用先灌装后杀菌工艺。

5. 番茄汁

采用新鲜，成熟度高，出汁率高，番茄红素含量高，可溶性固形物含量在5%左右的番茄品种。先洗净泥土杂质，去除青绿部分，否则会影响色泽。

将番茄预热至皮与肉适度分离，即送入双层卧式打浆机。去皮籽后，使浆汁的可溶性固形物在4%～5%，再用砂糖等进行配料。

配制好的汁浆在85℃左右进行加热脱气，破坏果胶酶，再经胶体磨或均质机进行均质处理。

采用螺旋榨汁机可减少空气混入。榨出的汁通过热交换器或可倾式夹层锅加热至85～90℃，立即装罐、密封。然后在100℃水中杀菌15～20min，立即冷却至40℃左右。或用瞬间杀菌器在125～127℃下，维持30s杀菌，冷却至90～95℃装罐密封、冷却。超高温瞬间杀菌必须严格控制时间，否则会对番茄红素有较大的破坏。

6. 草莓汁

（1）工艺流程

原料选择→清洗→预煮→榨汁→调整→装瓶→密封→杀菌→冷却。

（2）操作要点

原料：应选新鲜、风味正常、无霉烂及病虫害的果实。

清洗：摘除果柄、萼片后，在清水中清洗，沥干水分。

预煮：将草莓放入锅中加水（加入量=原料重量）软化，并可添加果实重0.2%的柠檬酸，以加快色素和果胶的溶出。

榨汁：软化后迅速于榨汁机中榨汁，榨后进行过滤。

调整：在草莓汁中，加适量的糖，将糖度调整到16%，柠檬酸调整到0.9%。

装瓶：趁热装入经过消毒的玻璃瓶中，密封。

杀菌：将装有草莓汁的玻璃瓶置于沸水中煮5～7min。

（3）质量要求

具有果实的芳香味，色泽呈紫红色，可溶性固形物达16%以上。

7. 复合蔬菜汁

（1）工艺流程

原料选择→挑选清洗→切分、去皮、预煮→破碎→热处理→榨汁→均质→超高温瞬时灭菌→罐装密封→冷却→成品检验→成品。

（2）操作要点

原料的选择：选择产量高、营养丰富、生产上可以大量种植的番茄、胡萝卜、芹菜、菠菜等蔬菜作为加工原料。选新鲜度一致、成熟度一致、色泽一致、无机械伤、无病、无腐烂的蔬菜为制汁原料。番茄采用番茄大王K168品种，胡萝卜采用革命杆子红品种，莴笋采用柳叶品种，芹菜采用细皮白品种。

原料整理、清洗：去除污泥物，每种蔬菜单独用清水充分洗净，剔除不合要求部分。

去皮、切分、预煮：胡萝卜采用热处理和化学处理方法去皮，番茄、芹菜、菠菜采用热处理，冬瓜、莴笋采用人工去皮后再进行预煮。热处理的目的在于破坏酶的活性，软化组织，提高出汁率。

热处理时间以氧化酶活性破坏所需时间来确定。氧化酶活性破坏的程度采用愈疮木酚或联苯胺配制的双氧水酒精溶液定性变色反应来测定。除番茄去皮直接榨汁外，其他几种蔬菜都需要进行切分工序。切分过大或过小都不利于出汁率和榨汁质量。切分大小应尽可能均匀一致。可采用高效多用切菜机进行切分。

榨汁：采用螺旋式榨汁机取汁，可以减少空气混入。首先是各种蔬菜单一榨汁，装入容器，分别保存。

六种蔬菜出汁率（出汁率为五次榨汁的平均数）：番茄，68.4%；莴笋，36.2%；胡萝卜，31.6%；芹菜，34.1%；冬瓜，72.6%；菠菜，37.3%。榨汁后用80～100目不锈钢筛进行粗滤（番茄不进行粗滤工序）。

复合配比：在复合蔬菜汁“维乐”中番茄汁占70%，其他各汁占30%。复合后用一定量柠檬酸调整复合汁pH值至4.2左右，加入少量精盐以调味。

脱气：采用真空脱气机，脱气时将果汁引入真空锅内，然后被喷射成雾状或注射成液膜，使果汁中的气体迅速逸出。真空锅室内真空度为90.7～93.3kPa。

均质：采用国产立式胶体磨进行两次均质，总时间3～4min，目的是保持蔬菜汁混浊态。

杀菌：采用巴氏杀菌，杀菌温度为70～80℃，杀菌时间7～8min。

灌汁：封盖灌汁前，汁温不低于70℃，蔬菜汁通过GZ300型双头灌汁机，注入已消过毒的250ml玻璃瓶内。趁热灌汁，封盖密封，再在90℃水槽中倒瓶2～3min，取出冷却。擦去瓶外残汁，贴标保存。

8. 红枣-胡萝卜复合汁

红枣-胡萝卜复合饮料色泽红润，口感细腻，酸甜适口，具有浓郁的胡萝卜和枣的复合香气，是集营养和保健于一体的天然饮品。

（1）红枣汁制备工艺流程：红枣（干枣）→挑选→清洗→去核、切碎→果胶酶浸提→过滤→枣汁。

胡萝卜汁工艺流程：胡萝卜→分选清洗→脱皮→切片→软化→打浆→过滤→胡萝卜汁。

复合饮料工艺流程：枣汁+胡萝卜汁→混合→调配→均质→杀菌→灌装→封口→冷却→成品。

（2）操作要点

红枣汁的制备：选择核小肉厚、无霉烂、无虫蛀的临泽县优质干枣，在水中清洗后沥干，去掉枣核，并把果肉部分切碎。称取一定量的红枣，加入枣重的7倍水，并用盐酸调节pH值至3.5，然后再加果胶酶0.25%，在45℃的温度下浸提4小时后用纱布过滤，过滤后测所得枣汁的重量以及可溶性固形物含量，并计算出提取率。

提取率（%）=枣汁可溶性固形物含量×枣汁重量/干枣重量×100

胡萝卜汁的制备：选择成熟适度、未木质化、表皮及根肉为鲜红色的品种、无病虫害及机械损伤的胡萝卜，要求肉根肥大、纤维少。以清水洗去泥沙及污物，切去粗糙带绿的蒂把及根须，用4%磷酸钠、0.5%磷酸氢二钠与0.5%的焦磷酸钠组成的复合磷酸盐去皮液在沸腾条件下热烫胡萝卜2～3min，再经快速流动的冷水冲洗，可完全脱去胡萝卜表皮。脱皮后将胡萝卜切成3～5mm厚的片状，按料水比1∶2将切好的胡萝卜片放入95～100℃的热水中，热烫15min后，清水中冲洗，迅速冷却至室温，在水中浸泡25min，然后用打浆机打浆，再用4层纱布过滤即可得到胡萝卜汁。

红枣-胡萝卜复合饮料配方：在红枣-胡萝卜的复合饮料中加入柠檬酸和蔗糖，其配比为红枣汁40%，胡萝卜汁45%，蔗糖8%，柠檬酸0.10%。加稳定剂海藻酸钠0.15%，通过添加稳定剂和均质使果肉颗粒能均匀地悬浮在饮料中，起到稳定作用。

杀菌：在85℃下杀菌15min，杀菌后趁热及时灌装，倒置冷却后于37℃下保存1周，检测微生物含量。

第十四章 果 酒

果酒是以果实为原料，经过酒精发酵而酿制成的低酒精度饮料。

特点：含有多种营养成分，如含有糖、有机酸、醇类、酯类、矿物质、维生素、蛋白原和氨基酸等。优质的果酒酒质清晰，色泽美观，风味醇和，芳香适口，营养丰富，酒度不高，适量饮用可以促进血液循环，改善心肌营养，有利于人的身体健康，深受国内外消费者欢迎。

第一节 果 酒 原 料

葡萄酒有“七分原料，三分工艺”的说法，河西地区利用得天独厚生产环境（光照充足，昼夜温差大），积极调整农业种植结构，大量引进、试种和推广葡萄酒酿造的优良品种。目前河西走廊酿酒葡萄种植面积已达 1.5 万公顷，约占全国酿酒葡萄总面积的 18%。葡萄是喜阳作物，河西走廊日照时间长，甚至高出法国波尔多 1000 多个小时；昼夜温差大，有利于糖分的积累，使酸甜达到最佳状态，无需过多处理。同时河西地区荒漠戈壁不宜其他农作物生长，但葡萄是个例外，葡萄是节水农业，松软的土壤使葡萄的根系更壮大，干燥的气候也使葡萄不受病虫害干扰，无需农药，再加上祁连山冰川雪水的灌溉，难怪被誉为“有机葡萄”的最佳产地。在河西走廊葡萄种植黄金线上，甘肃莫高、祁连、国风、紫轩、威龙、皇台、敦煌等一批现代知名葡萄酒生产企业脱颖而出，通过创新发展，这些品牌越来越得到国内外消费者的熟知和认可。酿造果酒主要以葡萄酒为主，酿造优质葡萄酒的主要品种（见表 14-1）。河西走廊主要种植品种：

一、红色品种

赤霞珠、梅鹿辄、蛇龙珠、品丽珠、黑比诺、佳美、西拉等。

二、白色品种

霞多丽、贵人香、雷司令、赛美蓉、长相思、白诗南、琼瑶浆、灰比诺、威代尔等。

以下主要介绍几种河西地区酿造葡萄酒优良品种的来源及果实性状。

1. 黑比诺

黑比诺（Pinot Noir）：树势中庸，萌芽期 4 月 20 日，成熟期 9 月中旬，成熟需要天数 125 天以上，需要有效积温 2600℃以上，为早中熟品种。座果率相对较低，可溶性固形物相对较高，产量较低。

别名：黑品诺

表 14-1　　**主要优质葡萄酿酒品种**

中文名称	外文名称	颜色	适用酿酒品种
蛇龙珠	Cabernet Gernischet	红	干红葡萄酒
赤霞珠（解百纳）	Cabernet Sauvignon	红	高级干红葡萄酒
黑比诺	Pinot Noir	红	高级干红葡萄酒
梅鹿辄（梅露汁）	Merlot	红	干红葡萄酒
法国蓝（玛瑙红）	Bule France	红	干红葡萄酒
品丽珠	Cabernet France	红	干红葡萄酒
佳丽酿（法国红）	Carignane	红	干红或干白葡萄酒
北塞魂	Petite Bouschet	红	红葡萄酒
魏天子	Verdot	红	红葡萄酒
佳　美	Gamay	红	红葡萄酒
玫瑰香	Muscat Hambury	红	红或白葡萄酒
霞多丽	Chardonnay	白	白葡萄酒、香槟酒
雷司令（里斯林）	Riesling	白	白葡萄酒
灰比诺（李将军）	Pinot Gris	白	白葡萄酒
意斯林（贵人香）	Italian Riesling	白	白葡萄酒
长相思	Sauvignon Blanc	白	白葡萄酒
白福儿	Folle Blanche	白	白葡萄酒
白　羽		白	白葡萄酒、香槟
白　雅		白	白葡萄酒
北　醇		红	红或白葡萄酒
龙　眼		淡红	干白或香槟

来源：欧亚种，原产法国勃艮第，属西欧品种群。20 世纪 80 年代引入甘肃河西走廊。

果实性状：果穗小，平均穗重 70 ~ 120g，圆锥或圆柱形，有副穗；果粒中等大，大小各异，近圆形，着生极紧密，紫黑色；含糖量：190 ~ 220g/L，含酸量：1.05% ~ 0.82%。

2. 白比诺

白比诺（Pinot Blanc）：树势较强，萌芽期 4 月 17 日，成熟期 9 月中旬，成熟期需要天数 125 天以上，为早中熟品种。可溶性固形物相对较高，产量中等。

别名：白美酿、白品乐

来源：欧亚种，原产法国。1951 年从匈牙利引入中国。

果实性状：果穗小，平均重在 70 ~ 120g，圆锥形，穗形较紧；果粒中等大，近圆形绿黄色；含糖量：195 ~ 230g/L，含酸量 0.76% ~ 0.95%。

3. 灰比诺

灰比诺（Pinot Gris）：树势中庸，萌芽期在 4 月下旬，成熟期在 9 月中旬，成熟期需要 130 天以上，果粒着生紧密，产量中等。

别名：灰比诺、李将军

来源：欧亚种，原产法国。1892 年由法国引入中国。

果实性状：果穗中等，平均重 100～180g，圆柱形，果粒着生紧密；果粒中等，平均重 1.6g，椭圆形，紫褐色，果粉厚；皮薄，果汁中或多，味甜；含糖量：190～225g/L，含酸量：0.71%～1.01%。

4. 赤霞珠

赤霞珠（Cabernet Sauvignon）：树势中庸，萌芽期 4 月 19 日，成熟期 9 月下旬。成熟期需要天数 145 天，为中晚熟品种，可溶性固形物含量相对较高，产量中等。

来源：欧亚种，原产法国，属西欧品种群。最早于 1892 年引入中国。

果实性状：果穗中等，平均重 100～180g，圆柱形，果粒着生紧密；果粒中等，平均重 1.6g，椭圆形；紫褐色，果粉厚；皮薄，果汁中或多，味甜；含糖量：190～225g/L，含酸量：0.71%～1.01%。

5. 蛇龙珠

蛇龙珠（Cabernet Gernischt）：树势强，萌芽期 4 月 22 日，成熟期 9 月下旬，成熟需要天数 135 天，为中晚熟品种，座果率相对较低。可溶性固形物含量低，完全成熟香味浓厚，产量低。

来源：原产法国，欧亚种，于 1892 年从西欧引入中国。

果实性状：果穗中等大，平均重 170～250g，圆柱或圆锥形，带副穗，松散；果粒中等大，圆形，紫黑色，汁多，具紫罗兰香型；含糖量：160～195g/L，含酸量：0.65%～0.91%。

6. 品丽珠

品丽珠（Cabernet Franc）：树势中庸，萌芽期 4 月 17 日，成熟期 9 月下旬。成熟需要天数 140 天以上，为中晚熟品种，产量中等。

别名：卡门耐特

来源：欧亚种，原产法国，与赤霞珠为姊妹种。20 世纪 80 年代引入甘肃河西走廊。

果实性状：果穗中等大，平均重 125～200g，圆柱形或圆锥形，带副穗，中紧，果粒中等大，圆形，紫黑色，果粉厚，果肉多汁，味酸甜，有青草味。含糖量 180～220g/L，含酸量：0.75%～0.95%。

7. 梅鹿辄

梅鹿辄（Merlot）：树势中庸，萌芽期 4 月 18 日，成熟期 9 月下旬，成熟期需要天数 140 天，需要有效积温 2800℃以上，为中晚熟品种。9 月下旬成熟，可溶性固形物含量较高，产量高。

别名：梅鹿特、美乐、梅尔诺等。

来源：欧亚种，原产法国。最早于 1892 年由西欧引入中国。

果实性状：果穗中等大，平均重 125～250g，圆柱形或圆锥形，带副穗，中紧；果粒中等大，圆形，蓝黑色，果粉厚，果皮中等厚，肉软多汁，味酸甜；含糖量 180 ~ 210g/L，含酸量：0.75% ~0.85%。

8. 霞多丽

霞多丽（Chardonnay）：树势较强，萌芽期 4 月 15 日，成熟期 9 月中旬，成熟期需要天数 125 天以上，为早中熟品种。产量较低。

来源：欧亚种，原产法国，1951 年首次从匈牙利引入中国。

果实性状：果穗小，平均重 150g。圆柱形，穗形较紧，果粒中等大，近圆形，黄绿色，果皮中厚，含糖量：190 ~ 230g/L，含酸量：0.76% ~0.96%。

9. 白玉霓

白玉霓（Ugnibianc）：树势强，萌发期在 4 月 20 日，成熟期在 10 月中旬，成熟期需要天数 145 ~ 155 天，需要有效积温 3100℃以上，成熟期晚，产量高。

来源：欧亚种，原产法国。1957 年由保加利亚引入中国。

果实性状：果穗大，均重 295 ~ 450g，长圆锥形，紧密；果粒中等大，黄绿色，果皮中厚，肉软多汁；含糖量：160 ~ 190g/L，含酸量：1.21% ~1.91%。

10. 雷司令

雷司令（Riesling）：树势中庸，萌芽期 4 月 21 日，成熟期 9 月下旬，成熟需要天数 125 ~ 150 天，需要有效积温 2900℃以上，为中晚熟品种。可溶性固形物含量较高，产量相对较高。

别名：白雷司令、莱茵雷司令

来源：欧亚种，原产德国，1892 年引入中国。

果实性状：果穗中等大，平均穗重 150 ~ 250g，圆柱形，黄棕色，果穗紧；果粒中等大，近圆形，黄绿色，充分成熟时阳面浅褐色，果面有黑色斑点，果皮薄，含糖量：180 ~ 215g/L，含酸量：0.81% ~0.88%。

11. 晚红蜜

晚红蜜（Nightly sweet wine）：树势中庸，萌芽期 4 月 17 日，成熟期 9 月下旬，成熟需要天数 150 天，为晚熟品种，可溶性固形物含量相对较高，产量高。

别名：沙别拉维

来源：欧亚种，原产前苏联。1957 年由前苏联引入中国。

果实性状：果穗大，平均重 210 ~ 320g，圆锥形，带副穗，中紧；果粒相对较大，圆形，蓝黑色，果粉厚，皮厚；座果率高果肉多汁，味酸甜；含糖量：180 ~ 210g/L，含酸量：0.91% ~1.22%。

第二节　果酒分类及酿造原理

一、果酒分类

果酒按照酿造的方法，使用的原料和酒的特点，可分为果实发酵酒，果实蒸馏酒和果实配制酒。

1. 果实发酵酒

果实发酵酒是用果汁或果浆直接发酵酿制而成的一种低度酒。常用酿酒所用的果品种类分为葡萄酒和其他果酒两类。

葡萄酒：是以葡萄汁为原料所酿制的果酒。

葡萄酒按颜色可分为：红葡萄酒和白葡萄酒。红葡萄酒是用带色的品种制成，含有果实或果肉中的有色物质，酒色深红、鲜红或红宝石色。

红酒是指干红葡萄酒，是葡萄酒的一种，习惯称干红。而葡萄酒是用鲜葡萄酿成，含水分和糖较多，酒精度数较干红低，市场价格也较干红（即红酒）便宜。

白葡萄酒用白葡萄或红葡萄的汁液制成，色泽淡黄或黄金色。

按糖分的多少可分为干葡萄酒和甜葡萄酒。

干葡萄酒是原料中的糖分全部或绝大部分发酵成酒，喝时感觉不到甜味。

甜葡萄酒是原料中的糖分发酵作用不彻底，或者是在彻底发酵后添加葡萄汁，酒精含量在5%以上，喝时能感觉到甜味。

冰酒不是加冰的酒，而是指冰葡萄酒的意思。一般来说，冰酒是指用那些在采摘时就已经冻硬的葡萄酿造出甜白葡萄酒。《中国葡萄酿酒技术规范》中对冰葡萄酒的定义是：将葡萄推迟采收，当气温低于-7℃以下，使葡萄在树枝上保持一定时间，结冰，然后采收、压榨，用此葡萄汁酿成的酒。由于种植冰葡萄风险极高，产量稀少，原料珍贵，所以冰酒比其他葡萄酒要更昂贵。

其他果酒：目前我国生产的桔子酒、苹果酒、山楂酒、樱桃酒等。

2. 果实蒸馏酒

果实蒸馏酒是将果实经过酒精发酵后，通过蒸馏提取酒精成分及挥发性芳香物质而成。

生产方法：有液体蒸馏和固体发酵物蒸馏两种。

液体蒸馏：是用发酵结束的果酒作为原料，置于蒸馏器中将全部酒精和一部分芳香物质及挥发酸蒸出，截头去尾，只留心酒，贮于橡木桶中经陈酿调配而成。

固体发酵物蒸馏：是用含糖分或淀粉的果实连同果皮、果心、果渣等。除去霉烂部分作为原料，直接发酵蒸馏而成。

果实蒸馏酒分为白兰地型和其他类型两种。其他类型的蒸馏酒称果实白酒。

（1）白兰地：是果实蒸馏酒中的主要类型，如葡萄白兰地、苹果白兰地等。

（2）果实白酒：是用各种水果，水果加工废弃物作原料制成的蒸馏酒。

3. 果实配制酒

按配制方法可分为再制酒和配制酒两类。

（1）再制酒：以某一种果实发酵酒为原料加入植物香料或其他成分再制而成。如味美思、苹果汽酒。

（2）配制酒：以某种蒸馏汁为原料加入果汁或果实、果皮、药材、鲜花等的渗出汁配制而成。

河西走廊主要葡萄酒产品及感官特色：

①干白葡萄酒：香气清新、优雅，口感纯正，酸度适中，清爽和谐，品种典型性

突出。

②干红葡萄酒：香气浓郁、雅致，口感醇厚，单宁细腻，酒体和谐，余味悠长。

③冰白葡萄酒：浓郁而优雅的果香气，纯正、典型，酒香雅致、馥郁。甜而不腻，酒体和谐，余味悠长。

④冰红葡萄酒：宝石红色，果香浓郁，入口甜润，酒体丰满、细腻，余味悠长。

二、酿造原理

酿造原理是利用酵母菌将果汁中的糖分经酒精发酵转变为酒精等产物，再在陈酿澄清过程中酯化、氧化及沉淀等作用，使之成为酒质清晰、色泽美观、醇和芳香的产品。

1. 果酒酵母：用于果酒发酵的酵母菌是果酒酵母，有尖端酵母、巴斯德酵母、葡萄酒酵母。

2. 酵母菌活动的条件（影响果酒酵母和酒精发酵的因素）：

（1）温度：果酒酵母活动的适宜温度为22～30℃，发酵的最适温度是25℃，繁殖和发酵都很迅速。如果温度低于16℃，繁殖就慢，低于12℃发酵也会延迟。但温度如果超过35℃时，繁殖停止，发酵也困难。40℃时停止发酵，延续1～1.5小时开始死亡。如果加温到60～65℃，10～15min就可全部被杀死，所以温度要适宜。

（2）氧气：在氧气充足的情况下，大量繁殖个体，产生的酒精很少，在空气缺乏时，就以发酵作用为主，将糖分解成乙醇（产生酒精）和二氧化碳。所以，在发酵初期，为了获得大量的酵母数，必须注意空气的供给。当酵母繁殖到一定数量后，就必须减少或停止空气供给，促使酵母进行发酵，多产酒精。

（3）pH值：酵母菌喜中性或微酸性条件，耐酸能力比杂菌强。生产中一般将发酵液的酸度调整到pH值为5.5，既能保证酵母菌的正常发酵，又可抑制杂菌的活动。

（4）养料：酵母菌的生长繁殖需要糖、含氮物质和无机盐等营养物质，这些物质在果汁中都能足够的供应。果汁是酵母菌良好的培养基。

（5）溶液浓度：当果汁溶液的浓度过大时，渗透压增高，使酵母细胞失水，发生质壁分离而死亡。一般果汁中含糖量不宜超过24%。因此，在发酵工艺中，常采用分次加糖的办法，以防止浓度过高。

（6）二氧化硫和酒精：果酒酵母对二氧化硫的抵抗能力比较强，而大多数的微生物当二氧化硫含量在100ppm以下时，生长就会受到抑制。因此在不同情况下葡萄酒中游离SO_2需保持的浓度如下（见表14-2）：

表14-2 **不同情况下葡萄酒中游离SO_2需保持的浓度（mg/L）**

SO_2浓度类型	葡萄酒类型	游离SO_2
贮藏浓度	优质红葡萄酒	10～20
	普通红葡萄酒	20～30
	干白葡萄酒	30～40

续表

SO_2浓度类型	葡萄酒类型	游离 SO_2
消费浓度	加强白葡萄酒	80～100
（瓶装葡萄酒）	红葡萄酒	10～20
	干白葡萄酒	20～30
	加强白葡萄酒	50～60

3. 果酒酿造的生物化学变化

果酒酿造要经过酒精发酵和陈酿两个阶段。在这两个阶段中发生着不同的生物化学反应，对果酒的质量起着不同的作用。

（1）果酒发酵期中的生物化学变化

①酒精发酵：是果酒酿造中的主要生物化学变化。

$$C_6H_{12}O_6 \rightarrow 2C_2H_5OH + 2CO_2 \uparrow + \text{能量}$$

②酒精发酵过程中的其他产物：果汁经酵母菌的酒精发酵作用，除了生成乙醇和二氧化碳外，还产生少量的甘油、琥珀酸、醋酸、芳香成分及杂醇油等。如甘油味甜，能给果酒以甜的感觉，琥珀酸能增加果酒的爽口，醋酸是果酒生成酯的物质。

（2）果酒在陈酿期中的变化

刚发酵后的新酒，浑浊不清，味不醇和，缺乏芳香，不适合饮用。经过陈酿期，使不良物质消除或减少，同时生成新的芳香物质。这些变化在陈酿期中主要通过以下两个方面的作用可以达到：A. 酯化作用。B. 氧化还原与沉淀作用。经过陈酿，可使果酒的苦涩味减少，酒进一步澄清。在自然条件下，醇化和氧化反应相当缓慢。因此，陈酿期愈长风味愈好。

第三节 果酒发酵前的准备

一、原料选择

只有优质的原料，才能酿造出优质的果酒，而残次果除去腐烂部分后只适宜于制蒸馏酒。适宜酿造的原料应具备以下条件：

1. 含糖量：含糖量越高，配制果酒的质量就越好。

2. 有机酸：原料中所含适量的有机酸，其作用主要表现在：

（1）酸性环境有利于酵母菌的繁殖，抑制有害微生物的活动。

（2）在陈酿的过程中能与醇结合生成酯，增加果酒的香味。

（3）促进果酒的风味，使其清凉爽口。

（4）溶解色素，使果酒的色泽鲜艳美观。

3. 色泽：果酒的颜色，主要来源于原料，应根据制品的需要挑选适宜的品种。

4. 香气：果酒的芳香无论来自果香或是来源于陈酿芳香成分，都与原料有关。

5. 单宁：原料中含有适当的单宁能抑制病菌的繁殖与生长，能与醛、蛋白质结合生成沉淀，促进果酒沉淀，少量的单宁存在使果酒有清爽味，多者具有强烈的涩味。

6. 果胶物质：果胶物质不宜过高。含量高不仅压榨困难，而且妨碍澄清和过滤。此外，果胶水解还会增加果酒中半乳糖醛酸和甲醇的含量。

二、容器消毒

果酒发酵容器有发酵桶、发酵池以及小型酿造能用的普通陶瓷缸。不论采用哪种容器，在使用前必须清洗消毒，以确保安全。

容器消毒一般用硫磺熏蒸，每立方米容器用硫磺 8 ~ 10g。也可用生石灰浸泡冲洗，10L 水加块状生石灰 0.5 ~ 1.5kg，溶解后倒入容器中，搅拌洗涤，浸泡 4 ~ 5h 后，将石灰水放出，再用清水冲洗干净，以免容器中有石灰残留，造成果酒浑浊不清。

三、发酵液的制备与调整

1. 发酵液的制备

原料采收后，剔除发霉腐烂果实以及枯烂果梗，进行洗涤，然后利用破碎机进行破碎。破碎时应注意只破碎果肉，不要压碎种子和果梗，以免种子中的油脂、单宁、糖苷等物质溢出，增加果酒的苦涩麻味，影响酒质。

2. 发酵液的调整

一般果实制成果浆或果汁后，就可以进行发酵。但为了保证果酒的质量，又能长期贮存，在发酵前对果汁成分都需要进行调整，也称果汁改良。

（1）糖分调整：糖分是根据各种果酒的酒精浓度要求进行调整。一般果酒的酒精含量为 10° ~ 16°（按容积计算，含酒精 10% ~ 16%），低于 10° 的果酒称为弱酒，不易保存。而一般果实含糖量为 5% ~ 20%，只能生成 2.9° ~ 11.8° 的酒精。而成品果酒的酒精浓度要求为 12° ~ 13°，甚至 16° ~ 18°，所以在发酵前，对含量达不到要求的果汁，需要加糖。一般加砂糖。加糖时，先用少量的果汁将糖加热溶解（加热至 60℃ 以免焦化）然后兑入，并将其搅拌均匀。经过补糖后的汁液糖含量不超过 24%，以免影响酵母菌的活动。

（2）酸分调整：果汁中的含酸量以 0.8 ~ 1.2g/100ml 为宜。pH 值以 5.5 为宜。这种酸度既适于酵母菌的活动，又能增加果酒的风味和色泽。

第四节　酿 制 方 法

一、主发酵

把发酵液送入发酵容器，到新酒出池（桶）为主发酵，又称为前发酵或初发酵，是发酵的主要阶段。

1. 发酵室与发酵容器

发酵室一般是发酵和贮存的场所。有地上式、地下式和半地下式三种。

要求：能够控温、易于洗涤，便于排水、通风良好等条件。

发酵容器通常也是发酵和贮酒两用。

要求：无渗漏、能密闭、便于进料和出桶。不与酒液发生化学反应。

分为：发酵池及连续发酵罐。

2. 发酵步骤

将调整后的果浆或果汁装入发酵容器，装时上部应留出20%的空气，以防发酵时皮渣溢出，发酵液在主发酵期间一般包括以下三个阶段：

（1）发酵初期：主要为酵母菌繁殖期，从酵母适应环境到大量繁殖。液面刚开始表现平静，逐渐有零星气泡产生，表现出酵母菌开始繁殖，以后酵母越来越多，液面的气泡也越来越多。

（2）发酵中期：主要为酒精发酵阶段，又称主发酵期。在此阶段，酵母菌活动旺盛，将糖大部分转化为酒精和二氧化碳，排出旺盛，使泡沫上下翻滚沸腾，并发出响声。皮渣上浮成为一层很厚而疏松的浮槽又叫酒帽。

（3）发酵后期：酵母菌逐渐伤亡减少，发酵逐渐减弱，二氧化碳的放出量也随之减少，制品的温度也逐渐下降接近室温，皮渣及部分酵母开始下沉，汁液逐渐澄清，糖分降到1%以下，酒精浓度接近最高，即为主发酵结束。

3. 发酵方式

按照酵母菌的来源不同，分为自然发酵和人工发酵。

（1）自然发酵：不经人工接种，而利用果皮上附着的野生酵母发酵，称自然发酵。

（2）人工发酵：是将调整好的发酵液进行杀菌后，再接种人工培养的优良酵母，以保证发酵安全、迅速，所酿制的酒质好。

人工发酵在接种之前还须对发酵液进行杀菌处理，常用的杀菌方法有：

①加热杀菌：将果汁加热到60～65℃，保持30min。温度如果超过65℃，不仅会引起糖的焦化，而且还会使蛋白质胶体遭到破坏，酵母繁殖因营养不足而受阻，影响发酵。

②二氧化硫杀菌：二氧化硫是唯一准许使用在果酒酿造中的杀菌药品，对杂菌和野生酵母的杀伤力很强，但对果酒酵母杀伤力较弱，添加量一般为15～20g/100L，还必须在果浆入池（桶）时一次加入，给果汁加入二氧化硫应在接种前一天进行。一般发酵基质中二氧化硫浓度如下（见表14-3）：

表14-3　**常见发酵基质中二氧化硫浓度（ml/L）**

原料状况	酒种类	
	红葡萄酒	白葡萄酒
无破损、霉变、含酸量高	30～50	60～80
无破损、霉变、含酸量低	50～100	80～100
破损、霉变	60～150	100～120

4. 主发酵管理

（1）温度调节：用于酵母菌繁殖的适宜温度是22～30℃，因此，主发酵期温度应控制在24～25℃。原则上不低于20℃，不高于30℃。

加温的方法：

①在发酵容器中安装蛇形管，通入蒸汽或热水加热。

②准备一部分发酵旺盛的酒母液加入发酵桶（液）中，促进发酵，提高室温。

③将部分果汁加热到35～38℃，然后与其余的果汁混合。

④在发酵室内生炉火加温等。

降温的方法：

①给蛇形管通入冷水。

②采用容积较小的发酵池便于散热。

（2）空气调节：在发酵初期应促进酵母菌的大量繁殖，才能促进发酵作用的正常进行。而酵母菌繁殖需要足够的氧气，所以在温度适宜而发酵不旺盛时，就应该通气使酵母活化。

生产上采用的办法：

①在发酵容器上安装通气装置，将空气压入发酵液中。

②将发酵液从出酒口放出，再用输送泵泵入进料口，若无输送泵则可人工倒入。

（3）捣池翻汁：在主发酵过程中应进行三次捣池，使发酵液循环流动，可充分浸提果浆中的色素等芳香成分，并且有利于果汁通气及冷却。

（4）测定温度：在测定品温的同时，仔细测定糖分浓度，每次必须把测定的数字记入发酵卡中，当发酵液的糖分下降，比重达到1.020时，标志着主发酵结束。

二、新酒分离

主发酵结束后，应及时将酒液与皮槽分离，以免残渣中的不良物质过多渗出，影响果酒的风味和色泽。分离时用虹吸或泵抽，或将酒阀门打开，使果酒经筛网自动流出，倒入转酒池，这种不加压流出的酒称为原酒。将原酒转入经过清洗消毒的贮酒桶至桶容积的90%～95%，再进行后发酵。

无酒流出后，将皮渣由发酵桶（池）中取出，用压榨机榨取酒液，榨出的酒称为压榨酒，质量差，应同元酒分别贮存，进行后发酵。榨出的残渣可以用来酿造蒸馏酒。

三、后发酵

后发酵：在新酒分离的过程中，由于酒液与空气的接触，酵母又可以复苏，在贮酒桶内再进行发酵作用，将酒液中剩余糖分转化为酒精。

特点：后发酵缓慢微弱，宜在20℃的条件下进行，经2～3周，糖分下降到0.1%左右时，用同种酒添满严密封口，酵母、皮渣等全部沉淀后及时换桶，分离沉淀。分离出的酒液，盛入消毒容器至满，密封陈酿。

四、陈酿

在新酒分离的过程中，在陈酿前，若酒精浓度达不到要求，需加入同类果品的蒸馏酒补足（使酒精浓度超过1% ~2%）。贮存场所：要求温度较低，受气体影响小，干燥，通风良好，清洁卫生。在陈酿期间必须做好添桶、换桶工作以加速陈酿。

1. 添桶

果酒在贮存过程中，由于酒精挥发容易吸收及渗透，气温降低，酒液体积收缩等原因，酒量减少，造成空位，增加了与空气的接触面，引起好气性细菌的活动，易引起病害。因此，若出现空位，还需用同批果酒添满。为了检查有无空位，可在桶盖上安装玻璃满酒器。当气温升高，酒液因体积膨胀而溢出满酒器时，必须取出酒液，以免损失，影响卫生。

2. 换桶

陈酿期，果汁逐渐澄清，果酒中的酵母、难溶解的矿物质、蛋白质及其他残渣产生沉淀时，应立即换桶，使酒液与沉淀分开。第一次换桶应在当年冬季进行，第二、第三、第四次换桶分别在翌年的春、夏、秋季进行。一般经过四次换桶就可出厂。

其中橡木桶对葡萄酒的作用如下：

（1）各种不同的木材都曾被用来制成储酒的木桶。如栗木、杉木和红木等，但都因为木材中所含的单宁太过粗糙、或纤维太粗、密闭效果不佳等因素比不上橡木，致使后来没有继续采用。现今差不多所有作为酒类培养的木桶都是用橡木做的。

（2）橡木桶对葡萄酒最大的影响在于使葡萄酒通过适度的氧化使酒的结构稳定，并将木桶中的香味融入酒中。橡木桶壁的木质细胞具有透气的功能，可以让极少量的空气穿过桶壁，渗透到桶中使葡萄酒产生适度的氧化作用。过度的氧化会使果酒变质，但缓慢渗入桶中微量的氧气却可以柔化单宁，让酒更成熟，同时也让葡萄酒中新鲜的水果香味逐渐酝酿成丰富多变的成熟酒香。巴斯德曾经说过"是氧气造就了葡萄酒"，可见氧气对葡萄酒成熟和培养的重要性。因为氧化的缘故，经橡木桶培养的红葡萄酒颜色会变得比储存前还要淡，并且色调偏橘红；相反地，白酒经储存后则颜色变深，色调偏金黄。

（3）橡木桶除了提供葡萄酒一个适度氧化的环境外，橡木桶原本内含的香味也会融入葡萄酒中。除了木头味之外，根据木桶熏烤的程度，可为葡萄酒带来奶油、香草、烤面包、烤杏仁、烟味和丁香等香味。

五、澄清

果酒在陈酿的过程中，一般都是自然澄清，否则就要采取加胶或过滤的办法促使澄清。

1. 加胶澄清

给果酒中添加亲水性的胶体，如明胶蛋白、鱼胶、琼脂等，使其与酒中的悬浮液相互作用而沉淀，称为下胶。下胶出现时，果酒应具备：发酵完全停止，无病毒，且会有一定数量的单宁，如单宁含量少，必须预先加入，加胶量要适当。过量果酒则会更浑浊，因此，处理前必须先试验，以确定下胶用量。

（1）明胶：必须用无色无味的常用明胶。一般每 100L 果酒中加明胶 10～15g，单宁 8～12g，先将单宁用少许果酒溶解，然后加入果酒中搅匀。

（2）蛋白：蛋清或干蛋白溶解于水易形成絮状体，或者与单宁作用形成可溶性盐，为白葡萄酒及其他细腻果酒常采用的澄清办法。一般 100L 果酒中加鸡蛋清 2～3 个。若果酒中含单宁太少，则按每个蛋清添加单宁 2g 的量，先将单宁用少量的果酒溶解后，加入贮酒桶中搅匀。经 12～24 小时后，给每个蛋清加食盐 1g，充分搅拌至呈雪花状泡沫，然后加入贮酒桶搅匀，静置 2～3 周即可。

（3）鱼胶：属较高级的下胶材料，用于白葡萄酒和含单宁少的红葡萄酒。鱼胶的下胶方法与明胶相同，一般 100L 果酒加鱼胶 2～3g。

（4）琼脂：适用于酸分多的果酒澄清。如杏酒、李酒等。用量因果酒浑浊度及琼脂质量而定，每 100L 果酒用量 5～45g 不等，并加单宁 3～4g。

此外，高岭土（白色陶土）、皂土等均影响吸附力，能将酒中的悬浮粒吸附下沉可以用于果酒的澄清，但都影响果酒的色泽。

2. 过滤和离心

用各式压滤机或高速离心机分离沉淀达到澄清。在过滤或压滤时，加入硅藻土或石棉土助滤剂，效果更好。

六、成品调配

各种果酒都有其相应的品质指标。为了使酒质保持其固有的特点，在出厂前，应对制品进行品尝和化学成分的分析，然后按照产品的规格要求进行调配。

1. 酒度

勾兑的目的：原酒的酒精浓度若低于指标，最好用同品种的高度酒勾兑，也可添加同品种果实蒸馏酒调配。

添加量可按下式计算：$V_1=b-c/a-b\times V_2$

式中：V_1：应加入的酒升数；V_2：果酒升数；a：加入酒的酒度；b：待配酒需达到的酒度；c：原果酒的酒度。

2. 糖分

甜味果酒若糖分不足，应加糖调配。

方法：（1）用同品种的浓缩果酒进行调配最好。

（2）用蔗糖溶液调配。

3. 酸分

酸分不足用柠檬酸补充。1g 柠檬酸相当于 0.935g 酒石酸。过高则用中性酒石酸钾中和。

4. 调色

果酒最好能具备果实的天然色泽，但由于天然色泽在配制过程中遭到破坏，致使果酒色调过浅，为增进商品美观，所以需要调色，可用色泽浓厚的果酒，也可用食用色素或焦糖色素来调色。

5. 增香

如果香气不足，可加入同类果品的天然香精。

调配后的果酒有明显不协调的生味，也容易产生沉淀，需再贮存一段时间才可装瓶。

七、装瓶灭菌

装瓶是葡萄酒的最后一道工序。合格的成品才可以装瓶保存。装瓶前，再进行一次精滤，并测定其装瓶成熟度。

方法：用清洁的消毒空瓶装半瓶酒，用棉塞塞口，在常温下对光放置一周。如保持清晰，不发生沉淀，或浑浊，即可装瓶。

空瓶用2%～4%的碱液，30～50℃温度下浸洗去污，再用清水冲洗，然后用2%的亚硫酸溶液冲洗消毒，控干水分。

如果含酒精在16°以上的是干酒，含酒精11°、糖20%的甜酒，可直接装瓶密封，不经杀菌便能保存，达不到上述指标者，需经杀菌。杀菌温度：60～70℃，时间：10～15min。

八、工艺流程

1. 干白葡萄酒：原料→分选→除梗破碎→压榨→澄清→低温酒精发酵→陈酿→调配→稳定→灌装

2. 干红葡萄酒：原料→分选→除梗破碎→酒精发酵→皮渣分离→苹果酸-乳酸发酵→澄清→陈酿→调配→稳定→灌装

3. 冰葡萄酒：原料→分选→除梗→压榨→澄清→低温酒精发酵→陈酿→调配→稳定→灌装

葡萄酒酿造的工艺流程：

葡萄分选→$\underset{\text{组合打浆机}}{\text{去梗、破碎}}$、泵送→分离$\begin{cases}\text{果渣}\\ \text{果汁（加入0.015\%偏重亚硫酸钾）}\end{cases}$→入池（先洗池，熏硫75～100PPm即10g/t）$\xrightarrow[\text{0.2\%～0.3\%}]{\text{加入硅藻土}}$澄清（时间24～30h）$\xrightarrow{\text{清液}}$刷池$\xrightarrow[\text{一般分两次加入，池中糖度6°～8°}]{\text{加糖以计算为准}}$进入前发酵$\xrightarrow[\text{5～7天}]{\text{20～26℃}}$倒池→后发酵（约20天）→陈酿→做优质酒。

…果渣$\xrightarrow[\text{0.02\%}]{\text{加偏重亚硫酸钾}}$入池（刷洗池，熏硫75～100PPm即10g/t）$\xrightarrow{\text{加糖以计算为标准}}$自然发酵（约7天，30℃）→分离$\begin{cases}\text{自流汁}\\ \text{汁渣}\end{cases}\xrightarrow{\text{压榨}}\begin{cases}\text{榨汁液}\\ \text{榨渣}\end{cases}$→做普通酒用。

九、白葡萄酒加工实例

1. 工艺流程

原料选择→分选→消毒→漂洗→破碎→压榨→硫处理→调节→主发酵→后发酵→成熟→澄清过滤→装瓶→杀菌。

2. 操作要点

原料：应选含糖量高（16g/100ml 以上），酸度适中、香味浓、色泽好的品种：霞多丽、贵人香、雷司令、赛美蓉、长相思、白诗南、琼瑶浆、灰比诺、威代尔等。采收时间以果实充分成熟、含糖量接近最高时为宜。

分选：将烂果穗与完整果穗分开，剪去烂粒、青粒。

消毒：用浓度为 0.02% 高锰酸钾溶液浸 20min。

漂洗：用流动清水漂洗消毒液，至水中无红色为止。

破碎：用破碎机破碎，破碎时种子不能弄破，此过程中不应与铜、铁接触。

压榨：用榨汁机榨汁。

硫处理：果皮上粘附的微生物及空气中的杂菌，常在破碎和压榨过程中浸入果汁，一般常用二氧化硫杀菌或抑制杂菌的活动，每 100kg 葡萄汁可添加 6% 的亚硫酸 110g，以杀死杂菌。

调节：糖分调整。一般葡萄汁含糖量在 180～220g/L，因此只能生成 8°～11.7°的酒，而成品的酒精浓度要求为 12°～13°或 16°～18°，所以可根据生成 1 度酒精需要 1.7g 砂糖，计算出所需加糖量，并加入果汁中。酸分调整。果汁中的含酸量为 0.75%～0.95%。一般要求含酸量以 0.8～1.2g/100ml，pH 值 5.5 为宜。这种酸度既适于酵母菌的活动，又能增加果酒的风味和色泽。

主发酵：在发酵桶中装入调节好的葡萄汁，约装容器 3/4，温度保持在 20～30℃，1～2 天开始发酵，主发酵一般为 8～15 天，天热时 3 天即可完成，天冷需要 20 天，至残糖量低于 0.1% 后去皮渣。

后发酵：主发酵结束将酒液移入贮酒桶内，在 15～18℃ 的温度下缓慢地进行后发酵一个月，使残糖进一步发酵成为酒精。

成熟：把后发酵后的酒用虹吸管吸入橡木桶内，在 8～12℃ 温度下贮存，使之成熟，期间必须换桶若干次，除去酒中沉淀。

澄清过滤：用黑曲霉提取的酶制剂进行澄清，经过过滤后除去酒中细渣，取得清澈的酒液。

装瓶杀菌：把酒装入经消毒的玻璃瓶中，在 70～72℃ 的水中杀菌 20min，然后冷却到 35℃ 左右。

（3）质量要求

外观透明光亮，无浑浊沉淀及任何悬浮物质，色泽麦秆黄色，具有葡萄原有的清香味和经陈酿发酵的酒香味，口味圆滑醇厚、爽口不甜或略带酸味。

十、果酒的病害及其防治

果酒在酿造过程中，如果原料不合格，环境、设备消毒不严，操作管理不当，以及酒精浓度过低等都易引起病害。果酒病害包括生物病害及非生物病害，可通过感官鉴别，显微镜检及化学分析等方法检查。常见的病害有以下几种：①酒花病；②酸败病；③异味；④变色；⑤浑浊沉淀。

第五节　果酒常识介绍

一、如何品鉴葡萄酒

1. 醒酒

葡萄酒被喻为有生命力的液体，是由于葡萄酒中含有单宁酸（Tannicacid）的成分，单宁酸与空气接触后所发生的变化是非常丰富的。而要分辨一瓶酒的变化最好的方式是开瓶后第一次倒2杯，先饮用一杯，另一杯则放置至最后才饮用，就能很清楚地感觉出来。每一瓶酒的变化时间并不一样，也许在10min，也许30min，也许在2h后。如何发觉酒的生命力就靠自己的感觉与经验。

2. 过酒

将葡萄酒倒入醒酒瓶（Dcenter）的动作称为过酒，但过酒的目的到底何在？原因有两点：一是借此将陈置多年的沉淀物去除。虽然喝下这些沉淀物并无任何大碍，但却有损葡萄酒的风味，所以必须去除。二是年份较短的葡萄酒将其原始的风味（美味与芳香），从沉睡中苏醒过来。因为葡萄酒会因过酒的动作而有机会与空气接触，此时沉睡中的葡萄酒将立刻芳香四溢，味道也变得圆润。

3. 品酒

首先把葡萄酒从瓶中倒入酒杯，用手轻端杯座，将酒杯中的酒作上下左右轻摇并转动，看酒是否挂杯。好的葡萄酒，特别是甜的白葡萄酒，一定会挂杯。其次，把酒杯放在鼻尖下吸一吸，以辨别它的香味。最后，把酒杯轻轻放到嘴唇边微啜。这是品酒的主要部分，然后用舌尖来辨别酒的优劣。

上述三种基本动作，一定要做得标准，才能显出“行家”品酒的风度。此外，品酒杯不需要豪华而带色，有色的杯子不易看出酒的颜色。而酒杯要干净透明，倒酒不宜太满，只倒入酒杯深度的1/3。

4. 酒序

葡萄酒，一般是在餐桌上饮用的，故常称为佐餐酒（Table wines）。在上葡萄酒时，如有多种葡萄酒，哪种酒先上，哪种酒后上，有几条国际通用规则：先上白葡萄酒，后上红葡萄酒；先上新酒，后上陈酒；先上淡酒，后上醇酒；先上干酒，后上甜酒。

5. 酒标

如何去认酒，先看酒瓶上的标签。葡萄酒的标签又称为：etiquette（法文，意为许可证），如同人们的履历表一样，正如在懂得葡萄酒的人们之间，流传着“只要看了标签，就知道它的味道了”。一般标签上确实透露着关于葡萄酒味道的讯息。一般标签上通常会标示：葡萄收成的年份、葡萄酒的酒名、生产国或生产地、庄园地名的名称、生产者（造酒者）名、容量、酒精浓度等。标签依设计者的设计，有各种不同的样式，所以数据所书写的位置也不同。收成年→该年的气候会影响葡萄收成的品质，产区→一瓶葡萄酒的好坏决定于产地的地质状况，A. O. C→指定优良产区 A. O. C，法定名称，城堡内装酒→MisEnBoteilleAuChateau，酿酒师签名→对酒品质有更一层的保证。

二、如何保存酒

保存葡萄酒最忌讳的是温度的强烈变化，如果你在店家购买的时候是处于常温之下，则在家里只要保存于常温之下即可。你若想饮用冰镇过的葡萄酒于饮用前冰冻即可。最理想与长期的贮存环境是温度在摄氏 12 ~ 14℃间保持恒温，湿度在 65% ~ 80%，保持黑暗，一般酒都放置于地下室。保持干净，以免其他异味渗入酒内。

三、怎样选择红酒杯

上好的葡萄酒杯一般应是：设计简单、无装饰、高脚、薄壁、透明而无瑕疵。杯脚高 5 ~ 6cm，酒杯容量在 215ml 左右。酒杯口小腹大，状如郁金香，杯身容量大则葡萄酒可以自由呼吸，杯口略收窄则酒液晃动时不会溅出来，且使酒香能聚集杯口，以便鉴赏酒香。

高脚的理由：持杯时，可以用姆指、食指和中指捏住杯茎，手不会碰到杯身，避免手的温度影响葡萄酒的最佳饮用温度。

酒杯的清洗很重要，最好用热水浸泡。然后用蒸馏水冲洗，在纯棉布上沥干。勿将杯子倒扣在纸上，因为纸浆的气味对品尝有一定的影响，使用前用干净的细丝绸擦净酒杯，不同形状的玻璃酒杯对葡萄酒在风味上有不同的效果。

第十五章　蔬菜腌制

腌制也可称为盐藏、腌藏，是食盐或盐水腌渍，使盐分渗入并脱去部分水分，造成渗透压较高的环境，以抑制微生物的繁殖，达到防腐保藏的目的。

腌制的意义：蔬菜腌制品在我国有悠久的历史，是一种最普遍，产量最大的蔬菜加工品。由于制法简易，成本低廉，容易保存，风味好，能增进食欲，深受广大人民群众的欢迎。它能长期保存，保证周年供应，不仅在全国各地有一定规模的蔬菜腌制加工企业，而且城乡集体，个人也广泛进行腌制，自制自食，是蔬菜加工品中生产量最大，最普遍的一类。

第一节　蔬菜腌制原理

一、蔬菜腌制品分类

我国蔬菜腌制品种很多。大致可分为以下两类：

（1）发酵性腌菜。原理：利用低浓度盐分，在腌制过程中，经过乳酸发酵，一般还伴有微弱的酒精发酵和醋酸发酵，利用发酵产生的乳酸与加入的食盐及香料等防腐作用，保藏蔬菜并增进风味。如：半干态的榨菜、萝卜干、冬菜及湿态的泡菜、酸菜等。

（2）非发酵性腌菜。原理：在腌制过程中，不经过发酵，主要利用高浓度的食盐、糖及其他调味品来保存蔬菜，并增进其风味。如：咸菜、酱菜、糖醋菜等。

二、蔬菜腌制原理

其原理是利用高渗透压物质溶液能保存蔬菜的原理（高渗透压的物质主要是食盐），在食盐浓度较低的条件下，又利用有益微生物乳酸菌，通过乳酸发酵产生乳酸及多种中间产物，抑制有害微生物的活动，增加腌菜的风味。

1. 高浓度食盐的保存作用

（1）食盐水溶液具有很高的渗透压，1%的盐溶液可产生相当于6.1个大气压的渗透压。一般微生物细胞的渗透压在3.5～16.7个大气压之间，所以蔬菜腌制时，常用10%以上的食盐溶液，以产生相当于61个大气压的渗透压，来抑制微生物的活动，达到保存的目的。

（2）食盐能降低水中氧的溶解度，抑制好气性微生物的活动。各种微生物对食盐溶液的抵抗力有很大的差异，如大肠杆菌能忍受的最高食盐溶液浓度为6%，丁酸菌为8%，蛋白质分解细菌为10%，一般产生毒素细菌为6%。由此可见，有害微生物对食盐溶液的抵抗力较弱，而乳酸菌、酵母菌、霉菌对食盐溶液的忍受力较弱。

（3）加盐应注意：食盐是腌制品咸味的来源，食盐浓度越高，虽然抑制有害微生物活动的效果好，但制品的咸味也越咸。过咸的腌制品，鲜味淡，风味差，品质降低。因此，必须严格掌握用盐量，使其既能达到抑制有害微生物活动的目的，又能增进腌制品风味。

（4）加盐的办法：利用高浓度食盐腌制蔬菜时，常采用分批加盐的办法。这样，一方面避免骤然失水收缩，影响食盐继续向蔬菜组织内渗透。另一方面前期食盐浓度过低，还可以进行乳酸发酵，增进腌菜的风味。因此，食盐在非发酵性蔬菜腌制过程中起着重要作用，但也有轻微的发酵作用，而在发酵性蔬菜腌制过程中，也有抑制有害微生物的作用。

2. 乳酸发酵

任何蔬菜腌制品在腌制过程中都存在乳酸发酵作用。

乳酸发酵是指糖类物质在厌氧的条件下，由微生物作用而降解转变为乳酸的过程。

作为发酵型腌菜，在腌制的过程中，除乳酸发酵外，还有多种发酵，如：酒精发酵、醋酸发酵等，但主要是乳酸发酵。乳酸发酵一般以单糖和双糖为原料，其主要产物为乳酸。

$$\underset{\text{葡萄糖}}{C_6H_{12}O_6}\xrightarrow{\text{正型乳酸发酵}}\underset{\text{乳酸}}{2CH_3COHOCOOH}$$

由于乳酸菌的种类很多，在发酵的过程中，往往有两种以上的物质产生，除乳酸外，还有酒精和二氧化碳等。

乳酸发酵起主导作用的4种乳酸菌是：肠膜明串珠菌、小片球菌、短乳杆菌、植物乳杆菌。这4种乳酸菌在不同蔬菜原料，不同发酵阶段，其消长情况是不同的（见表15-1、表15-2）。

表15-1　**泡萝卜发酵进程中4种乳酸菌消长情况**

时间（天）	pH	总酸量（%）	菌数［10^5（个）/ml^{-1}］			
			肠膜明串珠菌	小片球菌	短乳杆菌	植物乳杆菌
	5.7					
	4.5					
	3.6					
1	6	0.11	2.5	36	–	–
2	3.5	0.31	350	110	70	540
4	8	0.60	29	73.6	50	860
6	3.4	0.79	–	–	–	415
9	8	0.92	–	–	–	280
13	3.4	1.00	–	–	–	142

续表

时间（天）	pH	总酸量（%）	菌数［10^5（个）$/ml^{-1}$］			
			肠膜明串珠菌	小片球菌	短乳杆菌	植物乳杆菌
23	5	1.05	–	–	–	28
31	3.4	1.08	–	–	–	4.5
	5					
	3.4					
	4					

表 15-2　**泡小白菜酸菜发酵进程中 4 种乳酸菌消长情况**

时间（天）	总酸量（%）	菌数［10^5（个）$/ml^{-1}$］			
		肠膜明串珠菌	小片球菌	短乳杆菌	植物乳杆菌
1	0.13	72	–	–	–
2	0.17	230	7	–	42
3	0.23	–	–	–	1080
5	0.32	–	–	48	960
7	0.41	–	–	720	570
9	0.46	–	–	320	290
15	0.48	–	–	47	28

3. 酒精发酵

在蔬菜腌制的过程中，同时也伴有微弱的酒精发酵作用。酒精发酵是由于酵母菌将蔬菜中的糖分解而生成酒精和二氧化碳，其反应式为：

$$C_6H_{12}O_6 \xrightarrow{\text{酵母菌}} 2CH_3CH_2OH + 2CO_2\uparrow$$

酒精发酵所产生的乙醇对于腌制品在后熟期中发生酯化反应而生成芳香物质是很重要的。

4. 醋酸发酵

在蔬菜腌制品中也有微弱的醋酸形成。较少量的醋酸不但无损于腌制品的品质反而有利。只有在含量过多时，才会影响成品品质，醋酸菌在有氧存在的条件下氧化成的乙醇变成醋酸。

$$2CH_3CH_2OH + O_2 \xrightarrow{\text{醋酸菌}} 2CH_3COOH + 2H_2O$$

5. 有害发酵及腐败作用

在蔬菜腌制过程中有时会出现变味发臭、长膜、生花、起漩生霉，甚至腐败变质、不堪食用的现象，这主要是由于下列有害发酵及腐败作用所致。

（1）丁酸发酵。由丁酸菌（Bact. amylobacterr）引起，该菌为嫌气性细菌，寄居于空气不流通的污水沟及腐败原料中，可将糖、乳酸发酵生成丁酸、二氧化碳和氢气，使制品产生强烈的不愉快气味。

（2）细菌的腐败作用。腐败菌分解原料中的蛋白质，产生吲哚、甲基吲哚、硫化氢和胺等恶臭气味的有害物质，有时还产生毒素，不可食用。

（3）有害酵母的作用。有害酵母常在泡酸菜或盐水表面长膜、生花。表面上长一层灰白色、有皱纹的膜，沿器壁向上蔓延的称长膜；而在表面上生长出乳白光滑的“花”，不聚合，不沿器壁上升，振动搅拌就分散的称生花。它们都是由好气性的产膜酵母繁殖所引起，以糖、乙醇、乳酸、醋酸等为碳源，分解生成二氧化碳和水，使制品酸度降低，品质下降。

（4）起漩生霉。蔬菜腌制品若暴露在空气中，因吸水而使表面盐度降低，水分活性增大，就会受到各种霉菌危害，产品就会起漩、生霉。导致起漩生霉的多为好气性的霉菌，它们在腌制品表面生长，耐盐能力强，能分解糖、乳酸，使产品品质下降。还能分泌果胶酶，使产品组织变软，失去脆性，甚至发软腐烂。

三、蛋白质的分解作用

供腌制用的蔬菜除含糖分外，还含有一定量的蛋白质和氨基酸。各种蔬菜所含蛋白质及氨基酸的总量和种类是各不相同的。在腌制和后熟期中，蛋白质受微生物的作用和蔬菜原料本身所含蛋白质水解酶的作用而逐渐被分解为氨基酸，这一变化在蔬菜腌制过程中和后熟期中是十分重要的生物化学变化，也是腌制品产生一定的色泽、香气和风味的主要来源，但其变化是缓慢而复杂的。

1. 鲜味的形成

由蛋白质水解所生成的各种氨基酸都具有一定的鲜味，但蔬菜腌制品鲜味的主要来源，是谷氨酸与食盐作用生成的谷氨酸钠。其化学反应式如下：

$$\underset{\text{谷氨酸}}{HOOC(CH_2)_2CH(NH_2)COOH}+NaCl \longrightarrow \underset{\text{谷氨酸钠（味精）}}{NaOOC(CH_2)_2CH(NH_2)COOH}+HCl$$

蔬菜腌制品中不只含有谷氨酸，如榨菜含有 17 种氨基酸，其中谷氨酸占 31%，另一种鲜味氨基酸天门冬氨酸占 11%。此外，微量的乳酸及甘氨酸、丙氨酸、丝氨酸和苏氨酸等甜味氨基酸对鲜味的丰富也大有帮助。由此可见，蔬菜腌制品鲜味的形成是多种呈味物质综合的结果。

2. 香气的形成

蔬菜腌制品香气的形成是多方面的，也是比较复杂而缓慢的生物化学过程。腌制品的芳香成分甚为复杂，邓勇（1992）研究榨菜的香气成分达 100 多种，按类型分有异硫氰酸酯类、腈类、二甲基三硫、酯类、萜类、杂环类、醇类、醛类及其他化合物。并对其中 41 种组分进行了定量分析，占香气成分总量的 90% 以上。蔬菜腌制品的香气成因主要有以下几方面：

（1）酯化反应。原料中本身所含及发酵过程中所产生的有机酸、氨基酸，与发酵中形成的醇类发生酯化反应，产生乳酸乙酯、乙酸乙酯、氨基丙酸乙酯、琥珀酸乙酯等芳香酯类物质。反应式如下：

$$\underset{\text{乳酸}}{CH_3CHOCOOH}+CH_3CH_2OH \longrightarrow \underset{\text{乳酸乙酯}}{CH_3CHOHCOOCH_2CH_3}+H_2O$$

$$\underset{\text{氨基丙酸}}{CH_3CH(NH_2)COOH}+CH_3CH_2OH \longrightarrow \underset{\text{氨基丙酸乙酯}}{CH_3CH(NH_2)COOCH_2CH_3}+H_2O$$

（2）芥子苷类香气。十字花科蔬菜常含有芥子苷，尤其是芥菜类含黑芥子苷（硫代葡萄糖苷）较多，使芥菜类常具刺鼻的苦辣味。而芥菜类是腌制品的主要原料，当原料在腌制时搓揉或挤压使细胞破裂，硫代葡萄糖苷在硫代葡萄糖酶的作用下水解，苦味生味消失，生成异硫氰酸酯类、腈类和二甲基三硫等芳香物质，称为“菜香”，为腌咸菜的主体香。

（3）烯醛类芳香物质。氨基酸与戊糖或甲基戊糖的还原产物4-羟基戊烯醛作用，生成含有氨基的烯醛类芳香物质。由于氨基酸的种类不同，生成的烯醛类芳香物质的香型、风味也有差异。其反应式如下：

$$\underset{\text{戊糖}}{C_45H_{10}O_5} \longrightarrow \underset{\text{4-羧基戊烯醛}}{CH_3COH=\!=CHCH_2CHO}+H_2O+O_2\uparrow$$

$$\underset{\text{4-羧基戊烯醛}}{CH_3COH=\!=CHCH_2CHO}+\underset{\text{氨基酸通式}}{R\cdot CH(NH_2)COOH} \longrightarrow$$

$$\underset{\text{香　质}}{CH_3—\overset{\overset{OOC}{|}}{C}=\!=CHCH_2CHO}+H_2O$$

（4）丁二酮香气。在腌制过程中乳酸菌类将糖酵解发酵生成乳酸的同时，还生成具芳香风味的丁二酮（双乙酰），是发酵性腌制品的主要香气成分之一。反应式如下：

$$C_6H_{12}O_6 \longrightarrow \underset{\text{丙酮酸}}{2CH_3COCOOH}\ \underline{\text{丙酮酸脱羧酶}}\begin{cases}\nearrow \underset{\text{乳　酸}}{2CH_3CHOHCOOH} \\ \searrow \underset{\text{丁二酮}}{CH_3COCOCH_3}+2CO_2\uparrow\end{cases}$$

（5）外加辅料的香气。腌咸菜类在腌制过程中一般都加入某些辛香调料。花椒含异茴香醚、丁香油酚等芳香物质，这些香料均能赋予腌咸菜不同的香气。

3. 色泽的变化

蔬菜腌制品尤其是腌咸菜类，在后熟过程中发生色泽变化，逐渐变成黄褐色至黑褐色，其原因如下：

（1）酶褐变引起的色泽变化。蛋白质水解所产生的酪氨酸在微生物或原料组织中所含的酪氨酸酶的作用下，在有氧气供给或前述戊糖还原中有氧气产生时，经过一系列复杂而缓慢的生化变化，逐渐变成黄褐色或黑褐色的黑色素，又称黑蛋白。反应式如下：

$$\underset{\text{酪氨酸}}{HO\cdot C_6H_4\cdot CH_2\cdot CH(NH_2)COOH} \xrightarrow{O_2} \underset{\text{黑色素（黑蛋白）}}{[(C\text{-}OH)_3\cdot C_5H_3\cdot NH]_n}+H_2O$$

原料中的酪氨酸含量越多，酶活性越强，褐色越深。

（2）非酶褐变引起的色泽变化。原料蛋白质水解生成的氨基酸与还原糖发生的美拉德反应（Maillard reaction）亦称羰氨反应，生成褐色至黑色物质。由非酶褐变形成的这种褐色物质不但色深而且还有香气，其褐变程度与温度和后熟时间有关。一般来说，后熟时间越长，温度越高，则色泽越深，香味越浓。如四川南充冬菜装坛后经三年后熟，结合夏季晒坛，其成品冬菜色泽乌黑而有光泽，香气浓郁而醇正，滋味鲜美而回甜，组织结实而嫩脆，不失为腌菜之珍品。

（3）叶绿素破坏。蔬菜原料中所含的叶绿素，在腌制过程中会逐渐失去其鲜绿的色泽。特别是在腌制的后熟过程中，由于 pH 值下降，叶绿素在酸性条件下脱镁生成脱镁叶绿素，变成黄褐色或黑褐色。

(4) 外加有色物质。在腌咸菜的后熟腌制过程中，一般都加入有辣椒、花椒、八角、桂皮、小茴香等香辛料，既能赋予成品香味，又使色泽加深。

四、影响腌制的因素

影响腌制的因素有食盐浓度、酸度、温度、气体成分、香料、原料含糖量与质地和腌制卫生条件等。食盐的保藏作用已如前述，现就其他影响因素分述如下：

1. 酸度

蔬菜腌制过程中的有害微生物除了霉菌抗酸能力较强外，其他几类都不如乳酸菌和酵母菌。pH 值 4.5 以下时，能抑制有害微生物活动。酸性环境也有利于维生素 C 的稳定。

2. 温度

适宜的温度可大大缩短发酵时间。发酵温度在 20 ~ 32℃时，发酵正常，产酸量较高。不同温度下完成发酵所需时间各异，如酸甘蓝完成发酵所需的时间为：25 ~ 30℃为 6 ~ 8 天，20 ~ 22℃为 8 ~ 10 天，10 ~ 14℃为 15 ~ 20 天。在适宜温度范围内，发酵温度不宜过高，以防有害微生物活动。

3. 气体成分

乳酸菌属兼性的嫌气菌，在嫌气状况下能正常进行发酵作用。而腌渍过程中酵母菌及霉菌等有害微生物均为好气菌，可通过隔绝氧气来抑制其活动。蔬菜腌制过程中由于酒精发酵以及蔬菜本身呼吸作用会产生大量二氧化碳，部分二氧化碳溶解于腌渍液中对抑制霉菌的活动与防止维生素 C 的损失都有良好作用。

4. 香料

腌制蔬菜常加入一些香辛料与调味品，一方面可以改进风味，另一方面也不同程度地增加了防腐保藏作用，如芥子油、大蒜油等具有极强的防腐力。此外，还有改善腌制品色泽的作用。

5. 原料含糖量与质地

含糖量在 1% 时，植物乳杆菌与发酵乳杆菌的产酸量明显受到限制，而肠膜明串珠菌与小片球菌已能满足其需要；含糖量在 2% 以上时，各菌株的产酸量均不再明显增加。供腌制用蔬菜的含糖量应以 1.5% ~3.0% 为宜，偏低可适量补加食糖，同时还应采取揉搓、切分等方法使蔬菜表皮组织与质地适度破坏，促进可溶性物质的外渗，从而加速发酵作用进行。

6. 腌制卫生条件

原料菜应经洗涤，腌制容器要消毒，盐液要杀菌，腌制场所要保持清洁卫生。

此外，供腌制的原料蔬菜种类、品种应符合腌制要求，腌制用水应呈微碱性，硬度 12 ~ 16°H，以利于腌制品质地嫩脆和绿色保持。总之，只有采用综合配套措施，科学地控制影响腌制的各种因素，才能获得优质的蔬菜腌制品。

五、蔬菜腌制与亚硝基化合物

N—亚硝基化合物是指含有═NNO 基的化合物，是一类致癌性很强的化合物。按其结构可分为—亚硝胺、N—亚硝酰胺、N—亚硝脒和N—亚硝基脲等。N—亚硝基化合物在动物体内、人体内、食品中以及环境中均可由其前体物质胺类、亚硝酸盐及硝酸盐合成。此种化合物如作用于胚胎，则发生致畸性；如作用于基因，则发生突变，可遗传下一代；如作用于体细胞，则发生癌变。

合成亚硝基化合物的前体物质能在各种食品中发现，尤其产生在质量较差的不新鲜的或是已加过硝酸盐、亚硝酸盐保存的食品中。早在1907年，Richardson就首先报道在蔬菜、谷物中存在着硝酸盐。1943年Wilson指出蔬菜中的硝酸盐可被细菌还原成亚硝酸盐，喂养动物后可与动物血红蛋白结合形成高铁血细蛋白，使其失去携氧功能而中毒。同时由于微生物和酶对蔬菜、肉类等食物中蛋白质、氨基酸的降解作用，致使食物中存在一定量胺类物质，这些胺类物质与亚硝酸盐在一定条件下合成N-亚硝基化合物。1956年Magee将含有50mg/kg二甲基亚硝胺的饲料喂养大鼠一年，结果绝大多数发生肝癌，揭示了亚硝基化合物的致癌症性。自此以后，食品中特别是酱腌菜和肉类食品中亚硝基化合物的产生机理、含量和致癌性引起了食品工艺学家和营养学家的广泛关注。

许多蔬菜含有硝酸盐，其含量随蔬菜种类和栽培地区不同而有差异。一般来说，叶菜类大于根菜类，根菜类大于果菜类（见表15-3）。

表15-3　**蔬菜可食部分硝酸盐含量**（mg/kg）

类　别	含　量	类　别	含　量
萝　卜	1950	西　瓜	38～39
芹　菜	3620	茄　子	139～256
白　菜	1000～1900	青豌豆	66～112
菠　菜	3000	胡萝卜	46～455
甘　蓝	241～648	黄　瓜	15～359
马铃薯	45～128	甜　椒	26～200
葱	10～840	番　茄	20～221

新鲜蔬菜腌制成咸菜后，其硝酸盐含量下降，而亚硝酸盐含量上升。新鲜蔬菜亚硝酸盐含量一般在0.7mg/kg以下，而咸菜、酸菜亚硝酸盐含量可上升至13～75mg/kg。大量研究表明：蔬菜腌制过程中亚硝酸盐含量高于同种属新鲜蔬菜，不同种属蔬菜亚硝酸盐含量差异显著。亚硝酸盐随食盐浓度的不同而有差别，通常在5%～10%的食盐溶液中腌制，会形成较多的亚硝酸盐。腌制过程中的温度状况也明显影响亚硝峰出现的时间、峰值水平及全程含量。腌菜在较低温度下，亚硝峰形成慢，但峰值高，持续时间长，全程含量高。亚硝酸盐主要聚集在高峰持续期。如腌白菜，高峰持续19天，亚硝酸盐含量占全程总量的98%。研究还表明：亚硝酸盐含量与蔬菜腌渍时含糖量呈负相关。

以乳酸发酵为主的泡菜则是另一种情形。西南农业大学熊国湘等研究泡芥菜在乳酸发酵过程中亚硝酸盐的变化规律时发现：茎用芥菜与叶用芥菜原料的亚硝酸盐含量分别为

1.6mg/kg，1.7mg/kg，经发酵、杀菌后的成品增长到3.2mg/kg，6.4mg/kg，以在预腌期中增长幅度最大，发酵阶段增长甚微。因预腌阶段，食盐浓度和乳酸含量均低，不能完全抑制杂菌活动，所以亚硝酸盐陡增。而在乳酸发酵阶段，杂菌受到抑制，乳酸菌既不具备氨基酸脱羧酶，因而不产生胺类，也不具备细胞色素氧化酶，因而亚硝基的生成量甚微。酸泡菜中亚硝酸盐含量一般均低于10mg/kg。即使人均每日食用100g也远远低于肉制品中亚硝酸盐含量应小于30mg/kg的国家标准和世界卫生组织（WHO）建议的日允许摄入量（ADI）0.2mg/kg体重。

亚硝基化合物虽然会对人体健康造成很大威胁，但只要在蔬菜腌制时，选用新鲜原料蔬菜，腌制前经清水洗涤，适度晾晒脱水，严格掌握腌制条件，防止好气性微生物污染，避开亚硝峰高峰期食用，或适量加入一些维生素C、茶多酚等抗氧化剂，就可减少或阻断亚硝胺前体物质的形成，减少亚硝基化合物的摄入量。

第二节　腌制对蔬菜的影响

蔬菜在腌制过程中，由于食盐的脱水作用、微生物的发酵作用和其他生物化学作用，必然会对蔬菜的质地和化学成分产生影响，导致其外观内质的一系列变化，兹分述如下。

一、质地的变化

质地嫩脆是蔬菜腌制品的主要指标之一，腌制过程如果处理不当，就会使腌制品变软。蔬菜的脆性主要与细胞的膨压和细胞壁的原果胶变化有密切关系。腌制时虽然蔬菜失水萎蔫，致使细胞膨压降低，脆性减弱，但在腌制过程中，由于盐液与细胞液间的渗透平衡，又能够恢复和保持腌菜细胞一定的膨压，因而不致造成脆性的显著下降。蔬菜软化的另一个主要原因是果胶物质的水解，保持原果胶不被溶解，是保存蔬菜脆性的物质基础。如果原果胶受到酶的作用而水解为水溶性果胶，或由水溶性果胶进一步水解为果胶酸和甲醇等产物时，就会使细胞彼此分离，使蔬菜组织脆度下降，组织变软，易于腐烂，严重影响腌制品的质量。

引起果胶水解的原因，一方面由于过熟以及受损伤的蔬菜，其原果胶被蔬菜本身含有的酶水解，使蔬菜在腌制前就变软；另一方面，在腌制过程中一些有害微生物的活动所分泌的果胶酶类将原果胶逐步水解。根据上述原因，供腌制的蔬菜要成熟适度，不受损伤，同时在腌制前将原料短时间放入澄清石灰水中浸泡，石灰水中的钙离子能与果胶酸作用生成果胶酸钙的凝胶。一般用钙盐作保脆剂，如氯化钙、碳酸钙等，其用量以菜重的0.05%为宜。

二、化学成分的变化

1. 糖与酸互相消长

对于发酵性腌制品来说，经过发酵作用之后，蔬菜含糖量大大降低或完全消失，而含酸量则相应增加。在含水量基本相同的情况下，新鲜黄瓜与酸黄瓜的糖、酸含量互相消长的情况极为明显：鲜黄瓜的含糖量为2%，酸黄瓜则为0；鲜黄瓜含酸量为0.1%，而酸黄瓜则为0.8%。

非发酵性腌制品与新鲜原料相比较，其含酸量基本上没有变化，但含糖量则会出现两种情况：咸菜（盐渍品），由于部分糖分扩散到盐水中，含糖量降低；酱菜（酱渍品）与糖醋腌渍品在腌制过程中从辅料中吸收了大量糖分，使制品的含糖量大大增高。

2. 含氮物质的变化

发酵性腌制品在腌渍过程中，含氮物质有较明显的减少，这一方面是由于部分含氮物质被微生物消耗；另一方面是由于部分含氮物质渗入到发酵液中。含氮物质的另一变化，是蔬菜的蛋白质态氮被分解而减少，氨基酸态氮含量上升。

非发酵性腌制品蛋白质含量的变化有两种情况：咸菜（盐渍品）由于部分蛋白质在腌制过程中被浸出，蛋白质含量减少；酱菜（酱渍品）由于酱料中的蛋白质渗入蔬菜组织内，制品的蛋白质含量反而有所增高。

3. 维生素的变化

蔬菜腌制后组织失去活动，在接触微量氧气的情况下，维生素C被氧化而破坏。腌制时间越长，维生素C的损耗越大。维生素C在酸性环境中较为稳定，如果在腌制过程中加盐量较少，生成的乳酸较多，维生素C的损失也就较少。泡酸菜中维生素C保存率比别的腌制品高，就是这个道理。据有关部门研究，当酸甘蓝腌渍液中的食盐浓度为1%时，则酸甘蓝的维生素C含量为37.7mg/100g；食盐浓度为3%时，维生素C的含量为26.3mg/100g。此外，维生素C的稳定性与蔬菜腌制品的保存状态有关。据一些试验结果证明：腌渍品露出盐液表面与空气接触，维生素C就会很快被氧化而遭破坏，如腌渍品摊开在空气中，经过一昼夜，维生素C就会被完全破坏。蔬菜腌渍品的多次冻结和解冻，也会造成维生素C的大量损耗。因此，蔬菜腌渍品贮存温度不能在其冰点温度以下。蔬菜腌渍品中维生素C的稳定性还与蔬菜种类与品种有关。根据一些研究结果证明，甘蓝维生素C的稳定性要比萝卜高。

蔬菜中其他维生素的含量，在腌制过程中都比较稳定。根据中国医学科学院卫生研究所的分析，经过腌渍后，蔬菜维生素B_1、维生素B_2、烟酸、烟酰胺和胡萝卜素的变化均不大。

4. 水分含量的变化

蔬菜腌制品水分含量的变化有几种情况：第一，湿态发酵性腌渍品如酸黄瓜与酸白菜，其含水量基本上没有改变；第二，半干态发酵性腌渍品如腌白菜等，其含水量则有较明显的减少；第三，非发酵性腌制品如各种酱腌渍品（酱菜）与盐腌渍品（咸菜），它们的含水量变化情况介于上述两种情况之间；第四，非发酵的糖醋渍品的含水量变化情况，与湿态发酵性腌渍品相同，如大蒜的含水量与糖醋蒜的含水量一般在77%～79%。

5. 矿物质含量的变化

在腌制过程中加入食盐的各种腌渍品，由于盐分的渗入，灰分含量均比新鲜原料有显著增高。清水发酵的酸白菜，由于部分矿物质外渗的结果，其灰分含量则略有降低。

经过盐腌的各种腌渍品，由于盐内所含钙的渗入，其含钙量一般均高于新鲜的原料；而含磷量及含铁量则正好相反。这是因为食盐不含有磷与铁的化合物，并且蔬菜本身的磷与铁的化合物又部分地向外渗出所致。酱腌渍品的情况则不同。由于酱渍过程中，酱内的食盐与有关化合物的大量渗入，所以与原料比较，其含钙量与其他矿物质含量均有明显的增高。

第三节 蔬菜腌制工艺

一、发酵性腌制品工艺

1. 泡菜

泡菜是我国很普遍食用的一种蔬菜腌制品，在西南和中南各省民间加工非常普遍，以四川泡菜最著名。泡菜因含适宜的盐分并经乳酸发酵，不仅咸酸适口，味美嫩脆，既能增进食欲，帮助消化，还具有保健疗效作用。

（1）原料选择：泡菜以脆为贵，凡组织紧密，质地嫩脆，肉质肥厚，粗纤维含量少，腌渍泡制后仍能保持脆嫩状态的蔬菜，均可选用。如生姜、苦藠、菊芋、萝卜、胡萝卜、青菜头、黄瓜、青菜、甘蓝、蒜薹等。将原料菜洗净切分，晾干明水备用。

（2）发酵容器：泡菜乳酸发酵容器有泡菜坛、发酵罐等。

泡菜坛：以陶土为材料两面上釉烧制而成。大者可容数百千克，小者可容几千克，为我国泡菜传统容器。距坛口 5 ~10cm 处有一圈坛沿，坛沿内掺水，盖上坛盖成“水封口”，可以隔绝外界空气，坛内发酵产生的气体可以自由排出，造成坛内嫌气状态，有利于乳酸菌的活动。因此泡菜坛是结构简单、造价低廉、十分科学的发酵容器。使用前应检查有无渗漏，坛沿、坛盖是否完好，洗净后用 1.0% 盐酸水溶液浸泡 2 ~3 小时以除去铅，再洗净沥干水分备用。

发酵罐：不锈钢制，仿泡菜坛设置“水封口”，具有泡菜坛优点，容积可达 1 ~$2m^3$，能控温，占地面积小，生产量大，但设备投资大。

（3）配制泡菜盐水应选用硬水，硬度在 16°H 以上为好，若无硬水，也可在普通水中加入 0.05% ~0.1% 的氯化钙或用 0.3% 的澄清石灰水浸泡原料，然后用此水来配制盐水。食盐以精制井盐为佳，海盐、湖盐含镁离子较多，经焙炒去镁方可使用。

配制盐水时，按水量加入食盐 6% ~8%，为了增进其色、香、味，可加入黄酒 2.5%，白酒 0.5%，白砂糖 3%，红辣椒 1%，以及茴香、草果、橙皮、胡椒、山奈、甘草等浅色香料少许，并用纱布袋包扎成香料包，放入泡菜坛中，以待接种老泡菜水或人工纯种扩大的乳酸菌液。

老泡菜水亦称老盐水，系指经过多次泡制，色泽橙黄、清澈，味道芳香醇正，咸酸适度，未长膜生花，含有大量优良乳酸菌群的优质泡菜水。可按盐水量的 3% ~5% 接种，静置培养 3 天后即可用于泡制出坯菜料。

人工纯种乳酸菌培养液制备，可选用植物乳杆菌、发酵乳杆菌和肠膜明串珠菌作为原菌种，用马铃薯培养基进行扩大培养，使用时将三种扩大培养菌液按 5∶3∶2 混合均匀后，再按盐水量的 3% ~5% 接种到发酵容器中，即可用于出坯菜料泡制。

（4）预腌出坯。按晾干原料量用 3% ~4% 的食盐与之拌和，称预腌。其目的是增强细胞渗透性，除去过多水分，同时也除去原料菜中一部分辛辣味，以免泡制时过多地降低泡菜盐水的浓度。为了增强泡菜的硬度，可在预腌时加入0.05%～0.1%的氯化钙。预腌24～48小时，有大量菜水渗出时，取出沥干明水，称出坯。

（5）泡制与管理。入坛泡制，将出坯菜料装入坛内的一半，放入香料包，再装菜料至离坛口6～8cm处，用竹片将原料卡住，加入盐水淹没菜料。切忌菜料露出水面，因接触空气而氧化变质。盐水注入至离坛口3～5cm。盖上坛盖，注满坛沿水，任其发酵。经1～2天，菜料因水分渗出而沉下，可补加菜料填满。

原料菜入坛后所进行的乳酸发酵过程，根据微生物的活动和乳酸积累量多少，可分为三个阶段：

发酵初期：菜料刚入坛，pH值较高（pH值6.0），不抗酸的肠膜明串珠菌迅速繁殖，产生乳酸，pH值下降至5.5～4.5，产出大量CO_2，从坛沿水中有间歇性气泡放出，逐渐形成嫌气状态，便有利于植物乳杆菌、发酵乳杆菌繁殖，并迅速产酸，pH下降至4.5～4.0，含酸量0.25%～0.30%，时间2～3天，是泡菜初熟阶段。

发酵中期：以植物乳杆菌、发酵乳杆菌为主，细菌数可达（5～10）$\times10^7$/ml，乳酸积累量可达0.6%～0.8%，pH值3.5～3.8，大肠杆菌、腐败菌等死亡，酵母菌受到抑制，时间4～5天，是泡菜完熟阶段。

发酵后期：植物乳杆菌继续活动，乳酸积累量可达1.0%以上，当达到1.2%左右时，植物乳杆菌也受到抑制，菌群数量下降，发酵速度缓慢，达到1.5%左右时，发酵作用停止。此时不属于泡菜而是酸菜。

通过以上三个阶段发酵过程，就乳酸积累量、泡菜风味品质而言，以发酵中期的泡菜品质为优。如果发酵初期取食，成品咸而不酸有生味，发酵后期取食便是酸泡菜。成熟的泡菜，应及时取出包装，阻止其继续变酸。

泡菜取出后，适当加盐补充盐水，含盐量达6%～8%，又可加新的菜坯泡制，泡制的次数越多，泡菜的风味越好；多种蔬菜混泡或交叉泡制，其风味更佳。

若不及时加新菜泡制，则应加盐提高其含盐量至10%以上，并适量加入大蒜梗、紫苏藤等富含抗生素的原料，盖上坛盖，保持坛沿水不干，以防止泡菜盐水变坏，称“养坛”，以后可随时加新菜泡制。

泡制期间的管理，首先是注意坛沿水的清洁卫生。在发酵中后期，坛内呈部分真空，坛沿水可能倒灌入坛内，如果坛沿水不清洁，就会带进杂菌，污染泡菜水，造成危害，所以坛沿水应以10%盐水为好，并注意经常更换，以防水干。发酵期中应每天轻揭盖一次，防止坛沿水倒灌。

在泡菜的完熟、取食阶段，有时会出现长膜生花，此为好气性有害酵母所引起，会降低泡菜酸度，使其组织软化，甚至导致腐败菌生长而造成泡菜败坏。补救办法是先将菌膜捞出，缓缓加入少量酒精或白酒，或加入洋葱、生姜片等，密封几天花膜可自行消失。此外，泡菜中切忌带入油脂，因油脂漂浮于盐水表面，被杂菌分解而产生臭味。取放泡菜必须用清洁消毒工具。

（6）商品包装。成熟泡菜及时包装，品质最佳，久贮则品质下降。

切分整形：泡菜从坛中取出，用不锈钢刀具，切分成适当大小，边切分、边装袋（罐），中间停留不得超过2小时。

配制汤汁：取优质泡菜盐水，加味精0.2%，砂糖3%～4%，乳酸乙酯0.05%，乙酸乙酯0.1%，食盐、乳酸根据泡菜盐水原有量酌加调整到4%～5%与0.4%～0.8%，溶化过滤备用。

装袋（罐）：包装容器可用复合塑料薄膜袋、玻璃罐、抗酸涂料铁皮罐等，每袋（罐）可只装一个品种，也可装多个品种，称为什锦泡菜。

抽气密封：复合薄膜袋0.09MPa，玻璃瓶、铁皮罐0.05MPa真空度抽气密封。

杀菌冷却：复合薄膜袋在反压条件下85～90℃热水浴杀菌，100g装10min，250g装12min，500g装15min；500g装玻璃罐在40℃预热5min，70℃预热10min，100℃沸水浴中杀菌8～10min，分段冷却；312g装铁皮罐，沸水浴中预热5min，杀菌10min，迅速冷却。

保温检验：将产品堆码于保温室内，在32℃恒温下放置5天，检出胖袋、漏袋、胀罐、漏罐，并按规定抽样进行理化指标、微生物指标及感官评定，合格者即为成品。

2. 酸菜

酸菜的腌制在全国各地十分普遍。北方、华中以大白菜为原料，四川则多以叶用芥菜、茎用芥菜为原料。根据腌制方法和成品状态不同，可分为两类，现将其工艺分述如下：

（1）湿态发酵酸菜：四川多选用叶片肥大、叶柄及中肋肥厚、粗纤维少、质地细嫩的叶用芥菜，以及幼嫩肥大、皮薄、粗纤维少的茎用芥菜。去除粗老不可食部分，适当切分，淘洗干净，晾晒稍萎蔫。按原料重加3%～4%食盐干腌，入泡菜坛，稍加压紧，食盐溶化，菜水渗出，淹没菜料，盖上坛盖，加满坛沿水，任其自然发酵，亦可接种纯种植物乳杆菌发酵。在发酵初期除乳酸发酵外也有轻微的酒精发酵及醋酸发酵。经半个月至1个月，乳酸含量积累达1.2%以上，高者可达1.5%以上便成酸菜。成熟的酸菜，取出分装复合薄膜袋，真空封袋，在反压条件下80～85℃热水浴中杀菌10～15min，迅速冷却，便可防止胖袋变质败坏，作为成品销售。

东北、西北一带生产的清水发酵酸白菜，则是将大白菜选别分级，剥去外叶，纵切成两瓣，在沸水中烫漂1～2min，迅速冷却。将冷却后的白菜层层交错排列在大瓷缸中，注入清水，使水面淹过菜料10cm左右，以重石压实。经20天以上自然乳酸发酵就可食用。

（2）半干态发酵酸菜：多以叶用芥菜、长梗白菜和结球白菜为原料，除去烂叶老叶，削去菜根，晾晒2～3天，晾晒至原重量的65%～70%。腌制容器一般采用大缸或木桶。用盐量是每100kg晒过的菜用4～5kg，如要保藏较长时间可酌量增加。

腌制时，一层菜一层盐，并进行揉压，要缓慢而柔和，以全部菜压紧实见卤为止。一直腌到距缸沿10cm左右，加上竹栅，压以重物。待菜下沉，菜卤上溢后，还可加腌一层，仍然压上石头，使菜卤漫过菜面7～8cm，置凉爽处任其自然发酵产生乳酸，经30～40天即可腌成。

二、非发酵性腌制品工艺

1. 咸菜类

咸菜是我国南北各地普遍加工的一类蔬菜腌制品，产量大，品种多，风味各异，保存性好，深受人们喜爱。

(1) 咸菜是一种最常见的腌制品，全国各地每年都有大量加工，四季均可进行，而以冬季为主。适用的蔬菜有甘蓝、胡萝卜、白菜、萝卜、辣椒等，尤以前三种最常用。每年于小雪前后采收，削去菜根，剔除边皮黄叶，然后在日光下晒 1～2 天，减少部分水分，并使质地变软便于操作。

将晾晒后的净菜依次排入缸内（或池内），按每 100kg 净菜加食盐 6～10kg，依保藏时间的长短和所需口味的咸淡而定。按照一层菜铺一层盐的方式，并层层搓揉或踩踏，进行腌制。要求搓揉到见菜汁冒出，排列紧密不留空隙，撒盐均匀而底少面多，腌至八九成满时将多余食盐撒于菜面，加上竹栅压上重物。到第 2～3 天时，卤水上溢菜体下沉，使菜始终淹没在卤水下面。

腌渍所需时间，冬季 1 个月左右，以腌至菜梗或片块呈半透明而无白心为标准。成品色泽嫩黄，鲜脆爽口。一般可贮藏 3 个月。如腌制时间过长，其上层近缸面的菜，质量渐次，开始变酸，质地变软，直至发臭。

(2) 榨菜是以茎用芥菜膨大的茎（青菜头）为原料，经去皮、切分、脱水、盐腌、拌料装坛（或入池）、后熟转味等工艺加工而成。

榨菜为我国特产，1898 年创始于涪陵市，故有“涪陵榨菜”之称。在加工过程中曾将盐腌菜块用压榨法压出一部分卤水故称榨菜。在国内外享有盛誉，列为世界名腌菜。原为四川独产，现已发展至浙江、福建、上海、江西、湖南及台湾等省市，仅四川 1 年就可产 10～12 万吨，浙江、福建年产 15 万吨以上，畅销国内外。

榨菜生产由于脱水方法不同，又有四川榨菜（川式榨菜）与浙江榨菜（浙式榨菜）之分。前者为自然晾晒（风干）脱水，后者为食盐脱水，形成了两种榨菜品质上的差异。

①四川榨菜：四川榨菜具有鲜香嫩脆，咸辣适口，回味返甜，色泽鲜红细腻、块形整齐美观等特色。现将工艺方法介绍如下：

工艺流程：原料选择→剥皮穿串→晾晒下架→头道盐腌→二道盐腌→修剪除筋→整形分级→淘洗上囤→拌料装坛→后熟清口→封口装篓→成品

操作要点：

原料选择：榨菜的原料是茎用芥菜，俗称青菜头。川东沿长江一带认为加工榨菜最好的品种是永安小叶、三转子、蔺市草腰子等。用于加工的青菜头要组织紧密脆嫩，粗纤维少，皮薄，菜头突起物圆钝，整体呈圆形或椭圆形，单个重 150g 以上，含水量低于 94%，可溶性固形物含量 5% 以上，无病虫害、空心、抽薹者为佳。以立春前后至雨水采收的青菜头品质好，成品率高。过早采收单产低，过迟菜头抽薹，纤维素逐渐木质化，肉质变老，甚至空心，制成的榨菜品质低劣。

剥皮穿串：收购入厂的菜头应及时剥去基部老皮，抽去硬筋，按菜头大小适当切分，500g 以上的切分为三，250～500g 的切分为二，250g 以下者纵切一刀，深至菜心，不切断，制作“全形菜”。切分时切块必须大小一致，以保证晾干后干湿均匀，成品整齐美观。切好的菜头可用长 2m 左右的竹丝或聚丙烯塑料丝沿切块两侧穿过，称排块穿菜。穿满一串两头竹丝回穿于菜块上锁牢，每串 4～5kg。

晾晒下架：菜串搭在事先搭好的架上，切面朝外，青面朝里，以利风干。在晴天微风条件下 7～10 天可达到要求的脱水程度。脱水合格的菜块，手捏菜块周身柔软无硬心、表面皱缩而不干枯、无黑斑烂点、黑黄空花、发梗生芽等不良变化，此时便可下架。每100kg 鲜菜块下架时干菜块重为 45～35kg（视早、中、晚期采收时间而定），含水量由93%～95%下降至90%左右，可溶性固形物由4.0%～5.5%上升至10%～11%。

晾晒期中若日照强烈且风力大，菜块易于发硬，即表面虽已干成硬壳，而肉质依然没有软化还是硬的，造成外干内湿，达不到脱水要求；如果时雨时晴，菜块容易抽薹、空心；久雨不晴，菜块易生漩腐烂。凡发现个别菜块生漩腐烂，应及时取掉，以免蔓延，若较严重，应及时下架，可按菜块重加2%食盐腌制1天后，取出囤干明水，可挽救该批菜块，然后按正常腌制法进行腌制。

腌制：风干菜块下架后立即腌制。目前大多用大池进行，菜池多为地下式，规格多为3.3m×3.3m×3.3m（约 $36m^3$）或4m×4m×（2～3）m 的矩形池，用耐酸水泥做内壁，或铺耐酸瓷砖，每个池可腌制菜块25～27吨。

第一次腌制，也称头道盐腌。将风干菜块过秤装入腌制池，池 $36m^3$，以800～1000kg为一层，厚30～45cm，每层用盐32～40kg，即菜量的4%，再加一层菜，一层盐，如此装满池为止。每层都必须用人工或踩池机踩紧，以表面盐粒溶化，现汁水为适宜。顶层撒盖面盐，盖面盐由最先4～5层提留，每层留10%。腌制3天后即可起池，起池时利用渍出的菜盐水，边淘洗边上囤，池内盐水转入专用澄清池贮存。囤高不宜超过1m。经压囤24h 即成半熟菜块。

第二次腌制，半熟菜块过秤再入池进行第二次腌制，也称二道盐腌。方法与第一次腌制相同，只是每层菜量减为600～800kg，用盐量为半熟菜块重量的6%，即每层36～48kg，用力压紧，顶层撒盖面盐，早晚再压紧一次，约经7天，起池淘洗上囤，压囤24小时即为毛熟菜块，应及时转入修剪除筋工序。

入池腌制的菜块，应经常注意检查，切实掌握腌制的时限，务必按时起池，以防菜块变质发酵。一般来说第一道腌制时所加食盐比例较少，在气温逐渐上升的后期最易发生“烧池”现象，如果发现发热变酸或气泡放出特别旺盛时，应立即起池上囤，压干明水后转入第二次腌制，即可补救。如果修剪除筋工序来不及，可以适当延长第二次腌制留池的时间，不过早晚均要进行追踩一次并加入少量面盐以防变质。

修剪除筋和整形分级：用剪刀仔细剔除毛熟菜块上的飞皮、叶梗基部虚边，抽去硬筋，削净黑斑烂点。修整的同时，按大、中、小及碎菜块分级。

淘洗上囤：将分级的菜块用经过澄清的盐水充分淘洗，洗去泥沙污物，随即上囤，压囤24h 即成为净熟菜块，可转入拌料装坛。

拌料装坛：首先按净熟菜块重新配好调味料：红辣椒粉1.1%，整粒花椒0.03%，混合香料末0.12%。混合香料末的组成为：八角45%、白芷3%、山奈15%、桂皮8%、干姜15%、甘草5%、砂头4%、白胡椒5%。食盐按大、小、碎菜块分别为净熟菜块重量的6%、5%、4%。食盐、辣椒、花椒及香料等宜事先混合拌匀后再撒在菜块上，充分翻转拌合均匀后装坛。

榨菜坛为土陶坛，容量大者可装菜35～40kg，小者可装2.5～5kg，内外光滑满釉，不裂不漏。装坛前先检查坛子是否有沙眼裂缝，清水洗净，并用酒精擦抹杀菌，晾干待用。装坛前先在地面挖一坛窝，以稳住坛子不摇动，便于操作。菜要分次填装，每坛宜分

5 次装满，分层压紧，排出坛内空气，切勿留有空隙。坛口撒一层红盐（1kg 食盐加辣椒粉 25g 拌匀），约 60g。在红盐面上交错盖上两三层干净玉米壳，再用干萝卜叶扎紧坛口封严，入库堆码后熟。

后熟及清口：刚装坛的菜块还是生的，鲜味和香气还未形成，经存放在阴凉干燥处后熟一段时间，生味消失，色泽变蜡黄，鲜味及清香气开始显现。后熟期一般至少需要 2 个月以上，时间延长，品质会更好。后熟期中会出现“翻水”现象，即坛口菜叶逐渐被上升的盐水浸湿，进而有黄褐色的盐水由坛口溢出坛外，这是正常现象，是由坛内发酵作用产生气体或品温升高菜水体积膨胀所致。翻水现象至少要出现两三次，即菜水翻上来之后不久又落下去，过一段时间又翻上来，再落下去，如此反复两三次，直到每坛尚残余盐水 1kg 左右时而停止。每次翻水后取出菜叶并擦净坛口及周围菜水，换上干菜叶扎紧坛口，这一操作称为“清口”。一般清口两三次，直到不再翻水时即可封口。后熟期中如装坛 30 天无翻水现象，应查明原因，若菜坛渗漏或装菜不紧，空隙大，应及时加以补救。有经验的工人常利用菜坛是否翻水来判断坛内菜块情况。

爆坛常发生在气温 30℃以上期间，由于装坛过紧，菜体膨胀而爆坛；或因嗜盐性产气微生物如酵母菌等大量繁殖，产生大量二氧化碳，坛口封扎过严而爆坛。

封口装篓：封口用水泥沙浆（水泥：河沙 = 2：1），加水拌和后涂敷坛口，中心打一小孔，以利气体排出。此时榨菜已初步完成后熟，可在坛外标明毛重、净重、等级、厂名和出厂日期，外套竹篓以保护陶坛，出厂运销。

②浙江榨菜：浙江因青菜头采收期 4 ~ 5 月份正值雨季，难以自然晾晒风干脱水，而采用食盐直接腌制脱水。其加工方法如下：

工艺流程：原料收购→剥菜→头次腌制→头次上囤→二次腌制→二次上囤→修剪挑筋→淘洗上榨→拌料装坛→覆查封口→成品。

操作要点：

原料收购：一般从清明节开始收购，菜头大小适中，未抽薹，无空心硬梗，菜体完整无损伤。收购时抽样分级，按质论价，凡空心老壳菜及硬梗菜不予收购。

剥菜：俗称扦菜。用刀从根部倒扦，除去老皮老筋，刀口要小，不可损伤菜头上突起菜瘤，扦菜损耗 10% ~ 15%。扦菜后根据菜头形状和大小，进行切分，长形菜头则拦腰一切为二，500g 以上菜头，切分为 2 ~ 3 块，中等大小圆形的对剖为两半，150g 以下的不切。切分时应注意菜块的大小形状，要均匀一致，不可差异过大，以免腌制不匀。

头次腌制：一般采用大池腌制，菜池与四川榨菜腌制池相似，每层不超过 16 ~ 17cm，撒盐要均匀，层层压紧，直到食盐溶化，如此层层加菜加盐压紧，腌到与池面齐时，将所留面盐全部撒于菜面，铺上竹栅压上重物。每 100kg 扦光菜用盐 3. 5kg。加盐原则是面多底少，中间多外围少，并保留足够的面盐。

头次上囤：腌制一定时间后（一般不超过 3 天）即须出池，进行第一次上囤。先将菜块在原池的卤水中淘洗，洗去泥沙后即可上囤，面上压以重物，以卤水易于沥出为度。上囤时间勿超过 1 天，出囤时菜块重为原重的 62% ~ 63%。

二次腌制：菜块出囤后过磅，进行第二次腌制。操作方法同前，但菜块下池时每层不超过 13 ~ 14cm。用盐量为出囤后菜块重的 5%。在正常情况下腌制一般不超过 7 天，若需继续腌制，则应翻池加盐，每100kg再加盐2～3kg，灌入原卤，用重物压好。

二次上囤：操作方法同前一次上囤，这次囤身宜大不宜小，菜块上囤后只须耙平压实，面上可不压重物，上囤时间以12小时为限。出囤时的折率约为68%。

修整挑筋：出囤后将菜块进行修剪，修去粗筋，剪去飞皮和菜耳，使外观光滑整齐，整理损耗约为第二次出囤菜块的5%。

淘洗上榨：整理好的菜块再进行一次淘洗，以除尽泥沙。淘洗缸需备两只以上，一供初洗，二供复洗，淘洗时所用卤水为第二次腌制后的滤清菜卤。洗净后上榨，上榨时榨盖一定要缓慢下压，使菜块外部的明水和内部可能压出的水分徐徐压出，而不使菜块变形或破裂。上榨时间不宜过久，程度须适当，勿太过或不及，必须掌握榨折率在85%～87%。

拌料装坛：出榨后称重，按每100kg加入辣椒粉1.75kg、花椒65～95g、五香粉95g、甘草粉65g、食盐5kg、苯甲酸钠60g配置。先将各配料混合拌匀，再分两次与菜块同拌，务使拌料均匀一致。拌好即可装坛，每坛分五次装满，每次菜块装入时，均须三压三捣，使各部分紧实，用力要均匀，防止用力过猛而使菜块或坛破损。每坛装至距坛口2cm为止，再加入面盐50g，塞好干菜叶（干菜叶是用新鲜榨菜叶经腌渍晒干的咸菜叶）。塞口时必须塞得十分紧密。装坛完毕后，坛面要标明毛重、净重、等级、厂名、装坛日期和装坛人编号。

覆查封口：装坛后15～20天要进行一次覆口检查，将塞口菜取出，如坛面菜块下陷，应添加同等级的菜块使其装紧，铺上一层菜叶，然后塞入干菜叶，要塞得平实紧密，随即用水泥沙浆封口，贮于冷凉干燥处，以待运销。

③方便榨菜：又称小包装榨菜，是以坛装榨菜为原料经切分拌料、称量装袋、抽空密封、防腐保鲜而成。目前凡有榨菜生产的地区，均有方便（袋装）榨菜生产加工投放市场。因小型包装，便于携带，开启容易，取食方便，风味多样，较耐保存，不仅国内畅销，也远销国外。

包装袋现普遍采用复合塑料薄膜袋，有聚酯/铝箔/聚乙烯、聚酯/聚乙烯和尼龙/高密度聚乙烯等几种。以聚酯/铝箔/聚乙烯使用较好。

2. 酱菜类

蔬菜的酱制是取用经盐腌保藏的咸坯菜，经去咸排卤后进行酱渍。在酱渍过程中，酱料中的各种营养成分和色素，通过渗透、吸附作用进入蔬菜组织内，制成滋味鲜甜、质地脆嫩的酱菜。酱菜加工各地均有传统制品，如扬州的什锦酱菜、绍兴的酱黄瓜、北京的“六必居”酱菜园都很有名。优良的酱菜除应具有所用酱料的色、香、味外，还应保持蔬菜固有的形态和质地脆嫩的特点。

酱菜的原料绝大多数是利用新鲜蔬菜收获季节先行腌制的咸菜坯，为了提高咸菜坯的保藏期，在腌制时都采用加大食盐用量的办法来抑制微生物的活动。所以咸菜坯的含盐量都很高，在酱渍前均需对咸菜坯进行脱盐工艺。咸菜坯的食盐量一般在20%～22%，酱渍时应使菜坯盐分控制在10%左右。通常将咸菜坯加入一定量的清水浸泡去咸，加水量与浸泡时间可根据咸菜坯的盐分、气温高低而定。如咸菜坯卤水浓度为20°Be，则咸菜坯50kg，可加清水50kg。盐卤浓度每提高1°Be，增加清水2.5kg。浸泡时间夏季为2.0～2.5小时，春秋季为2.5～3.0小时，冬季为3.0～3.5小时。

菜坯经清水浸泡去咸后，捞出时将淡卤自然加压排除。传统的操作是将菜坯从缸内捞出装入篾箩或布袋中，一般是每三箩或每五袋相互重叠利用自重自然排卤，隔1～1.5小时上下相互对调一次，使菜坯表层的淡卤排出均匀，以保证酱渍质量。

酱渍的方法有三：其一是直接将处理好的菜坯浸没在豆酱或甜面酱的酱缸内；其二是在缸内先放一层菜坯再加一层酱，层层相间地进行酱渍；其三是将原料先装入布袋内然后用酱覆盖。酱与菜坯的比例一般为5∶5，最少不低于3∶7。

在酱渍过程中要进行搅动，使原料能均匀地吸附酱色和酱味，同时使酱的汁液能顺利地渗透到原料组织中去。成熟的酱菜不但色、香、味与酱完全一致，而且质地嫩脆，色泽酱红呈半透明状。

由于去咸菜坯中仍含有较多的水分，入酱后菜坯中的水分会逐渐渗出使酱的浓度不断降低。为了获得品质优良的酱菜，最好连续进行三次酱渍，即第一次在第一个酱缸内进行酱渍，1周后取出转入第二个酱缸内，再用新鲜的酱酱渍1周，随后取出转入第三个酱缸内继续酱渍1周，至此酱菜才算成熟。酱渍的时间长短随菜坯种类及大小而异，一般需15～20天。如果在夏天酱渍由于温度高，酱菜的成熟期限可以大为缩短。

在常压下酱渍，时间长，酱料耗量也大，可采用真空压缩速制酱菜新工艺，使菜坯置密封渗透缸内，抽一定程度真空后，随即吸入酱料，并压入净化的压缩空气，维持适当压力及温度十几小时到3天，酱菜便制成，比常压渗透平衡时间缩短10倍以上。

在酱料中可加入各种调味料酱制成不同花色品种的酱菜。如加入花椒、香料、料酒等制成五香酱菜；加入辣椒酱制辣酱菜；将多种菜坯按比例混合酱渍，或已酱渍好的多种酱菜按比例搭配包装制成八宝酱菜、什锦酱菜。

3. 糖醋菜类

糖醋菜类各地均有加工，以广东的糖醋酥姜、镇江的糖醋大蒜、糖醋萝卜较为有名。原料以大蒜、萝卜、黄瓜、生姜等为主。由于各地配方不一，风味各异，制品甜而带酸，质地脆嫩，清香爽口，深受人们欢迎。

（1）糖醋大蒜：大蒜收获后选择鲜茎整齐、肥大色白、质地鲜嫩的蒜头。切去根部和假茎，剥去包在外部的粗老蒜皮，洗净沥干水分，进行盐腌。

腌制时，按每100kg鲜蒜头用盐10kg，分层腌入缸中，一层蒜头一层盐，装到半缸或大半缸时为止。腌后每天早晚各翻缸一次，连续10天即成咸蒜头。

把腌好的咸蒜头从缸内捞出沥干卤水，摊铺在晒席上晾晒，每天翻动一两次，晒到100kg咸蒜头减重至70kg左右为宜。按晒后重每100kg用食醋70kg，红糖18kg，糖蜜素60g配比。先将醋加热至80℃，加入红糖令其溶解，稍凉片刻后加入糖蜜素，即成糖醋液。将晒过的咸蒜头先装入坛内，只装3/4坛并轻轻摇晃，使其紧实后灌入糖醋液至近坛口，将坛口密封保存，1个月后即可食用。在密封的状态下可供长期贮藏。糖醋渍时间长些，制品品质会更好一些。

（2）糖醋藠头：藠头实为薤，形状美观，肉质洁白而脆嫩，是制作糖醋菜的好原料。原料采收后除去霉烂、带青绿色及直径过小的藠头，剪去根须和梗部，保留梗长约2cm，用清水洗净泥沙。

腌制时，按每100kg原料用盐5kg配置。将洗净的原料沥去明水，放在盆内加盐充分搅拌均匀，然后倒入缸内，至八成满时，撒上面盐，盖上竹帘，用大石头均匀压紧，腌30～40天，使藠头腌透呈半透明状。捞出沥去卤水，并用等量清水浸泡去咸，时间为4～5小时。最后用糖醋液，方法和蒜头渍法基本相同，但所用糖醋液配料为2.5%～3%的冰醋酸液70kg，白砂糖18kg，糖蜜素60g。不可用红糖和食醋，这样才能显出制品本身的白色。口味也可根据消费者的爱好而变化。

参考文献

1. 罗云波，蔡同一．园艺产品贮藏加工学：贮藏篇．北京：中国农业大学出版社，2001.

2. 罗云波．果蔬采后生物技术研究进展．园艺学年评，1995，1：39-56.

3. 李效静，张瑞宁，陈秀伟．果品蔬菜贮藏运销学．重庆：重庆出版社，1990.

4. 宋纯鹏．植物衰老生物学．北京：北京大学出版社，1998.

5. 张唯一．果蔬采后生理学．北京：农业出版社，1993.

6. 北京农业大学主编．果品贮藏加工学．第二版．北京：中国农业出版社，1992.

7. AdelA. Kader. Postharvest Technology of Horticultural Crops, Agriculture and NaturaL Resources Publications, USA, 1992.

8. 周山涛．果蔬贮运学．北京：化学工业出版社，1998.

9. 王译．蔬菜的处理、运输与贮藏．徐氏基金会出版，1980.

10. 田世平．果蔬产品产后贮藏加工与包装技术指南．北京：中国农业出版社，2000.

11. D K Salunkhe & B B Desai. Postharvest Biotechnology of Fruits. & 2. CRC Press Inc., Florida, 1984, vol. 1-2.

12. 华中农业大学．蔬菜贮藏加工学．北京：农业出版社，1981.

13. 罗云波，蔡同一．园艺产品贮藏加工学．加工篇．北京：中国农业大学出版社，2001.

14. 陈学平．果蔬产品加工工艺学．北京：中国农业出版社，1995.

15. 邓桂森，周山涛．果品贮藏与加工．上海：上海科学技术出版社，1985.

16. 邓立，朱明．食品工业高新技术设备和工艺．北京：化学工业出版社，2006.

17. 张国治．速冻及冻干食品加工技术．北京：化学工业出版社，2007.

18. 高福成．冻干食品．北京：中国轻工业出版社，1998.

19. 张兆祥，晏继文．真空冷冻干燥与气调保鲜．北京：中国民航出版社，1996.

20. 蔡同一．果蔬加工原理与技术．北京：北京农业大学出版社，1987.

21. 李雅飞．食品罐藏工艺学．上海：上海交通大学出版社，1993.

22. 赵冠群，华懋宗编译．低酸性罐头食品的加热杀菌．北京：轻工业出版社，1987.

23. 芝崎勋．许有成译．新编食品杀菌工艺学．北京：中国农业出版社，1990.

24. 肖家捷．果汁和蔬菜汁生产工艺学．北京：轻工业出版社，1988.

25. 胡小松．现代果蔬汁加工工艺学．北京：轻工业出版社，1995.

26. 杜朋．果蔬汁饮料工艺学．北京：中国农业出版社，1992.
27. 上海水产学院．食品冷冻工艺学．上海：上海科学技术出版社，1984.
28. 张慜．特种脱水蔬菜加工贮藏和复水学专论．北京：科学出版社，1997.
29. 高锡永，胡军．实用蔬菜加工新技术．上海：上海科学技术出版社，1997.
30. 中国农学会．蔬菜加工新技术．北京：科学普及出版社，1995.
31. 洪若豪．出口脱水洋葱片的干制技术．食品科技，1997（2）.
32. 龙燊．果蔬糖渍工艺学．北京：轻工业出版社，1987.
33. 杨巨斌，朱慧芬．果脯蜜饯加工技术手册．北京：科学出版社，1988.
34. 李友霖．四川榨菜加工工艺及其包装改革的研究．食品科学，1982（2）：3-12.
35. 邓勇．四川榨菜后熟转化作用机制的研究．食品科学，1992（10）：8-12.
36. 吴正奇．酱腌菜生产过程中亚硝酸盐和亚硝胺的产生与预防．中国调味品，1996（8）：8-12.
37. 朱梅，李文阉，郭其昌．葡萄酒工艺学．北京：轻工业出版社，1983.
38. 刘玉田，徐滋恒等．现代葡萄酒酿造技术．济南：山东科技出版社，1990.
39. 朱宝镛．葡萄酒工业手册．北京：中国轻工业出版社，1995.
40. 高福成．现代食品工程高新技术．北京：中国轻工业出版社，1997.
41. 卢文清．果胶的制备及应用．安徽化工，1988，4：38-41.
42. 王璋等．食品化学．北京：轻工业出版社，1991.